高职高专公共基础课"十四五"规划教材

U0275360

高职应用数学

（学习指导）

主　编　侯谦民　张　胜

副主编　贺彰雄　胡方富　丁艳鸿　陶燕芳

参　编　郑幼浓　胡　芬　王欣欣　白　薇

华中科技大学出版社

中国·武汉

内 容 提 要

本书含教材和学习指导两册.教材包括函数、极限与连续,导数与微分,中值定理与导数应用,不定积分,定积分及其应用,常微分方程等六章.学习指导按照教材的章节编写,各章内容分为基本要求、内容回顾、本章知识结构框图、练习题、复习题等几个部分.

图书在版编目(CIP)数据

高职应用数学(学习指导)/侯谦民　主编.—武汉:华中科技大学出版社,2011.9(2024.9重印)
ISBN 978-7-5609-7201-5

Ⅰ.高…　Ⅱ.侯…　Ⅲ.应用数学-高等职业教育-教材　Ⅳ.O29

中国版本图书馆 CIP 数据核字(2011)第 129327 号

高职应用数学(学习指导)
Gaozhi Yingyong Shuxue (Xuexi Zhidao)

侯谦民　张　胜　主编

策划编辑:彭中军
责任编辑:史永霞
封面设计:龙文装帧
责任校对:代晓莺
责任监印:张正林
出版发行:华中科技大学出版社(中国·武汉)　　电话:(027)81321913
　　　　　武汉市东湖新技术开发区华工科技园　　邮编:430223
录　排:武汉市兴明图文信息有限公司
印　刷:武汉邮科印务有限公司
开　本:787mm×1092mm　1/16
印　张:9.5
字　数:240千字
版　次:2024年9月第1版第10次印刷
定　价:42.00元　(含2册)

目　　录

第1章　函数、极限与连续

函数是高等数学研究的主要对象,极限是研究变量的重要工具,而连续性是函数的一个重要属性.因此,函数、极限与连续是高等数学中最重要、最基本的概念,是高等数学的理论基础.

一、基本要求

(1) 理解函数的概念,了解函数的四种特性,掌握基本初等函数的性质及图像,会分析复合函数的复合过程,了解分段函数的意义,会建立简单应用问题的函数关系式.

(2) 理解极限的描述性定义,了解极限的性质,掌握极限的四则运算法则及两个重要极限,了解无穷递缩等比数列的求和公式.

(3) 理解无穷大、无穷小的概念及它们之间的关系,了解无穷小的性质、无穷小的比较,会用等价无穷小求极限.

(4) 理解函数连续性的概念,会判断函数间断点的类型,了解初等函数的连续性,知道闭区间上连续函数的性质.

二、内容回顾

(一)函数的概念

1. 函数的定义

设 x 和 y 是两个变量,D 是一个数集.如果对于 D 中的每一个数 x,按照某个对应法则 f,y 都有确定的值和它对应,那么 y 就叫做定义在数集 D 上的 x 的函数,记作 $y=f(x)$.x 叫做自变量,y 叫做因变量,数集 D 叫做函数的定义域,函数值的集合 $W=\{y \mid y=f(x),x \in D\}$ 叫做函数的值域.

2. 函数的定义域的确定

用解析式表示的函数,其定义域是使解析式有意义的一切自变量取值所构成的实数集.例如:

(1)分式中,使分母不等于零的全体实数;

(2)偶次根式中,使被开方数非负的全体实数;

(3)对数式中,使真数大于零、底数大于零且不等于 1 的全体实数;

(4)三角函数及反三角函数式中,要符合三角函数、反三角函数的定义域;

(5)分段函数的定义域是各个段的定义域的并集.

在实际问题中出现的函数,其定义域是根据问题的实际意义确定的,通常是解析式所表示的函数的定义域的子集.

3. 函数的性质

(1) 有界性:如果存在数 $M>0$,使得对 I 内任一 x,有 $|f(x)| \leqslant M$,则称函数 $f(x)$ 在

区间 I 上有界.

(2) 单调性:对任意的 x_1、$x_2 \in I$,当 $x_1 < x_2$ 时,

如果 $f(x_1) < f(x_2)$,则称 $f(x)$ 在区间 I 上单调增加;

如果 $f(x_1) > f(x_2)$,则称 $f(x)$ 在区间 I 上单调减少.

(3) 奇偶性:设 I 是关于原点对称的区间,对 I 内任意的 x,

如果 $f(-x) = f(x)$,则称 $f(x)$ 为偶函数;

如果 $f(-x) = -f(x)$,则称 $f(x)$ 为奇函数.

(4) 周期性:对于函数 $y = f(x)$,其定义域为 D,如果存在常数 $T \neq 0$,对任意 $x \in D$,只要 $x + T \in D$,都有 $f(x+T) = f(x)$,则称 $f(x)$ 为周期函数,T 是 $f(x)$ 的一个周期.$f(x)$ 的周期通常指的是最小正周期.

4.复合函数、初等函数

(1) 基本初等函数:

常函数 $y = c$ （c 为常数）;

幂函数 $y = x^\mu$ （μ 为常数）;

指数函数 $y = a^x$ （$a > 0, a \neq 1, a$ 为常数）;

对数函数 $y = \log_a x$ （$a > 0, a \neq 1, a$ 为常数）;

三角函数 $y = \sin x, y = \cos x, y = \tan x, y = \cot x, y = \sec x, y = \csc x$;

反三角函数 $y = \arcsin x, y = \arccos x, y = \arctan x, y = \text{arccot} x$.

(2) 复合函数:如果 y 是 u 的函数 $y = f(u)$,而 u 又是 x 的函数 $u = \varphi(x)$,且 $\varphi(x)$ 的值全部或部分在 $f(u)$ 的定义域内,那么 y 通过 u 的联系也是 x 的函数,我们称这个函数是由 $y = f(u)$ 及 $u = \varphi(x)$ 复合而成的复合函数,简称复合函数,记作 $y = f[\varphi(x)]$,其中 u 叫做中间变量.

(3) 初等函数:由基本初等函数经过有限次的四则运算与有限次的复合步骤构成,并且可以用一个式子表示的函数叫做初等函数.

(二)函数的极限

1.邻域

设 a 与 δ 是两个实数,且 $\delta > 0$,则点 a 的 δ 邻域为

$$U(a, \delta) = \{x \mid |x - a| < \delta\}, \quad 即 \quad U(a, \delta) = (a - \delta, a + \delta),$$

其中,a 是邻域中心,δ 是邻域半径.

点 a 的去心的 δ 邻域为

$$U(\hat{a}, \delta) = \{x \mid 0 < |x - a| < \delta\}, \quad 即 \quad U(\hat{a}, \delta) = (a - \delta, a) \bigcup (a, a + \delta).$$

当 δ 很小时,它们表示点 a 附近所有点的集合(后者除掉 a).

2.函数的极限

(1)当 $x \to x_0$ 时函数 $f(x)$ 的极限.

1° 定义.设函数 $f(x)$ 在 x_0 的某去心邻域内有定义,如果当 x 无限接近于定值 x_0 时,函数 $f(x)$ 无限接近于一个确定的常数 A,那么 A 就叫做函数 $f(x)$ 当 $x \to x_0$ 时的极限,记作

$$\lim_{x \to x_0} f(x) = A \quad 或 \quad 当 \ x \to x_0 \ 时, f(x) \to A.$$

这里，$x \to x_0$ 包括 x 从大于 x_0 的方向趋近于 x_0（记作 $x \to x_0^+$）和 x 从小于 x_0 的方向趋近于 x_0（记作 $x \to x_0^-$）.

2° 左、右极限. 当 $x \to x_0^-$（或 $x \to x_0^+$）时,函数 $f(x)$ 无限接近于一个确定的常数 A,则称 A 为函数 $f(x)$ 当 $x \to x_0$ 时的左（或右）极限,左极限记作

$$\lim_{x \to x_0^-} f(x) = A \quad 或 \quad f(x_0 - 0) = A,$$

右极限记作

$$\lim_{x \to x_0^+} f(x) = A \quad 或 \quad f(x_0 + 0) = A,$$

$$\lim_{x \to x_0} f(x) = A \Longleftrightarrow f(x_0 - 0) = f(x_0 + 0) = A.$$

3° 极限的"局部保号性".

i) 如果 $\lim\limits_{x \to x_0} f(x) = A$,且 $A > 0$（或 $A < 0$）,则在 x_0 的某去心邻域内,$f(x) > 0$（或 $f(x) < 0$）.

ii) 如果在 x_0 的某去心邻域内 $f(x) \geqslant 0$（或 $f(x) \leqslant 0$）,且 $\lim\limits_{x \to x_0} f(x) = A$,则 $A \geqslant 0$（或 $A \leqslant 0$）.

（2）当 $x \to \infty$ 时,函数 $f(x)$ 的极限.

定义:设函数 $f(x)$ 在 $|x| > M$ 时有定义,如果当 $|x|$ 无限增大时,函数 $f(x)$ 无限接近于一个确定的常数 A,那么 A 就叫做函数 $f(x)$ 当 $x \to \infty$ 时的极限,记作 $\lim\limits_{x \to \infty} f(x) = A$ 或当 $x \to \infty$ 时,$f(x) \to A$.

这里,$x \to \infty$ 包括 $x \to +\infty$（x 取正数而绝对值无限增大）和 $x \to -\infty$（x 取负数而绝对值无限增大）.

$$\lim_{x \to \infty} f(x) = A \Longleftrightarrow \lim_{x \to +\infty} f(x) = \lim_{x \to -\infty} f(x) = A.$$

（3）数列的极限.

1° 定义:如果当 n 无限增大时,数列 x_n 无限接近于一个确定的常数 A,那么 A 就叫做数列 x_n 的极限,或称数列 x_n 收敛于 A,记作

$$\lim_{n \to \infty} x_n = A \quad 或 \quad 当 n \to \infty 时,x_n \to A.$$

这里,$n \to \infty$ 是指 n 取正整数而绝对值无限增大,因此数列极限是函数极限的一种特例.

2° 性质:

i) 如果数列 x_n 收敛,那么数列 x_n 一定有界;

ii) 单调有界数列必有极限.

（4）极限的运算法则.

设下列极限是在自变量的同一变化过程中的极限. 如果 $\lim f(x) = A$,$\lim g(x) = B$,A、B 为常数,则

i) $\lim[f(x) \pm g(x)] = \lim f(x) \pm \lim g(x) = A \pm B$;

ii) $\lim[f(x)g(x)] = \lim f(x) \cdot \lim g(x) = A \cdot B$;

iii) $\lim \dfrac{f(x)}{g(x)} = \dfrac{\lim f(x)}{\lim g(x)} = \dfrac{A}{B} \quad (B \neq 0)$.

（5）两个重要极限.

1° $\lim\limits_{x \to 0} \dfrac{\sin x}{x} = 1$;

2° $\lim\limits_{x \to \infty} (1 + \dfrac{1}{x})^x = \mathrm{e}$ 或 $\lim\limits_{x \to 0} (1 + x)^{\frac{1}{x}} = \mathrm{e}$.

3. 无穷小与无穷大

(1)无穷小的定义:如果 $\lim\limits_{\substack{x \to x_0 \\ (x \to \infty)}} f(x) = 0$,则称函数 $f(x)$ 是当 $x \to x_0$(或 $x \to \infty$)时的无穷

小量,简称无穷小.

无穷小量一般都是变量,且与自变量的变化过程有关,0 是一个特殊的无穷小量.

(2)函数极限与无穷小的关系:

$$\lim\limits_{\substack{x \to x_0 \\ (x \to \infty)}} f(x) = A \Longleftrightarrow f(x) = A + \alpha \, (\lim\limits_{\substack{x \to x_0 \\ (x \to \infty)}} \alpha = 0).$$

(3)无穷小的性质:

1° 常量与无穷小的乘积仍是无穷小;

2° 有界函数与无穷小的乘积仍是无穷小;

3° 有限个无穷小的和、差、积仍是无穷小.

(4)无穷大的定义:如果当 $x \to x_0$(或 $x \to \infty$)时,函数 $f(x)$ 的绝对值无限增大,则称函数 $f(x)$ 是当 $x \to x_0$(或 $x \to \infty$)时的无穷大量,简称无穷大,记作 $\lim\limits_{\substack{x \to x_0 \\ (x \to \infty)}} f(x) = \infty$.

(5)无穷大与无穷小的关系:在自变量的同一变化过程中,如果 $f(x)$ 是无穷大,则 $\dfrac{1}{f(x)}$ 是无穷小;反之,如果 $f(x)$ 是无穷小,且 $f(x) \neq 0$,则 $\dfrac{1}{f(x)}$ 是无穷大.

(6)无穷小的比较.

1° 设 α 和 β 都是自变量的同一变化过程中的无穷小,在这个变化过程中,如果

$$\lim \frac{\beta}{\alpha} = \begin{cases} 0, & \text{则称 } \beta \text{ 是较 } \alpha \text{ 高阶的无穷小,记作 } \beta = o(\alpha); \\ \infty, & \text{则称 } \beta \text{ 是较 } \alpha \text{ 低阶的无穷小}; \\ c \ (c \neq 0), & \text{则称 } \beta \text{ 是与 } \alpha \text{ 同阶的无穷小}; \\ 1, & \text{则称 } \beta \text{ 是与 } \alpha \text{ 等价的无穷小,记作 } \beta \sim \alpha. \end{cases}$$

* 2° 推广:如果 $\lim \dfrac{\beta}{\alpha^k} = c$ ($c \neq 0$),则称 β 是 α 的 k 阶无穷小.

3° 等价无穷小的重要性质:如果 $\alpha \sim \alpha'$,$\beta \sim \beta'$,且 $\lim \dfrac{\beta'}{\alpha'}$ 存在,则 $\lim \dfrac{\beta}{\alpha} = \lim \dfrac{\beta'}{\alpha'}$.

(7)常用的极限.

$$\lim\limits_{x \to \infty} \frac{a_0 x^n + a_1 x^{n-1} + \cdots + a_n}{b_0 x^m + b_1 x^{m-1} + \cdots + b_m} = \begin{cases} \dfrac{a_0}{b_0}, & m = n, \\ 0, & m > n, \\ \infty, & m < n. \end{cases}$$

(三)函数的连续性

1. 函数的增量

设函数 $y = f(x)$ 在点 x_0 的邻域内有定义,$x_0 + \Delta x$ 在此邻域内,则称

$$\Delta y = f(x_0 + \Delta x) - f(x_0)$$

为函数 $f(x)$ 在点 x_0 处对应于 Δx 的增量(改变量). Δx 叫做自变量的增量. Δx 可正可负.

2. 函数的连续性

(1) 定义:设函数 $y = f(x)$ 在点 x_0 的某邻域内有定义,如果 $\lim\limits_{x \to x_0} f(x) = f(x_0)$,则称函数 $y = f(x)$ 在点 x_0 处连续.

从几何上看,如果 $y = f(x)$ 在点 x_0 处连续,则曲线 $y = f(x)$ 在点 x_0 处不断开.

(2) 用增量定义函数的连续性. 如果令 $\Delta x = x - x_0$,则

$$\Delta y = f(x) - f(x_0) = f(x_0 + \Delta x) - f(x_0).$$

$$x \to x_0, \quad 即 \quad \Delta x \to 0,$$
$$f(x) \to f(x_0), \quad 即 \quad \Delta y \to 0,$$

于是极限 $\lim\limits_{x \to x_0} f(x) = f(x_0)$ 可写成 $\lim\limits_{\Delta x \to 0} \Delta y = 0$,函数 $y = f(x)$ 在点 x_0 处连续可叙述成:

设函数 $y = f(x)$ 在点 x_0 的某邻域内有定义,如果 $\lim\limits_{\Delta x \to 0} \Delta y = \lim\limits_{\Delta x \to 0} [f(x_0 + \Delta x) - f(x_0)]$ $= 0$,则称函数 $y = f(x)$ 在点 x_0 处连续.

这表明:如果 $y = f(x)$ 在点 x_0 处连续,则当自变量 x 在点 x_0 处变化微小时($\Delta x \to 0$),相应的函数 y 的变化也必然是微小的($\Delta y \to 0$).

(3) 函数在区间上的连续性:如果函数 $y = f(x)$ 在 (a, b) 内每一点都连续,则称函数 $y = f(x)$ 在 (a, b) 内连续.

如果函数 $y = f(x)$ 在 (a, b) 内连续,且在点 a 处右连续($f(a+0) = f(a)$),在点 b 处左连续($f(b-0) = f(b)$),则称函数 $y = f(x)$ 在闭区间 $[a, b]$ 上连续.

3. 函数的间断点及其分类

(1) 间断点.

若函数 $y = f(x)$ 有下列三种情形之一:

$1°$ 在 x_0 处无定义;

$2°$ $\lim\limits_{x \to x_0} f(x)$ 不存在;

$3°$ 虽然 $f(x_0)$ 及 $\lim\limits_{x \to x_0} f(x)$ 都存在,但 $\lim\limits_{x \to x_0} f(x) \neq f(x_0)$,

则函数 $y = f(x)$ 在点 x_0 处不连续,点 x_0 称为函数 $f(x)$ 的不连续点或间断点.

(2) 间断点的分类.

$$间断点 \begin{cases} 第一类间断点 \\ (f(x_0-0), f(x_0+0) 均存在) \begin{cases} 跳跃间断点 f(x_0-0) \neq f(x_0+0), \\ 可去间断点 f(x_0-0) = f(x_0+0); \end{cases} \\ 第二类间断点 \\ (非第一类间断点) \begin{cases} 无穷间断点 \lim\limits_{x \to x_0} f(x) = \infty, \\ 振荡间断点. \end{cases} \end{cases}$$

4. 初等函数的连续性

(1) 如果函数 $f(x)$ 与 $g(x)$ 在点 x_0 处连续,则 $f(x) \pm g(x)$、$f(x)g(x)$、$\dfrac{f(x)}{g(x)}$($g(x_0) \neq 0$)在点 x_0 处也是连续的.

该结论可推广到有限个函数的情形,对于商,要求分母不为零.

(2) 在某区间内单调连续的函数,其反函数在对应的区间上也单调连续.

(3)设有两个函数 $y=f(u)$ 和 $u=\varphi(x)$,如果 $u=\varphi(x)$ 在点 x_0 处连续,函数 $y=f(u)$ 在点 $u_0=\varphi(x_0)$ 处连续,则复合函数 $y=f[\varphi(x)]$ 在点 x_0 处也连续.

(4)基本初等函数在其定义域内是连续的.

(5)一切初等函数在其定义区间内都是连续的.

"定义区间"就是包含在定义域内的区间.

5.闭区间上连续函数的性质

(1)最大值、最小值定理.闭区间上连续的函数在该区间上至少取得最大值、最小值各一次.

(2)介值定理.如果函数 $f(x)$ 在闭区间 $[a,b]$ 上连续,则它在 $[a,b]$ 上一定能取到介于最大值 M 与最小值 m 之间的任何一个中间值 C $(m<C<M)$,即对任意实数 C $(m<C<M)$,至少存在一点 $\xi\in[a,b]$,使 $f(\xi)=C$.

推论(零点定理) 如果函数 $f(x)$ 在闭区间 $[a,b]$ 上连续,且 $f(a)f(b)<0$,那么至少存在一点 $\xi\in(a,b)$,使 $f(\xi)=0$.

三、本章知识结构框图

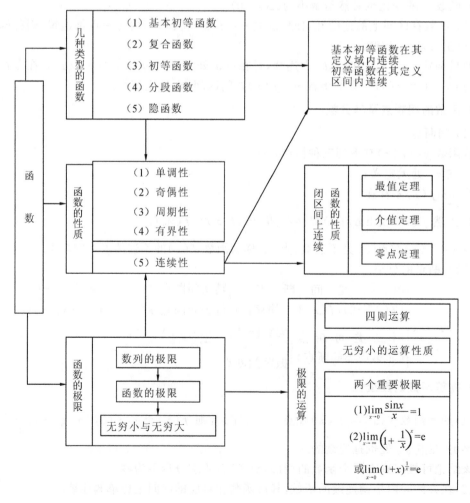

四、练习题

姓名_____ 班级_____

练习题一 函 数

1. 判断题.

(1) $y=\sqrt{x^2}$ 与 $y=x$ 相同. （ ）

(2) $y=(2^x+2^{-x})\ln(x+\sqrt{1+x^2})$ 是奇函数. （ ）

(3) 凡是分段表示的函数都不是初等函数. （ ）

(4) $y=x^2(x>0)$ 是偶函数. （ ）

(5) 两个单调增函数之和仍为单调增函数. （ ）

(6) 复合函数 $f[g(x)]$ 的定义域即 $g(x)$ 的定义域. （ ）

2. 填空题.

(1) 函数 $y=f(x)$ 为 $(-\infty,+\infty)$ 内一偶函数, 则它的图像关于_____对称.

(2) 若 $f(x)$ 的定义域是 $[0,1]$, 则 $f(x^2+1)$ 的定义域是_____.

(3) $y=\dfrac{2^x}{2^x+1}$ 的反函数为_____.

(4) $f(x)=x+1, \varphi(x)=\dfrac{1}{1+x^2}$, 则 $f[\varphi(x)+1]=$_____, $\varphi[f(x)+1]=$_____.

(5) $y=\log_2(\sin x+2)$ 是由简单函数_____和_____复合而成的.

3. 选择题.

(1) 下列函数中既是奇函数又是单调增加的函数的是（ ）.

    A. $f(x)=\sin^3 x$ B. $f(x)=x^3+1$ C. $f(x)=x^3+x$ D. $f(x)=x^3-x$

(2) 设 $f(x)=4x^2+bx+5$, 若 $f(x+1)-f(x)=8x+3$, 则 b 应为（ ）.

    A. 1   B. -1 C. 2   D. -2

(3) $f(x)=\sin(x^2-x)$ 是（ ）.

    A. 有界函数   B. 周期函数   C. 奇函数   D. 偶函数

4. 计算下列各题.

(1) 求 $y=\sqrt{3-x}+\arcsin\dfrac{3-2x}{5}$ 的定义域.

(2)已知 $f[\varphi(x)]=1+\cos x$，$\varphi(x)=\sin\dfrac{x}{2}$，求 $f(x)$.

(3)设 $f(x)=x^2$，$g(x)=\mathrm{e}^x$，求 $f[g(x)]$，$g[f(x)]$，$f[f(x)]$，$g[g(x)]$.

(4)设 $\varphi(x)=\begin{cases}|x|, & |x|<1, \\ 0, & |x|\geqslant1.\end{cases}$ 求 $\varphi\left(\dfrac{1}{5}\right)$，$\varphi\left(-\dfrac{1}{2}\right)$，$\varphi(-2)$，并作出函数 $y=\varphi(x)$ 的图像.

5. 大成物流公司规定:路程在 t（单位为 km）以内每吨货物每千米的运价为 k 元,超过 t 的部分 8.5 折优惠.求每吨货物运价 φ 和路程 s 之间的函数关系.

练习题二　常用的经济函数

1. 兰田公司销售某种商品的价格满足关系式 $P=7-0.2Q$，Q 为销售量，商品的成本函数为 $C=3Q+1$. 若每销售 1 单位商品，政府要征税 t，试将该公司税后利润 L 表示为 Q 的函数.

2. 某企业生产某种产品的年产量为 Q 台，每台售价为 250 元，当年产量在 600 台以内时，可全部售出，当年产量超过 600 台时，经广告宣传又可再多出售 200 台，每台平均广告费为 20 元，生产再多，本年就销售不出去了. 试建立本年的销售收入 R 与年产量 Q 的函数关系.

3. 设某商品的供给函数为 $S(P)=P^2+3P-70$,需求函数为 $Q(P)=410-P$,其中 P 为价格.

(1)在同一坐标系中,画出 $S(P)$,$Q(P)$ 的图像.

(2)求市场均衡价格.

4. 某种产品每台售价为 90 元,成本为 60 元,厂家为鼓励销售商大量采购,决定凡是订购量超过 100 台以上的,多出的产品实行降价,其中降价比例为每多出 100 台降价 1 元,但最低价为 75 元/台.

(1)试将每台的实际售价 P 表示为订购量 Q 的函数.

(2)把利润 L 表示为订购量 Q 的函数.

(3)当一商场订购 1 000 台时,厂家可获利润多少?

练习题三　数列的极限

1. 判断题.

(1) 在数列 $x_n = \dfrac{1}{2^n}$ 中,一般项 $\dfrac{1}{2^n}$ 也叫通项. 　　　　　（　　）

(2) 收敛的数列一定有界,反之,有界数列也一定收敛. 　　　　　（　　）

(3) 在数列 $\{a_n\}$ 中任意去掉或增加有限项,不影响 $\{a_n\}$ 的极限. 　（　　）

2. 填空题.

(1) $\lim\limits_{n \to \infty}(\sqrt{n+1} - \sqrt{n}) = $ _____.

(2) $\lim\limits_{n \to \infty} \dfrac{\sin\dfrac{n\pi}{2}}{n} = $ _____.

(3) $\lim\limits_{n \to \infty}\left[4 + \dfrac{(-1)^n}{n^2}\right] = $ _____.

(4) $\lim\limits_{n \to \infty} \dfrac{1}{3^n} = $ _____.

3. 选择题.

(1) 已知下列四个数列,其中收敛的数列为（　　　）.

①$x_n = 2$；②$x_n = \dfrac{2}{3n+1}$；③$x_n = (-1)^{n+1}\dfrac{2}{3n+1}$；④$x_n = (-1)^{n-1}\dfrac{3n-1}{3n+1}$

A. ①　　　　　B. ①②　　　　　C. ①④　　　　　D. ①②③

(2) 已知下列四个数列,其中发散的数列是（　　　）.

①$1, -1, 1, -1, \cdots, (-1)^{n+1}, \cdots$；　②$0, \dfrac{1}{2}, 0, \dfrac{1}{2^2}, 0, \dfrac{1}{2^3}, \cdots, 0, \dfrac{1}{2^n}, \cdots$；

③$\dfrac{1}{2}, \dfrac{3}{2}, \dfrac{1}{3}, \dfrac{4}{3}, \cdots, \dfrac{1}{n+1}, \dfrac{n+2}{n+1}, \cdots$；④$1, 2, \cdots, n, \cdots$

A. ①　　　　　B. ①④　　　　　C. ①③④　　　　　D. ②④

(3) $x_n = \begin{cases} \dfrac{1}{n}, & n \text{ 为奇数}, \\ 10^{-7}, & n \text{ 为偶数}, \end{cases}$ 则必有（　　　）.

A. $\lim\limits_{n \to \infty} x_n = 0$ 　　　　　　　　B. $\lim\limits_{n \to \infty} x_n = 10^{-7}$

C. $\lim\limits_{n \to \infty} x_n = \begin{cases} 0, & n \text{ 为奇数}, \\ 10^{-7}, & n \text{ 为偶数} \end{cases}$ 　　D. $\lim\limits_{n \to \infty} x_n$ 不存在

4. 将下列数列的各项标在数轴上,并观察其收敛性.

(1) $x_n = (-1)^n \dfrac{1}{n}, n = 1, 2, \cdots$.

$$(2)x_n = \begin{cases} \dfrac{1}{2^n}, & n \text{ 为偶数,} \\[2mm] \dfrac{1}{3^n}, & n \text{ 为奇数.} \end{cases}$$

$(3)x_n = 1-(-1)^n, n=1,2,\cdots.$

5. 设 $x_1=0.9, x_2=0.99, x_3=0.999, \cdots, x_n=0.\underbrace{999\cdots9}_{n\text{个}}, \cdots.$

(1)用 10 的负方幂表示 x_n.

(2)试求 $\lim\limits_{n\to\infty}x_n$ 的值.

练习题四　函数的极限

1.判断题.

　(1)若函数 $f(x)$ 在点 x_0 处有定义,且 $\lim\limits_{x \to x_0} f(x) = A$,则 $f(x_0) = A$.　　　(　　)

　(2)已知 $f(x_0)$ 不存在,则 $\lim\limits_{x \to x_0} f(x)$ 也不可能存在.　　　(　　)

　(3)若 $f(x_0 + 0)$ 与 $f(x_0 - 0)$ 都存在,则 $\lim\limits_{x \to x_0} f(x)$ 必存在.　　　(　　)

　(4)$\lim\limits_{x \to \infty} \arctan x = \dfrac{\pi}{2}$.　　　(　　)

　(5)$\lim\limits_{x \to -\infty} e^x = 0$.　　　(　　)

2.填空题.

　(1)$\lim\limits_{x \to 1}(2x - 1) = $_____.

　(2)$\lim\limits_{x \to \infty} \dfrac{1}{1 + x^2} = $_____.

　(3)$\lim\limits_{x \to 0} \cos x = $_____,$\lim\limits_{x \to \infty} \cos x = $_____.

　(4)设 $f(x) = \begin{cases} e^x, & x \leqslant 0, \\ ax + b, & x > 0, \end{cases}$ 则 $f(0 + 0) = $_____,$f(0 - 0) = $_____,当 $b = $_____时,$\lim\limits_{x \to 0} f(x) = 1$.

3.选择题.

　(1)从 $\lim\limits_{x \to x_0} f(x) = 1$ 不能推出(　　).

　　A. $\lim\limits_{x \to x_0^-} f(x) = 1$　　B. $f(x_0 + 0) = 1$　　C. $f(x_0) = 1$　　D. $\lim\limits_{x \to x_0}[f(x) - 1] = 0$

　(2)设 $f(x) = \begin{cases} |x| + 1, & x \neq 0, \\ 2, & x = 0, \end{cases}$ 则 $\lim\limits_{x \to 0} f(x)$ 的值为(　　).

　　A. 0　　　　　　B. 1　　　　　　C. 2　　　　　　D. 不存在

4.设函数 $f(x) = \begin{cases} x, & x < 3, \\ 0, & x = 3, \\ x^2, & x > 3. \end{cases}$ 试画出 $f(x)$ 的图像,并求单侧极限 $\lim\limits_{x \to 3^-} f(x)$ 和 $\lim\limits_{x \to 3^+} f(x)$.

5. 设 $f(x) = \dfrac{\sqrt{x^2}}{x}$，回答下列问题.

   (1)函数 $f(x)$ 在 $x=0$ 处的左、右极限是否存在？

   (2)函数 $f(x)$ 在 $x=0$ 处是否有极限？为什么？

   (3)函数 $f(x)$ 在 $x=1$ 处是否有极限？为什么？

练习题五 无穷小与无穷大

1.判断题.

    (1)无穷小是一个非常小的数.   (   )

    (2)零是无穷小.   (   )

    (3)无限变小的变量称为无穷小.   (   )

    (4)无限个无穷小的和还是无穷小.   (   )

2.填空题.

    (1)设 $y=\dfrac{1}{x+1}$,当 $x\to$_____时,y 是无穷小量,当 $x\to$_____时,y 是无穷大量.

    (2)设 $\alpha(x)$ 是无穷小量,$E(x)$ 是有界变量,则 $\alpha(x)E(x)$ 为_____.

    (3)$\lim\limits_{x\to x_0}f(x)=A$ 的充分必要条件是当 $x\to x_0$ 时,$f(x)-A$ 为_____.

    (4)$\lim\limits_{x\to 0}x\sin\dfrac{1}{x}=$_____.

3.选择题.

    (1)当 $x\to 1$ 时,下列变量中是无穷小的是(   ).

    A. x^3-1 B. $\sin x$ C. e^x D. $\ln(x+1)$

    (2)下列变量在自变量给定的变化过程中不是无穷大的是(   ).

    A. $\dfrac{x^2}{\sqrt{x^3+1}}$ $(x\to+\infty)$ B. $\ln x$ $(x\to+\infty)$

    C. $\ln x$ $(x\to 0+0)$ D. $\dfrac{1}{x}\cos\dfrac{nx}{2}$ $(x\to\infty)$

    (3)$\lim\limits_{x\to 0}e^{\frac{1}{x}}$ (   ).

    A. 等于 0   B. 等于 $+\infty$ C. 等于 1   D. 不存在

4.下列各题中,指出哪些是无穷小,哪些是无穷大.

    (1)$\dfrac{1+x}{x^2}$ $(x\to\infty)$.   (2)$\dfrac{3x-1}{x}$ $(x\to 0)$.

(3)$\ln|x|$　$(x \to 0)$. $\qquad$ (4)$e^{\frac{1}{x}}$　$(x \to 0)$.

5.当 $x \to +\infty$ 时,下列哪个无穷小与无穷小 $\dfrac{1}{x}$ 是同阶无穷小? 哪个无穷小与无穷小 $\dfrac{1}{x}$ 是等价无穷小? 哪个无穷小是比无穷小 $\dfrac{1}{x}$ 高阶的无穷小?

(1)$\dfrac{1}{2x}$;　　(2)$\dfrac{1}{x^2}$;　　(3)$\dfrac{1}{|x|}$.

练习题六　极限的运算法则

1.判断题.

(1)若 $\lim\limits_{x \to x_0} f(x) = A$，$\lim\limits_{x \to x_0} g(x) = 0$，则 $\lim\limits_{x \to x_0} \dfrac{f(x)}{g(x)}$ 必不存在.　　　　（　　）

(2)$\lim\limits_{n \to \infty} \dfrac{1+2+3+\cdots+n}{n^2} = \lim\limits_{n \to \infty} \dfrac{1}{n^2} + \lim\limits_{n \to \infty} \dfrac{2}{n^2} + \cdots + \lim\limits_{n \to \infty} \dfrac{n}{n^2} = 0.$　　　（　　）

(3)$\lim\limits_{x \to 0} x \sin \dfrac{1}{x} = \lim\limits_{x \to 0} x \cdot \lim\limits_{x \to 0} \sin \dfrac{1}{x} = 0.$　　　　　（　　）

(4)$\lim\limits_{x \to \infty} (x^2 - 3x) = \lim\limits_{x \to \infty} x^2 - 3\lim\limits_{x \to \infty} x = \infty - \infty = 0.$　　　（　　）

(5)若 $\lim\limits_{x \to x_0} \dfrac{f(x)}{g(x)}$ 存在，且 $\lim\limits_{x \to x_0} g(x) = 0$，则 $\lim\limits_{x \to x_0} f(x) = 0.$　　（　　）

(6)若 $\lim\limits_{x \to x_0} f(x)$ 与 $\lim\limits_{x \to x_0} [f(x)g(x)]$ 都存在，则 $\lim\limits_{x \to x_0} g(x)$ 必存在.　（　　）

2.计算下列极限.

(1)$\lim\limits_{x \to -1} \dfrac{3x+1}{x^2+1}.$

(2)$\lim\limits_{x \to 1} \dfrac{x^2-1}{2x^2-x-1}.$

(3)$\lim\limits_{x \to \infty} \dfrac{2x^2+x+1}{3x^2+1}.$

(4)$\lim\limits_{x \to \infty} \dfrac{\sqrt{2}\, x}{1+x^2}.$

$(5) \lim\limits_{x \to 2} \dfrac{x^3 + 2x^2}{(x-2)^2}.$

$(6) \lim\limits_{x \to 1} \left(\dfrac{1}{1-x} - \dfrac{3}{1-x^3} \right).$

$(7) \lim\limits_{x \to \infty} \left(\sqrt{x^2 + x + 1} - \sqrt{x^2 - x + 1} \right).$

$(8) \lim\limits_{n \to \infty} \dfrac{1 + 2 + 3 + \cdots + (n-1)}{n^2}.$

$(9) \lim\limits_{x \to \infty} \dfrac{(2x-1)^{300}(3x-2)^{200}}{(2x+1)^{500}}.$

$(10) \lim\limits_{x \to +\infty} \dfrac{2x \sin x}{\sqrt{1+x^2}} \arctan \dfrac{1}{x}.$

3. 已知 $\lim\limits_{x \to 1} \dfrac{x^2 + ax + b}{1-x} = 1$, 求常数 a 与 b 的值.

练习题七　两个重要极限

1.判断题.

(1) $\lim\limits_{x\to\infty}\dfrac{\sin x}{x}=1$.　　　　　　　　　　　　　　　　　（　　）

(2) $\lim\limits_{x\to\infty}\left(1-\dfrac{1}{x}\right)^{x}=\mathrm{e}$.　　　　　　　　　　　　　　（　　）

2.计算下列极限.

(1) $\lim\limits_{x\to0}\dfrac{\sin x+3x}{\tan x+2x}$.

(2) $\lim\limits_{x\to0}(1-3x)^{\frac{2}{x}}$.

(3) $\lim\limits_{n\to\infty}2^{n}\sin\dfrac{x}{2^{n}}\,(x\neq0)$.

(4) $\lim\limits_{x\to0}\left(x\sin\dfrac{1}{x}+\dfrac{1}{x}\sin x\right)$.

(5) $\lim\limits_{x\to0}\dfrac{\tan x-\sin x}{x^{3}}$.

(6) $\lim\limits_{x\to\infty}\left(\dfrac{x+1}{x+2}\right)^{x}$.

3. 已知 $\lim\limits_{x \to \infty}\left(\dfrac{x}{x-c}\right)^x = 2$，求 c．

4. 证明：当 $x \to 0$ 时，$\tan 2x \sim 2x$，$1 - \cos x \sim \dfrac{1}{2}x^2$．

练习题八 函数的连续性

1. 判断题.

(1) 若 $f(x)$，$g(x)$ 在点 x_0 处均连续，则 $f(x)+g(x)$ 在 x_0 处亦连续. ( )

(2) 若 $f(x)$ 在点 x_0 处连续，$g(x)$ 在点 x_0 处也连续，则 $f(x)g(x)$ 在点 x_0 处必连续.

( )

(3) 若 $f(x)$ 与 $g(x)$ 在点 x_0 处均不连续，则积 $f(x)g(x)$ 在点 x_0 处亦不连续. ( )

(4) $y=|x|$ 在点 $x=0$ 处不连续. ( )

(5) $f(x)$ 在点 x_0 处连续当且仅当 $f(x)$ 在点 x_0 处既左连续又右连续. ( )

(6) 设 $y=f(x)$ 在 (a,b) 内连续，则 $f(x)$ 在 (a,b) 内必有界. ( )

2. 填空题.

(1) 设 $f(x)=\dfrac{1}{x}\ln(1-x)$，若定义 $f(0)=$_____，则 $f(x)$ 在 $x=0$ 处连续.

(2) 若函数 $f(x)=\begin{cases}\dfrac{\tan ax}{x}, & x\neq 0, \\ 2, & x=0\end{cases}$ 在 $x=0$ 处连续，则 a 等于_____.

(3) 已知 $f(x)=\mathrm{sgn}x$，则 $f(x)$ 的定义域为_____，连续区间为_____.

(4) $f(x)=\dfrac{1}{\ln(x-1)}$ 的连续区间是_____.

(5) $\arctan x$ 在 $[0,+\infty)$ 上的最大值为_____，最小值为_____.

3. 选择题.

(1) 函数 $f(x)=\dfrac{\sin x}{x}+\dfrac{\mathrm{e}^{\frac{1}{x}}}{1-x}$ 在 $(-\infty,+\infty)$ 内的间断点的个数为(   ).

A. 0   B. 1   C. 2   D. 3

(2) $f(a+0)=f(a-0)$ 是函数 $f(x)$ 在 $x=a$ 处连续的(   ).

A. 必要条件   B. 充分条件   C. 充要条件   D. 无关条件

(3) 方程 $x^3-3x+1=0$ 在区间 $(0,1)$ 内(   ).

A. 无实根   B. 有唯一实根   C. 有两个实根   D. 有三个实根

4. 要使 $f(x)=\begin{cases}\dfrac{1}{x}\sin x, & x<0, \\ a, & x=0, \\ x\sin\dfrac{1}{x}+b, & x>0\end{cases}$ 连续，常数 a,b 各应取何值？

5. 指出下列函数的间断点,并指明是哪一类型的间断点.

(1) $f(x) = \dfrac{1}{x^2-1}$.

(2) $f(x) = e^{\frac{1}{x}}$.

(3) $f(x) = \begin{cases} x, & x \neq 1, \\ \dfrac{1}{2}, & x = 1. \end{cases}$

(4) $f(x) = \begin{cases} \dfrac{1}{x+1}, & x < -1, \\ x, & -1 \leqslant x \leqslant 1, \\ (x-1)\sin\dfrac{1}{x-1}, & x > 1. \end{cases}$

6. 求下列极限.

(1) $\lim\limits_{x \to 1} \ln(e^x + |x|)$.

(2) $\lim\limits_{x \to 4} \dfrac{\sqrt{2x+1}-3}{\sqrt{x-2}-\sqrt{2}}$.

$(3)\lim\limits_{x\to0}\dfrac{\log_a(1+3x)}{x}$. $\qquad\qquad$ $(4)\lim\limits_{x\to0^-}\dfrac{2^{\frac{1}{x}}-1}{2^{\frac{1}{x}}+1}$.

7. 证明方程 $4x-2^x=0$ 在 $\left(0,\dfrac{1}{2}\right)$ 内至少有一个实根.

五、复习题一

姓名_____ 班级_____

1. 判断题.

(1) 由函数 $y=f(u)$、$u=\varphi(x)$ 必可以构成复合函数 $y=f[\varphi(x)]$. （ ）

(2) 周期函数的周期有无穷多个. （ ）

(3) $f(x)=\cos\dfrac{1}{x}$ 是周期函数. （ ）

(4) 若 $y=f(x)$ 是定义在 $(-a,a)$ 内的任一函数,则 $f(x)+f(-x)$ 是偶函数. （ ）

(5) 设 $\lim\limits_{n\to\infty}|x_n|=0$,则 $\lim\limits_{n\to\infty}x_n=0$. （ ）

(6) 因为 $\lim\limits_{x\to0}\dfrac{\sin x}{\cos x}=0$,所以当 $x\to0$ 时,$\sin x$ 是 $\cos x$ 的高阶无穷小. （ ）

(7) $\lim\limits_{x\to1}\left(\dfrac{2}{1-x^2}-\dfrac{1}{1-x}\right)=\lim\limits_{x\to1}\dfrac{2}{1-x^2}-\lim\limits_{x\to1}\dfrac{1}{1-x}=\infty-\infty=0$. （ ）

(8) 函数 $f(x)$ 在点 x_0 处有定义,则当 $x\to x_0$ 时 $f(x)$ 的极限必存在. （ ）

(9) 分段函数必存在间断点. （ ）

(10) $f(x)$ 是 $x\to x_0$ 时的无穷小量,则 $\dfrac{1}{f(x)}$ 是 $x\to x_0$ 时的无穷大量. （ ）

2. 选择题.

(1) 设 $f(x)=|2x-5|$,则 $f[f(2)]=($ ）.

    A. 3   B. 2   C. 1   D. 0

(2) 已知函数 $f(x)$ 的定义域为 $[0,1]$,则 $f(x+a)$ 的定义域是（ ）.

    A. $[0,a]$ B. $[-a,0]$ C. $[a,a+1]$ D. $[-a,1-a]$

(3) 下列各对函数中,$f(x)$ 与 $g(x)$ 相同的是（ ）.

    A. $f(x)=\cos x$ 与 $g(x)=\sqrt{1-\sin^2 x}$

    B. $f(x)=\ln\dfrac{x}{1+x}$ 与 $g(x)=\ln x-\ln(1+x)$

    C. $f(x)=\sin^2 x+\cos^2 x$ 与 $g(x)=1$

    D. $f(x)=(\sqrt[3]{x})^3$ 与 $g(x)=(\sqrt{x})^2$

(4) 下列各组函数中,$y=f(u)$、$u=\varphi(x)$ 能构成复合函数 $y=f[\varphi(x)]$ 的是（ ）.

    A. $y=\sqrt{u}$, $u=-2+2x-x^2$ B. $y=\ln u$, $u=-x^2$

    C. $y=\arcsin u$, $u=x^2+3$ D. $y=\tan u$, $u=\sin x$

(5) 下列数列 $\{u_n\}$ 中,收敛的是（ ）.

    A. $u_n=(-1)^n\dfrac{n+1}{n}$ B. $u_n=\dfrac{\sin n}{n}$

    C. $u_n=\sin\dfrac{n\pi}{2}$ D. $u_n=\dfrac{1+(-1)^n}{2}$

(6) 下列极限存在的有（ ）.

    A. $\lim\limits_{x\to0}e^{\frac{1}{x}}$ B. $\lim\limits_{x\to0}\dfrac{1}{2^x-1}$

C. $\lim\limits_{x\to 0}\sin\dfrac{1}{x}$ D. $\lim\limits_{x\to\infty}\dfrac{x(x+1)(x-1)}{x^3}$

(7)在下列周期函数中,周期不为 π 的是( ).

  A. $y=3-\sin^2 x$ B. $y=\cos 2x$ C. $y=a+\tan x$ D. $y=\cos\dfrac{\pi}{2}x$

(8)当 $x\to 0$ 时,与 $\sin x^2$ 等价的无穷小量是( ).

  A. $\ln(1+x)$ B. $2(1-\cos x)$ C. $\tan 2x$ D. e^x-1

(9)函数 $y=(1+2x)^{\frac{1}{x}}$ 在 $x=0$ 处( ).

  A. 是无穷大   B. 是无穷小   C. 间断   D. 连续

(10)当 $x\to 1$ 时,函数 $f(x)=\dfrac{|x-1|}{x-1}$ 的极限为( ).

  A. 1   B. -1 C. 0   D. 不存在

(11)当 $x\to 0$ 时,下列变量中是无穷小量的为( ).

  A. $\dfrac{\sin x}{x}$ B. $e^{-x}-1$ C. $\arctan(x+1)$ D. $\ln x$

(12)当 $x\to 0$ 时,下列变量中是无穷大量的为( ).

  A. $\cot x$ B. 2^{-x} C. $e^{\frac{1}{x}}$ D. $\sec^2 x$

(13)$\lim\limits_{n\to\infty}(1+\dfrac{2}{n})^{2n}=$( ).

  A. e B. e^2 C. e^4 D. $e^{\frac{1}{2}}$

(14)若 $\lim\limits_{x\to x_0}f(x)=\lim\limits_{x\to x_0}g(x)$,则( ).

  A. $f(x)=g(x)$ B. $f(x)\leqslant g(x)$ C. $f(x)>g(x)$ D. 未必有 $f(x)=g(x)$

(15)设函数

$$f(x)=\begin{cases} \dfrac{1}{x}\sin x, & x<0, \\[2mm] p, & x=0, \\[2mm] x\sin\dfrac{1}{x}+q, & x>0 \end{cases}$$

  在点 $x=0$ 处连续,则( ).

  A. $p=0,q=0$ B. $p=0,q=1$ C. $p=1,q=0$ D. $p=1,q=1$

(16)$y=\ln\arcsin x$ 的连续区间是( ).

  A. $(0,1]$ B. $(0,1)$ C. $[0,1)$ D. $[0,1]$

3. 填空题.

(1)设 $f(x)=\dfrac{1-x}{1+x}$,则 $f\left(\dfrac{1}{x}\right)=$_____.

(2)函数 $f(x)=\sqrt{\ln(x^2+1)}$ 是由_____、_____、_____复合而成的.

(3)考虑奇偶性,函数 $f(x)=\dfrac{2^x+2^{-x}}{2^x-2^{-x}}$ 是_____函数.

(4)设有变量 $y=\dfrac{x-2}{x+3}$,则当 $x\to$_____时,y 为无穷小量;当 $x\to$_____时,y 为无穷大量.

(5) $\lim\limits_{x\to\infty}\dfrac{\sin x}{x}=$ _____ , $\lim\limits_{x\to0}\dfrac{1}{x}\sin x=$ _____ , $\lim\limits_{x\to\infty}x\sin\dfrac{1}{x}=$ _____ .

(6) $\lim\limits_{x\to\infty}\left(1-\dfrac{1}{2x}\right)^{x}=$ _____ , $\lim\limits_{x\to\frac{\pi}{2}}(1+\cos^2 x)^{\sec^2 x}=$ _____ .

(7) $\lim\limits_{x\to\infty}\dfrac{(x-1)^{10}(4x-3)^{20}}{(2x+1)^{30}}=$ _____ .

(8) $\lim\limits_{x\to0}\dfrac{\tan x^{n}}{\tan^{n}x}=$ _____ , $\lim\limits_{x\to0}\dfrac{\ln(1+x)}{x}=$ _____ .

(9) 当 $x\to0$ 时，$y=x+\tan^2 x$ 是 x 的 _____ 阶无穷小.

(10) 函数 $f(x)=\dfrac{x^2-4}{x+2}$ 的连续区间是 _____ ，$\lim\limits_{x\to-2}f(x)=$ _____ ，$\lim\limits_{x\to0}f(x)$
$=$ _____ .

(11) 为使函数 $f(x)=\dfrac{\arctan x}{x}$ 成为连续函数，应补充定义 $f(0)=$ _____ .

(12) 若函数 $f(x)$ 在点 x_0 处右连续，则 $\lim\limits_{x\to x_0^+}f(x)=$ _____ .

(13) 设函数 $f(x)=\begin{cases}a\mathrm{e}^x, & x<0, \\ 4x-1, & x\geqslant0\end{cases}$ 在 $x=0$ 处连续，则 $a=$ _____ .

(14) 若 $\lim\limits_{x\to\infty}\varphi(x)=a$ （a 为常数），则 $\lim\limits_{x\to\infty}\mathrm{e}^{\varphi(x)}=$ _____ .

(15) $\lim\limits_{x\to+\infty}\mathrm{e}^{-x}\sin x=$ _____ .

4. 求下列函数的定义域.

(1) $y=\ln\dfrac{1}{1-x}+\sqrt{x+2}$.　　　　(2) $y=\sqrt{3-x}+\arccos\dfrac{x-2}{3}$.

5. 讨论函数 $f(x)=\ln(x+\sqrt{x^2+1})$ 的奇偶性.

6. 根据已知条件求函数的表达式.

(1) 设 $f\left(\dfrac{1}{x}\right)=\dfrac{x-1}{x^2}$ ，求 $f(x)$.　　　(2) 设 $f(x+1)=x^2-3x+2$ ，求 $f(x)$.

7.求下列极限.

(1) $\lim\limits_{n \to \infty}(\dfrac{n^2-3}{n+1}-n)$.

(2) $\lim\limits_{x \to 1}\dfrac{\sqrt{x^2+3x-1}}{e^{x-1}}$.

(3) $\lim\limits_{n \to \infty}\dfrac{1+a+a^2+\cdots+a^n}{1+b+b^2+\cdots+b^n}$ $(-1<a<1,-1<b<1)$.

(4) $\lim\limits_{x \to 0}\dfrac{\ln(1+x)}{\sin 2x}$.

(5) $\lim\limits_{x \to 1}\dfrac{x^n-1}{x-1}$.

(6) $\lim\limits_{x \to 4}\dfrac{\sqrt{2x+1}-3}{\sqrt{x-2}-\sqrt{2}}$.

(7) $\lim\limits_{x \to \infty}(\sqrt{x^2+1}-\sqrt{x^2-1})$.

(8) $\lim\limits_{x \to a}\dfrac{\sin x-\sin a}{x-a}$.

(9) $\lim\limits_{x \to 0}(1+3\tan^2 x)^{\cot^2 x}$.

(10) $\lim\limits_{x \to 0}\dfrac{x^2\sin\dfrac{1}{x^2}}{\sin x}$.

8.若当 $x \to 0$ 时,无穷小 $x+a\sin x$ 是 $3x$ 的(1)高阶无穷小,(2)同阶无穷小,(3)等价无穷小,分别求 a 的值.

9.求下列函数的间断点并分类,若是可去间断点,则补充或改变定义,使其在该点连续.

$(1)y=\dfrac{x^2-x-2}{x^2-5x+6}.$

$(2)y=\dfrac{\sqrt[3]{1+4x}-1}{\sin\dfrac{x}{3}}.$

$(3)f(x)=\begin{cases}x^2+3x-4, & 0<x<1,\\ 3, & x=1,\\ \mathrm{e}^{x-1}, & 1<x<2.\end{cases}$

10.研究函数 $f(x)=\lim\limits_{n\to\infty}\dfrac{x^n}{1+x^n}$ （$x\geqslant0$）的连续性,并作出图像.

11. 设 $f(x),g(x)$ 是 $[a,b]$ 上的两个连续函数,且 $f(a)>g(a),f(b)<g(b)$.试证:至少存在一点 $x_0(a<x_0<b)$,使得 $f(x_0)=g(x_0)$.

12. 有如图 1-1 所示的等腰梯形,当垂直于 x 轴的直线扫过梯形时,直线与 x 轴的交点坐标为 $(x,0)$,求直线扫过的面积 S 与 x 之间的函数关系,指出定义域,并求 $S(1)$、$S(3)$、$S(5)$、$S(6)$ 的值.

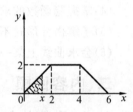

图 1-1

第2章 导数与微分

本章研究的是函数的变化率——导数的概念及其求导法则,这是高等数学的核心内容之一,是进一步学习的基础.

一、基本要求

(1)理解导数和微分的概念,了解导数和微分的几何意义,掌握函数可导、可微、连续之间的关系.

(2)掌握导数和微分的运算法则及其基本公式,能熟练地求初等函数的导数.

(3)了解高阶导数的概念,理解二阶导数的物理意义,能熟练地求出初等函数的二阶导数,会求 $x^a, a^x, \ln x, \cos x, \sin x$ 的 n 阶导数.

(4)掌握隐函数的求导方法,会求参数方程所确定的函数的一阶、二阶导数.

(5)了解微分形式不变性的意义,掌握用微分进行简单近似计算的方法.

(6)会求曲线上某一点处的切线方程和法线方程.

二、内容回顾

(一)导数的概念

1.导数的定义

设函数 $y=f(x)$ 在点 x_0 的某一邻域内有定义,当自变量在点 x_0 处有改变量 Δx 时,相应的,函数有改变量 $\Delta y=f(x_0+\Delta x)-f(x_0)$.如果当 $\Delta x \to 0$ 时,Δy 与 Δx 之比 $\dfrac{\Delta y}{\Delta x}$ 的极限存在,则称这个极限值为函数 $y=f(x)$ 在点 x_0 处的导数,记作 $f'(x_0)$,$y'|_{x=x_0}$,$\dfrac{\mathrm{d}y}{\mathrm{d}x}\Big|_{x=x_0}$ 或 $\dfrac{\mathrm{d}}{\mathrm{d}x}f(x)\Big|_{x=x_0}$,即

$$f'(x_0)=\lim_{\Delta x \to 0}\frac{\Delta y}{\Delta x}=\lim_{\Delta x \to 0}\frac{f(x_0+\Delta x)-f(x_0)}{\Delta x}. \tag{1}$$

如果令 $\Delta x=x-x_0$,则式(1)变为

$$f'(x_0)=\lim_{x \to x_0}\frac{f(x)-f(x_0)}{x-x_0}. \tag{2}$$

类似左、右极限的定义,我们定义左、右导数如下.

如果极限 $\lim\limits_{\Delta x \to 0^-}\dfrac{\Delta y}{\Delta x}=\lim\limits_{\Delta x \to 0^-}\dfrac{f(x_0+\Delta x)-f(x_0)}{\Delta x}$ 存在,则称此极限值为 $f(x)$ 在点 x_0 处的左导数,记为 $f'_-(x_0)$.

如果极限 $\lim\limits_{\Delta x \to 0^+}\dfrac{\Delta y}{\Delta x}=\lim\limits_{\Delta x \to 0^+}\dfrac{f(x_0+\Delta x)-f(x_0)}{\Delta x}$ 存在,则称此极限值为 $f(x)$ 在点 x_0 处

的右导数,记为 $f'_+(x_0)$.

显然,$f'(x_0)$存在的充分必要条件是 $f'_-(x_0)=f'_+(x_0)$.

该结论在判断函数于某点是否可导及求分段函数在分界点处的导数时经常用到.

2. 导函数

若函数 $y=f(x)$ 在 (a,b) 内每一点都可导,此时,对应每一点 $x\in(a,b)$ 都有一个导数值,这就构成一个新的函数,称为导函数,简称导数,记作 $f'(x)$、y'、$\dfrac{dy}{dx}$ 或 $\dfrac{df(x)}{dx}$.

3. 导数的几何意义与物理意义

几何意义 导数 $f'(x_0)$ 是函数 $y=f(x)$ 的图像在点 x_0 处切线的斜率.

*物理意义** 导数 $f'(x)$ 是函数在点 x 处的变化率,在实际问题中有相应的解释,例如:位移函数 $s(t)$ 的导数 $s'(t)$ 表示速度 $v(t)$,而速度函数的导数 $v'(t)$ 为该运动物体在时刻 t 处的加速度.

4. 可导与连续

如果 $f(x)$ 在点 x_0 处可导,则 $f(x)$ 在点 x_0 处连续,反之不一定成立.

(二)导数的运算

1. 基本求导公式

$(c)'=0$ （c 为常数）; $\qquad$ $(x^u)'=ux^{u-1}$;

$(\sin x)'=\cos x$; $\qquad$ $(\cos x)'=-\sin x$;

$(\tan x)'=\sec^2 x$; $\qquad$ $(\cot x)'=-\csc^2 x$;

$(\sec x)'=\sec x\tan x$; $\qquad$ $(\csc x)'=-\csc x\cot x$;

$(\arcsin x)'=\dfrac{1}{\sqrt{1-x^2}}$; $\qquad$ $(\arccos x)'=-\dfrac{1}{\sqrt{1-x^2}}$;

$(\arctan x)'=\dfrac{1}{1+x^2}$; $\qquad$ $(\operatorname{arccot} x)'=-\dfrac{1}{1+x^2}$;

$(a^x)'=a^x\ln a$; $\qquad$ $(e^x)'=e^x$;

$(\log_a x)'=\dfrac{1}{x\ln a}$; $\qquad$ $(\ln x)'=\dfrac{1}{x}$.

2. 导数的四则运算

若 $u=u(x)$,$v=v(x)$ 均为可导函数,则有
$$(u\pm v)'=u'\pm v', \quad (uv)'=u'v+uv',$$
$$(cu)'=cu' \ （c\text{ 为常数}）, \quad \left(\frac{u}{v}\right)'=\frac{u'v-uv'}{v^2}.$$

3. 复合函数的求导法则

设有复合函数 $y=f[\varphi(x)]$,这里 $y=f(u)$,而 $u=\varphi(x)$,且 $f(u)$、$\varphi(x)$ 均可导,则有
$$\frac{dy}{dx}=\frac{dy}{du}\cdot\frac{du}{dx} \quad \text{或} \quad y'_x=y'_u\cdot u'_x.$$

注 1° 复合函数的求导法则可推广到多个中间变量的情形. 以两个中间变量为例, 对复合函数 $y=f\{\varphi[\psi(x)]\}$, 这里 $y=f(u),u=\varphi(v),v=\psi(x)$, 有

$$\frac{\mathrm{d}y}{\mathrm{d}x}=\frac{\mathrm{d}y}{\mathrm{d}u}\cdot\frac{\mathrm{d}u}{\mathrm{d}v}\cdot\frac{\mathrm{d}v}{\mathrm{d}x} \quad \text{或} \quad y'_x=y'_u\cdot u'_v\cdot v'_x.$$

2° 应用复合函数求导法则时, 首先将复合函数由外向内逐层分解, 然后求其导数.

4. 反函数的求导法则

设 $y=f(x)$ 是 $x=\varphi(y)$ 的反函数且 $\varphi'(y)\neq 0$, 则有 $f'(x)=\dfrac{1}{\varphi'(y)}$.

5. 隐函数的求导方法

由方程 $F(x,y)=0$ 确定 y 为 x 的函数 $y=y(x)$, 则此隐函数的导数 $\dfrac{\mathrm{d}y}{\mathrm{d}x}$ 可由下述步骤完成:

(1) 将方程两端同时对 x 求导, 即 $\dfrac{\mathrm{d}}{\mathrm{d}x}F(x,y)=0$, 求导过程中视 y 为 x 的函数;

(2) 解出 $\dfrac{\mathrm{d}y}{\mathrm{d}x}$.

6. 参数方程所确定的函数的求导方法

设 y 是由参数方程 $\begin{cases}x=\varphi(t),\\ y=\psi(t)\end{cases}$ 表示的 x 的函数, $x=\varphi(t)$、$y=\psi(t)$ 均可导且 $\varphi'(t)\neq 0$, 则有

$$\frac{\mathrm{d}y}{\mathrm{d}x}=\frac{\mathrm{d}y}{\mathrm{d}t}\bigg/\frac{\mathrm{d}x}{\mathrm{d}t}=\frac{y'_t}{x'_t}.$$

如果 $x=\varphi(t)$、$y=\psi(t)$ 还是二阶可导的, 则

$$\frac{\mathrm{d}^2y}{\mathrm{d}x^2}=\frac{\mathrm{d}}{\mathrm{d}x}\left(\frac{\mathrm{d}y}{\mathrm{d}x}\right)=\frac{\mathrm{d}}{\mathrm{d}x}\left(\frac{y'_t}{x'_t}\right)\cdot\frac{\mathrm{d}t}{\mathrm{d}x}$$

$$=\frac{x'_ty''_t-x''_ty'_t}{(x'_t)^2}\cdot\frac{1}{x'(t)}$$

$$=\frac{x'_ty''_t-x''_ty'_t}{(x'_t)^3}.$$

(三)高阶导数

1. 定义

如果函数 $y=f(x)$ 的导函数 $\dfrac{\mathrm{d}y}{\mathrm{d}x}=f'(x)$ 仍然可导, 则 $f'(x)$ 的导数

$$\lim_{\Delta x\to 0}\frac{\Delta f'(x)}{\Delta x}=\lim_{\Delta x\to 0}\frac{f'(x+\Delta x)-f'(x)}{\Delta x}$$

称为函数 $y=f(x)$ 的二阶导数, 记作 y''、$f''(x)$ 或 $\dfrac{\mathrm{d}^2y}{\mathrm{d}x^2}$, 即

$$f''(x) = \lim_{\Delta x \to 0} \frac{\Delta f'(x)}{\Delta x}$$
$$= \lim_{\Delta x \to 0} \frac{f'(x + \Delta x) - f'(x)}{\Delta x}.$$

类似地,可定义三阶导数,四阶导数,$\cdots$,n 阶导数,分别记为

$$y''',\ y^{(4)},\cdots,\ y^{(n)} \quad \text{或} \quad \frac{\mathrm{d}^3 y}{\mathrm{d}x^3},\frac{\mathrm{d}^4 y}{\mathrm{d}x^4},\cdots,\frac{\mathrm{d}^n y}{\mathrm{d}x^n}.$$

二阶及二阶以上的导数统称为高阶导数.

2. 几个常见函数的高阶导数

$$(x^n)^{(n)} = n!; \qquad\qquad (\sin x)^{(n)} = \sin\left(x + \frac{n\pi}{2}\right);$$

$$(a^x)^{(n)} = a^x \ln^n a \quad (a > 0, a \neq 1); \quad (\ln x)^{(n)} = (-1)^{n-1} \cdot (n-1)! x^{-n}.$$

(四)函数的微分

1. 微分的定义

设函数 $y = f(x)$ 在点 x 处具有导数 $f'(x)$,则称 $f'(x) \cdot \Delta x$ 为函数 $y = f(x)$ 在点 x 处的微分,记为 $\mathrm{d}y$,即 $\mathrm{d}y = f'(x)\Delta x$.

当 x 为自变量时有 $\mathrm{d}x = \Delta x$,于是函数 $y = f(x)$ 的微分可记为 $\mathrm{d}y = f'(x)\mathrm{d}x$.

2. 微分的几何意义

如图 2-1 所示,函数 $f(x)$ 在点 x 处的微分就是曲线 $y = f(x)$ 在点 $M(x,y)$ 处的切线的纵坐标对应于 Δx 的改变量,即 $\mathrm{d}y = PQ$.

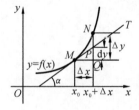

图 2-1

3. 微分的运算法则

由微分的定义,在求出函数 $f(x)$ 的导数后再乘以自变量的微分就得到函数的微分,因此微分的基本公式可由导数的基本公式推出.

微分的运算法则:

$$\mathrm{d}(u \pm v) = \mathrm{d}u \pm \mathrm{d}v; \qquad\qquad \mathrm{d}(uv) = v\mathrm{d}u + u\mathrm{d}v;$$

$$\mathrm{d}(cu) = c\mathrm{d}u \quad (c \text{ 为常数}); \quad \mathrm{d}\left(\frac{u}{v}\right) = \frac{v\mathrm{d}u - u\mathrm{d}v}{v^2}.$$

4. 微分形式不变性

不论 u 是自变量还是中间变量,公式 $\mathrm{d}y = f'(u)\mathrm{d}u$ 均成立,这一性质称为微分形式不变性.

5. 微分在近似计算中的应用

当 $|\Delta x|$ 很小时,函数 $y = f(x)$ 在点 x_0 处的改变量 Δy 可用 $\mathrm{d}y$ 近似代替,即

$$\Delta y = f(x_0 + \Delta x) - f(x_0) \approx \mathrm{d}y = f'(x_0) \cdot \Delta x,$$

从而也可推出函数的近似计算公式

$$f(x_0+\Delta x)\approx f(x_0)+f'(x_0)\cdot \Delta x.$$

三、本章知识结构框图

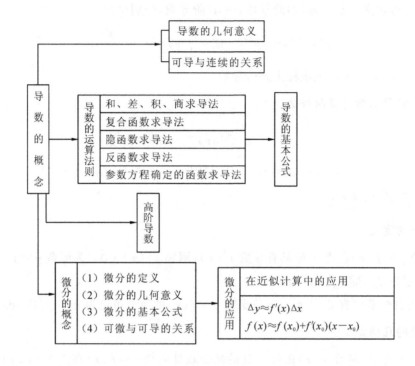

四、练习题

练习题九　导数概念

1. 判断题.

(1) $f'(x_0)=[f(x_0)]'$.　　　　　　　　　　　　　　　　（　　）

(2) 曲线 $y=f(x)$ 在点 $(x_0,f(x_0))$ 处有切线,则 $f'(x_0)$ 一定存在.　（　　）

(3) 若 $f'(x)>g'(x)$,则 $f(x)>g(x)$.　　　　　　　　　　（　　）

(4) 周期函数的导函数仍为周期函数.　　　　　　　　　　　（　　）

(5) 偶函数的导数为奇函数,奇函数的导数为偶函数.　　　　　（　　）

(6) $y=f(x)$ 在 $x=x_0$ 处连续,则 $f'(x_0)$ 一定存在.　　　　（　　）

2. 填空题.

(1) 设 $f(x)$ 在点 x_0 处可导,则 $\lim\limits_{\Delta x\to 0}\dfrac{f(x_0-\Delta x)-f(x_0)}{\Delta x}=$_____,

$\lim\limits_{h\to 0}\dfrac{f(x_0+h)-f(x_0-h)}{h}=$_____.

(2) 若 $f'(0)$ 存在且 $f(0)=0$,则 $\lim\limits_{x\to 0}\dfrac{f(x)}{x}=$_____.

(3) 已知 $f(x)=\begin{cases}x^2, & x\geqslant 0,\\ -x^2, & x<0,\end{cases}$ 则 $f'(0)=$_____.

(4) 在曲线 $y=\mathrm{e}^x$ 上取横坐标 $x_1=0$ 及 $x_2=1$ 两点,作过这两点的割线,则曲线 $y=\mathrm{e}^x$ 在点_____处的切线_____平行于这条割线.

3. 选择题.

(1) 函数 $f(x)$ 的 $f'(x_0)$ 存在等价于（　　）.

A. $\lim\limits_{n\to\infty}n\left[f\left(x_0+\dfrac{1}{n}\right)-f(x_0)\right]$ 存在

B. $\lim\limits_{h\to 0}\dfrac{f(x_0-h)-f(x_0)}{h}$ 存在

C. $\lim\limits_{\Delta x\to 0}\dfrac{f(x_0+\Delta x)-f(x_0-\Delta x)}{\Delta x}$ 存在

D. $\lim\limits_{\Delta x\to 0}\dfrac{f(x_0+3\Delta x)-f(x_0+\Delta x)}{\Delta x}$ 存在

(2) 若函数 $f(x)$ 在点 x_0 处可导,则 $|f(x)|$ 在点 x_0 处（　　）.

A. 可导　　　B. 不可导　　　C. 连续但未必可导　　　D. 不连续

4. 求 $y=\dfrac{1}{\sqrt[3]{x}}$ 的 $y'(x)$ 及 $y'(1)$.

5.设 $\varphi(x)$ 在 $x=a$ 处连续，$f(x)=(x-a)\varphi(x)$，求 $f'(a)$.

6.已知 $f(x)=\begin{cases} x^2, & x\leqslant 1, \\ ax+b, & x>1. \end{cases}$

(1)确定 a 和 b，使 $f(x)$ 在实数域内处处可导.

(2)将上一问中求出的 a 和 b 的值代入 $f(x)$，求 $f(x)$ 的导数.

7. 求曲线 $y = x^4 - 3$ 在点 $(1, -2)$ 处的切线方程和法线方程.

8. 已知函数 $f(x) = \begin{cases} \dfrac{\sqrt{1+x} - 1}{\sqrt{x}}, & x > 0, \\ 0, & x \leqslant 0. \end{cases}$ 证明:

(1) $f(x)$ 在 $x = 0$ 处连续;

(2) $f(x)$ 在 $x = 0$ 处的左导数存在,而右导数不存在;

(3) $f(x)$ 在 $x = 0$ 处不可导.

练习题十   导数的四则运算   反函数的导数

1.填空题.

(1)$(\sqrt{2})' = $_____;

(2)$(x^\mu)' = $_____ ($\mu$ 为实常数);

(3)$(e^x)' = $_____;

(4)$(2^x)' = $_____;

(5)$(\ln x)' = $_____;

(6)$(\log_a x)' = $_____ ($a>0$ 且 $a\neq1$);

(7)$(\sin x)' = $_____;

(8)$(\cos x)' = $_____;

(9)$(\tan x)' = $_____;

(10)$(\cot x)' = $_____;

(11)$(\arcsin x)' = $_____;

(12)$(\arccos x)' = $_____;

(13)$(\arctan x)' = $_____;

(14)$(\text{arccot} x)' = $_____.

2.选择题.

(1)在函数 $f(x)$ 和 $g(x)$ 的定义域上的一点 x_0,下述说法正确的是(   ).

 A.若 $f(x),g(x)$ 中至少一个不可导,则 $f(x)+g(x)$ 不可导

 B.若 $f(x),g(x)$ 均不可导,则 $f(x)+g(x)$ 不可导

 C.若 $f(x),g(x)$ 只有其一不可导,则 $f(x)g(x)$ 必不可导

 D.若 $f(x),g(x)$ 均不可导,则 $f(x)g(x)$ 有可能可导

(2)直线 l 与 x 轴平行且与曲线 $y=x-e^x$ 相切,则切点为(   ).

 A.$(1,1)$ B.$(-1,1)$ C.$(0,1)$ D.$(0,-1)$

3.求下列函数的导数.

(1)$y=x^2(\cos x+\sqrt{x})$.

(2)$y=\dfrac{1-\sqrt{x}}{1+\sqrt{x}}$.

(3)$y=(x-1)(x-2)(x-3)$.

(4)$y=\sqrt[3]{x}\sin x+a^x e^x$.

(5) $y = x \log_2 x + \ln 2.$ (6) $y = \cot x \arctan x.$

4. 设 $y = x \ln x + \dfrac{1}{\sqrt{x}}$, 求 $\dfrac{\mathrm{d}y}{\mathrm{d}x}$ 及 $\dfrac{\mathrm{d}y}{\mathrm{d}x}\big|_{x=1}.$

练习题十一　复合函数的求导法则

1.填空题.

(1)$(\cos2x^2)' = $_____.

(2)$(\cos2x^2)'_{(2x^2)} = $_____.

(3)$(\cos2x^2)'_{(x^2)} = $_____.（其中圆括号中的下标表示相对求导变量.）

2.求下列函数的导数.

(1)$y = \cos\dfrac{1}{x}$.

(2)$y = \ln\left(\dfrac{1}{x} + \ln\dfrac{1}{x}\right)$.

(3)$y = \ln(1-x)$.

(4)$y = \ln(x + \sqrt{1+x^2})$.

(5)$y = \sqrt{x + \sqrt{x + \sqrt{x}}}$.

(6)$y = \dfrac{\sin2x}{x^2}$.

(7)$y = \dfrac{\arcsin x}{\arccos x}$.

(8)$y = \sin[\cos^2(\tan3x)]$.

3.在下列各题中,设 $f(u)$ 为可导函数,求 $\dfrac{\mathrm{d}y}{\mathrm{d}x}$.

(1) $y = f(\sin^2 x) + \sin f^2(x)$.

(2) $y = f(\mathrm{e}^x)\mathrm{e}^{f(x)}$.

(3) $y = f\{f[f(x)]\}$.

4.设 $f(u)$ 为可导函数,且 $f(x+3) = x^5$,求 $f'(x+3)$ 和 $f'(x)$.

练习题十二　隐函数的导数　参数式函数的导数

1.判断题.

(1)若 $y^3-3y+2x=1$ 确定隐函数 $y=y(x)$,则 $3y^2\dfrac{dy}{dx}-3\times1+2\times1=0$,故 $\dfrac{dy}{dx}=\dfrac{1}{3y^2}$.

（　　）

(2)设 $\begin{cases}x=\cos t,\\ y=\sin t,\end{cases}$ 则 $\dfrac{dy}{dx}=(\sin t)'=\cos t$.　　　　　　（　　）

(3)由导数公式 $(x^\mu)'=\mu x^{\mu-1}$ 可得 $(x^x)'=x\cdot x^{x-1}$.　　　　（　　）

2.设 $y=y(x)$ 由方程 $e^{xy}+y^3-5x=0$ 所确定,试求 $\dfrac{dy}{dx}\Big|_{x=0}$.

3.设隐函数 $y=y(x)$ 由方程 $x=\ln(x+y)$ 确定,求 $\dfrac{dy}{dx}$.

4.利用对数求导法求导数.

(1)$y=\sqrt{x\sin x\sqrt{1-\mathrm{e}^x}}$.　　　　　(2)$y=x^{\ln x}$.

5.求参数式函数的导数.

(1)$\begin{cases}x=1-t^2,\\y=t-t^2,\end{cases}$求$\dfrac{\mathrm{d}y}{\mathrm{d}x}$.　　　　(2)$\begin{cases}x=\ln t,\\y=\sin t,\end{cases}$求$\dfrac{\mathrm{d}y}{\mathrm{d}x}$.

练习题十三　高阶导数

1.填空题.

(1)$y=2x^2+\ln x$,则$y''|_{x=1}=$_____.

(2)$y=\dfrac{1}{1+2x}$,则$y^{(6)}=$_____.

(3)$y=10^x$,则$y^{(n)}(0)=$_____.

(4)$y=\sin 2x$,则$y^{(n)}=$_____.

2.选择题.

(1)已知$y=x\ln x$,则$y^{(3)}=$(　　).

A.$\dfrac{1}{x^2}$　　　　B.$\dfrac{1}{x}$　　　　C.$-\dfrac{1}{x^2}$　　　　D.$\dfrac{2}{x^3}$

(2)$y=x^n+e^{ax}$,则$y^{(n)}=$(　　).

A.$a^n e^{ax}$　　　　B.$n!$　　　　C.$n!+e^{ax}$　　　　D.$n!+a^n e^{ax}$

3.计算题.

(1)$y=3x^2+\cos x$,求y''.　　　　(2)$y=\dfrac{\ln x}{x}$,求$y''(1)$.

(3)$y=xe^x$,求$y^{(n)}$,$y^{(n)}(0)$.

4. 求由方程 $y\ln y = x + y$ 所确定的隐函数 $y = y(x)$ 的二阶导数 $\dfrac{\mathrm{d}^2 y}{\mathrm{d}x^2}$ 及 $\dfrac{\mathrm{d}^2 y}{\mathrm{d}x^2}\Big|_{x=0}$.

5. 求由参数方程 $\begin{cases} x = 1 + t^2, \\ y = t - \arctan t \end{cases}$ 所确定的函数 $y = y(x)$ 的二阶导数 $\dfrac{\mathrm{d}^2 y}{\mathrm{d}x^2}$.

6. 已知 $y^{(n-2)} = 2\arcsin x + \mathrm{e}^{2x^2+1}$,求 $y^{(n)}$.

练习题十四　函数的微分　微分在近似计算中的应用

1. 填空题.

(1) 设 $y = x^3 - x$ 在 $x_0 = 2$ 处 $\Delta x = 0.01$, 则 $\Delta y = $ _____, $\mathrm{d}y = $ _____.

(2) $2x^2\mathrm{d}x = \mathrm{d}$ _____.

(3) 设 $y = a^x + \mathrm{arccot}x$, 则 $\mathrm{d}y = $ _____ $\mathrm{d}x$.

(4) d _____ $= \dfrac{1}{\sqrt{x}}\mathrm{d}x$.

(5) 设 $y = \mathrm{e}^{\sqrt{\sin 2x}}$, 则 $\mathrm{d}y = $ _____ $\mathrm{d}(\sin 2x)$.

(6) 设 $y = \mathrm{e}^x\sin x$, 则 $\mathrm{d}y = $ _____ $\mathrm{d}(\mathrm{e}^x) + $ _____ $\mathrm{d}(\sin x)$.

2. 选择题.

(1) 设 $y = \cos x^2$, 则 $\mathrm{d}y = ($).

　　A. $-2x\cos x^2\mathrm{d}x$　　　B. $2x\cos x^2\mathrm{d}x$　　　C. $-2x\sin x^2\mathrm{d}x$　　　D. $2x\sin x^2\mathrm{d}x$

(2) 设 $y = f(u)$ 是可微函数, u 是 x 的可微函数, 则 $\mathrm{d}y = ($).

　　A. $f'(u)u\mathrm{d}x$　　　B. $f'(u)\mathrm{d}u$　　　C. $f'(u)\mathrm{d}x$　　　D. $f'(u)u'\mathrm{d}u$

(3) 用微分近似计算公式求得 $\mathrm{e}^{0.05}$ 的近似值为 ( ).

　　A. 0.05　　　　　B. 1.05　　　　　C. 0.95　　　　　D. 1

*(4) 当 $|\Delta|$ 充分小, $f'(x) \neq 0$ 时, 函数 $y = f(x)$ 的改变量 Δy 与微分 $\mathrm{d}y$ 的关系是 ( ).

　　A. $\Delta y = \mathrm{d}y$　　　B. $\Delta y < \mathrm{d}y$　　　C. $\Delta y > \mathrm{d}y$　　　D. $\Delta y \approx \mathrm{d}y$

3. 已知 $y = \cos x^2$, 求 $\dfrac{\mathrm{d}y}{\mathrm{d}x}, \dfrac{\mathrm{d}y}{\mathrm{d}x^2}, \dfrac{\mathrm{d}y}{\mathrm{d}x^3}, \dfrac{\mathrm{d}^2y}{\mathrm{d}x^2}$.

4.求下列函数的微分.

    (1)$y=x\mathrm{e}^x$.   (2)$y=x^{2x}$.

    (3)由 $x^2+\sin y-y\mathrm{e}^x=1$ 确定的隐函数 $y=y(x)$.

5.计算$\sqrt[3]{1.02}$的近似值.

五、复习题二

姓名_____　　　班级_____

1. 选择题.

(1) 设 $f(x) = e^{\sqrt{x}}$，则 $\lim\limits_{\Delta x \to 0} \dfrac{f(1+\Delta x)-f(1)}{\Delta x} = ($ 　　 $)$.

  A. $2e$ B. e C. $\dfrac{1}{2}e$ D. $\dfrac{1}{4}e$

(2) 下面说法正确的是 ($\quad$).

  A. 若 $f(x) = \varphi(x)$，则有 $f'(x) = \varphi'(x)$

  B. 若 $f'(x) = \varphi'(x)$，则有 $f(x) = \varphi(x)$

  C. 若 $f'(x_0) = 0$，则有 $f(x_0) = 0$

  D. 若 $f(x_0) = 0$，则有 $f'(x_0) = 0$

(3) 设函数 $f(x) = \begin{cases} x\sin\dfrac{1}{x}, & x \neq 0, \\ 0, & x = 0, \end{cases}$ 则 $f(x)$ 在 $x = 0$ 处 ($\quad$).

  A. 连续   B. 连续且可导

  C. 可导   D. 既不连续，也不可导

(4) 设函数 $f(x) = \begin{cases} \ln(1-x), & x < 0, \\ 0, & x = 0, \\ \sin x, & x > 0, \end{cases}$ 则 $f(x)$ 在 $x = 0$ 处的导数 ($\quad$).

  A. 不存在   B. 存在且为 1 C. 存在且为 0 D. 存在且为 -1

(5) 设 $f(0) = 0$，且 $f'(0)$ 存在，则 $\lim\limits_{x \to 0} \dfrac{f(x)}{x} = ($ 　　 $)$.

  A. $f'(x)$ B. $f'(0)$ C. $f(0)$ D. $\dfrac{1}{2}f(0)$

(6) 设函数 $f(x)$ 可导，则 $\lim\limits_{h \to 0} \dfrac{f(x+2h)-f(x)}{h} = ($ 　　 $)$.

  A. $-f'(x)$ B. $\dfrac{1}{2}f'(x)$ C. $2f'(x)$ D. $3f'(x)$

(7) 设 $y = f(x)$ 是在 $(-\infty, +\infty)$ 内可导的奇函数，若 $f'(a) = k$ $(k \neq 0)$，则 $f'(-a) = ($ 　　 $)$.

  A. $-k$ B. k C. $-\dfrac{1}{k}$ D. $\dfrac{1}{k}$

(8) 函数 $f(x) = \begin{cases} \ln x, & x \geq 1, \\ x-1, & x < 1 \end{cases}$ 在 $x = 1$ 处 ($\quad$).

  A. 不连续   B. 连续但不可导

  C. 连续且 $f'(1) = 1$ D. 连续且 $f'(1) = -1$

(9) 下面选项正确的是 ($\quad$).

  A. $[\cos(1-x)]'_x = -\sin(1-x)$ B. $[\cos(1-x)]'_{1-x} = \sin(1-x)$

  C. $\left(\ln 5 + \sin\dfrac{1}{x}\right)' = \dfrac{1}{5} - \dfrac{1}{x^2}\cos\dfrac{1}{x}$ D. $(x^x)' = x^x(1+\ln x)$

(10) 设 $f\left(\dfrac{x+1}{x}\right)=\dfrac{x+1}{x^2}$，则 $f'(x)=$（　　）.

  A. $-\dfrac{1}{x^2}-\dfrac{2}{x^3}$ B. $2x-1$ C. $-\dfrac{1}{x^2}$ D. x^2-x

(11) 设 $f(x)=x|x|$，则 $f'(0)=$（　　）.

  A. 1   B. -1 C. 0   D. 不存在

(12) 设 $y=\sin x$，则 $y^{(10)}=$（　　）.

  A. $\sin x$ B. $\cos x$ C. $-\sin x$ D. $-\cos x$

(13) 若 u、v 都是 x 的二阶可导函数，则 $(uv)''=$（　　）.

  A. $u''v+uv''$ B. $u''v'+v'u$

  C. $u'v+2u'v'+uv'$ D. $u''v+2u'v'+uv''$

(14) 设 $y=f(\cos x)$，$f(u)$ 为可微函数，则 $\mathrm{d}y=$（　　）.

  A. $f'(\cos x)\mathrm{d}x$ B. $f'(\cos x)\cos x\,\mathrm{d}x$

  C. $f'(\cos x)\sin x\,\mathrm{d}x$ D. $-f'(\cos x)\sin x\,\mathrm{d}x$

2. 填空题.

(1) 设函数 $f(x)$ 在点 $x=x_0$ 处可导，则 $\lim\limits_{\Delta x\to 0}\dfrac{f(x_0)-f(x_0-\Delta x)}{\Delta x}=$ _____.

(2) 设 $y=3^x+x^2-\tan x$，则 $y'=$ _____.

(3) 函数 y 由方程 $x+\varphi(y)=y$ 所确定，若 $\varphi'(y)$ 存在且 $\varphi'(y)\neq 1$，则 $y'_x=$ _____.

(4) 设 $f(x)=(x-1)x(x+1)$，则 $f'(1)=$ _____.

(5) 设 $f(x)=|x|$，则 $f'_-(0)=$ _____，$f'_+(0)=$ _____.

(6) 设 $f(x)=\mathrm{e}^{mx}$，则 $f^{(n)}(x)=$ _____.

(7) 设 $y=x^3-2x+3$，$\Delta x=0.1$，则在 $x=1$ 处的改变量 $\Delta y=$ _____，微分 $\mathrm{d}y$ = _____.

(8) 设 $\mathrm{d}f(x)=(\mathrm{e}^{2x}+\sin 3x)\mathrm{d}x$，则 $f(x)=$ _____.

3. (1) 设 $f(x)=\begin{cases}\ln(1-x), & x\leqslant 0,\\ \sin x, & x>0,\end{cases}$ 试问：$x=-1$ 和 $x=0$ 处函数是否可导？若可导，求出其导数.

(2) 设 $f(x)=\begin{cases}x^2, & x\leqslant 1,\\ ax+b, & x>1,\end{cases}$ 试确定 a、b 之值，使 $f(x)$ 在 $x=1$ 处可导.

4. 求下列函数的导数.

(1) $f(x) = \dfrac{(2x-1)^2}{x}$.

(2) $f(x) = (1-3x)^2 \mathrm{e}^x$.

(3) $f(x) = \dfrac{x\cos x}{1-\sin x}$.

(4) $f(x) = \dfrac{(x-2)^3}{\sqrt[3]{x}} + x\ln x^2$.

(5) $f(x) = \dfrac{3\mathrm{e}^x}{x^2} + \sqrt[3]{x\sqrt[3]{x\sqrt[3]{x}}}$.

(6) $f(x) = \ln\left(\dfrac{\mathrm{e}^{x^2}}{x^4}\right)$.

(7) $f(x) = \dfrac{2x}{2x+3} - x\arctan x$.

(8) $f(x) = \dfrac{1}{1+x^2} + (2+\sec x)\sin x$.

(9) $f(x) = \arcsin\sqrt{1-4x}$.

(10) $f(x) = \tan(\mathrm{e}^{-2x}+1)$.

(11) $f(x) = 10^{-\sin^3 2x}$.

(12) $f(x) = \cos[\mathrm{e}^{2x} - \ln(1+3x^2)]$.

(13) $f(x) = \sqrt{x+\sqrt{x}}$.

(14) $f(x) = \dfrac{\cos 2x}{1+\cos^2 x}$.

5.求下列方程所确定的隐函数的导数 y'_x.

(1) $\dfrac{x}{a^2} - \dfrac{y^2}{b^2} = 1$.

(2) $e^x \sin y - e^{-y} \cos x = 0$.

(3) $(2x+y)(2x-y) = 1$.

(4) $x^y - y^x = 1$.

(5) $f(x) = (2x)^{1-x}$.

(6) $f(x) = (\sin x)^{\ln x}$.

6.求下列参数方程所确定的函数的导数.

(1) $\begin{cases} x = \dfrac{1}{1+t}, \\ y = \dfrac{t}{1+t}, \end{cases}$ 求 $\dfrac{dy}{dx}, \dfrac{d^2 y}{dx^2}$.

(2) $\begin{cases} x = at\cos t, \\ y = at\sin t, \end{cases}$ 求 $\dfrac{dy}{dx}\Big|_{t=\frac{\pi}{2}}, \dfrac{d^2 y}{dx^2}\Big|_{t=\frac{\pi}{2}}$.

7.求下列函数的导数,其中 f、g 均为可导函数.

(1) $y = f(\sin\sqrt{x}) + \cos\left[g\left(\dfrac{1}{x}\right)\right]$.

(2) $y = e^{f(x^2)} g(\sqrt{x})$.

8.求曲线 $y=x\ln x-x$ 在 $x=$ e 处的切线方程和法线方程.

9.证明题.

(1)设 $y=f(x)$ 在 $(-\infty,+\infty)$ 内大于零且可导,证明曲线 $y=f(x)$ 和 $y=f(x)\sin x$ 在交点处彼此相切.

(2)证明可导的周期为 T 的函数 $f(x)$ 的导函数 $f'(x)$ 仍然是周期为 T 的周期函数.

(3)已知 $\varphi(x)=a^{f^2(x)}$,且 $f'(x)=\dfrac{1}{f(x)\ln a}$,证明 $\varphi'(x)=2\varphi(x)$.

(4)设函数 $f(x)=(x^3-a^3)g(x)$,其中 $g(x)$ 在 $x=a$ 处连续,证明 $f(x)$ 在 $x=a$ 处可导,并求 $f'(a)$ 的值.

10.求下列函数的 n 阶导数.

(1)$f(x)=\sin^4 x-\cos^4 x$.

(2)$f(x)=\dfrac{1-x}{1+x}$.

11.求下列函数的微分.

(1)$y=\dfrac{x^4}{x^2+1}$.

(2)$y=\ln\sqrt[3]{\dfrac{1+x}{1-x}}$.

(3) $y = x \mathrm{e}^{-2x}$.　　　　　　　(4) $(x-1)^y + x - y = 0$.

12. 计算下列近似值.

(1) $\arctan(0.95)$.　　　　　　(2) $\mathrm{e}^{1.01}$.

13. 设有一个球体,它原来的半径为 10 cm,为了使球体的体积增加 6%,球的半径及表面积各约增加多少?

第 3 章　中值定理与导数应用

微分中值定理是导数应用的理论基础.本章包括两个方面的内容:一是介绍微分中值定理及泰勒公式;二是导数的应用,即利用导数求未定式的极限,研究函数的单调性、极值、最值、凹凸性和拐点等,并利用导数作简要的经济分析.

一、基本要求

(1)理解罗尔定理与拉格朗日中值定理.

(2)掌握洛必达法则,会求未定式的极限.

(3)理解函数极值的概念,会用导数判断函数的单调性,会求函数的极值、最大值与最小值,并能解决一些实际问题中的最值问题.

(4)会用导数判断曲线的凹凸性和求曲线的拐点.

(5)会用导数作经济问题中的边际分析、弹性分析与最大利润、最低成本分析.

二、内容回顾

(一)中值定理

罗尔定理、拉格朗日定理及其相互关系如表 3-1 所示.

表 3-1

定理	内　　容	几 何 解 释
罗尔定理	若函数 $f(x)$ (1)在 $[a,b]$ 上连续, (2)在 (a,b) 内可导, (3)$f(a)=f(b)$, 则至少有一点 $\xi\in(a,b)$,使 $f'(\xi)=0$	 曲线 $y=f(x)$ 在 (a,b) 内必有水平切线
拉格朗日定理	若函数 $f(x)$ (1)在 $[a,b]$ 上连续, (2)在 (a,b) 内可导, 则至少有一点 $\xi\in(a,b)$,使 $f'(\xi)=\dfrac{f(b)-f(a)}{b-a}$	 曲线 $y=f(x)$ 在 (a,b) 内必有切线平行于弦 AB
相互关系	罗尔定理 $\underset{\text{特例}}{\overset{\text{推广}}{\rightleftarrows}}$ 拉格朗日定理 $f(a)=f(b)$	

注意　(1)拉格朗日中值定理的结论还可表示成:

$1°$　$f(b)-f(a)=f'(\xi)(b-a)$　　$(a<\xi<b)$;

$2°$ $f(x+\Delta x)-f(x)=f'(\xi)\Delta x$ （ξ 介于 x 与 $x+\Delta x$ 之间）；

$3°$ $f(x+\Delta x)-f(x)=f'(x+\theta\Delta x)\Delta x$ （$0<\theta<1$）.

（2）拉格朗日中值定理的一个重要推论：如果函数 $f(x)$ 在 (a,b) 内的导数恒为零，则 $f(x)$ 在 (a,b) 内是一个常数.

（二）泰勒公式

1. 泰勒（Taylor）中值定理

如果函数 $f(x)$ 在含有点 x_0 的某个开区间 I 内具有直到 $n+1$ 阶导数，则当 $x\in I$ 时，$f(x)$ 可以表示为 $(x-x_0)$ 的一个 n 次多项式与一个余项 $R_n(x)$ 之和，即

$$f(x)=f(x_0)+\frac{f'(x_0)}{1!}(x-x_0)+\frac{f''(x_0)}{2!}(x-x_0)^2+\cdots+\frac{f^{(n)}(x_0)}{n!}(x-x_0)^n+R_n(x),$$

其中，$R_n(x)=\dfrac{f^{(n+1)}(\xi)}{(n+1)!}(x-x_0)^{n+1}$ （ξ 介于 x_0 与 x 之间）.

2. 余项的意义

当用 n 次多项式

$$P_n(x)=f(x_0)+\frac{f'(x_0)}{1!}(x-x_0)+\frac{f''(x_0)}{2!}(x-x_0)^2+\cdots+\frac{f^{(n)}(x_0)}{n!}(x-x_0)^n$$

近似表示 $f(x)$ 时，其误差为 $|f(x)-P_n(x)|=|R_n(x)|$. 当 $x\to x_0$ 时，误差 $|R_n(x)|$ 是比 $(x-x_0)^n$ 高阶的无穷小. 而 $R_n(x)=\dfrac{f^{(n+1)}(\xi)}{(n+1)!}(x-x_0)^{n+1}$ 称为拉格朗日型余项.

3. 麦克劳林公式

$$f(x)=f(0)+\frac{f'(0)}{1!}x+\frac{f''(0)}{2!}x^2+\cdots+\frac{f^{(n)}(0)}{n!}x^n+\frac{f^{(n+1)}(\theta x)}{(n+1)!}x^{n+1} \quad (0<\theta<1).$$

麦克劳林公式是泰勒公式中取 $x_0=0$ 得到的.

4. 几个常用的麦克劳林展开式

$$e^x=1+\frac{x}{1!}+\frac{x^2}{2!}+\cdots+\frac{x^n}{n!}+\frac{e^{\theta x}}{(n+1)!}x^{n+1} \quad (0<\theta<1);$$

$$\sin x=x-\frac{x^3}{3!}+\frac{x^5}{5!}-\cdots+(-1)^{m-1}\frac{x^{2m-1}}{(2m-1)!}+\frac{\sin\left[\theta x+(2m+1)\cdot\frac{\pi}{2}\right]}{(2m+1)!} \quad (0<\theta<1);$$

$$\cos x=1-\frac{x^2}{2!}+\frac{x^4}{4!}-\cdots+(-1)^m\frac{x^{2m}}{(2m)!}+\frac{\cos\left[\theta x+(2m+2)\cdot\frac{\pi}{2}\right]}{(2m+2)!} \quad (0<\theta<1);$$

$$\ln(1+x)=x-\frac{x^2}{2}+\frac{x^3}{3}-\cdots+(-1)^{n-1}\frac{x^n}{n}+(-1)^n\frac{x^{n+1}}{(n+1)(1+\theta x)^{n+1}} \quad (0<\theta<1);$$

$$(1+x)^\alpha=1+\alpha x+\frac{\alpha(\alpha-1)}{2!}x^2+\cdots+\frac{\alpha(\alpha-1)(\alpha-2)\cdots(\alpha-n+1)}{n!}x^n$$

$$+\frac{\alpha(\alpha-1)(\alpha-2)\cdots(\alpha-n)}{(n+1)!}(1+\theta x)^{\alpha-n-1}x^{n+1} \quad (0<\theta<1, \alpha \text{ 为任意实数}).$$

(三)洛必达法则

1. 未定式

如果 $\lim\limits_{\substack{x\to x_0\\(x\to\infty)}}f(x)=0$，$\lim\limits_{\substack{x\to x_0\\(x\to\infty)}}g(x)=0$，则称极限 $\lim\limits_{\substack{x\to x_0\\(x\to\infty)}}\dfrac{f(x)}{g(x)}$ 为 $\dfrac{0}{0}$ 型未定式.

如果 $\lim\limits_{\substack{x\to x_0\\(x\to\infty)}}f(x)=\infty$，$\lim\limits_{\substack{x\to x_0\\(x\to\infty)}}g(x)=\infty$，则称极限 $\lim\limits_{\substack{x\to x_0\\(x\to\infty)}}\dfrac{f(x)}{g(x)}$ 为 $\dfrac{\infty}{\infty}$ 型未定式.

类似地，还可有 $0\cdot\infty$、$\infty-\infty$、0^0、1^∞、∞^0 等类型的未定式.

2. 洛必达法则

(1) $\dfrac{0}{0}$ 的情形.

定理　设 1° $\lim\limits_{\substack{x\to x_0\\(x\to\infty)}}f(x)=\lim\limits_{\substack{x\to x_0\\(x\to\infty)}}F(x)=0,$

2° 在点 x_0 的某去心邻域内(或 $|x|>M$)，$f'(x)$ 及 $F'(x)$ 都存在，且 $F'(x)\neq 0,$

3° $\lim\limits_{\substack{x\to x_0\\(x\to\infty)}}\dfrac{f'(x)}{F'(x)}$ 存在(或为 ∞)，

则
$$\lim_{\substack{x\to x_0\\(x\to\infty)}}\frac{f(x)}{F(x)}=\lim_{\substack{x\to x_0\\(x\to\infty)}}\frac{f'(x)}{F'(x)}.$$

(2) $\dfrac{\infty}{\infty}$ 的情形.

将上述定理中的条件 1° 换成 $\lim\limits_{\substack{x\to x_0\\(x\to\infty)}}f(x)=\lim\limits_{\substack{x\to x_0\\(x\to\infty)}}F(x)=\infty$，结论仍成立.

也就是说，对 $\dfrac{0}{0}$ 型和 $\dfrac{\infty}{\infty}$ 型的极限，只要条件 2°、3° 满足，就可用分子、分母分别求导的方法求极限.

(3) 其他未定式.

如 $0\cdot\infty$、$\infty-\infty$、0^0、1^∞、∞^0 等类型的极限，应先通过适当的方法将其变换成 $\dfrac{0}{0}$ 型或 $\dfrac{\infty}{\infty}$ 型，再用洛必达法则计算.

(四)利用导数研究函数的性态

1. 函数的单调性的判定

定理　设函数 $f(x)$ 在 $[a,b]$ 上连续，在 (a,b) 内可导.

(1) 如果在 (a,b) 内，$f'(x)\geqslant 0$(等号仅在有限个点处成立)，则函数 $y=f(x)$ 在 $[a,b]$ 上单调增加；

(2) 如果在 (a,b) 内，$f'(x)\leqslant 0$(等号仅在有限个点处成立)，则函数 $y=f(x)$ 在 $[a,b]$ 上单调减少.

2. 函数的极值及其判别法

(1) 定义. 设函数 $f(x)$ 在点 x_0 的某邻域内有定义，如果对于该邻域内异于 x_0 的任意点 x 都适合不等式 $f(x)<f(x_0)$(或 $f(x)>f(x_0)$)，则称函数 $f(x)$ 在点 x_0 处有极大(或极小)值 $f(x_0)$.

极大值、极小值统称为函数的极值. 使函数取得极值的点 x_0 称为极值点.

(2)极值存在的必要条件. 设函数 $f(x)$ 在点 x_0 处可导,且在点 x_0 处取得极值,则 $f'(x_0)=0$.

使导数等于零的点称为函数的驻点. 必要条件说明,可导函数的极值点必为驻点,反之不真.

(3)函数取得极值的第一种充分条件. 设函数 $f(x)$ 在点 x_0 的邻域内可导,且 $f'(x_0)=0$. 当自变量 x 从 x_0 的左侧变到其右侧时,

1° 如果 $f'(x)$ 由正变负,则 x_0 为 $f(x)$ 的极大值点;

2° 如果 $f'(x)$ 由负变正,则 x_0 为 $f(x)$ 的极小值点;

3° 如果 $f'(x)$ 不变号,则 x_0 不是 $f(x)$ 的极值点.

注意 若把第一种充分条件中 $f'(x_0)=0$ 改成 $f'(x_0)$ 不存在,结论仍然成立.

(4)函数取得极值的第二种充分条件. 设函数 $f(x)$ 在点 x_0 处具有二阶导数,且 $f'(x_0)=0,f''(x_0)\neq0$. 那么,当 $f''(x_0)<0$ 时,函数 $f(x)$ 在 x_0 处取得极大值;当 $f''(x_0)>0$ 时,函数 $f(x)$ 在 x_0 处取得极小值.

注意 如果 $f''(x_0)=0$,则不能断定 x_0 是否为极值点.

3. 最大值与最小值的求法

(1)如果函数 $f(x)$ 在闭区间 $[a,b]$ 上连续,先求 $f(x)$ 在 (a,b) 内的全部驻点与不可导点,设为 $x_1,x_2,\cdots,x_n$,再求这些点及端点处的函数值 $f(x_1),f(x_2),\cdots,f(x_n),f(a),f(b)$,其中,最大者即为最大值,最小者即为最小值.

(2)如果函数 $f(x)$ 在区间 I(有限或无限,开或闭)内可导且只有一个驻点 x_0,并且这个驻点 x_0 也是 $f(x)$ 的极值点,那么,当 $f(x_0)$ 是极大值时,$f(x_0)$ 就是函数 $f(x)$ 在区间 I 上的最大值(见图 3-1);当 $f(x_0)$ 是极小值时,$f(x_0)$ 就是函数 $f(x)$ 在区间 I 上的最小值(见图 3-2).

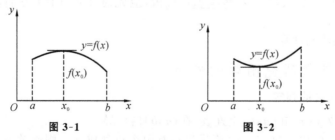

图 3-1　　　　　　　　图 3-2

(3)在实际问题中,往往根据问题的性质就可以断定可导函数 $f(x)$ 确有最大值或最小值,而且一定在定义区间 I 内取得. 这时,如果 $f(x)$ 在 I 内只有一个驻点,那么不必讨论 $f(x_0)$ 是不是极值,就可断定 $f(x)$ 是最大值或最小值.

4. 曲线的凹凸与拐点

(1)曲线凹凸的定义.

设函数 $f(x)$ 在 (a,b) 内连续,如果曲线 $y=f(x)$ 总在其上任一点的切线之上方,则称

曲线 $y=f(x)$ 在 (a,b) 内是凹的(或凹弧);如果曲线 $y=f(x)$ 总在其上任一点的切线之下方,则称曲线 $y=f(x)$ 在 (a,b) 内是凸的(或凸弧).

(2)曲线凹凸性的充分条件.

定理 设函数 $f(x)$ 在 (a,b) 内具有二阶导数,如果在 (a,b) 内 $f''(x)>0$,则曲线 $y=f(x)$ 在 (a,b) 内是凹的;如果在 (a,b) 内 $f''(x)<0$,则曲线 $y=f(x)$ 在 (a,b) 内是凸的.

(3)拐点.

曲线的凹弧与凸弧的分界点叫做曲线的拐点.

拐点的必要条件:如果点 (x_0,y_0) 为曲线 $y=f(x)$ 的拐点,且函数 $f(x)$ 在点 x_0 处具有二阶导数,则 $f''(x_0)=0$.

拐点的充分条件:设函数 $f(x)$ 在点 x_0 的邻域内二阶可导,且 $f''(x_0)=0$,如果在 x_0 的左、右邻域内,$f''(x)$ 的符号发生改变,则点 $(x_0,f(x_0))$ 是曲线 $y=f(x)$ 的一个拐点.

注意 这里,$f''(x_0)$ 可以不存在.

(五)导数在经济学中的应用

1. 边际分析

(1)边际成本:生产的成本函数 $C=C(Q)$ 对于产量 Q 的导数 $C'(Q)$.

(2)边际收入:收入函数 $R=R(Q)$ 对产量 Q 的导数 $R'(Q)$.

(3)边际利润:利润函数 $L=L(Q)$ 对产量 Q 的导数 $L'(Q)$.

2. 函数的弹性

(1)弹性的定义.

设函数 $y=f(x)$ 在某区间内可导,在点 x 处函数的相对改变量 $\dfrac{\Delta y}{y}$ 与自变量的相对改变量 $\dfrac{\Delta x}{x}$ 的比,当 $\Delta x \to 0$ 时的极限 $\lim\limits_{\Delta x \to 0} \dfrac{\Delta y/y}{\Delta x/x}$ 如果存在,则该极限称为函数 $y=f(x)$ 在点 x 的弹性,记作 $\dfrac{Ef(x)}{Ex}$. 容易推得 $\dfrac{Ef(x)}{Ex}=x \cdot \dfrac{f'(x)}{f(x)}$.

(2)弹性的运算.

设 $\dfrac{Ef(x)}{Ex}=\varepsilon_1$,$\dfrac{Eg(x)}{Ex}=\varepsilon_2$,则:

$1°$ $y=f(x) \pm g(x)$ 在点 x 处的弹性为 $\dfrac{f(x)\varepsilon_1 \pm g(x)\varepsilon_2}{f(x) \pm g(x)}$;

$2°$ $y=f(x)g(x)$ 在点 x 处的弹性为 $\varepsilon_1 + \varepsilon_2$.

3. 最大利润与最低成本分析

在经济学中,总收入 R 和总成本 C 都可以表示为产量 Q 的函数,从而总利润 L 也可以表示为产量 Q 的函数,即

$$L(Q)=R(Q)-C(Q),$$

为使总利润取得最大值,其一阶导数须等于零,即

$$\frac{\mathrm{d}L(Q)}{\mathrm{d}Q} = \frac{\mathrm{d}[R(Q) - C(Q)]}{\mathrm{d}Q} = 0$$

或

$$\frac{\mathrm{d}R(Q)}{\mathrm{d}Q} = \frac{\mathrm{d}C(Q)}{\mathrm{d}Q}.$$

也就是说,要使总利润最大,边际收入必须等于边际成本.

再由极值存在的充分条件知,为使总利润达到最大,还要求二阶导数

$$\frac{\mathrm{d}^2[R(Q) - C(Q)]}{\mathrm{d}Q^2} < 0,$$

即

$$\frac{\mathrm{d}^2 R(Q)}{\mathrm{d}Q^2} < \frac{\mathrm{d}^2 C(Q)}{\mathrm{d}Q^2}.$$

三、本章知识结构框图

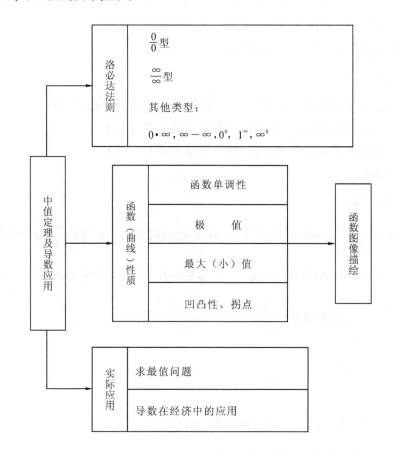

四、练习题

姓名_____　　　班级_____

练习题十五　微分中值定理　洛必达法则

1. 填空题.

(1) 在 $[-1,3]$ 上,函数 $f(x)=1-x^2$ 满足拉格朗日中值定理中的 $\xi=$ _____.

(2) 若 $f(x)=1-x^{\frac{2}{3}}$,则在 $(-1,1)$ 内,$f'(x)$ 恒不为 0,即 $f(x)$ 在 $[-1,1]$ 上不满足罗尔定理的一个条件是_____.

(3) 函数 $f(x)=e^x$ 及 $F(x)=x^2$ 在 $[a,b]$ $(b>a>0)$ 上满足柯西中值定理的条件,即存在点 $\xi\in(a,b)$,有_____.

(4) $f(x)=x(x-1)(x-2)(x-3)$,则方程 $f'(x)=0$ 有_____个实根,分别位于区间_____内.

2. 选择题.

(1) 由考察 $[-1,1]$ 上的 $f(x)=|x|$ 和 $\left[-\dfrac{1}{2},1\right]$ 上的 $g(x)=x^2$ 可得出:罗尔定理的条件是其结论的(　　).

　A. 必要条件 　　　　　　　　B. 充分条件

　C. 充要条件 　　　　　　　　D. 既非充分也非必要条件

(2) 求极限 $\lim\limits_{x\to\infty}\dfrac{x-\sin x}{x+\sin x}$,下列解法正确的是(　　).

　A. 用洛必达法则,原式 $=\lim\limits_{x\to\infty}\dfrac{1-\cos x}{1+\cos x}=\lim\limits_{x\to\infty}\dfrac{\sin x}{-\sin x}=-1$

　B. 该极限不存在

　C. 不用洛必达法则,原式 $=\lim\limits_{x\to\infty}\dfrac{1-\dfrac{\sin x}{x}}{1+\dfrac{\sin x}{x}}=0$(因为 $\lim\limits_{x\to\infty}\dfrac{\sin x}{x}=1$)

　D. 不用洛必达法则,原式 $=\lim\limits_{x\to\infty}\dfrac{1-\dfrac{\sin x}{x}}{1+\dfrac{\sin x}{x}}=\dfrac{1-0}{1+0}=1$

(3) $\lim\limits_{x\to0}\dfrac{1-e^x}{\sin x}=$(　　).

　A. 1 　　　　　B. 0 　　　　　C. -1 　　　　　D. 不存在

3. 证明 $3\arccos x-\arccos(3x-4x^3)=\pi$ $\left(-\dfrac{1}{2}\leqslant x\leqslant\dfrac{1}{2}\right)$.

4.证明.

(1)$|\sin x_2 - \sin x_1| \leqslant |x_2 - x_1|$.

(2)当 $x > 1$ 时,$e^x > ex$.

5.求下列极限.

(1)$\lim\limits_{x \to 1} \dfrac{x^3 - 3x + 2}{x^3 - x^2 - x + 1}$.

(2)$\lim\limits_{x \to \pi} \dfrac{\sin 3x}{\tan 5x}$.

(3) $\lim\limits_{x \to +\infty} \dfrac{\ln\left(1+\dfrac{1}{x}\right)}{\operatorname{arccot}x}$.

(4) $\lim\limits_{x \to a^+} \dfrac{\ln(x-a)}{\ln(e^x-e^a)}$.

(5) $\lim\limits_{x \to 1}\left(\dfrac{x}{x-1} - \dfrac{1}{\ln x}\right)$.

(6) $\lim\limits_{x \to \infty} x\left(e^{\frac{1}{x}}-1\right)$.

(7) $\lim\limits_{x \to +\infty} (\ln x)^{\frac{1}{x}}$.

(8) $\lim\limits_{x \to 0}\left(\dfrac{2}{\pi}\arccos x\right)^{\frac{1}{x}}$.

(9) $\lim\limits_{x \to 0} \dfrac{\sqrt{1+x}+\sqrt{1-x}-2}{x^2}$.

(10) $\lim\limits_{x \to 0} \dfrac{1}{x^{100}} e^{-1/x^2}$.

练习题十六 函数的单调性与极值

1.填空题.

(1)函数 $y=\dfrac{e^x}{x}$ 的单调增区间是_____,单调减区间是_____.

(2)$y=(x-1)\sqrt[3]{x^2}$ 在 $x_1=$_____处有极_____值,在 $x_2=$_____处有极_____值.

(3)方程 $x^5+x-1=0$ 在实数范围内有_____个实根.

(4)若函数 $f(x)=ax^2+bx$ 在点 $x=1$ 处取极大值 2,则 $a=$_____,$b=$_____.

(5)$f(x)=a\sin x+\dfrac{1}{3}\sin3x,a=2$ 时,$f\left(\dfrac{\pi}{3}\right)$ 为极_____值.

2.选择题.

(1)下列函数中不具有极值点的是(　　).

　　A. $y=|x|$ 　　　　B. $y=x^2$ 　　　　C. $y=x^3$ 　　　　D. $y=x^{\frac{2}{3}}$

(2)函数 $y=f(x)$ 在点 x_0 处取极大值,则必有(　　).

　　A. $f'(x_0)=0$ 　　　　　　　　　B. $f''(x_0)<0$

　　C. $f'(x_0)=0,f''(x_0)<0$ 　　　　D. $f'(x_0)=0$ 或 $f'(x_0)$不存在

(3)已知 $f(a)=g(a)$,且当 $x>a$ 时,$f'(x)>g'(x)$,则当 $x\geqslant a$ 时必有(　　).

　　A. $f(x)\geqslant g(x)$ 　　　　　　　B. $f(x)\leqslant g(x)$

　　C. $f(x)=g(x)$ 　　　　　　　　　D. 以上结论皆不成立

3.求下列函数的单调区间.

(1)$y=2x^3-6x^2-18x-7$. 　　　　　(2)$y=2x^2-\ln x$.

(3)$y=2x+\dfrac{8}{x}$. 　　　　　(4)$y=x-2\sin x$ $(0\leqslant x\leqslant 2\pi)$.

4.求下列函数的极值.

  (1) $y=-x^4+2x^2$. (2) $y=2-(x+1)^{\frac{2}{3}}$.

5.当 $x>0$ 时,证明不等式: $1+\dfrac{1}{2}x>\sqrt{1+x}$.

练习题十七　函数的最大值与最小值及其在经济中的应用

1.填空题.

(1)函数 $f(x)=\dfrac{1}{3}x^3-4x+2$ $(-2\leqslant x\leqslant 1)$ 的最大值为_____,最小值为_____.

(2)函数 $f(x)=\dfrac{x-1}{x+1}$ 在区间 $[0,4]$ 上的最大值为_____,最小值为_____.

(3) $f(x)=\sin 2x-x$ $\left(|x|\leqslant\dfrac{\pi}{2}\right)$ 在 $x=$_____处有最大值,在 $x=$_____处有最小值.

(4)设 $f(x)=ax^3-6ax^2+b$ 在区间 $[-1,2]$ 上的最大值为 3,最小值为 -29,又知 $a>0$,则 $a=$_____, $b=$_____.

2.求下列函数在给定区间上的最大值和最小值.

(1) $y=x^4-2x^2+5,[-2,2]$.

(2) $y=\dfrac{x^2}{1+x},\left[-\dfrac{1}{2},1\right]$.

(3) $y=x+\sqrt{1-x},[-5,1]$.

3. 要造一圆柱形油罐,体积为 V,问底半径 r 和高 h 等于多少时,才能使表面积最小？这时底直径与高的比是多少？

4. 每批生产 x 单位某种产品的费用为 $C(x)=200+4x$,得到的收益为 $R(x)=10-\dfrac{x^2}{100}$. 问每批生产多少单位产品时才能使利润最大,最大利润是多少？

5. 设某厂家打算生产一批商品投放市场,已知该商品的需求函数为 $P=P(x)=10\mathrm{e}^{-\frac{x}{2}}$ 且最大需求量为 6,其中 x 表示需求量,P 表示价格. 求使收益最大时的产量、最大收益和相应的价格.

6. 设生产某种产品 x 个单位的成本函数为 $C(x)=100+6x+\dfrac{x^2}{4}$. 问当产量 x 是多少时,平均成本最小?

7. 某厂生产 A 种商品,其年销售量为 100 万件,每批生产需要增加准备费 1 000 元,而每件的库存费为 0.05 元. 如果年销售率是均匀的,且上批销售完后,立即再生产下一批,问应分几批生产,能使生产准备费及库存费之和最小?

练习题十八　曲线的凹凸性与拐点　函数作图

1.填空题.

(1)曲线 $y=x^3$ 的拐点是_____.

(2)曲线 $y=e^{\frac{1}{x}}-1$ 的水平渐近线的方程为_____.

(3)曲线 $y=\dfrac{3x^2-4x+5}{(x+3)^2}$ 的铅直渐近线的方程为_____.

*(4)曲线 $y=x\ln\left(e+\dfrac{1}{x}\right)(x>0)$ 的斜渐近线的方程为_____.

(5)已知 $f(x)$ 二阶可导, $f''(x_0)=0$ 是曲线 $y=f(x)$ 上点 $(x_0,f(x_0))$ 为拐点的_____条件.

(6)已知点 $(1,3)$ 为曲线 $y=ax^3+bx^2$ 的拐点,则 $a=$_____ $,b=$_____.该曲线的凹区间为_____,凸区间为_____.

2.求下列函数图像的凹凸区间和拐点.

(1) $y=x^3-5x^2+3x+5$.

(2) $y=x^4(12\ln x-7)$.

3.作出 $y=x^2+\dfrac{1}{x}$ 的图像.

练习题十九　导数在经济分析中的应用

1. 填空题.

(1) 设某产品的产量为 x（单位：kg）时的总成本函数为 $C=200+2x+6\sqrt{x}$（单位：元），则产量为 100 kg 时的总成本是_____元，平均成本是_____元/千克，边际成本是_____元. 这时的边际成本表明：当产量为 100 kg 时，若再增产 1 kg，其成本将增加_____元.

(2) 某商品的需求函数为 $Q=10-\dfrac{P}{2}$，则其需求价格弹性为 $\dfrac{EQ}{EP}=$_____，当 $P=3$ 时的需求弹性为 $\left.\dfrac{EQ}{EP}\right|_{P=3}=$_____；其收入 R 关于价格 P 的函数为 $R(P)=$_____；收入对价格的弹性函数是 $\dfrac{ER}{EP}=$_____，$\left.\dfrac{ER}{EP}\right|_{P=3}=$_____；在 $P=3$ 时，若价格 P 上涨 1%，其总收入的变化是_____百分之_____.

(3) 已知函数 $y=7\cdot 2^x-14$，则其边际函数为_____，其弹性函数为_____.

2. 选择题.

(1) 设一产品的需求量是价格 P 的函数，已知函数关系为 $Q=a-bP$（$a,b>0$），则需求量对价格的弹性是（　　）.

　A. $\dfrac{-b}{a-b}$　　　　B. $\dfrac{-b}{a-b}\%$　　　　C. $-b\%$　　　　D. $\dfrac{bP}{a-bP}$

(2) 设某商品的需求价格弹性函数为 $\dfrac{EQ}{EP}=\dfrac{P}{17-2P}$. 在 $P=5$ 时，若价格上涨 1%，总收益是（　　）.

　A. 增加　　　　B. 减少　　　　C. 不增不减　　　D. 不确定

3. 某厂每天生产的利润函数 $L(Q)=250Q-5Q^2$，试确定每天生产 20 t、25 t、35 t 的边际利润，并作出经济解释.

4.某商品的需求量 Q 为价格 P 的函数 $Q=150-2P^2$,求:

(1)当 $P=6$ 时的边际需求,并说明其经济意义;

(2)当 $P=6$ 时的需求弹性,并说明其经济意义;

(3)当 $P=6$ 时,若价格下降 2%,总收益将变化百分之几? 是增加还是减少?

5.某商品的需求函数为 $Q=45-P^2$.

(1)求当 $P=3$ 与 $P=5$ 时的边际需求与需求弹性.

(2)当 $P=3$ 与 $P=5$ 时,若价格上涨 1%,收益将如何变化?

(3)P 为多少时,收益最大?

五、复习题三

姓名_____ 班级_____

1.判断题.

(1)函数 $f(x)=1-\sqrt[3]{x^2}$ 在 $[-1,1]$ 上满足罗尔定理的条件,所以必有 $\xi\in(-1,1)$,使 $f'(\xi)=0$.　　　　　　　　　　　　　　　　　　（　　）

(2)若在 (a,b) 内恒有 $f'(x)=g'(x)$,则在 (a,b) 内必有 $f(x)=g(x)$.　（　　）

(3)如果函数 $f(x)$ 在 $[a,b]$ 上有定义,在 (a,b) 内可导,且 $f(a+0)=f(a)$,$f(b-0)=f(b)$,则存在 $\xi\in(a,b)$,使得 $f(b)-f(a)=f'(\xi)(b-a)$.　　（　　）

(4)对于 $\dfrac{0}{0}$ 型或 $\dfrac{\infty}{\infty}$ 型的未定式,如果 $\lim\dfrac{f(x)}{g(x)}$ 存在,则 $\lim\dfrac{f'(x)}{g'(x)}$ 必存在.　　（　　）

(5)若导函数单调,则函数必单调.　　　　　　　　　　　　　　　（　　）

(6)设 x_0 是函数 $f(x)$ 在 $[a,b]$ 上的一个极小值点,则对于 $[a,b]$ 上的一切 x,都有 $f(x)\geqslant f(x_0)$.　　　　　　　　　　　　　　　　　（　　）

(7)函数 $y=x-\sin x$ 在 $(-\infty,+\infty)$ 内有无穷个极值点 $x=2k\pi$ （$k\in\mathbf{Z}$）.　（　　）

(8)闭区间 $[a,b]$ 上的连续函数的极小值可能大于极大值,但极大值一定不会超过最大值.　　　　　　　　　　　　　　　　　　　　　　　（　　）

(9)如果 $(x_0,f(x_0))$ 是曲线 $y=f(x)$ 的拐点,则 $f''(x_0)=0$.　　（　　）

(10)设函数 $f(x)$,$g(x)$ 的图像都是凸的,那么函数 $f(x)g(x)$ 的图像也是凸的.（　　）

2.选择题.

(1)函数 $f(x)=x^3+2x$ 在区间 $[0,1]$ 上满足拉格朗日定理的条件,则定理中的 $\xi=$（　　）.

　　A. $\pm\dfrac{1}{\sqrt{3}}$ 　　　　B. $\dfrac{1}{\sqrt{3}}$ 　　　　C. $-\dfrac{1}{\sqrt{3}}$ 　　　　D. $\sqrt{3}$

(2)下列函数在所给区间上满足罗尔中值定理条件的是（　　）.

　　A. $f(x)=x^2$,$[0,3]$ 　　　　　　B. $f(x)=\dfrac{1}{x^2}$,$[-1,1]$

　　C. $f(x)=|x|$,$[-1,1]$ 　　　　　　D. $f(x)=x\sqrt{3-x}$,$[0,3]$

(3)下列极限中能用洛必达法则的是（　　）.

　　A. $\lim\limits_{x\to\infty}\dfrac{\sin x}{x}$ 　　B. $\lim\limits_{x\to\frac{\pi}{2}}\dfrac{\tan 5x}{\sin 3x}$ 　　C. $\lim\limits_{x\to 0}\dfrac{\sin x}{x}$ 　　D. $\lim\limits_{x\to 0}\dfrac{x^2\sin\frac{1}{x}}{\sin x}$

(4)设 $y=f(x)$ 在 $x=x_0$ 处取得极小值,则必有（　　）.

　　A. $f'(x_0)=0$ 　　　　　　　　B. $f''(x_0)>0$

　　C. $f'(x_0)=0$ 且 $f''(x_0)>0$ 　　D. $f'(x_0)=0$ 或 $f'(x_0)$ 不存在

(5)若在区间 (a,b) 内导数 $f'(x)<0$,二阶导数 $f''(x)>0$,则函数 $y=f(x)$ 在此区间内是（　　）.

　　A. 单调减少,曲线为凹 　　　　　　B. 单调增加,曲线为凹

　　C. 单调减少,曲线为凸 　　　　　　D. 单调增加,曲线为凸

(6)下列说法正确的是(　　).

A.若 $f'(x_0)=0$,则 x_0 必是函数 $f(x)$ 的极值点

B.若 x_0 是函数 $f(x)$ 的极值点,则必有 $f'(x_0)=0$

C.可导函数的极值点必是此函数的驻点

D. $f(x)$ 在 (a,b) 内单调减少,则必有 $f'(x)<0$, $x\in(a,b)$

(7)若函数 $f(x)$ 在 $(0,+\infty)$ 内可导,且 $f'(x)<0$,$f(0)<0$,则 $f(x)$ 在区间 $(0,+\infty)$ 内 (　　).

A.有唯一零点　　　　　　　　B.至少存在一个零点

C.没有零点　　　　　　　　　D.不能确定

(8)如果一个连续函数在闭区间上既有极大值又有极小值,则(　　).

A.极大值一定是最大值　　　　B.极小值一定是最小值

C.极大(小)值未必是最大(小)值　　D.必有最小值

(9)函数 $y=x-\arctan x$ 在 $(-\infty,+\infty)$ 内是(　　).

A.单调增加　　　B.单调减少　　　C.不单调　　　D.不连续

(10)曲线 $y=6x-24x^2+x^4$ 的凸区间是(　　).

A. $(-2,2)$　　　B. $(-\infty,-2)$　　　C. $(0,+\infty)$　　　D. $(-\infty,+\infty)$

(11)函数 $y=x^3-x$ 在区间 $[0,1]$ 上的最小值为(　　)

A. 0　　　　　　B.没有　　　　　　C. $-\dfrac{2\sqrt{3}}{9}$　　　　　　D. $\dfrac{1}{4}$

(12)若函数 $f(x)=kx^3+3(k-1)x^2+1-k^2$ 的单调递减区间是 $(0,4)$,则 k 的 值为(　　).

A. $-\dfrac{1}{3}$　　　　B. -1　　　　C. 1　　　　D. $\dfrac{1}{3}$

(13)若 $(1,3)$ 为曲线 $y=ax^3+bx^2+1$ 的拐点,则 a,b 分别为(　　).

A. $1,-3$　　　B. $\dfrac{1}{3},-1$　　　C. $-1,3$　　　D. $2,6$

(14)若 $f(x)$ 在 x_0 处有连续的二阶导数,且 $f'(x_0)=f''(x_0)=0$,则(　　).

A. $(x_0,f(x_0))$ 是极值点　　　　B. $(x_0,f(x_0))$ 是拐点

C. $(x_0,f(x_0))$ 是极值点又是拐点　　D.不能确定

(15)若 $f(x)$ 一阶可导,且 $f(0)=0$,$\lim\limits_{x\to0}\dfrac{f'(x)}{x^2}=-1$,则(　　).

A. $f(0)=0$ 是函数 $f(x)$ 的极小值　　B. $f(0)=0$ 是函数 $f(x)$ 的极大值

C. $f(0)=0$ 一定不是 $f(x)$ 的极值　　D. $f(0)=0$ 不一定是 $f(x)$ 的极值

(16)设商品的供给函数为 $Q=2+3P$,则 $P=3$ 时的供给弹性为(　　).

A. $\dfrac{9}{11}$　　　　B. $\dfrac{11}{9}$　　　　C. $\dfrac{3}{11}$　　　　D. $\dfrac{11}{3}$

3.填空题.

(1) $\lim\limits_{x\to0^+}\dfrac{\ln\sin3x}{\ln\tan x}$ 是_____型未定式,值为_____.

(2)函数 $y=2x+\dfrac{8}{x}$ 在区间_____内单调减少.

(3)当 $a=$_____时,函数 $y=a\sin x+\dfrac{1}{3}\sin 3x$ 在 $x=\dfrac{\pi}{3}$ 处取得极_____值.

(4)若 $f(x)$ 在 (a,b) 内是连续的增函数,则它在 (a,b) 内的最小值为_____;若 $f(x)$ 在 $[a,b]$ 上是连续的减函数,则它在 $[a,b]$ 上的最小值为_____.

(5)函数 $y=ax^2+bx+c$ 在区间 $[m,n]$ 上满足拉格朗日中值定理,则 $\xi=$_____.

(6)已知 $y=x^3+ax^2+bx+c$ 有拐点 $(1,-1)$,且在 $x=0$ 处有极大值,则 $a=$____,$b=$____,$c=$____.

(7)函数 $y=\dfrac{x^2}{1+x}$ 在区间 $\left[-\dfrac{1}{2},1\right]$ 上的最大值为_____,最小值为_____.

(8)曲线 $y=-\dfrac{1}{3}x^3+x^2-1$ 的拐点是_____.

(9)某产品生产 x 单位的总成本为 $C(x)=1\,100+\dfrac{1}{1\,200}x^2$,则生产该产品 900 单位时的边际成本为_____.

4.求下列极限.

(1)$\lim\limits_{x\to\frac{\pi}{2}}(\sec x-\tan x)$.

(2)$\lim\limits_{x\to\left(\frac{\pi}{2}\right)^+}\dfrac{\ln\left(x-\dfrac{\pi}{2}\right)}{\tan x}$.

(3)$\lim\limits_{x\to 0}\left(\dfrac{1}{x^2}-\dfrac{1}{\sin^2 x}\right)$.

(4)$\lim\limits_{x\to\left(\frac{\pi}{2}\right)^-}(\tan x)^{2\pi-x}$.

(5)$\lim\limits_{x\to 0}\dfrac{\ln(1+x^2)}{\sec x-\cos x}$.

(6)$\lim\limits_{x\to 0}\left[\dfrac{(1+x)^{\frac{1}{x}}}{e}\right]^{\frac{1}{x}}$.

5.(1)求函数 $y = x^2 e^{-x}$ 的单调区间与极值.

(2)求函数 $y = 2 - (x-1)^{\frac{2}{3}}$ 在 $[0,2]$ 上的最大值、最小值.

(3)求曲线 $y = \dfrac{x}{3-x^2}$ 的凹凸区间与拐点.

(4)求函数 $y = \dfrac{\ln x}{x}$ 的单调区间、极值及此函数曲线的凹凸区间和拐点.

(5)已知点 $(1,\ln 2)$ 是曲线 $y = \ln(a+bx^2)$ 的拐点,试确定常数 a、b 的值.

6. 证明下列不等式的正确性.

(1)当 $x>0$ 时,$1+\dfrac{x}{2}>\sqrt{1+x}$.

(2)当 $x\geqslant 0$ 时,$\ln(x+\sqrt{1+x^2})\geqslant\arctan x$.

7. 某窗的形状为半圆置于矩形之上(见图 3-3),若此窗框的周长为一定值 l,试确定半圆的半径 r 和矩形的高 h,使窗口所能通过的光线最充足.

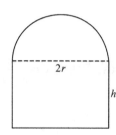

图 3-3

8. 设某商品需求量 Q 对价格 P 的函数关系为 $Q=-2P^3+12P^2-3P+5$.试讨论需求量随价格而变化的规律.

第4章 不定积分

本章主要包括两部分内容:一是原函数和不定积分的概念,这是本章的理论基础;二是积分法,包括直接积分法、换元积分法和分部积分法,这是本章的中心内容.

一、基本要求

(1)理解原函数、不定积分的定义.

(2)掌握不定积分的性质,了解不定积分的几何意义.

(3)熟练掌握不定积分的基本积分公式以及不定积分的换元积分法和分部积分法.

(4)会求有理函数、三角函数有理式和简单无理函数的积分.

(5)会查不定积分表.

二、内容回顾

(一)不定积分的概念

1. 原函数的定义

设函数 $f(x)$ 在区间 I 内有定义,如果存在函数 $F(x)$,使得在区间 I 上任意一点 x 处都有 $F'(x)=f(x)$ 或 $\mathrm{d}F(x)=f(x)\mathrm{d}x$,则称 $F(x)$ 是函数 $f(x)$ 在区间 I 上的一个原函数.

2. 不定积分的定义

函数 $f(x)$ 在区间 I 上的全体原函数 $F(x)+C$ 称为函数 $f(x)$ 在 I 上的不定积分(其中 C 为任意常数),记为 $\displaystyle\int f(x)\mathrm{d}x = F(x)+C$.

3. 不定积分的性质

(1) $\left[\displaystyle\int f(x)\mathrm{d}x\right]' = f(x)$;

(2) $\displaystyle\int f'(x)\mathrm{d}x = f(x)+C$ 或 $\displaystyle\int \mathrm{d}f(x) = f(x)+C$;

(3) $\displaystyle\int k \cdot f(x)\mathrm{d}x = k\int f(x)\mathrm{d}x$ (k 为非零常数);

(4) $\displaystyle\int [f_1(x)+f_2(x)+\cdots+f_n(x)]\mathrm{d}x = \int f_1(x)\mathrm{d}x + \int f_2(x)\mathrm{d}x + \cdots + \int f_n(x)\mathrm{d}x$.

(二)不定积分的计算

1. 基本积分公式

(1) $\displaystyle\int k\,\mathrm{d}x = kx + C$ (k 为常数); (2) $\displaystyle\int x^\mu\,\mathrm{d}x = \frac{x^{\mu+1}}{\mu+1} + C$ ($\mu \neq -1$);

(3) $\int \dfrac{1}{x}\mathrm{d}x = \ln|x| + C$；   (4) $\int a^x\mathrm{d}x = \dfrac{a^x}{\ln a} + C$；

(5) $\int \mathrm{e}^x\mathrm{d}x = \mathrm{e}^x + C$；   (6) $\int \sin x\,\mathrm{d}x = -\cos x + C$；

(7) $\int \cos x\,\mathrm{d}x = \sin x + C$；   (8) $\int \sec^2 x\,\mathrm{d}x = \tan x + C$；

(9) $\int \csc^2 x\,\mathrm{d}x = -\cot x + C$；   (10) $\int \sec x\tan x\,\mathrm{d}x = \sec x + C$；

(11) $\int \csc x\cot x\,\mathrm{d}x = -\csc x + C$；   (12) $\int \dfrac{1}{\sqrt{1-x^2}}\mathrm{d}x = \arcsin x + C$；

(13) $\int \dfrac{1}{1+x^2}\mathrm{d}x = \arctan x + C$.

2. 换元积分法

(1) 第一类换元积分法(凑微分法).

设 $\int f(u)\mathrm{d}u = F(u) + C$，其中 $u = \varphi(x)$，若 $u = \varphi(x)$ 可微，则

$$\int f[\varphi(x)]\varphi'(x)\mathrm{d}x = F[\varphi(x)] + C,$$

即

$$\int f[\varphi(x)]\varphi'(x)\mathrm{d}x \xrightarrow{\;\text{凑微分}\;} \int f[\varphi(x)]\mathrm{d}\varphi(x) \xrightarrow{\;\text{令}\varphi(x)=u\;} \int f(u)\mathrm{d}u$$

$$= F(u) + C \xrightarrow{\;\text{回代}u=\varphi(x)\;} F[\varphi(x)] + C.$$

(2) 第二类换元法.

设 $x = \varphi(t)$ 单调可微且 $\varphi'(t) \neq 0$，若

$$\int f[\varphi(t)]\varphi'(t)\mathrm{d}t = \Phi(t) + C,$$

则

$$\int f(x)\mathrm{d}x = [\Phi(t)]_{t=\varphi^{-1}(x)} + C \quad (t = \varphi^{-1}(x) \text{ 是 } x = \varphi(t) \text{ 的反函数}),$$

即

$$\int f(x)\mathrm{d}x \xrightarrow{\;\text{令}x=\varphi(t)\;} \int f[\varphi(t)]\varphi'(t)\mathrm{d}t = \Phi(t) + C$$

$$\xrightarrow{\;\text{回代}t=\varphi^{-1}(x)\;} \Phi[\varphi^{-1}(x)] + C.$$

3. 分部积分法

设在区间 I 上，$u(x)$、$v(x)$ 都有连续的导数，则

$$\int u(x)v'(x)\mathrm{d}x = u(x)v(x) - \int v(x)u'(x)\mathrm{d}x,$$

简记为

$$\int u\,\mathrm{d}v = uv - \int v\,\mathrm{d}u.$$

(三)几种特殊类型函数的不定积分

1. 有理函数的积分

有理函数的积分结果总可以表示为有限形式，即有理函数总是可积的. 其积分步骤

如下.

(1)若被积函数是假分式,则将其化为整式与真分式之和.

(2)若真分式仍较复杂,则用待定系数法将真分式化为如下四种基本类型的部分分式:

$1° \dfrac{A}{x-a}$;

$2° \dfrac{A}{(x-a)^n}$;

$3° \dfrac{Ax+B}{x^2+px+q}$;

$4° \dfrac{Ax+B}{(x^2+px+q)^n}$.

其中:A、B、p、q 均为常数,n 为大于 1 的正整数.

(3)分别对四种基本类型的有理真分式进行积分.

$1° \displaystyle\int \dfrac{A}{x-a}\mathrm{d}x = A\ln|x-a| + C.$

$2° \displaystyle\int \dfrac{A}{(x-a)^n}\mathrm{d}x = \dfrac{A}{1-n}(x-a)^{1-n} + C.$

$3° \displaystyle\int \dfrac{Ax+B}{x^2+px+q}\mathrm{d}x = \dfrac{A}{2}\ln|x^2+px+q| + \dfrac{2B-Ap}{\sqrt{4q-p^2}}\arctan\dfrac{2x+p}{\sqrt{4q-p^2}} + C.$

$$4° \int \dfrac{Ax+B}{(x^2+px+q)^n}\mathrm{d}x = \dfrac{A}{2}\int \dfrac{2x+p}{(x^2+px+q)^n}\mathrm{d}x + \left(B-\dfrac{Ap}{2}\right)\int \dfrac{\mathrm{d}x}{(x^2+px+q)^n}$$

$$= \dfrac{A}{2}\cdot\dfrac{1}{(1-n)(x^2+px+q)^{n-1}}$$

$$+ \left(B-\dfrac{Ap}{2}\right)\cdot\int \dfrac{\mathrm{d}\left(x+\dfrac{p}{2}\right)}{\left[\left(x+\dfrac{p}{2}\right)^2+\left(q-\dfrac{p^2}{4}\right)\right]^n};$$

取 $t=x+\dfrac{p}{2}$,$a^2=q-\dfrac{p^2}{4}$,则

$$\int \dfrac{Ax+B}{(x^2+px+q)^n}\mathrm{d}x = \dfrac{A}{2}\cdot\dfrac{1}{(1-n)(x^2+px+q)^{n-1}} + \left(B-\dfrac{Ap}{2}\right)\int \dfrac{\mathrm{d}t}{(t^2+a^2)^n};$$

应用递推公式(见积分表)得

$$I_n = \int \dfrac{\mathrm{d}t}{(t^2+a^2)^n} = \dfrac{t}{2(n-1)a^2(t^2+a^2)^{n-1}} + \dfrac{2(n-1)-1}{2(n-1)a^2}\cdot I_{n-1} \quad (n\geqslant 2,\text{为正整数}),$$

上式即可得解.

2. 三角函数有理式的积分

三角函数有理式的积分一般可利用"万能代换"、"三角恒等变换"等方法求解.

3. 简单无理函数的积分

一般无理函数的不定积分不一定能用初等函数表示,只有部分简单的无理函数的不定积分才能表达成有限形式,常见的有

$$\int f\left(x,\sqrt[n]{\frac{ax+b}{cx+e}}\right)\mathrm{d}x \ 、 \quad \int f(x,\sqrt{ax^2+bx+c})\mathrm{d}x$$

等类型,它们可运用去根号使被积函数有理化的方法求解.

三、本章知识结构框图

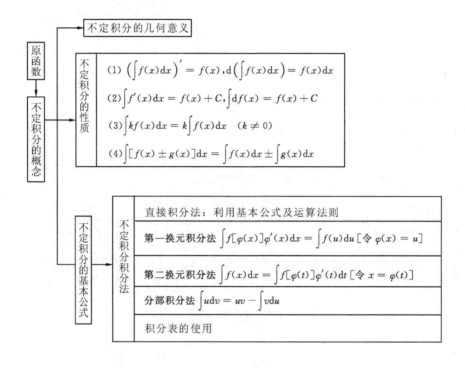

四、练习题

姓名_____   班级_____

练习题二十　不定积分的概念与性质

1. 填空题.

(1) $x^2 + \sin x$ 的一个原函数是_____,而_____的原函数是 $x^2 + \sin x$.

(2) 设 $f(x)$ 是连续函数,则 $\mathrm{d}\int f(x)\mathrm{d}x =$_____, $\int \mathrm{d}f(x) =$_____, $\dfrac{\mathrm{d}}{\mathrm{d}x}\int f(x)\mathrm{d}x$

=_____, $\int f'(x)\mathrm{d}x =$_____(其中 $f'(x)$ 连续).

(3) 设 $F_1(x), F_2(x)$ 是 $f(x)$ 的两个不同的原函数,且 $f(x) \neq 0$,则有 $F_1(x) - F_2(x)$

=_____.

(4) 若 $f(x)$ 的导函数是 $\sin x$,则 $f(x)$ 的所有原函数为_____.

(5) 通过点 $\left(\dfrac{\pi}{6}, 1\right)$ 的积分曲线 $y = \int \sin x \,\mathrm{d}x$ 的方程是_____.

2. 选择题.

(1) $\int f(x)\mathrm{d}x = \mathrm{e}^x \cos 2x + c$,则 $f(x) = ($　　$)$.

　　A. $\mathrm{e}^x(\cos 2x - 2\sin 2x)$ 　　　　　　B. $\mathrm{e}^x(\cos 2x - 2\sin 2x) + c$

　　C. $\mathrm{e}^x \cos 2x$ 　　　　　　　　　　D. $-\mathrm{e}^x \sin 2x$

(2) 若 $F(x), G(x)$ 均为 $f(x)$ 的原函数,则 $F'(x) - G'(x) = ($　　$)$.

　　A. $f(x)$ 　　　　B. 0 　　　　C. $F(x)$ 　　　　D. $f'(x)$

(3) 函数 $f(x)$ 的(　　)原函数,称为 $f(x)$ 的不定积分.

　　A. 任意一个 　　B. 所有 　　C. 唯一 　　D. 某一个

3. 求下列不定积分.

(1) $\displaystyle\int (\sqrt{x} - 1)\left(x + \dfrac{1}{\sqrt{x}}\right)\mathrm{d}x$.

(2) $\displaystyle\int \left(\dfrac{1}{\sqrt{x}} - 2\sin x + \dfrac{3}{x}\right)\mathrm{d}x$.

(3) $\displaystyle\int \sec x(\sec x - \tan x)\mathrm{d}x$.

(4) $\displaystyle\int \dfrac{x^2 + \sin^2 x}{x^2 \sin^2 x}\mathrm{d}x$.

(5) $\int \dfrac{1}{\sin^2 x \cos^2 x}\mathrm{d}x$.

(6) $\int \dfrac{2-\sqrt{1-x^2}}{\sqrt{1-x^2}}\mathrm{d}x$.

(7) $\int (2^x + 3^x)^2 \mathrm{d}x$.

(8) $\int \left(1 - \dfrac{1}{x^2}\right)\sqrt{x\sqrt{x}}\,\mathrm{d}x$.

4. 一曲线过原点且在曲线上每一点(x,y)处的切线斜率都等于x^3,求该曲线的方程.

5. 一物体由静止开始运动,t s 末的速度是 $3t^2$(单位:m/s),问:

(1)在 3 s 末物体与出发点之间的距离是多少?

(2)物体走完 360 m 需多长时间?

6. 证明:函数 $\sin^2 x$，$-\dfrac{1}{2}\cos 2x$，$-\cos^2 x$ 都是 $\sin 2x$ 的原函数.

*7. 设生产某产品 Q 单位的总成本 C 是 Q 的函数 $C(Q)$，固定成本(即 $C(0)$)为 20 元，边际成本函数 $C'(Q)=2Q+10$，求总成本函数 $C(Q)$.

练习题二十一　换元积分法

1.填空题.

(1) $\mathrm{d}x =$ _____ $\mathrm{d}(2-3x)$.

(2) $x\,\mathrm{d}x =$ _____ $\mathrm{d}(2x^2-1)$.

(3) $\dfrac{1}{x}\,\mathrm{d}x = \mathrm{d}$ _____.

(4) $\dfrac{\ln x}{x}\,\mathrm{d}x = \ln x\,\mathrm{d}$ _____ $= \mathrm{d}$ _____.

(5) $\sin\dfrac{x}{3}\,\mathrm{d}x =$ _____ $\mathrm{d}\left(\cos\dfrac{x}{3}\right)$.

(6) $x\,\mathrm{e}^{-2x^2}\,\mathrm{d}x = \mathrm{d}$ _____.

(7) $\dfrac{1}{1+9x^2}\,\mathrm{d}x =$ _____ $\mathrm{d}(\arctan 3x)$.

(8) $\dfrac{x\,\mathrm{d}x}{\sqrt{1-x^2}} =$ _____ $\mathrm{d}(\sqrt{1-x^2})$.

2.求下列不定积分.

(1) $\displaystyle\int \sin 2x\,\mathrm{d}x$.

(2) $\displaystyle\int \mathrm{e}^{3x}\,\mathrm{d}x$.

(3) $\displaystyle\int \sqrt{1-2x}\,\mathrm{d}x$.

(4) $\displaystyle\int (x^2-3x+1)^{100}(2x-3)\,\mathrm{d}x$.

(5) $\displaystyle\int \dfrac{x^2}{(x-1)^{100}}\,\mathrm{d}x$.

(6) $\displaystyle\int \dfrac{1}{1+3x}\,\mathrm{d}x$.

(7) $\displaystyle\int \frac{1}{x\ln x\ln\ln x}\mathrm{d}x$.

(8) $\displaystyle\int \frac{x\tan\sqrt{1+x^2}}{\sqrt{1+x^2}}\mathrm{d}x$.

(9) $\displaystyle\int \frac{\sin x+\cos x}{(\sin x-\cos x)^3}\mathrm{d}x$.

(10) $\displaystyle\int \sin^3 x\cos^5 x\,\mathrm{d}x$.

(11) $\displaystyle\int \mathrm{e}^x\sin\mathrm{e}^x\,\mathrm{d}x$.

(12) $\displaystyle\int \frac{\sin x}{1+\cos x}\mathrm{d}x$.

(13) $\displaystyle\int \frac{\mathrm{d}x}{\sqrt{x}\,(1+x)}$.

(14) $\displaystyle\int \sin 2x\cos 3x\,\mathrm{d}x$.

(15) $\int \dfrac{1}{1-\sqrt{2x+1}}\mathrm{d}x$.

(16) $\int \dfrac{x^{2}}{\sqrt{a^{2}-x^{2}}}\mathrm{d}x$.

(17) $\int \dfrac{\mathrm{d}x}{\sqrt{\mathrm{e}^{x}+1}}$.

(18) $\int \dfrac{x^{2}}{\sqrt{2-x}}\mathrm{d}x$.

(19) $\int x\,(5x-1)^{15}\,\mathrm{d}x$.

(20) $\int \dfrac{\mathrm{d}x}{4x^{2}+4x+5}$.

(21) $\displaystyle\int \frac{1}{\sqrt{(x^2+1)^3}}\mathrm{d}x$.   (22) $\displaystyle\int \frac{1}{\sqrt{x^2-1}}\mathrm{d}x$.

(23) $\displaystyle\int \frac{\mathrm{d}x}{\sqrt{x^2-2x-3}}$.   (24) $\displaystyle\int \frac{\sqrt{x^2-1}}{x}\mathrm{d}x$.

3. 用指定的变换计算 $\displaystyle\int \frac{\mathrm{d}x}{x\sqrt{x^2-1}}(x>1)$.

(1) $x=\sec t$.   (2) $x=\dfrac{1}{t}$.

练习题二十二　分部积分法　简单有理函数的积分

1.利用分部积分法积分 $I = \int \dfrac{\mathrm{d}x}{x}$,其方法如下:

$$I = \int \frac{1}{x}\mathrm{d}x = \frac{1}{x} \cdot x - \int x\,\mathrm{d}\left(\frac{1}{x}\right) = 1 - \int\left(-x \cdot \frac{1}{x^2}\right)\mathrm{d}x = 1 + \int \frac{\mathrm{d}x}{x} = 1 + I \;,$$

由此得 $0 = 1$.试问这个解法错在何处?

2.填空题.

(1) $\displaystyle\int x\,\mathrm{e}^{-x}\,\mathrm{d}x = -\int x\,\mathrm{d}\underline{\hspace{2cm}} = \underline{\hspace{2cm}}$.

(2) $\displaystyle\int \arccos x\,\mathrm{d}x = x\arccos x - \underline{\hspace{2cm}} = \underline{\hspace{2cm}}$.

3.求下列不定积分.

(1) $\displaystyle\int x^2 \ln x\,\mathrm{d}x$.

(2) $\displaystyle\int x\cos 3x\,\mathrm{d}x$.

(3) $\int \dfrac{x\arctan x}{\sqrt{1+x^2}}\,\mathrm{d}x$.

(4) $\int \arctan x\,\mathrm{d}x$.

(5) $\int x^3 \mathrm{e}^{-x^2}\,\mathrm{d}x$.

(6) $\int \sin\sqrt{x}\,\mathrm{d}x$.

(7) $\int \dfrac{\mathrm{d}x}{x(x-3)}$.

(8) $\int \dfrac{2x+3}{x^2+3x-10}\,\mathrm{d}x$.

(9) $\int \dfrac{x^3}{1+x^2}\,\mathrm{d}x$.

(10) $\int \dfrac{x-2}{x^2+2x+3}\,\mathrm{d}x$.

*(11) $\displaystyle\int \frac{\mathrm{d}x}{3+\cos x}$.

(12) $\displaystyle\int \frac{\mathrm{d}x}{\sqrt{x}+\sqrt[4]{x}}$.

(13) $\displaystyle\int \sqrt{\frac{1-x}{1+x}}\,\frac{\mathrm{d}x}{x}$.

4. 已知 $f(x)=\dfrac{1}{x}\mathrm{e}^x$，求 $\displaystyle\int x f''(x)\mathrm{d}x$.

五、复习题四

姓名_____　　　　班级_____

1. 判断题.

    (1) 所有初等函数在其定义域内都有原函数. （　　）

    (2) 若在某区间内, $F'(x) = \Phi'(x) = f(x)$, 则有 $\int [F(x) - \Phi(x)] \mathrm{d}x =$ 常数. （　　）

    (3) 函数 $\arcsin(2x-1)$ 和 $2\arcsin\sqrt{x}$ 都是函数 $\dfrac{1}{\sqrt{x-x^2}}$ 的原函数. （　　）

    (4) 设 $a > 0$ 且 $a \neq 1$, 则由 $f(x) = a^x$、$\varphi(x) = \dfrac{a^x}{\ln a}$ 可知, $f(x)$ 是 $\varphi(x)$ 的原函数. （　　）

    (5) 若 $f(x)$ 的一个原函数为 $\sin x$, 则 $\int f'(x) \mathrm{d}x = \cos x + C$. （　　）

    (6) 设 $f'(x) = A$（常数）, 则 $\int f(x) \mathrm{d}x = \dfrac{1}{2} A x^2 + C_1 x + C_2$　　 $(C_1, C_2$ 为任意常数$)$.

    （　　）

    (7) 初等函数在其定义区间内的原函数也必为初等函数. （　　）

    (8) 有理函数的原函数一定是初等函数. （　　）

    (9) 如果 $\int f(u) \mathrm{d}u = F(u) + C$, 且 $\dfrac{\mathrm{d}u}{\mathrm{d}x} = \varphi'(x)$ 连续, 则有 $\int f[\varphi(x)] \mathrm{d}x = F[\varphi(x)] + C$.

    （　　）

2. 填空题.

    (1) $\mathrm{d}\left[\displaystyle\int \dfrac{\arctan(\ln x) \mathrm{d}x}{\sqrt{1 + \sin x}}\right] = $ _____.

    (2) $\displaystyle\int \dfrac{f'\left(\dfrac{1}{x}\right) \mathrm{d}x}{x^2} = $ _____.

    (3) 设 $f(x)$ 的原函数为 $\ln^2 x$ 则 $\displaystyle\int f(x) \mathrm{d}x = $ _____.

    (4) 设 $y = f(\arcsin x)$ 的导函数 $\dfrac{\mathrm{d}y}{\mathrm{d}x} = \dfrac{\arcsin x}{\sqrt{1-x^2}}$, 则 $f(\arcsin x) = $ _____.

    (5) 若 e^{-t} 是 $f(x)$ 的一个原函数, 则 $\displaystyle\int t \cdot f'(t) \mathrm{d}t = $ _____.

    (6) 设 $f'(x) = \dfrac{1}{x}$, 则 $\displaystyle\int \dfrac{f'(x)}{f(x)} \mathrm{d}x = $ _____.

3. 某条过原点的曲线, 其上任一点处切线的斜率 k 总与该点的横坐标 x 成指数关系 $k = 2^x$, 试求该曲线的方程.

4. 求下列不定积分.

(1) $\displaystyle\int 2^{ex} \cdot 3^{\pi x} \, \mathrm{d}x$.

(2) $\displaystyle\int \cos^2 2x \, \mathrm{d}x$.

(3) $\displaystyle\int \frac{\mathrm{d}x}{x\sqrt{x^2-1}}$.

(4) $\displaystyle\int \frac{1-\cos x}{\sin x(1-\sin x)}\mathrm{d}x$.

(5) $\displaystyle\int \frac{x-5}{x^3-3x^2+4}\mathrm{d}x$.

(6) $\displaystyle\int \frac{\sqrt[3]{x}}{1-\sqrt{x}}\mathrm{d}x$.

(7) $\displaystyle\int \sqrt{x^2-2x+2}\,\mathrm{d}x$.

(8) $\displaystyle\int \frac{t+3}{(t+2)\sqrt{t+1}}\mathrm{d}t$.

(9) $\displaystyle\int \sin^2(1-3x)\mathrm{d}x$.

(10) $\displaystyle\int \frac{\cot^3 x}{\sin x}\mathrm{d}x$.

(11) $\displaystyle\int \frac{\arctan\sqrt{x}}{\sqrt{x}\,(1+x)}\mathrm{d}x$.

(12) $\displaystyle\int \frac{\cos^3 x}{\sin^2 x + 1}\mathrm{d}x$.

(13) $\displaystyle\int x\sqrt{2-x}\,\mathrm{d}x$.

(14) $\displaystyle\int \frac{x^2\,\mathrm{d}x}{\sqrt{3-x^2}}$.

(15) $\displaystyle\int \frac{\mathrm{d}x}{1-\sqrt{1-x^2}}$.

(16) $\displaystyle\int \frac{\sqrt{x^2-4}}{x}\mathrm{d}x$.

(17) $\displaystyle\int \frac{\ln^3 x}{x^2}\mathrm{d}x$.

(18) $\displaystyle\int \sin 3x\cos 5x\,\mathrm{d}x$.

(19) $\displaystyle\int e^{\sqrt{x+1}}\,\mathrm{d}x$.

(20) $\displaystyle\int \frac{\mathrm{d}x}{\sqrt{2x+1}+\sqrt{x-1}}$.

第 5 章　定积分及其应用

本章主要讨论定积分的概念、计算与应用三大问题，且提出了一种应用极广的重要分析方法——微元法或称元素法.

一、基本要求

(1)理解定积分的定义及其几何意义，了解定积分的性质.

(2)熟练掌握牛顿-莱布尼兹公式，掌握定积分的换元积分法和分部积分法，会用梯形法计算定积分的近似值，会讨论简单广义积分的敛散性.

(3)理解定积分的元素法，掌握用元素法求平面图形的面积、旋转体的体积及变力做功等；会用元素法求液内压力及函数的平均值.

本章重点是定积分的概念、计算与元素法的运用.

二、内容回顾

(一)定积分的概念

1. 定积分的定义

设函数 $f(x)$ 在 $[a,b]$ 上有界. 在 $[a,b]$ 中任意插入若干个分点
$$a=x_0<x_1<x_2<\cdots<x_{n-1}<x_n=b,$$
把 $[a,b]$ 分成 n 个小区间 $[x_{i-1},x_i]$，其长度记为 $\Delta x_i=x_i-x_{i-1}$　$(i=1,2,\cdots,n)$. 在 $[x_{i-1},x_i]$ 上任取一点 ξ_i　$(x_{i-1}\leqslant\xi_i\leqslant x_i)$，作乘积 $f(\xi_i)\Delta x_i$　$(i=1,2,\cdots,n)$ 并作和 $\sum_{i=1}^{n}f(\xi_i)\Delta x_i$. 记 $\lambda=\max\{\Delta x_1,\Delta x_2,\cdots,\Delta x_n\}$，如果不论对 $[a,b]$ 怎样划分，也不论 ξ_i 在 $[x_{i-1},x_i]$ 上怎样选取，若极限
$$\lim_{\lambda\to0}\sum_{i=1}^{n}f(\xi_i)\Delta x_i$$
总存在，则称该极限值为函数 $f(x)$ 在区间 $[a,b]$ 上的定积分，记为 $\int_a^b f(x)\mathrm{d}x$，即
$$\int_a^b f(x)\mathrm{d}x=\lim_{\lambda\to0}\sum_{i=1}^{n}f(\xi_i)\Delta x_i.$$

补充规定：

(1)当 $a=b$ 时，$\int_a^b f(x)\mathrm{d}x=0$；

(2)当 $a>b$ 时，$\int_a^b f(x)\mathrm{d}x=-\int_b^a f(x)\mathrm{d}x.$

2. 可积性

(1)若 $f(x)$ 在 $[a,b]$ 上连续,则可积.

(2)若 $f(x)$ 在 $[a,b]$ 上按段连续(只有有限个第一类间断点,或者只有有限个间断点且有界),则可积.

(3)若 $f(x)$ 在 $[a,b]$ 上单调有界,则可积.

3. 定积分的几何意义

定积分 $\int_a^b f(x)\mathrm{d}x$ 的几何意义是由曲线 $y=f(x)$、直线 $x=a$、$x=b$ 与 x 轴所围成的曲边梯形面积的代数和. 在 x 轴上方取正号,下方取负号(见图 5-1).

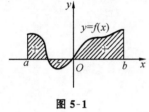

图 5-1

(二)定积分的性质

若函数 $f(x)$、$g(x)$ 在 $[a,b]$ 上可积,则有以下性质.

(1)线性:$\int_a^b [\alpha f(x)+\beta g(x)]\mathrm{d}x$

$$= \alpha \int_a^b f(x)\mathrm{d}x + \beta \int_a^b g(x)\mathrm{d}x \quad (\alpha、\beta \text{ 为常数}).$$

(2)可加性:$\int_a^b f(x)\mathrm{d}x = \int_a^c f(x)\mathrm{d}x + \int_c^b f(x)\mathrm{d}x$.

(3)保号性:当 $f(x)\geqslant 0$ 时,$\int_a^b f(x)\mathrm{d}x \geqslant 0 \quad (a<b)$.

(4)不等式:当 $f(x)\leqslant g(x)$ 时,$\int_a^b f(x)\mathrm{d}x \leqslant \int_a^b g(x)\mathrm{d}x \quad (a<b)$.

(5)绝对值不等式:$\left| \int_a^b f(x)\mathrm{d}x \right| \leqslant \int_a^b |f(x)| \mathrm{d}x \quad (a<b)$.

(6)估值定理:设 M 与 m 分别是 $f(x)$ 在 $[a,b]$ 上的最大值与最小值,有

$$m(b-a) \leqslant \int_a^b f(x)\mathrm{d}x \leqslant M(b-a).$$

(7)中值定理:$f(x)$ 在 $[a,b]$ 上连续,则在 $[a,b]$ 上至少存在一点 ξ,使

$$\int_a^b f(x)\mathrm{d}x = f(\xi)(b-a).$$

由中值定理可得函数 $f(x)$ 在 $[a,b]$ 上的平均值为 $f(\xi)=\dfrac{1}{b-a}\int_a^b f(x)\mathrm{d}x$.

(三)定积分的计算

1. 变上限积分

设 $f(x)$ 在 $[a,b]$ 上连续,称函数 $F(x)=\int_a^x f(t)\mathrm{d}t$ 为变上限积分. 它是 $f(x)$ 的一个原函数.

2. 牛顿-莱布尼兹公式

在 $[a,b]$ 上,设 $F'(x)=f(x)$,有

$$\int_a^b f(x)\mathrm{d}x = \left[F(x)\right]_a^b = F(b) - F(a).$$

3. 定积分的换元积分法与分部积分法(见表 5-1)

表 5-1

换元积分法	$\int_a^b f(x)\mathrm{d}x \xlongequal{x=\varphi(t)} \int_\alpha^\beta f[\varphi(t)]\varphi'(t)\mathrm{d}t,$
	其中,$\alpha=\varphi^{-1}(a),\beta=\varphi^{-1}(b),x=\varphi(t)$ 在 $[\alpha,\beta]$ 上单值且有连续导数
分部积分法	$\int_a^b u\mathrm{d}v = [uv]_a^b - \int_a^b v\mathrm{d}u,$
	其中,$u(x)$、$v(x)$ 在 $[a,b]$ 上具有连续导数

4. 常用积分公式

(1)常用的积分公式可查表(略).

(2)$\displaystyle\int_{-a}^a f(x)\mathrm{d}x = \begin{cases} 2\displaystyle\int_0^a f(x)\mathrm{d}x, & f(x) \text{ 为偶函数}; \\ 0, & f(x) \text{ 为奇函数}. \end{cases}$

(3)$\displaystyle\int_a^{a+T} f(x)\mathrm{d}x = \int_0^T f(x)\mathrm{d}x, \quad f(x)$ 的周期为 T.

(4)$\displaystyle\int_0^a f(x)\mathrm{d}x = \int_0^a f(a-x)\mathrm{d}x.$

(5)$\displaystyle\int_0^\pi f(\sin x)\mathrm{d}x = 2\int_0^{\frac{\pi}{2}} f(\sin x)\mathrm{d}x.$

(6)$\displaystyle\int_{-\frac{\pi}{2}}^{\frac{\pi}{2}} f(\cos x)\mathrm{d}x = 2\int_0^{\frac{\pi}{2}} f(\cos x)\mathrm{d}x.$

5. 应用 *Mathematica* 软件计算定积分

参阅教材附录.

6. 定积分的近似计算

定积分的近似计算一般有三种方法:矩形法、梯形法、抛物线(辛卜生)法. 其中,梯形法是将区间 $[a,b]$ 分为 n 等份,令 $y_i = f(x_i)$ $(i=1,2,\cdots,n)$,则

$$\int_a^b f(x)\mathrm{d}x \approx \frac{b-a}{n}\left[\frac{1}{2}(y_0 + y_n) + y_1 + y_2 + \cdots + y_{n-1}\right].$$

(四)广义积分

1. 无穷区间上的广义积分

对 $f(x),x\in(-\infty,+\infty)$,有

$$\int_{-\infty}^{+\infty} f(x)\mathrm{d}x = \lim_{a\to-\infty}\int_a^c f(x)\mathrm{d}x + \lim_{b\to+\infty}\int_c^b f(x)\mathrm{d}x \quad (-\infty < c < +\infty),$$

当上式右端两个极限都存在时,称广义积分 $\displaystyle\int_{-\infty}^{+\infty} f(x)\mathrm{d}x$ 收敛,否则发散.

2. 无界函数的广义积分(瑕积分)

设 $f(x)$ 在区间 $[a,b]$ 上有无穷型间断点 c(即瑕点 c),有

$$\int_a^b f(x)\mathrm{d}x = \lim_{\varepsilon_1\to 0^+}\int_a^{c-\varepsilon_1} f(x)\mathrm{d}x + \lim_{\varepsilon_2\to 0^+}\int_{c+\varepsilon_2}^b f(x)\mathrm{d}x,$$

当上式右端两个极限皆存在时,称广义积分(或瑕积分)$\int_a^b f(x)\mathrm{d}x$ 收敛,否则发散.

(五)定积分的应用

应用元素法,可导出定积分在几何、经济等方面的应用公式,详见本章知识结构框图.

三、本章知识结构框图

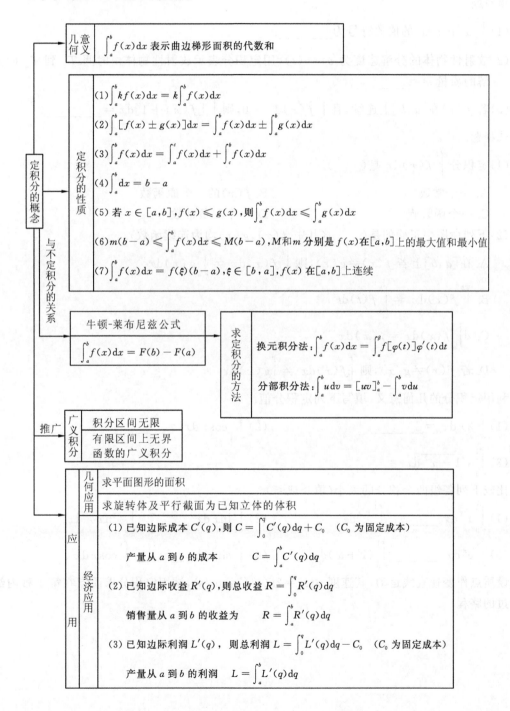

| 几何意义 | $\int_a^b f(x)\mathrm{d}x$ 表示曲边梯形面积的代数和 |

定积分的概念 ──── 与不定积分的关系

定积分的性质

(1) $\int_a^b kf(x)\mathrm{d}x = k\int_a^b f(x)\mathrm{d}x$

(2) $\int_a^b [f(x)\pm g(x)]\mathrm{d}x = \int_a^b f(x)\mathrm{d}x \pm \int_a^b g(x)\mathrm{d}x$

(3) $\int_a^b f(x)\mathrm{d}x = \int_a^c f(x)\mathrm{d}x + \int_c^b f(x)\mathrm{d}x$

(4) $\int_a^b \mathrm{d}x = b-a$

(5) 若 $x\in[a,b]$,$f(x)\leqslant g(x)$,则 $\int_a^b f(x)\mathrm{d}x \leqslant \int_a^b g(x)\mathrm{d}x$

(6) $m(b-a)\leqslant \int_a^b f(x)\mathrm{d}x \leqslant M(b-a)$,$M$ 和 m 分别是 $f(x)$ 在 $[a,b]$ 上的最大值和最小值

(7) $\int_a^b f(x)\mathrm{d}x = f(\xi)(b-a)$,$\xi\in[b,a]$,$f(x)$ 在 $[a,b]$ 上连续

牛顿-莱布尼兹公式

$\int_a^b f(x)\mathrm{d}x = F(b) - F(a)$

求定积分的方法

换元积分法:$\int_a^b f(x)\mathrm{d}x = \int_\alpha^\beta f[\varphi(t)]\varphi'(t)\mathrm{d}t$

分部积分法:$\int_a^b u\mathrm{d}v = [uv]_a^b - \int_a^b v\mathrm{d}u$

推广 ──── 广义积分

积分区间无限

有限区间上无界函数的广义积分

应用

几何应用

求平面图形的面积

求旋转体及平行截面为已知立体的体积

经济应用

(1) 已知边际成本 $C'(q)$,则 $C = \int_0^q C'(q)\mathrm{d}q + C_0$ (C_0 为固定成本)

产量从 a 到 b 的成本 $C = \int_a^b C'(q)\mathrm{d}q$

(2) 已知边际收益 $R'(q)$,则总收益 $R = \int_0^q R'(q)\mathrm{d}q$

销售量从 a 到 b 的收益为 $R = \int_a^b R'(q)\mathrm{d}q$

(3) 已知边际利润 $L'(q)$,则总利润 $L = \int_0^q L'(q)\mathrm{d}q - C_0$ (C_0 为固定成本)

产量从 a 到 b 的利润 $L = \int_a^b L'(q)\mathrm{d}q$

四、练习题

姓名_____　　班级_____

练习题二十三　定积分的概念和性质

1. 填空题.

(1) $\int_{\frac{1}{2}}^{1} x^2 \ln x \, dx$ 的值的符号为_____.

(2) 放射性物体的分解速度为 $v = v(t)$,用定积分表示放射性物体由时间 T_1 到 T_2 所分解的质量 $m =$_____.

(3) 若 $f(x)$ 在 $[a,b]$ 上连续,且 $\int_a^b f(x) \, dx = 0$,则 $\int_a^b [f(x) + 1] \, dx =$_____.

2. 选择题.

(1) 定积分 $\int_a^b f(x) \, dx$ 是(　　).

  A. 一个常数   B. $f(x)$ 的一个原函数

  C. 一个函数族   D. 一个非负常数

(2) 下列命题中正确的是(　　)(其中 $f(x)$, $g(x)$ 均为连续函数).

  A. 在 $[a,b]$ 上若 $f(x) \neq g(x)$,则 $\int_a^b f(x) \, dx \neq \int_a^b g(x) \, dx$

  B. $\int_a^b f(x) \, dx \neq \int_a^b f(t) \, dt$

  C. $d \int_a^b f(x) \, dx = f(x) \, dx$

  D. 若 $f(x) \neq g(x)$,则 $\int f(x) \, dx \neq \int g(x) \, dx$

3. 利用定积分的几何意义,填写下列定积分值.

(1) $\int_0^1 2x \, dx =$_____.   (2) $\int_0^{2\pi} \cos x \, dx =$_____.

(3) $\int_0^1 \sqrt{1 - x^2} \, dx -$_____.

4. 比较下列各组两个积分的大小(填 > 或 <).

(1) $\int_0^1 x^2 \, dx$ _____ $\int_0^1 x^3 \, dx$. (2) $\int_3^4 \ln x \, dx$ _____ $\int_3^4 (\ln x)^2 \, dx$.

(3) $\int_0^1 e^x \, dx$ _____ $\int_0^1 (1 + x) \, dx$. (4) $\int_0^\pi \sin x \, dx$ _____ $\int_0^\pi \cos x \, dx$.

5. 设质点作变速直线运动,其速度 $v(t) = 2t$(单位:cm/s),试用定积分求质点在第 1 秒内经过的路程.

6. 估计 $\int_2^0 e^{x^2-x} dx$ 的值.

7. 利用定积分的估值性质证明: $\dfrac{1}{2} \leqslant \int_1^4 \dfrac{dx}{2+x} \leqslant 1$.

8. 利用积分中值定理证明 $0 \leqslant \int_{\frac{\pi}{2}}^{\pi} \dfrac{\sin x}{x} dx \leqslant 1$.

练习题二十四   微积分基本公式

1.填空题.

(1) $\int f(x)\mathrm{d}x - \int_0^x f(t)\mathrm{d}t = $_____($f(x)$ 在实数域内连续).

(2) $\dfrac{\mathrm{d}}{\mathrm{d}x}\int_0^x \sin t^2 \mathrm{d}t = $_____，$\dfrac{\mathrm{d}}{\mathrm{d}x}\int_x^0 \sin t^2 \mathrm{d}t = $_____.

(3) $\dfrac{\mathrm{d}}{\mathrm{d}x}\int_0^{x^2} \sin t^2 \mathrm{d}t = $_____，$\dfrac{\mathrm{d}}{\mathrm{d}x}\int \sin x^2 \mathrm{d}x = $_____.

(4) $\dfrac{\mathrm{d}}{\mathrm{d}x}\int_0^1 \sin x^2 \mathrm{d}x = $_____，$\dfrac{\mathrm{d}}{\mathrm{d}x}\int_x^{e^x} \sin^2 t \mathrm{d}t = $_____.

(5)设 $f(x)$ 连续且 $f(x) = x + 2\int_0^1 f(x)\mathrm{d}x$，则 $f(x) = $_____.

2.计算下列定积分.

(1) $\int_4^9 \sqrt{x}(1+\sqrt{x})\mathrm{d}x$.

(2) $\int_0^1 \dfrac{\mathrm{d}x}{\sqrt{4-x^2}}$.

(3) $\int_{\frac{1}{\sqrt{3}}}^{\sqrt{3}} \dfrac{1}{1+x^2}\mathrm{d}x$.

(4) $\int_{\frac{1}{\pi}}^{\frac{2}{\pi}} \dfrac{1}{x^2}\sin\dfrac{1}{x}\mathrm{d}x$.

(5) $\displaystyle\int_{-2}^{2} | x^2 - 1 | \, \mathrm{d}x$. 　　　　　(6) 设 $f(x) = \begin{cases} x+1, & x \leqslant 1, \\ \dfrac{x^2}{2}, & x > 1, \end{cases}$ 求 $\displaystyle\int_{0}^{2} f(x)\,\mathrm{d}x$.

3.求下列极限.

(1) $\displaystyle\lim_{x \to 0} \frac{\displaystyle\int_{0}^{x} \cos t^2 \, \mathrm{d}t}{\displaystyle\int_{0}^{x} \frac{\sin t}{t} \, \mathrm{d}t}$. 　　　　(2) $\displaystyle\lim_{x \to 0} \frac{\displaystyle\int_{0}^{2x} \ln(1+t)\,\mathrm{d}t}{x^2}$.

4.设 $f(x) > 0$ 且在 $[a,b]$ 上连续,令 $F(x) = \displaystyle\int_{a}^{x} f(t)\,\mathrm{d}t + \int_{b}^{x} \frac{\mathrm{d}t}{f(t)}$,求证:

(1) $F'(x) \geqslant 2$;

(2)方程 $F(x) = 0$ 在 (a,b) 内有且仅有一实根.

练习题二十五 定积分的换元积分法和分部积分法

1.填空题.

(1) $\displaystyle\int_{-\pi}^{\pi} x^3 \sin^2 x \,\mathrm{d}x =$ _____.

(2) $\displaystyle\int_{-\frac{1}{2}}^{\frac{1}{2}} \frac{(\arcsin x)^2}{\sqrt{1-x^2}} \,\mathrm{d}x =$ _____.

(3) $\displaystyle\int_{\frac{\pi}{3}}^{\pi} \sin\left(x + \frac{\pi}{3}\right) \,\mathrm{d}x =$ _____.

(4) $\displaystyle\int_{0}^{\pi} x \sin x \,\mathrm{d}x =$ _____.

(5) $f(u)$ 连续, $a \neq b$,且都为常数,则 $\displaystyle\frac{\mathrm{d}}{\mathrm{d}x} \int_{a}^{b} f(x+t)\,\mathrm{d}t =$ _____.

2.用换元积分法求下列定积分.

(1) $\displaystyle\int_{-2}^{1} \frac{\mathrm{d}x}{(11+5x)^3}$.

(2) $\displaystyle\int_{0}^{\frac{\pi}{2}} \sin x \cos^3 x \,\mathrm{d}x$.

(3) $\displaystyle\int_{0}^{1} t \mathrm{e}^{-\frac{t^2}{2}} \,\mathrm{d}t$.

(4) $\displaystyle\int_{0}^{\pi} \sqrt{\sin x - \sin^3 x} \,\mathrm{d}x$.

(5) $\displaystyle\int_{0}^{1} \frac{\mathrm{d}x}{\sqrt{4+5x}-1}$.

(6) $\displaystyle\int_{0}^{4} \sqrt{x^2+9} \,\mathrm{d}x$.

$(7) \int_1^{e^2} \dfrac{\mathrm{d}x}{x\sqrt{1+\ln x}}.$

$(8) \int_1^{\sqrt{3}} \dfrac{\mathrm{d}x}{x^2\sqrt{1+x^2}}.$

3. 用分部积分法求下列定积分.

$(1) \int_0^{\frac{\pi}{2}} (x + x\sin x)\,\mathrm{d}x.$

$(2) \int_0^1 x\,\mathrm{e}^{-x}\,\mathrm{d}x.$

$(3) \int_1^4 \dfrac{\ln x}{\sqrt{x}}\,\mathrm{d}x.$

$(4) \int_0^1 \arctan x\,\mathrm{d}x.$

$(5) \int_{\frac{1}{e}}^{e} |\ln x|\,\mathrm{d}x.$

$(6) \int_0^1 \arctan\sqrt{x}\,\mathrm{d}x.$

(7) $\int_0^{\frac{\pi}{2}} \cos^6 x \, \mathrm{d}x$.

4. 设 $f(x) = \begin{cases} 1/(1+x), & x \geqslant 0, \\ 1/(1+\mathrm{e}^x), & x < 0, \end{cases}$ 求 $\int_0^2 f(x-1) \, \mathrm{d}x$.

5. (1) 证明：$\int_0^{\frac{\pi}{2}} \dfrac{\sin x}{\sin x + \cos x} \, \mathrm{d}x = \int_0^{\frac{\pi}{2}} \dfrac{\cos x}{\sin x + \cos x} \, \mathrm{d}x$.

(2) 由上面结论求 $\int_0^{\frac{\pi}{2}} \dfrac{\cos x}{\sin x + \cos x} \, \mathrm{d}x$.

*练习题二十六　广义积分(反常积分)

1. 判断题.

(1)因为 $f(x)=x^3$ 为奇函数,则 $\int_{-\infty}^{+\infty} x^3 \mathrm{d}x = 0$. 　　　　　　　(　)

(2) $\int_0^2 \dfrac{\mathrm{d}x}{(1-x)^2} = \dfrac{1}{1-x}\Big|_0^2 = -2$. 　　　　　　　(　)

(3) $\int_{-1}^1 \dfrac{\mathrm{d}x}{1+x^2} \xlongequal{x=\frac{1}{t}} -\int_{-1}^1 \dfrac{\mathrm{d}t}{1+t^2} = -\int_{-1}^1 \dfrac{\mathrm{d}x}{1+x^2}$,得 $\int_{-1}^1 \dfrac{\mathrm{d}x}{1+x^2} = 0$. 　(　)

(4) $\int_0^{+\infty} \dfrac{\arctan x}{(1+x^2)^{\frac{3}{2}}} \mathrm{d}x \xlongequal{u=\arctan x} \int_0^{\frac{\pi}{2}} u\cos u\,\mathrm{d}u = u\sin u\Big|_0^{\frac{\pi}{2}} - \int_0^{\frac{\pi}{2}} \sin u\,\mathrm{d}u = \dfrac{\pi}{2} - 1$. 　(　)

2. 判断下列广义积分的敛散性,若收敛,求其值.

(1) $\int_1^{+\infty} \dfrac{1}{x^2}\mathrm{d}x$. 　　　　　　　　　(2) $\int_2^{+\infty} \dfrac{\mathrm{d}x}{x\ln x}$.

(3) $\int_1^2 \dfrac{\mathrm{d}x}{x\ln x}$. 　　　　　　　　　(4) $\int_0^{+\infty} \mathrm{e}^{-t}\sin t\,\mathrm{d}t$.

$(5) \displaystyle\int_{-\infty}^{+\infty} \dfrac{\mathrm{d}x}{x^2 + 2x + 2}.$ $\qquad$ $(6) \displaystyle\int_{0}^{1} \dfrac{x^3 \arcsin x}{\sqrt{1-x^2}} \mathrm{d}x .$

3.证明反常积分 $\displaystyle\int_{2}^{+\infty} \dfrac{1}{x(\ln x)^k} \mathrm{d}x$ ，当 $k > 1$ 时收敛，当 $k \leqslant 1$ 时发散.

练习题二十七　定积分的应用

1. 求曲线 $x=y^2$ 与直线 $y=x$ 所围平面图形的面积.

2. 求由直线 $y=x$，$y=2x$ 及 $y=2$ 所围平面图形的面积.

3. 求由曲线 $y=\ln x$ 与直线 $y=\ln a$，$y=\ln b(b>a>0)$，$x=0$ 所围平面图形的面积.

4. 求心形线 $\rho=3(1-\sin\theta)$ 所围图形的面积.

5. 求摆线的一拱 $\begin{cases} x = a(t - \sin t), \\ y = a(1 - \cos t) \end{cases}$ （$0 \leqslant t \leqslant 2\pi$）与 x 轴所围成的图形的面积.

6. 将 $y = x^3, x = 2, y = 0$ 所围成的图形分别绕 x 轴及 y 轴旋转,计算所得的两个旋转体的体积.

*7. 设有一截锥体,其高为 h,上、下底均为椭圆,椭圆的轴长分别为 $2a, 2b$ 和 $2A, 2B$,求该截锥体的体积.

*8. 计算曲线 $y = \frac{1}{3}\sqrt{x}(3-x)$ 上相应于 $1 \leqslant x \leqslant 3$ 的一段弧长.

*9. 试证曲线 $y = \sin x$ ($0 \leqslant x \leqslant 2\pi$) 的弧长等于椭圆 $x^2 + 2y^2 = 2$ 的周长.

10. 一圆台形水池,深 15 m,上、下口半径分别为 20 m 和 10 m,如果将其中盛满的水全部抽尽,需要做多少功?

11. 作直线运动的质点在任意位置 x 处所受的力为 $F(x)=1-e^{-x}$,试求质点从点 $x_1=0$ 沿 x 轴运动到 $x_2=1$ 处,力 $F(x)$ 所做的功.

12. 有一等腰梯形闸门,它的两条底边长分别为 10 m 和 6 m,高为 20 m,将其垂直地放置于水中,较长的底边与水平面相齐,计算闸门的一侧所受的水压力.

13. 设有一长度为 l、线密度为 ρ 的均匀细直棒,在与棒的一端垂直距离为 a 单位处有一质量为 m 的质点,试求该细棒对该质点的引力.

*14.求函数 $y=2x\mathrm{e}^{-x}$ 在$[0,2]$上的平均值.

*15.设某产品在时刻 t 时的产量的变化率为 $f(t)=80+t-\dfrac{1}{2}t^2$,求从 $t=2$ 至 $t=6$ 这期间的产量.

*16.已知某产品的边际成本函数和边际收益函数分别为 $C'(Q)=3+\dfrac{1}{3}Q,R'(Q)=7-Q$,求:

(1)固定成本 $C(0)=1$ 时的总成本函数、总收益函数和总利润函数;

(2)产量为多少时,总利润最大? 最大总利润为多少?

五、复习题五

姓名_____ 班级_____

1. 判断题.

(1) 定积分 $\int_a^b f(x)\,\mathrm{d}x$ （a,b 为常数）是变量. （ ）

(2) 若 $a<b$ 又 $f(x)\leqslant\varphi(x)$, 则 $\int_a^b f(x)\,\mathrm{d}x\leqslant\int_a^b\varphi(x)\,\mathrm{d}x$. （ ）

(3) 定积分的几何意义是区间 $[a,b]$ 上各个曲边梯形面积的和 S, 即 $\int_a^b f(x)\,\mathrm{d}x=S$.
（ ）

(4) 定积分值只随着被积函数 $f(x)$ 及积分上、下限 b、a 而定, 跟积分变量的记号无关.
（ ）

(5) 若在 $[a,b]$ 上 $f(x)$ 连续且为奇函数, 则 $\int_{-a}^a f(x)\,\mathrm{d}x=0$. （ ）

(6) $\int_{-a}^a \Phi(x^2)\,\mathrm{d}x=2\int_0^a \Phi(x^2)\,\mathrm{d}x$. （ ）

(7) $\int_x^1 \dfrac{\mathrm{d}x}{1+x^2}=\int_1^{\frac{1}{x}} \dfrac{\mathrm{d}x}{1+x^2}$. （ ）

(8) 定积分 $\int_0^3 x^3\sqrt{1-x^2}\,\mathrm{d}x$ 可作变换 $x=\sin t$. （ ）

(9) $\int_0^{\frac{\pi}{2}} \sin^n x\,\mathrm{d}x=\int_0^{\frac{\pi}{2}} \cos^n x\,\mathrm{d}x$. （ ）

(10) 设 $f(x)$ 是以 l 为周期的连续函数, 则 $\int_a^{a+l} f(x)\,\mathrm{d}x$ 的值与 a 无关. （ ）

2. 单项或多项选择题.

(1) 设 $f(x)$ 在 $[-a,a]$ （$a>0$）上连续, 则 $\int_{-a}^a f(x)\,\mathrm{d}x=$（ ）.

    A. $\int_0^a [f(x)+f(-x)]\,\mathrm{d}x$ B. 0

    C. $2f(x)$ D. 不存在

(2) 下列各式中正确的是（ ）.

    A. $\dfrac{3}{2}>\int_1^2 \dfrac{x}{1+x^2}\,\mathrm{d}x>\dfrac{1}{6}$ B. $\dfrac{2}{5}\leqslant\int_1^2 \dfrac{x}{1+x^2}\,\mathrm{d}x\leqslant\dfrac{1}{2}$

    C. $\dfrac{2}{5}\geqslant\int_1^2 \dfrac{x}{1+x^2}\,\mathrm{d}x>\dfrac{1}{5}$ D. $2>\int_1^2 \dfrac{x}{1+x^2}\,\mathrm{d}x\geqslant\dfrac{1}{4}$

(3) 已知 $f(x)=\begin{cases}e^x, & x<2, \\ 1, & x=2, \\ -2x, & x>2,\end{cases}$ 则 $\int_{-1}^5 f(x)\,\mathrm{d}x=$（ ）.

    A. $\int_{-1}^2 f(x)\,\mathrm{d}x+\int_2^5 (1-2x)\,\mathrm{d}x$ B. $\int_{-1}^2 e^x\,\mathrm{d}x+\int_2^5 (-2x)\,\mathrm{d}x$

    C. $\int_{-1}^2 e^x\,\mathrm{d}x+\int_2^5 (1-2x)\,\mathrm{d}x$ D. 以上三者都不对

(4) 在图 5-2 中, 曲边梯形的面积等于（ ）.

A. $A_1 + A_2 + A_3$ B. $A_1 + A_3$

C. $A_1 - A_2 + A_3$ D. $\int_a^b f(x)\mathrm{d}x$ 的值

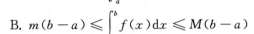

图 5-2

(5) 若 $a < b$，在 $[a, b]$ 上有 $m \leqslant f(x) \leqslant M$，那么（   ）.

A. $m(b-a) < \int_a^b f(x)\mathrm{d}x < M(b-a)$

B. $m(b-a) \leqslant \int_a^b f(x)\mathrm{d}x \leqslant M(b-a)$

C. $m(b-a) \leqslant \left| \int_a^b f(x)\mathrm{d}x \right| \leqslant M(b-a)$

D. 上述三者都不一定正确

(6) 估计定积分 $\int_{\frac{\pi}{4}}^{\frac{\pi}{2}} \frac{\sin x}{x}\mathrm{d}x$ 的值在（   ）内.

A. $\left[0, \frac{1}{2}\right]$ B. $\left[\frac{1}{2}, \frac{\sqrt{2}}{2}\right]$ C. $\left[\frac{1}{2}, 1\right]$ D. $[1, 2]$

(7) $\int_{\frac{\pi}{4}}^{\frac{\pi}{2}} \sin 2x \cos 2x \, \mathrm{d}x = $（   ）.

A. -1 B. $\frac{1}{2}$ C. $-\frac{1}{4}$ D. $\frac{1}{4}$

(8) 下列积分中可直接使用牛顿-莱布尼兹公式的有（   ）.

A. $\int_0^5 \frac{x^3}{x^2+1}\mathrm{d}x$ B. $\int_{-1}^1 \frac{x \, \mathrm{d}x}{\sqrt{1-x^2}}$

C. $\int_0^4 \frac{x \, \mathrm{d}x}{(\sqrt{x^3}-5)^2}$ D. $\int_{\frac{1}{e}}^e \frac{\mathrm{d}x}{x \ln x}$

(9) 下列积分中正确的有（   ）.

A. $\int_{-1}^1 \frac{\mathrm{d}x}{x^2} = -\frac{1}{x}\Big|_{-1}^1 = -2$ B. $\int_{-\frac{\pi}{2}}^{\frac{\pi}{2}} \sin x \, \mathrm{d}x = 2\int_0^{\frac{\pi}{2}} \sin x \, \mathrm{d}x = 2$

C. $\int_{-\frac{\pi}{2}}^{\frac{\pi}{2}} \cos x \, \mathrm{d}x = 0$ D. $\int_{-1}^1 \sqrt{1-x^2} \, \mathrm{d}x = 2\int_0^1 \sqrt{1-x^2} \, \mathrm{d}x = \frac{\pi}{2}$

(10) 设 $f(x) = \begin{cases} x, & x < 1, \\ x-1, & x \geqslant 1, \end{cases}$ 则 $\int_0^2 x^2 f(x)\mathrm{d}x = $（   ）.

A. 1 B. $\frac{4}{3}$ C. $\frac{5}{3}$ D. $\frac{5}{2}$

(11) 若 $f(x) = \int_0^{\sin^2 x} \arcsin\sqrt{t} \, \mathrm{d}t + \int_0^{\cos^2 x} \arccos\sqrt{t} \, \mathrm{d}t$ 且 $0 \leqslant x \leqslant \frac{\pi}{2}$，则 $f\left(\frac{\pi}{4}\right) = $（   ）.

A. $\frac{\pi}{4}$ B. 0 C. 1 D. k （k 为任意常数）

(12) $\lim\limits_{x \to 0^+} \dfrac{\int_0^{\sqrt{x}} t \sin t^2 \, \mathrm{d}t}{\sqrt{x^3}} = $（   ）.

A. $\frac{1}{3}$ B. 0 C. 1 D. 不存在

(13)下列积分中为广义积分的是( ).

A. $\int_1^e \dfrac{\mathrm{d}x}{x\ln x}$

B. $\int_{-1}^1 (x-1)^3\,\mathrm{d}x$

C. $\int_{-1}^1 \dfrac{\mathrm{d}x}{\sqrt{x^3}}$

D. $\int_0^3 \dfrac{\mathrm{d}x}{(\sqrt{x^3}-5)^2}$

(14)当( )时,广义积分 $\int_{-\infty}^0 \mathrm{e}^{-kt}\,\mathrm{d}t$ 收敛.

A. $k>0$

B. $k\geqslant 0$

C. $k<0$

D. $k\leqslant 0$

(15)下列各式中正确的是( ).

A. $\mathrm{d}\int_a^x f(t)\,\mathrm{d}t=f(t)$

B. $\dfrac{\mathrm{d}}{\mathrm{d}x}\int_a^b f(t)\,\mathrm{d}t=f(x)$

C. $\dfrac{\mathrm{d}}{\mathrm{d}x}\int_x^b f(t)\,\mathrm{d}t=-f(x)$

D. $\dfrac{\mathrm{d}}{\mathrm{d}x}\int_a^x f(t)\,\mathrm{d}t=f(t)$

(16)如果 $f(x)$ 满足( ),则 $f(x)$ 在 $[a,b]$ 上可积.

A. $f(x)$ 为有界函数

B. $f(x)$ 为 $[a,b]$ 上只有有限个间断点的有界函数

C. $f(x)$ 为连续函数

D. $f(x)$ 为单调函数

(17)设 $f(x)$ 在 $[a,b]$ 上连续,则 $\varPhi(x)=\int_a^x f(x)\,\mathrm{d}x$ 在 $[a,b]$ 上( ).

A. 连续

B. 可微

C. 有界

D. 单调

(18)设函数 $y=\int_0^x (t-1)\,\mathrm{d}t$,则有( ).

A. 极小值 $\dfrac{1}{2}$

B. 极小值 $-\dfrac{1}{2}$

C. 极大值 $\dfrac{1}{2}$

D. 极大值 $-\dfrac{1}{2}$

(19)函数 $f(x)=2\sin 3x$ 在 $\left[0,\dfrac{\pi}{3}\right]$ 上的平均值是( ).

A. $-\dfrac{4}{\pi}$

B. $\dfrac{4}{\pi}$

C. $\dfrac{36}{\pi}$

D. $\dfrac{4}{9}\pi$

(20)曲线 $y=\sin x$、$y=\cos x$ 与直线 $x=0$、$x=\pi$ 所围成的平面图形的面积等于( ).

A. $2\sqrt{2}$

B. $\sqrt{2}-1$

C. $2-2\sqrt{2}$

D. -2

(21)由 x 轴、曲线 $y=x^2$ 和直线 $x=\sqrt[3]{2}$ 所围成的图形被直线 $x=K$ 分成两块相等的面积,则 $K=$( ).

A. 1

B. $2^{-\frac{2}{3}}$

C. $2^{\frac{1}{6}}$

D. $2^{-\frac{1}{3}}$

(22)将第一象限内由 x 轴和曲线 $y^2=6x$ 与直线 $x=6$ 所围成的平面图形绕 x 轴旋转一周所得旋转体的体积等于( ).

A. 54π

B. 72π

C. 108π

D. 144π

3.求下列极限或积分.

(1) $\lim\limits_{n\to\infty}\left(\dfrac{1}{n+1}+\dfrac{1}{n+2}+\cdots+\dfrac{1}{2n}\right)$.

(2) $\int_1^{\mathrm{e}^2}\dfrac{1+\ln x}{x}\,\mathrm{d}x$.

(3) $\int_0^{\frac{\pi}{3}} e^{-3x} \sin 6x \, dx$.

(4) $\int_0^{\pi} |\cos x| \sqrt{1 + \sin x} \, dx$.

(5) $\int_0^{\frac{\pi}{4}} \tan x \ln(\cos x) \, dx$.

(6) $\int_0^{\ln 2} \sqrt{e^{2x} - 1} \, dx$.

(7) $\int_0^1 \frac{x^3 e^x}{(x+3)^2} \, dx$.

(8) $\int_3^{+\infty} \frac{dx}{(x-1)^4 \sqrt{x^2 - 2x}}$.

(9) $\int_0^{\frac{\pi}{2}} \ln \sin x \, dx$.

(10) $\int_{-\infty}^{+\infty} \frac{1 + x^2}{1 + x^4} \, dx$.

4. 用定积分推导半径为 R 的圆的面积公式.

5. 求由双纽线 $r^2 \cos 2\theta = a^2$ 和直线 $\theta = 0$ 及 $\theta = \frac{\pi}{6}$ 所围成的图形的面积.

6. 已知圆 $(x-2)^2 + y^2 = 1$, 求该圆绕 y 轴旋转一周所形成的旋转体的体积.

7. 若沙堆的堆积密度为 2 t/m^3, 要倒满一个半径为 R、高为 H 的圆锥形沙堆, 需做多少功?

8. 一抛物线弓形平板直立在水中,顶点恰与水面平齐,底宽 15 cm 且与水面平行,高为 3 cm.求它的一面所受的水压力.

9. 求函数 $\int_0^x \left(\dfrac{\sqrt{3}}{2} - \sqrt{1-t^2} \right) \mathrm{d}t$ 在闭区间 $[0,1]$ 上的最大值和最小值.

10. 设某种商品每天生产 x 件时固定成本为 20 元,边际成本函数 $c'(x)=0.4x+2$ (单位:元/件).

    (1)求总成本函数;

    (2)如果这种商品的销售单价为 18 元,且可全部售出,求总利润函数;

    (3)每天生产多少件时才能获得最大利润?最大利润为多少?

11. 设连续函数 $f(x)$ 在 $[a,b]$ 上单调增加,又 $\varphi(x)=\dfrac{1}{x-a}\displaystyle\int_a^x f(t)\mathrm{d}t$, $x \in (a,b)$,试证:$\varphi'(x)\geqslant 0$, $x\in(a,b)$.

12. 计算星形线(见图 5-3)$x=a\cos^3 t$、$y=a\sin^3 t$ 的全长.

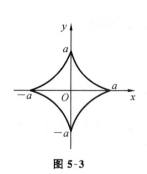

图 5-3

第6章 微分方程

本章主要介绍微分方程的基本概念,以及可分离变量的微分方程、一阶线性微分方程和最简单的二阶常系数线性微分方程的解法和应用.

一、基本要求

(1)了解微分方程和方程的阶、解、通解、初始条件和特解等概念.

(2)掌握可分离变量方程及一阶线性微分方程的解,会用微分方程解决一些简单的实际问题,会用降阶法求解某些可降阶的微分方程.

(3)理解二阶线性微分方程解的结构定理,熟练掌握二阶常系数齐次线性微分方程的解法.

(4)会用待定系数法求某些特殊的二阶常系数非齐次线性微分方程的特解,并求其通解.

二、内容回顾

(一)微分方程的基本概念

1. 微分方程的定义

凡表示未知函数、未知函数的导数(或微分)及自变量之间的关系的方程,称为微分方程.

注意 1° 在微分方程中,自变量及未知函数可以不出现,但未知函数的导数(或微分)必须出现.

2° 在微分方程中,如果未知函数是一元函数,则为常微分方程;如果未知函数是多元函数,则为偏微分方程.本章讨论的都是常微分方程.

2. 微分方程的阶

微分方程中所出现的未知函数的最高阶导数的阶数,叫做微分方程的阶.

3. 微分方程的解

使微分方程成为恒等式的函数,叫做微分方程的解;如果方程的解中含有任意常数,且独立的任意常数的个数与方程的阶数相同,这样的解称为微分方程的通解,不含任意常数的解叫做微分方程的特解.

4. 初始条件

确定通解中任意常数的条件称为初始条件.

(二)一阶微分方程

1. 可分离变量的微分方程

可分离变量的微分方程的一般形式为

$$f_1(x)g_1(y)dx + f_2(x)g_2(y)dy = 0.$$

先将两端除以 $g_1(y)f_2(x)$ $(g_1(y)f_2(x) \neq 0)$ 即可分离变量,

$$\frac{f_1(x)}{f_2(x)}dx + \frac{g_2(y)}{g_1(y)}dy = 0.$$

再两端积分即可得通解

$$\int \frac{f_1(x)}{f_2(x)}dx + \int \frac{g_2(y)}{g_1(y)}dy = C.$$

2. 可化为可分离变量方程的一些微分方程

(1)齐次方程 $\dfrac{dy}{dx} = f\left(\dfrac{y}{x}\right)$.

令 $\dfrac{y}{x} = u$,则

$$y = xu, \frac{dy}{dx} = u + x\frac{du}{dx},$$

将它们代入原方程,有

$$u + x\frac{du}{dx} = f(u).$$

分离变量

$$\frac{du}{f(u) - u} = \frac{dx}{x},$$

两边积分,求出通解后将 u 回代成 $\dfrac{y}{x}$.

(2) $\dfrac{dy}{dx} = f(x + y)$.

令 $x + y = u$,则

$$y = u - x, \frac{dy}{dx} = \frac{du}{dx} - 1,$$

原方程可化为

$$\frac{du}{dx} = f(u) + 1.$$

分离变量,两边积分得通解,再将 u 回代成 $x + y$.

同样,对 $\dfrac{dy}{dx} = f(x - y)$,可令 $x - y = u$.

3. 一阶线性微分方程

(1)概念. 一阶线性微分方程的一般形式为

$$\frac{dy}{dx} + P(x)y = Q(x), \tag{6-1}$$

如果 $Q(x)\neq0$,方程(6-1)称为一阶非齐次线性微分方程;如果 $Q(x)\equiv0$,方程(6-1)变为

$$\frac{dy}{dx}+P(x)y=0,\qquad\qquad(6\text{-}2)$$

方程(6-2)称为一阶齐次线性微分方程.

(2)一阶非齐次线性微分方程(6-1)的求解步骤.

1° 求对应的齐次方程(6-2)的通解.

将方程(6-2)分离变量,积分,得通解

$$y=Ce^{-\int P(x)dx}.$$

2° 用常数变易法求方程(6-1)的解.

设 $y=C(x)e^{-\int P(x)dx}$ 是方程(6-1)的解.求导,将 y、y'代入方程(6-1),求得

$$C(x)=\int Q(x)e^{\int P(x)dx}dx+C,$$

得方程(6-1)的通解

$$y=e^{-\int P(x)dx}\left[\int Q(x)e^{\int P(x)dx}dx+C\right].$$

4. 用微分方程解应用问题的步骤

1° 分析问题,设所求未知函数,建立微分方程,确定初始条件.

2° 求出微分方程的通解.

3° 根据初始条件确定通解中的任意常数,求出微分方程相应的特解.

(三)二阶常系数线性微分方程

1. 概念

形如

$$\frac{d^2y}{dx^2}+P(x)\frac{dy}{dx}+Q(x)y=f(x)\qquad\qquad(6\text{-}3)$$

的方程叫做二阶线性微分方程,其中,$P(x)$、$Q(x)$、$f(x)$为 x 的连续函数.

(1)当 $f(x)\equiv0$ 时,方程叫做二阶齐次线性微分方程;当 $f(x)\neq0$ 时,方程叫做二阶非齐次线性微分方程.

(2)如果 $P(x)$、$Q(x)$为常数,则方程(6-3)称为二阶常系数线性微分方程,对应于 $f(x)\equiv0$ 或 $f(x)\neq0$,相应的二阶常系数线性微分方程称为齐次线性微分方程或非齐次线性微分方程.

(3)方程

$$\frac{d^2y}{dx^2}+P(x)\frac{dy}{dx}+Q(x)y=0\qquad\qquad(6\text{-}4)$$

叫做二阶非齐次线性方程(6-3)对应的齐次方程.

2. 解的结构定理

(1)二阶齐次线性微分方程解的结构定理:设函数 y_1、y_2 都是齐次线性方程(6-4)的解,且 $\dfrac{y_2}{y_1} \neq$ 常数,那么,$y = C_1 y_1 + C_2 y_2$ 是方程(6-4)的通解,其中 C_1、C_2 是任意常数.

(2)二阶非齐次线性微分方程解的结构定理:设 y^* 是非齐次线性方程(6-3)的一个特解,而 Y 是它所对应的齐次方程(6-4)的通解,那么,$y = Y + y^*$ 是方程(6-3)的通解.

3. 二阶常系数齐次线性微分方程 $y'' + py' + qy = 0$ 的解法步骤

1° 求特征方程 $r^2 + pr + q = 0$ 的根.

2° 根据特征方程根的形式,可按表 6-1 写出方程 $y'' + py' + qy = 0$ 的通解.

表 6-1

特征方程的两个根	微分方程 $y'' + py' + qy = 0$ 的通解
两个不相等的实根 $r_1 \neq r_2$	$y = C_1 c^{r_1 x} + C_2 c^{r_2 x}$
两共轭复根 $r_{1,2} = \alpha \pm i\beta$	$y = e^{\alpha x}(C_1 \cos\beta x + C_2 \sin\beta x)$
两个相等的实根 $r_1 = r_2$	$y = (C_1 + C_2 x)e^{r_1 x}$

4. 二阶常系数非齐次线性微分方程 $y'' + py' + qy = f(x)$ 的解法步骤

1° 求对应的齐次方程 $y'' + py' + qy = 0$ 的通解 Y.

2° 求 $y'' + py' + qy = f(x)$ 的特解 y^*,y^* 的形式如表 6-2 所示.

表 6-2

$f(x)$ 的形式	特解 y^* 的形式
$f(x) = P_m(x)e^{\lambda x}$ ($P_m(x)$ 是 m 次多项式)	$y^* = x^k Q_m(x)e^{\lambda x}$ ($Q_m(x)$ 是 m 次多项式) $k = \begin{cases} 0, & \lambda \text{ 不是 } r^2 + pr + q = 0 \text{ 的根,} \\ 1, & \lambda \text{ 是 } r^2 + pr + q = 0 \text{ 的单根,} \\ 2, & \lambda \text{ 是 } r^2 + pr + q = 0 \text{ 的二重根} \end{cases}$
$f(x) = e^{\lambda x}[P_l(x)\cos\omega x + P_n(x)\sin\omega x]$ ($P_l(x)$、$P_n(x)$ 分别是 l 次、n 次多项式)	$y^* = x^k e^{\lambda x}[Q_m(x)\cos\omega x + R_m(x)\sin\omega x]$, 其中,$m = \max\{l, n\}$,$Q_m(x)$、$R_m(x)$ 均为 m 次多项式 $k = \begin{cases} 0, & \lambda + i\omega \text{ 不是 } r^2 + pr + q = 0 \text{ 的根,} \\ 1, & \lambda + i\omega \text{ 是 } r^2 + pr + q = 0 \text{ 的根} \end{cases}$

3° 写出 $y'' + py' + qy = f(x)$ 的通解 $y = Y + y^*$.

三、本章知识结构框图

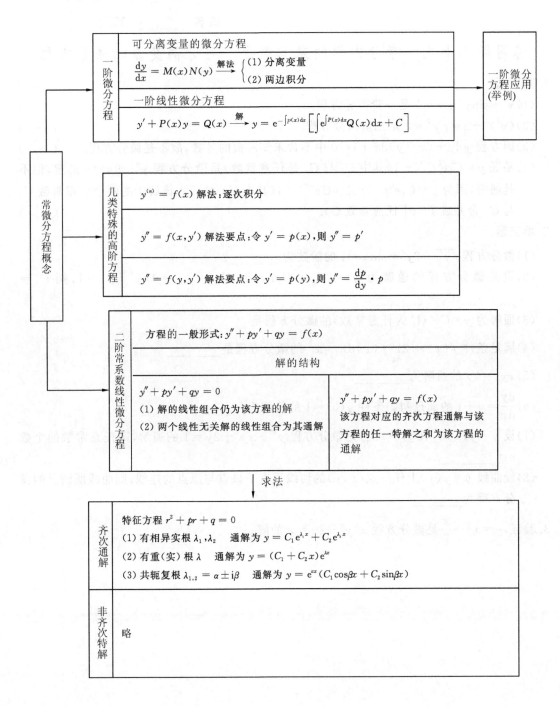

四、练习题

练习题二十八 微分方程的基本概念 可分离变量的微分方程

1. 判断题.

(1) $y' + \sin y^2 + x = 1$ 是一阶微分方程.   ( )

(2) $(y')^2 + xy + x^2 = 2$ 是二阶微分方程.   ( )

(3) 因方程 $y\,\mathrm{d}y + (x-y)\mathrm{d}x + 1 = 0$ 中不含未知函数的导数,故不是微分方程. ( )

(4) 易证 $y = C_1 \mathrm{e}^{C_2 - 3x} - 1$(其中 C_1 与 C_2 是任意常数)是微分方程 $y'' - 9y = 9$ 的解,但不是通解,因为 $y = C_1 \mathrm{e}^{C_2 - 3x} - 1 = C\mathrm{e}^{-3x} - 1$(其中 $C = C_1 \mathrm{e}^{C_2}$,该解中的两个任意常数 C_1 与 C_2 合并成了一个任意常数 C). ( )

2. 填空题.

(1) 微分方程 $\sqrt{y'''} - 2y'' + \sin x = 1$ 的阶数为_____.

(2) 设某微分方程的通解为 $y = (C_1 + C_2 x)\mathrm{e}^{2x}$,且 $y\big|_{x=0} = 0$,$y'\big|_{x=0} = 1$,则 $C_1 = $ _____,$C_2 = $ _____.

(3) 通解为 $y = C\mathrm{e}^x$(C 为任意常数)的微分方程是_____.

(4) 满足条件 $f(x) + 2\int_0^x f(x)\mathrm{d}x = x^2$ 的微分方程是_____.

(5) $xy' = 4y$ 的通解为_____.

(6) $\dfrac{\mathrm{d}y}{\mathrm{d}x} = y + 1$ 的满足初始条件 $y(0) = 1$ 的特解为_____.

(7) 设 $y = y(x, C_1, C_2, \cdots, C_n)$ 是微分方程 $y''' - xy' + 2y = 1$ 的通解,则任意常数的个数 $n = $ _____.

(8) 设曲线 $y = y(x)$ 上任一点 (x, y) 的切线垂直于该点与原点的连线,则曲线所满足的微分方程为_____.

3. 验证: $y = x^2 - \dfrac{x}{2}$ 是微分方程 $x^2 y'' - 2y = x$ 的解.

4.求下列微分方程的通解.

(1)$2x^2yy'=y^2+1$.

(2)$\sqrt{1-x^2}\,y'=\sqrt{1-y^2}$.

5.求下列微分方程满足所给初始条件的特解.

(1)$y'=e^{2x-y}$,　$y\big|_{x=0}=0$.

(2)$\sin y\cos x\,\mathrm{d}y=\cos y\sin x\,\mathrm{d}y$,$y\big|_{x=0}=\dfrac{\pi}{4}$.

6.镭的衰变速度与它的现存量 R 成正比,资料表明,镭经过 1 600 年后,只余原始量 R_0 的一半,试求镭的量 R 与时间 t 的函数关系式.

练习题二十九 一阶微分方程

1.填空题.

(1)设 $y^*(x)$ 是 $y'+P(x)y=Q(x)$ 的一个特解，$Y(x)$ 是该方程对应的齐次线性方程 $y'+P(x)y=0$ 的通解，则该方程的通解为_____.

(2)已知 $y^*(x)=e^x$ 是 $xy'+P(x)y=x$ 的一个特解，则 $P(x)=$_____，该一阶线性方程的通解为 $y=e^x+$_____.

(3)齐次方程 $x\dfrac{dy}{dx}=y\ln\dfrac{y}{x}$ 作变换_____可化为可分离变量的微分方程_____，且通过此方法可求得该齐次方程的通解为_____.

(4)微分方程 $\dfrac{dy}{dx}=\dfrac{y^2}{xy-x-y}$ 不是一阶线性微分方程，但将 x 看做因变量，将 y 看做自变量，则可化为一阶线性微分方程_____，进而用此方法可求得该方程的通解为_____.

2.选择题.

(1)方程 $y\,dx+(y+2x)dy=0$(   ).

A.可化为齐次方程   B.可化为线性方程

C.A、B 都可化   D.A、B 都不可化

3.求解下列微分方程.

(1)$(1+e^x)yy'=e^x$.   (2)$xy'-y=x\tan\dfrac{y}{x}$.

(3)$(x^2+2xy-y^2)dx+(y^2+2xy-x^2)dy=0,y|_{x=1}=1$.

4. 求解下列微分方程.

(1) $xy' + y = x^2 + 3x + 2$.

(2) $(y^2 - 6x)\dfrac{dy}{dx} + 2y = 0$.

(3) $\dfrac{dy}{dx} + \dfrac{y}{x} = \dfrac{\sin x}{x}, y\big|_{x=\pi} = 1$.

5. 求一曲线的方程,该曲线通过原点,并且它在点(x,y)处的切线斜率等于$2x + y$.

6. 快艇以匀速 $v_0 = 5$ m/s 在静水上前进,当停止发动机 5 s 后速度减至 3 m/s.已知阻力与运动速度成正比,试求船速随时间的变化规律.

*练习题三十　可降阶的二阶微分方程

1. 求下列方程的通解.

(1) $y''=x+\sin x$.

(2) $xy''+y'+x=0$.

(3) $xy''+y'^2=y'$.

(4) $y''=1+y'^2$.

2. 求下列方程的特解.

(1) $y^3y''+1=0, y(1)=1, y'(1)=0$.

(2) $xy''+xy'^2-y'=0, y(2)=0, y'(2)=\dfrac{1}{2}$.

3. 求 $y''=x$ **的经过点** $M(0,1)$ **且在此点与直线** $y=\dfrac{1}{2}x+1$ **相切的积分曲线.**

练习题三十一 二阶常系数齐次线性微分方程

1.判断题.

(1)因为 $y_1(x) = e^{3x}$ 和 $y_2(x) = 2e^{3x}$ 都是二阶齐次线性方程 $y'' - 2y' - 3y = 0$ 的特解,所以该方程的通解为 $y = C_1 y_1(x) + C_2 y_2(x)$,其中 C_1 与 C_2 为任意常数. （ ）

(2)因为 $y_1(x) = e^x$ 与 $y_2(x) = xe^x$ 均是 $y'' + py' + qy = 0$(其中 p,q 均为实常数)的解,所以该方程的通解为 $y = C_1 y_1(x) + C_2 y_2(x)$. （ ）

2.填空题.

(1)已知 $y_1 = \sin x$ 和 $y_2 = \cos x$ 是 $y'' + py' + qy = 0$(p,q 均为实常数)的两个解,则该方程的通解为_____.

(2) $y'' - y' + 2y = 0$ 的通解为_____.

(3) $y'' - 2y' + 4y = 0$ 的通解为_____.

(4) $y'' - 7y' + 6y = 0$ 的通解为_____.

(5)设二阶常系数齐次线性微分方程的特征方程的两个根为 $r_1 = 1 + 2i$,$r_2 = 1 - 2i$,则该二阶常系数齐次线性微分方程为_____.

(6)设 $r_1 = 3$,$r_2 = 4$ 为方程 $y'' + py' + qy = 0$(其中 p,q 均为常数)的特征方程的两个根,则该微分方程的通解为_____.

3.求下列方程的通解.

(1) $y'' + y' - 2y = 0$.　　　　　　　(2) $y'' + y = 0$.

(3) $4y'' - 20y' + 25y = 0$.

4. 求下列方程的特解.

(1)$y'' - 3y' - 4y = 0, y|_{x=0} = 0, y'|_{x=0} = -5.$

(2)$y'' + 25y = 0, y|_{x=0} = 2, y'|_{x=0} = 5.$

(3)$4y'' + 4y' + y = 0, y|_{x=0} = 2, y'|_{x=0} = 0.$

练习题三十二 二阶常系数非齐次线性微分方程

1.填空题.

(1)微分方程 $y''+2y'+y=x\mathrm{e}^x$ 的特解可设为形如 $y^*(x)=$_____.

(2)设 $y_1=x,y_2=\mathrm{e}^x,y_3=\mathrm{e}^{-x}$ 均是 $y''+py'+qy=f(x)$（其中 p,q 都是常数）的三个特解,则该方程的通解为_____.

(3)已知 $y''+py'+qy=f(x)$（其中 p,q 均为常数）有特解 $y_1=\dfrac{x}{2}$,且其对应的齐次方程 $y''+py'+qy=0$ 有特解 $y_2=\mathrm{e}^{-x}\cos x$ 和 $y_3=\mathrm{e}^{-x}\sin x$,则 $p=$_____,$q=$_____,$f(x)=$_____.

(4)已知 p,q 都为常数,设 $y_1(x)$ 为 $y''+py'+qy=f_1(x)$ 的一特解,$y_2(x)$ 为 $y''+py'+qy=f_2(x)$ 的一特解,则 $y''+py'+qy=f_1(x)+f_2(x)$ 的用 $y_1(x)$ 和 $y_2(x)$ 表示的一特解为_____.

2.选择题.

(1) $y''-2y'+5y=\mathrm{e}^x\cos 2x$ 的一个特解应具有形式（　　）.

　A. $A\mathrm{e}^x\cos 2x$　　　　　　　　　B. $\mathrm{e}^x(A\cos 2x+B\sin 2x)$

　C. $x\mathrm{e}^x(A\cos 2x+B\sin 2x)$　　　D. $x^2\mathrm{e}^x(A\cos 2x+B\sin 2x)$

(2) $y''-4y'+4y=6x^2+8\mathrm{e}^{2x}$ 的一个特解应具有形式（　　）.

　A. $ax^2+bx+c\mathrm{e}^{2x}$　　　　　　　B. $ax^2+bx+c+Ex^2\mathrm{e}^{2x}$

　C. $ax^2+b\mathrm{e}^{2x}+cx\mathrm{e}^{2x}$　　　　D. $ax^2+(bx^2+cx)\mathrm{e}^{2x}$

3.求下列各微分方程的通解.

(1) $y''+5y'+4y=3-2x$.　　　　　(2) $y''-6y'+9y=(x+1)\mathrm{e}^{3x}$.

(3) $y''+4y=x\cos x$.　　　　　　(4) $y''+y=\mathrm{e}^x+\cos x$.

4.求 $y''-y=4x\mathrm{e}^x,y|_{x=0}=0,y'|_{x=0}=1$ **的特解.**

五、复习题六

姓名_____ 班级_____

1. 判断题.

(1) $(y')^2 = x - y$ 是二阶微分方程. ( )

(2) 若 $f(x)$ 为连续函数,则微分方程 $\dfrac{\mathrm{d}y}{\mathrm{d}x} = f(x+y)$ 总可以化为可分离变量的微分方程.

( )

(3) $y'' + yy' - (x^2 + \sin x)y = 1$ 是线性微分方程. ( )

(4) 微分方程的通解包含了该方程所有的解. ( )

(5) 函数 $y = Ce^x + Ce^{-x}$ 是微分方程 $y'' - y = 0$ 的通解. ( )

(6) 如果函数 y_1, y_2 是一阶线性微分方程 $y' + P(x)y = Q(x)$ 的两个不相等的特解,则 $y = C(y_1 - y_2) + y_2$ (C 为任意常数) 就是该方程的通解. ( )

(7) 如果 y_i^* 是二阶线性微分方程 $y'' + P(x)y' + Q(x)y = f_i(x)$ $(i=1,2,\cdots,m)$ 的特解,则 $y_1^* + y_2^* + \cdots + y_m^*$ 是方程 $y'' + P(x)y' + Q(x)y = f_1(x) + f_2(x) + \cdots + f_m(x)$ 的一个特解. ( )

(8) 如果函数 $y_1 = \dfrac{1}{x}$ $(x > 0)$ 是微分方程 $y' + y^2 = 0$ 的解,则 $y = Cy_1$ 也是该方程的解.

( )

2. 选择题.

(1) 微分方程 $y(y'')^2 + x(y''')^2 + (\sin x)y = 0$ 是( ).

    A. 二阶非线性方程   B. 三阶线性方程

    C. 三阶非线性方程   D. 六阶非线性方程

(2) 方程 $y' - xy' = a(y^2 + y')$ 是( ).

    A. 可分离变量方程   B. 一阶齐次线性方程

    C. 一阶非齐次线性方程   D. 以上结论都不对

(3) 微分方程 $y'' - \dfrac{1}{x}y' + \dfrac{3}{x^2}y = \dfrac{3}{x}\ln x$ 是( ).

    A. 二阶常系数非齐次线性方程   B. 二阶常系数齐次线性方程

    C. 二阶非齐次线性方程   D. 二阶非线性方程

(4) 微分方程 $y' = 3y^{\frac{2}{3}}$ 的一个特解是( ).

    A. $y = C(x+1)^3$ B. $y = x^3 + 1$

    C. $y = (x+C)^3$ D. $y = (x+2)^3$

(5) 下列方程中可分离变量的方程是( ).

    A. $y' = e^{xy}$ B. $(x - xy^2)\mathrm{d}x + (y + x^2 y)\mathrm{d}y = 0$

    C. $xy' + y = e^x$ D. $yy' + y - x = 0$

(6) 下列方程中是一阶线性微分方程的是( ).

    A. $y' + y^2 = 2$ B. $\dfrac{\mathrm{d}y}{\mathrm{d}x} = \dfrac{y}{xy^2 + e^{-y}}$

    C. $3y' + \cos y = 5x^2$ D. $\dfrac{\mathrm{d}y}{\mathrm{d}x} + x\sqrt{y} = y$

(7) 下列方程中可降阶的是（　　）.

A. $y'' + xy + y = 1$ 　　　　　　　 B. $y'' = x e^x + y$

C. $(1 - x^2) y'' = (1 + x) y$ 　　　　　 D. $y y'' + (y')^2 = 5$

(8) 通过坐标原点且任一点切线斜率均为 $\dfrac{1}{x+1}$ 的曲线方程是（　　）.

A. $y = \ln(x+1) + C$ 　　　　　　 B. $y = \dfrac{x^2}{2} + x + C$

C. $y = \ln(x+1)$ 　　　　　　　　 D. $y = \ln(x+1) - 1$

(9) 微分方程 $y''' + \dfrac{3}{x} y'' = 0$ 的通解是（　　）.

A. $y = C_1 x + \dfrac{C_2}{x} + C_3$ 　　　　　 B. $y = x + \dfrac{C_1}{x} + C_2 x + C_3$

C. $y = x + \dfrac{C_1}{x} + C_2$ 　　　　　　 D. $y = \dfrac{C_1}{x} + C_2 x^2 + C_3 x$

(10) 函数 $y_1(x), y_2(x)$ 是微分方程 $y'' + py' + qy = 0$ 的两个解，则下列函数中不是该微分方程的解的函数是（　　）.

A. $y = \dfrac{y_1(x)}{y_2(x)} \quad (y_2(x) \neq 0)$ 　　　 B. $y = y_1(x) - \sqrt{2} \, y_2(x)$

C. $y = y_1(x) + y_2(x)$ 　　　　　 D. $y = C_1 y_1(x) + C_2 y_2(x)$

(11) 微分方程 $y'' + y = 0$ 的通解是（　　）.

A. $y = C_1 + C_2 e^{-x}$ 　　　　　　 B. $y = C_1 \cos x + C_2 \sin x$

C. $y = e^x (C_1 \cos x + C_2 \sin x)$ 　　 D. $y = C_1 e^x + C_2 e^{-x}$

(12) 下面微分方程的通解为 $y = C_1 e^{-2x} + C_2 e^x$ 的是（　　）.

A. $y'' + y' = 0$ 　　　　　　　　 B. $y'' + 2y' = 0$

C. $y'' + y' - 2y = 0$ 　　　　　　 D. $y'' - y' + 2y = 0$

(13) 方程 $y'' - 5y' + 6y = x^2 c^{2x}$ 的一个特解可设为（　　）.

A. $y^* = (Ax^2 + Bx + C) x e^{2x}$ 　　 B. $y^* = (Ax^2 + Bx) e^{2x}$

C. $y^* = (Ax^2 + Bx + C) e^{2x}$ 　　 D. $y^* = Ax^3 e^{2x}$

(14) 微分方程 $y'' + 4y = \cos 2x$ 的特解 y^* 的形式为（　　）.

A. $A \cos 2x$ 　　　　　　　　　 B. $x(A \cos 2x + B \sin 2x)$

C. $Ax \cos 2x$ 　　　　　　　　　 D. $A \cos 2x + B \sin 2x$

(15) 微分方程 $y'' - y' = e^x + 1$ 的特解 y^* 的形式为（　　）.

A. $A e^x + B$ 　　　　　　　　　 B. $e^x (Ax + B)$

C. $A e^x + Bx$ 　　　　　　　　　 D. $Ax e^x + Bx$

3. 填空题.

(1) 方程 $\sqrt{y'''} - 2y'' + \sin x = 0$ 是 _____ 阶微分方程.

(2) 微分方程 $y''' = 0$ 的通解是 _____ .

(3) 微分方程 $y^{(4)} + p(x) y'' + q(x) = 0$ 的通解中会有 _____ 个独立的任意常数.

(4) $\dfrac{\mathrm{d}y}{\mathrm{d}x} = 2y$ 的通解是 _____ .

(5)微分方程 $y'-\dfrac{2}{x+1}y=(x+1)^3$ 对应的齐次方程是_____,其通解是_____,用常数变易法求得的 $C(x)=$_____.

(6)微分方程 $y''-10y'+34y=0$ 的通解是_____.

(7)微分方程 $y''-6y'+9y=(x+1)e^{3x}$ 的特解形式为 $y^*=$_____.

(8)如果 $y^*=-\dfrac{2}{5}\cos x-\dfrac{4}{5}\sin x$ 是微分方程 $y''+2y'-3y=4\sin x$ 的一个特解,则它的通解为_____.

(9)微分方程 $\dfrac{\mathrm{d}^2 s}{\mathrm{d}t^2}-2s=0$ 的通解为_____.

(10)微分方程 $\dfrac{\mathrm{d}x}{y}+\dfrac{\mathrm{d}y}{x}=0$ 满足初始条件 $y|_{x=3}=4$ 的特解是_____.

4.求解下列微分方程.

(1) $y'=e^{x-y}$.

(2) $(1+e^x)\sin y\,\dfrac{\mathrm{d}y}{\mathrm{d}x}+e^x\cos y=0$.

(3) $xy+\sqrt{1-x^2}\,y'=0$.

(4) $\tan t\cdot\dfrac{\mathrm{d}x}{\mathrm{d}t}-x=5$.

(5) $\dfrac{\mathrm{d}y}{\mathrm{d}x}=\dfrac{1}{x\cos y+\sin 2y}$.

(6) $xy'-y=\dfrac{x}{\ln x}$, $\quad y|_{x=e}=1$.

(7) $y'=\dfrac{y}{x}+\dfrac{x}{y}$, $\quad y|_{x=-1}=0$.

(8) $\dfrac{\mathrm{d}y}{\mathrm{d}x}=\dfrac{1}{(x+y)^2}$.

(9) $\dfrac{\mathrm{d}y}{\mathrm{d}x}=\cos(x-y)$.

(10) $x\,\mathrm{d}y+y\,\mathrm{d}x=(x^3y^2-x)\,\mathrm{d}x$.

5.求下列微分方程满足初始条件的特解.

(1)$(x+1)y''+y'=\ln(1+x)$, $y|_{x=0}=2$, $y'|_{x=0}=1$.

(2)$(1-x^2)y''-xy'=0$, $y|_{x=0}=0$, $y'|_{x=0}=1$.

(3)$yy''-(y')^2-y'=0$, $y|_{x=0}=1$, $y'|_{x=0}=1$.

6.求下列微分方程的通解.

(1)$y''-y'-6y=0$.

(2)$y''-4y'+4y=0$.

(3)$y''+2y'+9y=0$.

(4)$y''-6y'+9y=2x^2-x+3$.

(5)$y''-m^2y=e^{-mx}$ $(m>0)$.

(6)$y''+3y'+2y=3xe^{-x}$.

(7)$y''-2y'+5y=\cos2x$.

(8)$y''+4y=\dfrac{1}{2}(x+\cos2x)$.

$(9)\ y^{(4)} - y = 0.$ $\qquad\qquad\qquad$ $(10)\ y^{(4)} - 2y''' + y'' = 0.$

7. 设曲线上任意一点 $M(x,y)$ 处的切线与直线 OM 垂直（O 为坐标原点），且曲线过点（3，4），求这条曲线的方程.

8. 将 100 ℃的开水冲进热水瓶且塞紧塞子后，放在 20 ℃的室内，24 h 后，瓶内热水的温度降为 50 ℃.问：开水冲进 12 h 后，瓶内热水的温度为多少度？（设瓶内热水冷却的速度与水的温度和室温之差成正比.）

9. 求可导函数 $\varphi(x)$，使它满足 $\displaystyle\int_0^x t\varphi(t)\mathrm{d}t = x^2 + \varphi(x).$

部分参考答案或提示

练习题一

1. (1)×；　(2)√；　(3)×；　(4)×；　(5)√；　(6)×.

2. (1)y 轴；(2)$\{0\}$；　(3)$\log_2 \dfrac{x}{1-x}(0<x<1)$；　(4)$\dfrac{3+2x^2}{1+x^2}$，$\dfrac{1}{x^2+4x+5}$；　(5)$y=\log_2 u$，

$u=\sin x+2$.

3. (1)C；　(2)B；　(3)A.

4. (1)$[-1,3]$；　(2)$2(1-x^2)$；　(3)$f[g(x)]=\mathrm{e}^{2x}$，$g[f(x)]=\mathrm{e}^{x^2}$，$f[f(x)]=x^4$，$g[g$

$(x)]=\mathrm{e}^{\mathrm{e}^x}$；　(4)$\dfrac{1}{5}$，$\dfrac{1}{2}$，0.

5. $\varphi(s)=\begin{cases} ks, & 0<s\leqslant t, \\ 0.15kt+0.85ks, & s>t. \end{cases}$

练习题二

1. $L=-0.2Q^2+(4-t)Q-1$.

2. $R=\begin{cases} 250Q, & 0<Q<600, \\ 230Q+1.2\times 10^4, & 600<Q\leqslant 800, \\ 1.96\times 10^5, & Q>800. \end{cases}$

3. (2)20.

4. (1)$P=\begin{cases} 90, & 0<Q\leqslant 100, \\ 90-(Q-100)\times 0.01, & 100<Q\leqslant 1\,600, \\ 75, & Q>1\,600. \end{cases}$

(2)$L=\begin{cases} 30Q, & 0<Q\leqslant 100, \\ 30Q-(Q-100)^2\times 0.01, & 100<Q\leqslant 1\,600, \\ 15Q+1\,500, & Q>1\,600. \end{cases}$

(3)$L=21\,900$ 元.

练习题三

1. (1)√；　(2)×；　(3)√.

2. (1)0；　(2)0；　(3)4；　(4)0.

3. (1)D；　(2)C；　(3)D.

4. (1)收敛于 0；　(2)收敛于 0；　(3)发散.

5. (1)$x_n=1-10^{-n}$；　(2)1.

练习题四

1. (1)×；　(2)×；　(3)×；　(4)×；　(5)√.

2.(1)1; (2)0; (3)1,不存在; (4)b,1,1.

3.(1)C; (2)B.

4.3,9.

5.(1)$f(0-0)=-1,f(0+0)=1$; (2)无极限,因 $f(0-0)\neq f(0+0)$; (3)$\lim\limits_{x\to 1}f(x)=1$.

练习题五

1.(1)×; (2)√; (3)×; (4)×.

2.(1)∞,-1; (2)无穷小; (3)无穷小; (4)0.

3.(1)A; (2)D; (3)D.

4.(1)无穷小; (2)无穷大; (3)无穷大($-\infty$); (4)既不是无穷小也不是无穷大.

5.(1)同阶无穷小; (2)高阶无穷小; (3)等价无穷小.

练习题六

1.(1)×; (2)×; (3)×; (4)×; (5)√; (6)×.

2.(1)-1; (2)$\dfrac{2}{3}$; (3)$\dfrac{2}{3}$; (4)0; (5)$+\infty$; (6)-1; (7)1; (8)$\dfrac{1}{2}$;

(9)$\left(\dfrac{3}{2}\right)^{200}$; (10)0.

3.提示:由极限乘法运算法则及分母极限为 0,可得分子极限必为 0,且分子、分母同时有 x -1 的公因子,$a=-3,b=2$.

练习题七

1.(1)×; (2)×.

2.(1)$\dfrac{4}{3}$; (2)e^{-6}; (3)x; (4)1; (5)$\dfrac{1}{2}$; (6)e^{-1}.

3.$c=\ln 2$.

4.略.

练习题八

1.(1)√; (2)√; (3)×; (4)×; (5)√; (6)×.

2.(1)-1; (2)2; (3)$(-\infty,+\infty)$,$(-\infty,0)\bigcup(0,+\infty)$; (4)$(1,2)\bigcup(2,+\infty)$;
(5)无,0.

3.(1)C; (2)A; (3)B.

4.$a=1,b=1$.

5.(1)$x=\pm 1$ 是第二类间断点中的无穷间断点; (2)$x=0$ 是第二类间断点中的无穷间断点; (3)$x=1$ 为第一类间断点中的可去间断点; (4)$x=-1$ 为第二类间断点中的无穷间断点,$x=1$ 为第一类间断点中的跳跃间断点.

6.(1)$\ln(e+1)$; (2)$\dfrac{2}{3}\sqrt{2}$; (3)$3\log_a e$; (4)-1.

7.略.

复习题一

1.(1)×; (2)√; (3)×; (4)√; (5)√; (6)×; (7)×; (8)×; (9)×;

$(10)\times$.

2. (1)A； (2)D； (3)C； (4)D； (5)B； (6)D； (7)D； (8)B； (9)C； (10)D；
   (11)B； (12)A； (13)C； (14)D； (15)D； (16)A.

3. (1)$\dfrac{x-1}{x+1}$； (2)$y=\sqrt{u}$，$u=\ln v$，$v=x^2+1$； (3)奇； (4)2，-3； (5)0，1，1；

   (6)$e^{-\frac{1}{2}}$，e； (7)2^{10}； (8)1，1； (9)一； (10)$(-\infty,-2)\cup(-2,+\infty)$，$-4$，$-2$；

   (11)1； (12)$f(x_0)$； (13)-1； (14)e^a； (15)0.

4. (1)$[-2,1]$； (2)$[-1,3]$.

5. 奇函数.

6. (1)$f(x)=x-x^2$； (2)提示：令 $x+1=t$，$f(x)=x^2-5x+6$.

7. (1)-1； (2)$\sqrt{3}$； (3)提示：利用等比数列的前 n 项和公式，$\dfrac{1-b}{1-a}$；

   (4)提示：利用等价无穷小代换，$\dfrac{1}{2}$； (5)n； (6)提示：根式有理化，$\dfrac{2}{3}\sqrt{2}$； (7)0；

   (8)提示：利用和差化积公式，$\cos a$； (9)e^3； (10)0.

8. (1)$a=-1$； (2)$a\neq-1$； (3)$a=2$.

9. (1)间断点 $x=2$，$x=3$（第二类间断点），$x=2$ 是可去间断点，补充定义 $f(2)=-3$；
   (2)$x=0$ 为可去间断点，补充定义 $f(0)=4$； (3)$x=1$ 为跳跃间断点.

10. $f(x)=\begin{cases}0, & 0\leqslant x<1,\\ \dfrac{1}{2}, & x=1,\\ 1, & x>1\end{cases}$ 在 $[0,1)\cup(1,+\infty)$ 内连续.

11. 提示：令 $\varphi(x)=f(x)-g(x)$.

12. $S=\begin{cases}\dfrac{1}{2}x^2, & 0\leqslant x\leqslant 2,\\ 2x-2, & 2<x\leqslant 4,\\ -\dfrac{1}{2}x^2+6x-10, & 4<x\leqslant 6.\end{cases}$

   $S(1)=\dfrac{1}{2}$， $S(3)=4$， $S(5)=7.5$， $S(6)=8$.

练习题九

1. (1)$\times$； (2)$\times$； (3)$\times$； (4)$\sqrt{}$； (5)$\sqrt{}$ (6)$\times$.

2. (1)$-f'(x_0)$，$2f'(x_0)$； (2)$f'(0)$； (3)0；
   (4)切点$(\ln(e-1),(e-1))$，$y=(e-1)[x-\ln(e-1)]+e-1$.

3. (1)B； (2)C.

4. $y'(x)=-\dfrac{1}{3}x^{-\frac{4}{3}}$，$-\dfrac{1}{3}$.

5. $\varphi(a)$.

6. (1)$a=2$，$b=-1$； (2)$f'(x)=\begin{cases}2x, & x<1,\\ 2, & x=1,\\ 2, & x>1.\end{cases}$

7. $y=4x-6, y=-\dfrac{1}{4}x-\dfrac{7}{4}$.

8. 略.

练习题十

1. (1)0; (2)$\mu x^{\mu-1}$; (3)e^x; (4)$2^x\ln 2$; (5)$\dfrac{1}{x}$; (6)$\dfrac{1}{x\ln a}$; (7)$\cos x$; (8)$-\sin x$;

(9)$\sec^2 x$; (10)$-\csc^2 x$; (11)$\dfrac{1}{\sqrt{1-x^2}}$; (12)$-\dfrac{1}{\sqrt{1-x^2}}$; (13)$\dfrac{1}{1+x^2}$;

(14)$-\dfrac{1}{1+x^2}$.

2. (1)D; (2)D.

3. (1)$2x\cos x-x^2\sin x+\dfrac{5}{2}x^{\frac{3}{2}}$; (2)$-\dfrac{1}{\sqrt{x}(1+\sqrt{x})^2}$; (3)$3x^2-12x+11$;

(4)$\dfrac{1}{3}x^{-\frac{2}{3}}\sin x+x^{\frac{1}{3}}\cos x-a^x e^x\ln(ae)$; (5)$\log_2 x+\dfrac{1}{\ln 2}$; (6)$-\csc^2 x\arctan x+\dfrac{\cot x}{1+x^2}$.

4. $\dfrac{dy}{dx}=\ln x+1-\dfrac{1}{2}x^{-\frac{3}{2}}, \dfrac{dy}{dx}\Big|_{x=1}=\dfrac{1}{2}$.

练习题十一

1. (1)$-4x\sin 2x^2$; (2)$-\sin 2x^2$; (3)$-2\sin 2x^2$.

2. (1)$\dfrac{1}{x^2}\sin\dfrac{1}{x}$; (2)$\dfrac{1+x}{x(x\ln x-1)}$; (3)$\dfrac{1}{x-1}$; (4)$\dfrac{1}{\sqrt{1+x^2}}$;

(5)$\dfrac{1}{2\sqrt{x+\sqrt{x+\sqrt{x}}}}\left[1+\dfrac{1}{2\sqrt{x+\sqrt{x}}}\left(1+\dfrac{1}{2\sqrt{x}}\right)\right]$; (6)$\dfrac{2x\cos 2x-2\sin x}{x^3}$;

(7)$\dfrac{\pi}{2\sqrt{1-x^2}(\arccos x)^2}$; (8)$-3\cos[\cos^2(\tan^3 x)]\sin(2\tan 3x)\sec^2 3x$.

3. (1)$f'(\sin^2 x)\sin 2x+2f(x)f'(x)\cos f^2(x)$;

(2)$[e^x f'(e^x)+f'(x)f(e^x)]e^{f(x)}$;

(3)$f'(x)f'[f(x)]f'\{f[f(x)]\}$.

4. $f'(x+3)=5x^4, f'(x)=5(x-3)^4$.

练习题十二

1. (1)×; (2)×; (3)×.

2. 2.

3. $x+y-1$.

4. (1)$\sqrt{x\sin x\sqrt{1-e^x}}\cdot\dfrac{1}{2}\left[\dfrac{1}{x}+\cot x-\dfrac{e^x}{2(1-e^x)}\right]$;

(2)$2x^{\ln x-1}\ln x$.

5. (1)$\dfrac{2t-1}{2t}$; (2)$t\cos t$.

练习题十三

1. (1) 3; (2) $\dfrac{6! \, 2^6}{(1+2x)^7}$; (3) $(\ln 10)^n$; (4) $2^n \sin\left(2x+\dfrac{n\pi}{2}\right)$.

2. (1) C; (2) D.

3. (1) $6-\cos x$; (2) -3; (3) $e^x(x+n)$, n.

4. $\dfrac{d^2 y}{dx^2}=-\dfrac{1}{y\ln^3 y}$, $\dfrac{d^2 y}{dx^2}\Big|_{x=0}=-\dfrac{1}{e}$.

5. $\dfrac{1-t^2}{4t(1+t^2)^2}$.

6. $\dfrac{2}{\sqrt{(1-x^2)^3}}+4(1+4x^2)e^{2x^2+1}$.

练习题十四

1. (1) 0.1106, 0.11; (2) $\dfrac{2}{3}x^3$; (3) $a^x \ln a-\dfrac{1}{1+x^2}$; (4) $2\sqrt{x}+c$; (5) $\dfrac{e^{\sqrt{\sin 2x}}}{2\sqrt{\sin 2x}}$;

(6) $\sin x$, e^x.

2. (1) C; (2) B; (3) B; (4) D.

3. $\dfrac{dy}{dx}=-2x\sin x^2$, $\dfrac{dy}{dx^2}=-\sin x^2$, $\dfrac{dy}{dx^3}=-\dfrac{2\sin x^2}{3x}$, $\dfrac{d^2 y}{dx^2}=-2\sin x^2-4x^2\cos x^2$.

4. (1) $(e^x+xe^x)dx$; (2) $2(\ln x+1)x^{2x}dx$; (3) $\dfrac{ye^x-2x}{\cos y-e^x}dx$.

5. 1.0066.

复习题二

1. (1) C; (2) A; (3) A; (4) A; (5) B; (6) C; (7) B; (8) C; (9) D; (10) B; (11) C; (12) C; (13) D; (14) D.

2. (1) $f'(x_0)$; (2) $3^x\ln 3+2x-\sec^2 x$; (3) $\dfrac{1}{1-\varphi'(y)}$; (4) 2; (5) $-1,1$; (6) $m^n e^{mx}$;

(7) 0.131, 0.1; (8) $\dfrac{1}{2}e^{2x}-\dfrac{1}{3}\cos 3x+C$.

3. (1) $f'(-1)=-\dfrac{1}{2}$, 在 $x=0$ 处不可导; (2) $a=2, b=-1$.

4. (1) $4-\dfrac{1}{x^2}$; (2) $e^x(3x+5)(3x-1)$; (3) $\dfrac{x+\cos x}{1-\sin x}$;

(4) $\dfrac{8}{3}x^{\frac{5}{3}}-10x^{\frac{2}{3}}+8x^{-\frac{1}{3}}+\dfrac{8}{3}x^{-\frac{4}{3}}+2+\ln x^2$; (5) $3e^x(x-2)x^{-3}+\dfrac{13}{27}x^{-\frac{14}{27}}$;

(6) $2x-\dfrac{4}{x}$; (7) $\dfrac{6}{(2x+3)^2}-\arctan x-\dfrac{x}{1+x^2}$; (8) $\dfrac{-2x}{(1+x^2)^2}+2\cos x+\sec^2 x$;

(9) $\dfrac{-1}{\sqrt{x}\sqrt{1-4x}}$; (10) $-2e^{-2x}\sec^2(1+e^{-2x})$; (11) $-6\cos 2x\sin^2 2x \, 10^{-\sin^3 2x}\ln 10$;

(12) $\left(\dfrac{6x}{1+3x^2}-2e^{2x}\right)\sin[e^{2x}-\ln(1+3x^2)]$; (13) $\dfrac{1+2\sqrt{x}}{4\sqrt{x}\sqrt{x+\sqrt{x}}}$; (14) $-\dfrac{3\sin 2x}{(1+\cos^2 x)^2}$.

5. (1) $\dfrac{b^2 x}{a^2 y}$；　(2) $-\dfrac{\mathrm{e}^x \sin y + \mathrm{e}^{-y}\sin x}{\mathrm{e}^x \cos y + \mathrm{e}^{-y}\cos x}$；　(3) $\dfrac{4x}{y}$；　(4) $\dfrac{y^x \ln y - y x^{y-1}}{x^y \ln x - xy^{x-1}}$；

 (5) $(2x)^{1-x}\left(\dfrac{1-x}{x}-\ln 2 - \ln x\right)$；　(6) $(\sin x)^{\ln x}\left(\dfrac{1}{x}\ln \sin x + \cot x \ln x\right)$.

6. (1) $-1,0$；　(2) $-\dfrac{2}{\pi}$，$-\dfrac{2\pi^2+16}{a\pi^3}$.

7. (1) $\dfrac{1}{2\sqrt{x}}\cos\sqrt{x}\,f'(\sin\sqrt{x})+\dfrac{1}{x^2}\sin\left[g\left(\dfrac{1}{x}\right)\right]g'\left(\dfrac{1}{x}\right)$；

 (2) $2xf'(x^2)\mathrm{e}^{f(x^2)}g(\sqrt{x})+\dfrac{\mathrm{e}^{f(x^2)}}{2\sqrt{x}}g'(\sqrt{x})$.

8. $y=x-\mathrm{e},\ y=\mathrm{e}-x$.

9. (4) $f'(a)=3a^2 g(a)$.

10. (1) $-2^n\cos\left(\dfrac{n}{2}\pi+2x\right)$；　(2) $(-1)^n\dfrac{2\cdot n!}{(1+x)^{n+1}}$.

11. (1) $\left[2x-\dfrac{2x}{(x^2+1)^2}\right]\mathrm{d}x$；　(2) $\dfrac{2}{3(1-x^2)}\mathrm{d}x$；　(3) $\mathrm{e}^{-2x}(1-2x)\mathrm{d}x$；

 (4) $\dfrac{y(y-x)+x-1}{(x-1)[1-(y-x)\ln(x-1)]}\mathrm{d}x$.

12. (1) $0.760\,4$；　(2) $2.745\,5$.

13. $\Delta r\approx\mathrm{d}r=0.2\text{ cm},\ \Delta A\approx\mathrm{d}A=16\pi\text{ cm}^2$；　$\dfrac{\Delta r}{r}\approx\dfrac{\mathrm{d}r}{r}=2\%,\ \dfrac{\Delta A}{A}\approx\dfrac{\mathrm{d}A}{A}=4\%$.

练习题十五

1. (1) 1；　(2) $f(x)$在$(-1,1)$内不可导；　(3) $\dfrac{\mathrm{e}^b-\mathrm{e}^a}{b^2-a^2}=\dfrac{\mathrm{e}^\xi}{2\xi}$；　(4) $3,(0,1),(1,2),(2,3)$.

2. (1) B；　(2) D；　(3) A.

3. 提示：令 $f(x)=3\arccos x-\arccos(3x-4x^3)$，$f'(x)\equiv 0$　$\left(-\dfrac{1}{2}\leqslant x\leqslant\dfrac{1}{2}\right)$，则 $f(x)\equiv$ 常

 数，再取 $x=0$ 便得 $f(x)=\pi$.

4. 略.

5. (1) $\dfrac{3}{2}$；　(2) $-\dfrac{3}{5}$；　(3) 1；　(4) 1　(5) $\dfrac{1}{2}$；　(6) 1；　(7) 1；　(8) $\mathrm{e}^{-\frac{2}{\pi}}$；　(9) $-\dfrac{1}{4}$；

 (10) $0\left(\text{提示令 } t=\dfrac{1}{x^2}\right)$.

练习题十六

1. (1) $[1,+\infty)$ 和 $(-\infty,0)\bigcup(0,1]$；　(2) 0，小，$\dfrac{2}{5}$，大；　(3) 1；　(4) $-2,4$；　(5) 大.

2. (1) C；　(2) D；　(3) A.

3. (1) 在 $(-\infty,-1]$、$[3,+\infty)$ 内单调增加，在 $[-1,3]$ 上单调减少；

 (2) 在 $\left(\dfrac{1}{2},+\infty\right)$ 内单调增加，在 $\left(0,\dfrac{1}{2}\right)$ 内单调减少；

 (3) 在 $(0,2]$ 内单调减少，在 $[2,+\infty)$ 内单调增加；

(4)在 $\left(\dfrac{\pi}{3},\dfrac{5}{3}\pi\right)$ 内单调增加,在 $\left(0,\dfrac{\pi}{3}\right)\cup\left(\dfrac{5}{3}\pi,2\pi\right)$ 内单调减少.

4.(1)极大值 $y(\pm1)=1$,极小值 $y(0)=0$;　(2)极大值 $f(-1)=2$.

5.提示:设 $f(x)=1+\dfrac{1}{2}x-\sqrt{1+x}$,$f'(x)>0$,故 $f(x)$ 单调增加,又 $f(0)=0$

故 $f(x)>f(0)=0$.

练习题十七

1.(1)$\dfrac{22}{3}$,$-\dfrac{5}{3}$;　(2)$\dfrac{3}{5}$,-1;　(3)$-\dfrac{\pi}{2}$,$\dfrac{\pi}{2}$;　(4)2,3.

2.(1)最大值 $y(\pm2)=13$,最小值 $y(\pm1)=4$;

(2)最大值 $y\left(-\dfrac{1}{2}\right)=y(1)=\dfrac{1}{2}$,最小值 $y(0)=0$;

(3)最大值 $y\left(\dfrac{3}{4}\right)=1.25$,最小值 $y(-5)=-5+\sqrt{6}$.

3.$r=\sqrt[3]{\dfrac{V}{2\pi}}$,$h=2\sqrt[3]{\dfrac{V}{2\pi}}$,$d:h=1:1$.

4.300 单位,最大利润 700.

5.2,最大收益为 $20e^{-1}$,$P=10\cdot e^{-1}$.

6.20.

7.5 批.

练习题十八

1.(1)$(0,0)$;　(2)$y=0$;　(3)$x=-3$;　(4)$y=x+\dfrac{1}{e}$;　(5)必要;

(6)$-\dfrac{3}{2}$,$\dfrac{9}{2}$,$(-\infty,1)$,$(1,+\infty)$.

2.(1)拐点 $\left(\dfrac{5}{3},\dfrac{20}{27}\right)$,在 $\left(-\infty,\dfrac{5}{3}\right)$ 内是凸的,在 $\left[\dfrac{5}{3},+\infty\right)$ 内是凹的;

(2)拐点 $(1,-7)$,在 $(0,1]$ 内是凸的,在 $[1,+\infty)$ 内是凹的.

3.略.

练习题十九

1.(1)460,4.6,2.3,(近似)2.3;

(2)$\dfrac{P}{20-P}$,$\dfrac{3}{17}$,$10P-\dfrac{P^2}{2}$,$\dfrac{2(10-P)}{20-P}$,$\dfrac{14}{17}\approx0.82$,增加,$0.82$;

(3)$7\cdot2^x\ln2$,$(7x2^x\ln2)/y$.

2.(1)D;　(2)A.

3.$L'(20)=50$,$L'(25)=0$,$L'(35)=-100$,当每天产量为 20 t 时,再增加 1 t,利润将增加 50 元;当产量为 25 t 时,再增加 1 t,利润不变;当产量为 35 t 时,再增加 1 t,利润将减少 100 元.

4.(1)-24,当 $P=6$ 时,再提高(下降)一个单位价格,需求将减少(增加)24 个单位;

(2)$\dfrac{24}{13}\approx1.85$,当 $P=6$ 时,若价格上升(下降)1%,则需求减少(增加)1.85%,因此总收益

减少(增加);

(3)当 $P=6$ 时,若价格下降 2%,总收益增加 1.692%.

5.(1)$-6,-10,0.5,2.5$; (2)增加 0.5%,减少 1.5%; (3)$\sqrt{15}$.

复习题三

1.(1)$\times$; (2)$\times$; (3)$\checkmark$; (4)$\times$; (5)$\times$; (6)$\times$; (7)$\times$; (8)$\checkmark$; (9)$\times$; (10)$\times$.

2.(1)B; (2)D; (3)C; (4)D; (5)A; (6)C; (7)C; (8)C; (9)A; (10)A; (11)C; (12)D; (13)C; (14)D; (15)C; (16)A.

3.(1)$\frac{\infty}{\infty},1$; (2)$(-2,0)\bigcup(0,2)$; (3)$2,$大; (4)不存在,$f(b)$; (5)$\frac{m+n}{2}$;

(6)$-3,0,1$; (7)$\frac{1}{2},0$; (8)$\left(1,-\frac{1}{3}\right)$; (9)$1.5$.

4.(1)0; (2)0; (3)$-\frac{1}{3}$; (4)1; (5)1; (6)$\frac{1}{\sqrt{e}}$.

5.(1)递减区间 $(-\infty,0)\bigcup(2,+\infty)$,递增区间 $(0,2)$,极小值 $y(0)=0$,极大值 $y(2)=\frac{4}{e^2}$;

(2)$y_{\max}=y(1)=2$,$y_{\min}=y(2)=y(0)=1$;

(3)凹区间 $(-\infty,-\sqrt{3})\bigcup(0,\sqrt{3})$,凸区间 $(-\sqrt{3},0)\bigcup(\sqrt{3},+\infty)$,拐点 $(0,0)$;

(4)单调递增区间 $(0,e)$,单调递减区间 $(e,+\infty)$,极大值 $y(e)=\frac{1}{e}$,凸区间 $(0,e^{\frac{3}{2}})$,凹区间 $(e^{\frac{3}{2}},+\infty)$,拐点 $(e^{\frac{3}{2}},\frac{3}{2}e^{-\frac{3}{2}})$;

(5)$a=b=1$.

6.略.

7.提示:此题实际是求当 r,h 取何值时,窗的面积最大.$r=\frac{l}{\pi+4},h=\frac{l}{\pi+4}$.

8.当 $P=0$ 时,$Q=5$,即白送时,最大需求量为 5;当 $0<P<2-\frac{\sqrt{14}}{2}$ 时,$Q'<0$,需求随价格 P 增加而减少;当 $P=2-\frac{\sqrt{14}}{2}$ 时,需求降到最低;当 $2-\frac{\sqrt{14}}{2}<P<2$ 时,需求随价格 P 增加而反弹上升.

练习题二十

1.(1)$\frac{1}{3}x^3-\cos x,2x+\cos x$; (2)$f(x)\mathrm{d}x,f(x)+c,f(x),f(x)+c$; (3)$c$;

(4)$-\sin x+c_1x+c_2$; (5)$y=1+\frac{\sqrt{3}}{2}-\cos x$.

2.(1)A; (2)B; (3)B.

3.(1)$\frac{2}{5}x^{\frac{5}{2}}+x-\frac{1}{2}x^2-2\sqrt{x}+c$; (2)$2x^{\frac{1}{2}}+2\cos x+3\ln|x|+c$;

(3)$\tan x-\sec x+c$; (4)$-\cot x-\frac{1}{x}+c$; (5)$\tan x-\cot x+c$;

(6) $2\arcsin x - x + c$；　(7) $\dfrac{4^x}{\ln 4} + \dfrac{9^x}{\ln 9} + \dfrac{2 \cdot 6^x}{\ln 6} + c$；　(8) $\dfrac{4}{7} \dfrac{x^2 + 7}{\sqrt[4]{x}} + c$.

4. $y = x^4$.

5. (1) 27 m；　(2) $\sqrt[3]{360}$ s.

6. 略.

7. $C(Q) = Q^2 + 10Q + 20$.

练习题二十一

1. (1) $-\dfrac{1}{3}$；　(2) $\dfrac{1}{4}$；　(3) $\ln x$；　(4) $\ln x$，$\dfrac{1}{2}\ln^2 x$；　(5) -3；　(6) $-\dfrac{1}{4}\mathrm{e}^{-2x^2}$；　(7) $\dfrac{1}{3}$；

(8) -1.

2. (1) $-\dfrac{1}{2}\cos 2x + c$；　(2) $\dfrac{1}{3}\mathrm{e}^{3x} + c$；　(3) $-\dfrac{1}{3}(1-2x)^{\frac{3}{2}} + c$；　(4) $\dfrac{1}{101}(x^2 - 3x + 1)^{101} + c$；

(5) $-\dfrac{1}{97}(x-1)^{-97} - \dfrac{1}{98}(x-1)^{-98} - \dfrac{1}{99}(x-1)^{-99} + c$；　(6) $\dfrac{1}{3}\ln|1+3x| + c$；

(7) $\ln\ln\ln x + c$；　(8) $\ln(\sec\sqrt{1+x^2}) + c$；　(9) $-\dfrac{1}{2}(\sin x - \cos x)^{-2} + c$；

(10) $\dfrac{1}{8}\cos^8 x - \dfrac{1}{6}\cos^6 x + c$；　(11) $\sin \mathrm{e}^x + c$；　(12) $-\ln(1+\cos x) + c$；

(13) $2\arctan\sqrt{x} + c$；　(14) $\dfrac{1}{2}\cos x - \dfrac{1}{10}\cos 5x + c$；

(15) $-\sqrt{2x+1} - \ln|\sqrt{2x+1} - 1| + c$；　(16) $\dfrac{a^2}{2}\arcsin\dfrac{x}{a} - \dfrac{x}{2}\sqrt{a^2 - x^2} + c$；

(17) $\ln\dfrac{\sqrt{1+\mathrm{e}^x} - 1}{\sqrt{1+\mathrm{e}^x} + 1} + c$；　(18) $-\dfrac{2}{15}(32 + 8x + 3x^2)\sqrt{2-x} + c$；

(19) $\dfrac{1}{25 \times 16 \times 17}(5x-1)^{16}(80x+1) + c$；　(20) $\dfrac{1}{4}\arctan\dfrac{2x+1}{2} + c$；　(21) $\dfrac{x}{\sqrt{x^2+1}} + c$；

(22) $\ln|x + \sqrt{x^2 - 1}| + c$；　(23) $\ln(x - 1 + \sqrt{x^2 - 2x - 3}) + c$；　(24) $\sqrt{x^2 - 1} - \arccos\dfrac{1}{x} + c$.

3. $\arccos\dfrac{1}{x} + c$.

练习题二十二

1. 提示：注意不定积分中含任意常数.

2. (1) e^{-x}，$-(x\mathrm{e}^{-x} + \mathrm{e}^{-x}) + c$；

(2) $\displaystyle\int x\,\mathrm{d}\arccos x$（或 $\displaystyle\int \dfrac{-x}{\sqrt{1-x^2}}\mathrm{d}x$），$x\arccos x - \sqrt{1-x^2} + c$.

3. (1) $\dfrac{1}{3}x^3\ln x - \dfrac{1}{9}x^3 + c$；　(2) $\dfrac{x}{3}\sin 3x + \dfrac{1}{9}\cos 3x + c$；

(3) $\sqrt{1+x^2}\arctan x - \ln(x + \sqrt{1+x^2}) + c$；　(4) $x\arctan x - \dfrac{1}{2}\ln(1+x^2) + c$；

(5) $-\dfrac{1}{2}x^2\mathrm{e}^{-x^2} - \dfrac{1}{2}\mathrm{e}^{-x^2} + c$；　(6) $-\sqrt{x}\cos\sqrt{x} + \sin\sqrt{x} + c$（先令 $t = \sqrt{x}$）；

(7)$\dfrac{1}{3}(\ln|x-3|-\ln|x|)+c$；　(8)$\ln|x-2|+\ln|x+5|+c$；

(9)$\dfrac{1}{2}x^2-\dfrac{1}{2}\ln(x^2+1)+c$；　(10)$\dfrac{1}{2}\ln(x^2+2x+3)-\dfrac{3}{\sqrt{2}}\tan\dfrac{x+1}{\sqrt{2}}+c$；

(11)$\dfrac{1}{\sqrt{2}}\arctan\dfrac{\tan\dfrac{x}{2}}{\sqrt{2}}+c$；　(12)$2\sqrt{x}-4\sqrt[4]{x}+4\ln(1+\sqrt[4]{x})+c$；

(13)$\ln\left|\dfrac{\sqrt{1-x}-\sqrt{1+x}}{\sqrt{1-x}+\sqrt{1+x}}\right|+2\arctan\sqrt{\dfrac{1-x}{1+x}}+c$.

4. $\left(1-\dfrac{2}{x}\right)e^x+c$.

复习题四

1.(1)×；　(2)×；　(3)√；　(4)×；　(5)√；　(6)√；　(7)×；　(8)√；　(9)×.

2.(1)$\dfrac{\arctan(\ln x)}{\sqrt{1+\sin x}}dx$；　(2)$-f\left(\dfrac{1}{x}\right)+C$；　(3)$\ln^2 x+C$；　(4)$\dfrac{1}{2}(\arcsin x)^2+C$；

(5)$-te^{-t}-e^{-t}+C$；　(6)$\ln|\ln|x||+C$.

3. $y=\dfrac{1}{\ln 2}(2^x-1)$.

4.(1)$\dfrac{(2^e\cdot 3^\pi)^x}{\ln(2^e\cdot 3^\pi)}+C$；　(2)$\dfrac{x}{2}+\dfrac{1}{8}\sin 4x+C$；　(3)$-\arcsin\dfrac{1}{x}+C$；

(4)$2\ln\left(\tan\dfrac{x}{2}-1\right)-\dfrac{2}{\tan\dfrac{x}{2}-1}+C$；　(5)$\dfrac{2}{3}\ln\left|\dfrac{x-2}{x+1}\right|+\dfrac{1}{x-2}+C$；

(6)$-\dfrac{6}{5}x^{\frac{5}{6}}-3x^{\frac{1}{3}}-2\ln|x^{\frac{1}{6}}-1|+\ln|x^{\frac{1}{3}}+x^{\frac{1}{6}}+1|-2\sqrt{3}\arctan\dfrac{2\sqrt{3}}{3}\left(x^{\frac{1}{6}}+\dfrac{1}{2}\right)+C$；

(7)$\dfrac{x-1}{2}\sqrt{x^2-2x+2}+\dfrac{1}{2}\ln(x-1+\sqrt{x^2-2x+2})+C$；

(8)$2\sqrt{t+1}+2\arctan\sqrt{t+1}+C$；　(9)$\dfrac{x}{2}+\dfrac{1}{12}\sin(2-6x)+C$；

(10)$\csc x-\dfrac{1}{3}\csc^3 x+C$；　(11)$(\arctan\sqrt{x})^2+C$；

(12)$2\arctan(\sin x)-\sin x+C$；　(13)$-\dfrac{4}{3}(2-x)^{\frac{3}{2}}+\dfrac{2}{5}(2-x)^{\frac{5}{2}}+C$；

(14)$\dfrac{3}{2}\arcsin\dfrac{\sqrt{3}}{3}x-\dfrac{x}{2}\sqrt{3-x^2}+C$；　(15)$-\arcsin x-\dfrac{x}{1-\sqrt{1-x^2}}+C$；

(16)$\sqrt{x^2-4}-2\arctan\dfrac{\sqrt{x^2-4}}{2}+C$；　(17)$-\dfrac{1}{x}\left[(\ln x)^3+3(\ln x)^2+6\ln x+6\right]+C$；

(18)$-\dfrac{1}{16}\cos 8x+\dfrac{1}{4}\cos 2x+C$；　(19)$2e^{\sqrt{x+1}}(\sqrt{x+1}-1)+C$；

(20)$2(\sqrt{2x+1}-\sqrt{x-1})+2\sqrt{3}(\arctan\sqrt{\dfrac{x-1}{3}}-\arctan\sqrt{\dfrac{2x+1}{3}})+C$.

练习题二十三

1.(1)负的；　(2)$\int_{T_1}^{T_2} v(t)\mathrm{d}t$；　(3)$b-a$.

2.(1)A；　(2)D.

3.(1)1；　(2)0；　(3)$\dfrac{\pi}{4}$.

4.(1)$>$；　(2)$<$；　(3)$>$；　(4)$>$.

5.1 cm.

6.$-2\mathrm{e}^2 \leqslant \displaystyle\int_2^0 \mathrm{e}^{x^2-x}\mathrm{d}x \leqslant -2\mathrm{e}^{-\frac{1}{4}}$.

7.提示:求$\dfrac{1}{2+x}$在$[1,4]$上的最大值与最小值.

练习题二十四

1.(1)c(任意常数)；　(2)$\sin x^2$,$-\sin x^2$；　(3)$2x\sin x^4$,$\sin x^2$；　(4)0,$\mathrm{e}^x\sin^2\mathrm{e}^x-\sin^2 x$；
(5)$x-1$.

2.(1)$45\dfrac{1}{6}$；　(2)$\dfrac{\pi}{6}$；　(3)$\dfrac{\pi}{6}$；　(4)1；　(5)$\dfrac{8}{3}$；　(6)$\dfrac{8}{3}$.

3.(1)1；　(2)2.

练习题二十五

1.(1)0；　(2)$\pi^3/324$；　(3)0；　(4)π；　(5)$f(x+b)-f(x+a)$.

2.(1)$\dfrac{51}{512}$；　(2)$\dfrac{1}{4}$；　(3)$1-\mathrm{e}^{-\frac{1}{2}}$；　(4)$\dfrac{4}{3}$；　(5)$\dfrac{2}{5}(1+\ln 2)$；　(6)$10+\dfrac{9}{2}\ln 3$；

(7)$2(\sqrt{3}-1)$；　(8)$\sqrt{2}-\dfrac{2\sqrt{3}}{3}\left(\text{提示}:x=\dfrac{1}{t}\right)$.

3.(1)$\dfrac{\pi^2}{8}+1$；　(2)$1-2\mathrm{e}^{-1}$；　(3)$4(2\ln 2-1)$；　(4)$\dfrac{1}{2}\left(\dfrac{\pi}{2}-1\right)$；　(5)$2-\dfrac{2}{\mathrm{e}}$；　(6)$\dfrac{\pi}{2}-1$；

(7)$\dfrac{5\pi}{32}$.

4.$\ln(1+\mathrm{e})$.

5.(1)提示:令$t=\dfrac{\pi}{2}-x$；　(2)$\dfrac{\pi}{2}$.

练习题二十六

1.(1)$\times$；　(2)$\times$；　(3)$\times$；　(4)$\sqrt{}$.

2.(1)1；　(2)发散；　(3)发散；　(4)$\dfrac{1}{2}$；　(5)π；　(6)$\dfrac{7}{9}$.

练习题二十七

1.$\dfrac{1}{6}$.

2.1.

3.$b-a$.

4. $\dfrac{27}{2}\pi$.

5. $3\pi a^2$.

6. $\dfrac{128}{7}\pi,\dfrac{64}{5}\pi$.

7. $\dfrac{\pi}{6}h(2ab+2AB+aB+bA)$.

8. $2\sqrt{3}-\dfrac{4}{3}$.

10. $202\ 125\pi$ kJ.

11. $\dfrac{1}{e}$.

12. $14\ 373$ kN.

13. 设细棒占据 x 轴上的区间$[0,l]$,质点位于点$(0,a)$,$F_x=km\rho\left(\dfrac{1}{a}-\dfrac{1}{\sqrt{a^2+l^2}}\right)$,

$F_y=-\dfrac{km\rho l}{a\sqrt{a^2+l^2}}$.

14. $1-3e^{-2}$.

15. $301\dfrac{1}{3}$件.

16. (1) $C(Q)=3Q+\dfrac{1}{6}Q^2+1$,$R(Q)=7Q-\dfrac{1}{2}Q^2$,$L(Q)=-1+4Q-\dfrac{2}{3}Q^2$;

(2)当 $Q=3$ 时,最大总利润为 5.

复习题五

1. (1)×; (2)√; (3)×; (4)√; (5)√; (6)√; (7)√; (8)×; (9)√;
(10)√.

2. (1)A; (2)B; (3)B; (4)A; (5)B; (6)B; (7)C; (8)A; (9)D; (10)C;
(11)A; (12)D; (13)A,C,D; (14)C; (15)C; (16)B,C; (17)A,B,C;
(18)B; (19)B; (20)A; (21)A; (22)C.

3. (1)$\ln 2$; (2)4; (3)$\dfrac{2}{15}(1-e^{-\pi})$; (4)$\dfrac{4}{3}(2\sqrt{2}-1)$; (5)$-\dfrac{1}{8}(\ln 2)^2$; (6)$\sqrt{3}-\dfrac{\pi}{3}$;

(7)$\dfrac{3}{4}e-2$; (8)$\dfrac{2}{3}-\dfrac{3\sqrt{3}}{8}$; (9)$-\dfrac{\pi}{2}\ln 2$; (10)$\sqrt{2}\pi$.

4. πR^2.

5. $\dfrac{1}{4}a^2\ln(2+\sqrt{3})$.

6. $4\pi^2$.

7. $\dfrac{10^3 g\pi R^2 H^2}{6}$ J.

8. 0.5292 N.

9. $f_{\ast}(1)=\dfrac{\sqrt{3}}{3}-\dfrac{\pi}{4}$,$f\left(\dfrac{1}{2}\right)=-\dfrac{\pi}{12}$.

10. $0.2x^2+2x+20$,$-0.2x^2+16x-20$,40,300.

12. $6a$.

练习题二十八

1. (1)√； (2)×； (3)×； (4)√.

2. (1)3； (2)0,1； (3)$y'-y=0$； (4)$y'+2y=2x$； (5)$y=cx^4$； (6)$y=2e^x-1$；

   (7)3； (8)$y'=-\dfrac{x}{y}$.

4. (1)$1+y^2=ce^{-\frac{1}{x}}$；(2)$\arcsin y=\arcsin x+c$.

5. (1)$e^y=\dfrac{1}{2}(e^{2x}+1)$；(2)$\cos x-\sqrt{2}\cos y=0$.

6. $R=R_0e^{-0.000433t}$（时间以年为单位）.

练习题二十九

1. (1)$Y(x)+y*(x)$；

   (2)$P(x)=xe^{-x}-x,y=e^x+Ce^{x-e^{-x}}$（其中 C 为任意常数）；

   (3)$u=\dfrac{y}{x},\dfrac{\mathrm{d}u}{u(\ln u-1)}=\dfrac{\mathrm{d}x}{x},\ln\dfrac{y}{x}=Cx+1$；

   (4)$\dfrac{\mathrm{d}x}{\mathrm{d}y}+\left(\dfrac{1}{y^2}-\dfrac{1}{y}\right)x=\dfrac{-1}{y},x=Cye^{\frac{1}{y}}-y$.

2. (1)C.

3. (1)$e^{y^2}=C(1+e^x)^2$； (2)$y=x\arcsin(Cx)$； (3)$(x^2+y^2)/(x+y)=1$.

4. (1)$y=\dfrac{1}{3}x^2+\dfrac{3}{2}x+2+\dfrac{C}{x}$；

   (2)$x=Cy^3+\dfrac{1}{2}y^2$，把原方程看成 $x=x(y)$ 的线性方程； (3)$y=\dfrac{1}{x}(\pi-1-\cos x)$.

5. $y=2(e^x-x-1)$.

6. $v=5e^{\frac{1}{5}t}\ln\dfrac{3}{5}$.

练习题三十

1. (1)$y=\dfrac{1}{6}x^3-\sin x+C_1x+C_2$； (2)$y=C_1\ln|x|-\dfrac{1}{4}x^2+C_2$；

   (3)$y-C_1\ln|y+C_1|=x+C_2$； (4)$y=-\ln\cos(x+C_1)+C_2$.

2. (1)$x^2+y^2=2x$； (2)$y=\ln\left[\dfrac{1}{8}(x^2+4)\right]$.

3. $y=\dfrac{1}{6}x^3+\dfrac{1}{2}x+1$.

练习题三十一

1. (1)×； (2)√.

2. (1)$y=C_1\sin x+C_2\cos x$； (2)$y=e^{\frac{1}{2}x}(C_1\cos\sqrt{7}x+C_2\sin\sqrt{7}x)$；

   (3)$y=(C_1+C_2x)e^{-2x}$； (4)$y=C_1e^x+C_2e^{6x}$； (5)$y''-2y'+5y=0$；

   (6)$y=C_1e^{3x}+C_2e^{4x}$.

3. (1)$y=C_1e^x+C_2e^{-2x}$； (2)$y=C_1\cos x+C_2\sin x$； (3)$y=(C_1+C_2x)e^{\frac{5}{2}x}$.

4. (1)$y=e^{-x}-e^{4x}$； (2)$y=\cos 5x+\sin 5x$； (3)$y=(2+x)e^{-\frac{x}{2}}$.

练习题三十二

1. (1)$(a+bx)e^x$; (2)$y=C_1(e^x-x)+C_2(e^{-x}-x)+x$(提示:非齐次线性方程两解之差为其对应的齐次方程的解); (3)$p=2,q=2,f(x)=x+1$; (4)$y_1(x)+y_2(x)$.

2. (1)C; (2)B.

3. (1)$y=C_1e^{-x}+C_2e^{-4x}+\dfrac{11}{8}-\dfrac{1}{2}x$; (2)$y=(C_1+C_2x e^{3x}+\dfrac{x^2}{2}\left(\dfrac{1}{3}x+1\right)e^{3x}$;

   (3)$y=C_1\cos2x+C_2\sin2x+\dfrac{1}{3}x\cos x+\dfrac{2}{9}\sin x$;

   (4)$y=C_1\cos x+C_2\sin x+\dfrac{e^x}{2}+\dfrac{x}{2}\sin x$.

4. $y=e^x-e^{-x}+e^x(x^2-x)$.

复习题六

1. (1)×; (2)√; (3)×; (4)×; (5)×; (6)√; (7)√; (8)×.

2. (1)C; (2)A; (3)C; (4)D; (5)B; (6)B; (7)D; (8)C; (9)A; (10)A; (11)B; (12)C; (13)A; (14)B; (15)D.

3. (1)3; (2)$y=C_1x^2+C_2x+C_3$; (3)4; (4)$y=Ce^{2x}$;

   (5)$y'-\dfrac{2}{x+1}y=0$, $y=C(x+1)^2$, $\dfrac{1}{2}(x+1)^2+C$;

   (6)$y=e^{5x}(C_1\cos3x+C_2\sin3x)$; (7)$y^*=x^2(ax+b)e^{3x}$;

   (8)$y=C_1e^x+C_2e^{-3x}-\dfrac{2}{5}\cos x-\dfrac{4}{5}\sin x$; (9)$S=C_1e^{\sqrt{2}t}+C_2e^{-\sqrt{2}t}$; (10)$x^2+y^2=25$.

4. (1)$y=\ln(e^x+C)$; (2)$\cos y=C(1+e^x)$; (3)$y=Ce^{\sqrt{1-x^2}}$; (4)$x=C\sin t-5$;

   (5)$x=-2(1+\sin y)+Ce^{\sin y}$; (6)$y=x\ln|\ln x|+\dfrac{x}{e}$; (7)$y^2=2x^x\ln|x|$;

   (8)$y=\arctan(x+y)+C$; (9)$\cot\dfrac{x-y}{2}=-x+C$; (10)$xy-1=Ce^{x^2}(xy+1)$.

5. (1)$y=(x+3)\ln(1+x)-2x+2$; (2)$y=\arcsin x$; (3)$y=\dfrac{1}{2}(e^{2x}+1)$.

6. (1)$y=C_1e^{3x}+C_2e^{-2x}$; (2)$y=(C_1+C_2x)e^{2x}$;

   (3)$y=e^{-x}(C_1\cos2\sqrt{2}x+C_2\sin2\sqrt{2}x)$; (4)$y=(C_1+C_2x)e^{3x}+\dfrac{2}{9}x^2+\dfrac{5}{27}x+\dfrac{11}{27}$;

   (5)$y=C_1e^{mx}+C_2e^{-mx}-\dfrac{x}{2m}e^{-mx}$; (6)$y=C_1e^{-2x}+C_2e^{-x}+\left(\dfrac{x^2}{2}-x\right)e^{-x}$;

   (7)$y=e^x(C_1\cos2x+C_2\sin2x)+\dfrac{1}{17}\cos2x-\dfrac{4}{17}\sin2x$;

   (8)$y=C_1\cos2x+C_2\sin2x+\dfrac{x}{8}+\dfrac{x}{8}\sin2x$;

   (9)$y=C_1\cos x+C_2\sin x+C_3e^x+C_4e^{-x}$; (10)$y=C_1+C_2x+(C_3+C_4x)e^x$.

7. $x^2+y^2=25$.

8. 约 69 ℃.

9. $\varphi(x)=2\left(1-e^{\frac{x^2}{2}}\right)$.

高职高专公共基础课"十四五"规划教材

高职应用数学

主　编　侯谦民　张　胜

副主编　贺彰雄　胡方富　丁艳鸿　陶燕芳

参　编　郑幼浓　胡　芬　王欣欣　白　薇

华中科技大学出版社

中国·武汉

内 容 简 介

本书含教材和学习指导两册.教材包括函数、极限与连续,导数与微分,中值定理与导数应用,不定积分,定积分及其应用,常微分方程等六章.学习指导按照教材的章节编写,各章内容分为基本要求、内容回顾、本章知识结构框图、练习题、复习题等几个部分.

图书在版编目(CIP)数据

高职应用数学/侯谦民　主编.—武汉:华中科技大学出版社,2011.9(2024.9重印)
ISBN 978-7-5609-7201-5

Ⅰ.高…　Ⅱ.侯…　Ⅲ.应用数学-高等职业教育-教材　Ⅳ.O29

中国版本图书馆 CIP 数据核字(2011)第 129327 号

高职应用数学
Gaozhi Yingyong Shuxue

侯谦民　张　胜　主编

策划编辑:彭中军
责任编辑:史永霞
封面设计:龙文装帧
责任校对:代晓莺
责任监印:张正林
出版发行:华中科技大学出版社(中国·武汉)　　电话:(027)81321913
　　　　　武汉市东湖新技术开发区华工科技园　　邮编:430223
录　　排:武汉市兴明图文有限公司
印　　刷:武汉邮科印务有限公司
开　　本:787mm×1092mm　1/16
印　　张:12.75
字　　数:326 千字
版　　次:2024 年 9 月第 1 版第 10 次印刷
定　　价:42.00 元　(含 2 册)

前　　言

　　根据教育部《关于全面提高高等职业教育教学质量的若干意见》及《国务院关于大力推进职业教育改革与发展的决定》的精神和要求,作为高等职业教育人才培养(方案)质量建设的一个组成部分,高职教育的教材建设也是一个十分重要的内容。经过十多年的实践与探索,高职教育公共基础课教材建设已取得了可喜的成绩。但随着高职教育改革与发展的不断深入,以及社会对高职教育的新要求,高职教育公共基础课的内容必须与时俱进,必须具备实用性、市场性及可持续发展性。经过十多年的教学实践和调研,我们决定在原有教材基础上按照新的要求重新整合并编写一部公共数学基础课教材——《高职应用数学》,以满足新形势的发展和要求,满足经济建设的需要。为了方便教学,本书配有一本与教材同步的学习指导书。该教材的主要特点是:

　　(1)实用性强,即强化实际,淡化理论,同时安排一些与经济有关的内容,工科类和经管类专业的学生均可使用;

　　(2)通俗易懂,便于教,利于学;

　　(3)该教材的作者均为多年从事高职教育教学的一线教师,对教材内容处理和习题选配有一定的考究;

　　(4)每章前附有导学,之后有小结,可供读者参考。

　　本教材由侯谦民、张胜任主编;贺彰雄、胡方富、丁艳鸿、陶燕芳任副主编;郑幼浓、胡芬、王欣欣、白薇任参编。其中第1章由张胜编写;第2章至第5章由侯谦民编写;第6章由贺彰雄编写。全书由侯谦民策划定稿。

　　本教材的编写得到了长江职业学院、湖北轻工职业技术学院、湖北生物科技职业学院及湖北财税职业学院等院校的大力支持,在此一并表示感谢。

　　编写高职高专教材是一项严肃而又细致的工作,尽管作者都是多年从事高职数学教育的教师,但整个高职高专的教育历史不长,高职教育仍在实践的探索之中。因此,作为高职高专公共基础课的数学教材也在进一步探索与完善之中。该数学教材是否符合高职教育人才培养的要求,是否满足经济建设的需要,最终须由市场和社会认可与检验。要写好一部真正符合高职教育特点的教材并非容易之事,虽然我们作出了很大努力,但难免存在疏漏之处,在此敬请广大读者不吝赐教,提出批评和建议,以便再版时修订,使本教材日臻完善。

编　者

目　　录

第1章 函数、极限与连续

导　学

文艺复兴末期的 16 世纪,社会处于大变革时期.在自然科学领域中的力学、天文学等也为适应生产实践的需要,把运动作为研究的主要对象.对各种变化过程和过程中的量与量之间的依赖关系进行研究,产生了函数这一概念.函数就是从量的角度对运动变化这一永恒真理的抽象描述,是刻画运动变化过程中变量相依关系的抽象数学模型.

自笛卡儿(Descartes.法.1596—1650)创立坐标几何后,变量和函数的概念便进入数学,从而改变了数学发展的历史进程,使得数学从常量数学转入变量数学,即微积分.

微积分是"高等数学"课程的主要内容.它研究的对象是函数(特别是连续函数),而研究的工具是极限.本章将介绍函数、极限及连续等重要概念及其性质.

§1.1 函　数

1.1.1 区间及邻域

高等数学中用到的集合主要是数集,即元素都是数的集合,我们将全体自然数的集合记作 **N**,全体整数的集合记作 **Z**,全体有理数的集合记作 **Q**,全体实数的集合记作 **R**.

任何一个变量,都有确定的变化范围.如果变量的变化范围是连续的,常用一种特殊的数集——区间来表示变量的变化范围.下面引入各种区间的名称和记号.

设 a,b 是两个实数,且 $a<b$.

数集 $\{x \mid a \leqslant x \leqslant b\}$ 为以 a、b 为端点的闭区间,记作 $[a,b]$,如图 1-1-1(a)所示.

数集 $\{x \mid a < x < b\}$ 为以 a、b 为端点的开区间,记作 (a,b),如图 1-1-1(b)所示.

数集 $\{x \mid a < x \leqslant b\}$ 为以 a、b 为端点的半开半闭区间,记作 $(a,b]$,如图 1-1-1(c)所示.

数集 $\{x \mid a \leqslant x < b\}$ 为以 a、b 为端点的半开半闭区间,记作 $[a,b)$,如图 1-1-1(d)所示.

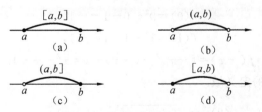

图 1-1-1

以上各种情形中的区间均为有限区间,数 $b-a$ 叫做区间的长度.

注:区间是实数集的子集.

除了上述有限区间外,还有一类区间叫做无限区间.

数集$\{x \mid a \leqslant x < +\infty\}$记作$[a, +\infty)$,数集$\{x \mid a < x < +\infty\}$记作$(a, +\infty)$.

数集$\{x \mid -\infty < x \leqslant a\}$记作$(-\infty, a]$,数集$\{x \mid -\infty < x < a\}$记作$(-\infty, a)$.

$(-\infty, +\infty)$表示全体实数的集合 **R**.

注意　$+\infty$和$-\infty$分别读作"正无穷大"和"负无穷大",它们不是数,仅仅是记号.

有时为了讨论数轴上某点附近的性质,我们引入了邻域的概念.

设a与δ是两个实数,且$\delta > 0$,则数集$\{x \mid a - \delta < x < a + \delta\}$叫做点$a$的$\delta$邻域,记为$U(a, \delta)$.点$a$叫做$U(a, \delta)$的中心,$\delta$叫做$U(a, \delta)$的半径.因为$|x - a| < \delta$相当于$-\delta < x - a < \delta$,即$a - \delta < x < a + \delta$,所以邻域$U(a, \delta)$也就是开区间$(a - \delta, a + \delta)$,这个开区间以点$a$为中心,长度为$2\delta$,如图1-2(a)所示.

有时用到的邻域需要把邻域的中心去掉.点a的δ邻域去掉中心a后形成的数集,称为点a的去心δ邻域,记为$\mathring{U}(a, \delta)$,即

$$\mathring{U}(a, \delta) = \{x \mid 0 < |x - a| < \delta\},$$

如图 1-1-2(b)所示.

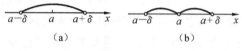

$$\text{(a)} \qquad\qquad \text{(b)}$$

$$\text{图 1-1-2}$$

当不必知道邻域的半径δ的具体值时,常将a的邻域和去心邻域分别简记为$U(a)$和$\mathring{U}(a)$.

1.1.2　函数定义

定义 1.1.1　设有一非空实数集D,如果存在一个对应法则f,使得对于每一个$x \in D$,都有一个唯一的实数y与之对应,则称对应法则f是定义在D上的一个函数,记作$y = f(x)$,其中x为自变量,y为因变量,习惯上称y是x的函数,D称为定义域.

当自变量x取定义域D内的某一定值x_0时,按对应法则f所得的对应值y_0称为函数$y = f(x)$在$x = x_0$处的函数值,记作$f(x_0)$,即$y_0 = f(x_0)$.当自变量x取遍D中的数,所有对应的函数值y构成的集合称为函数的值域,记作M,即

$$M = \{y \mid y = f(x), x \in D\}.$$

如果自变量在定义域内任意取一个数值时,对应的函数值都只有一个,这种函数叫做单值函数,否则叫做多值函数.高等数学中主要讨论单值函数.

例 1　已知$f(x) = x^2 - x - 1$,求$f(0), f(1), f(-x)$.

解
$$f(0) = 0^2 - 0 - 1 = -1,$$
$$f(1) = 1^2 - 1 - 1 = -1,$$
$$f(-x) = (-x)^2 - (-x) - 1 = x^2 + x - 1.$$

例 2　求下列函数的定义域.

$$(1)\ y = \frac{4}{x^2 - 1}. \qquad\qquad (2)\ y = \sqrt{6 + x - x^2} + \ln(x + 1).$$

解　(1)$x^2 - 1 \neq 0$,$x \neq \pm 1$,所以定义域为$(-\infty, -1) \cup (-1, 1) \cup (1, +\infty)$.

$(2)\ \begin{cases} 6 + x - x^2 \geqslant 0, \\ x + 1 > 0 \end{cases} \Rightarrow \begin{cases} -2 \leqslant x \leqslant 3, \\ x > -1, \end{cases}$ 所以定义域为$(-1, 3]$.

　　由函数定义可知,定义域与对应法则一旦确定,函数也就随之唯一确定.因此,我们把函数的定义域和对应法则称为函数的两个要素.如果两个函数的定义域、对应法则均相同,那么可以认为这两个函数是同一函数;如果两要素中有一个不同,则这两个函数就不是同一函数.

　　例如:$f(x)=\sin^2x+\cos^2x$ 与 $\varphi(x)=1$,因为 $\sin^2x+\cos^2x=1$,即这两个函数的对应法则相同,而且定义域均为 **R**,所以它们是同一函数.

　　又如:$f(x)=\dfrac{x^2-1}{x-1}$ 与 $\varphi(x)=x+1$,虽然 $\dfrac{x^2-1}{x-1}=x+1$,但由于这两个函数的定义域不同,所以这两个函数不是同一函数.

　　在实际应用中,有些函数不能用单独一个解析式来表示,往往当自变量在某一个区间上取值时,可用这个解析式来表示,而在另一个区间上取值时,就得用另一个解析式来表示.这种在自变量的不同变化范围中,对应法则用不同式子来表示的函数称为分段函数.

　　例 3　函数 $y=\mathrm{sgn}x=\begin{cases}1, & x>0, \\ 0, & x=0, \\ -1, & x<0\end{cases}$ 称为符号函数.其定义

域为 $D=(-\infty,+\infty)$,值域为 $M=\{-1,0,1\}$.它的图像如图 1-1-3 所示.

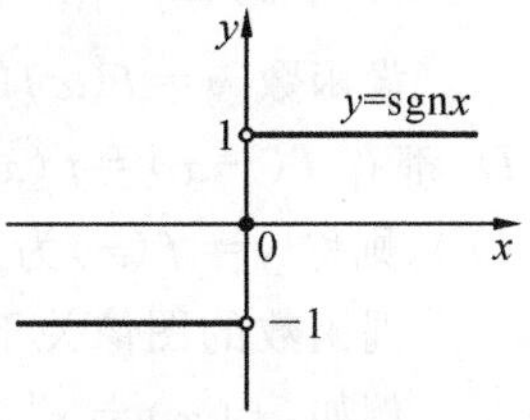

　　例 4　函数 $y=|x|=\begin{cases}x, & x\geqslant0, \\ -x, & x<0\end{cases}$ 称为绝对值函数.其定义

图 1-1-3

域为 $D=(-\infty,+\infty)$,值域为 $M=[0,+\infty)$.

　　例 5　$y=[x],x\in(-\infty,+\infty)$,其中 $[x]$ 表示不超过 x 的最大整数,称为取整函数.

　　由取整函数的定义知,$[0.68]=0,[7.3]=7,[-7.1]=-8$.一般的,若 $n\leqslant x<n+1$,其中 n 为整数,则 $[x]=n$.

　　例 6　狄利克雷(Dirichlet)函数:

$$y=\begin{cases}1, & x\text{ 为有理数}, \\ 0, & x\text{ 为无理数}.\end{cases}$$

它的定义域是 $D=(-\infty,+\infty)$,值域是 $M=\{0,1\}$.

　　应当注意,分段函数是用几个数学式子表示一个函数,而不是表示几个函数.

1.1.3　函数的表示法

1. 解析法(公式法)

　　把两个变量之间的关系直接用数学式子表示出来,必要时还可以注明函数的定义域、值域,这种表示函数的方法称为解析法.这在高等数学中是最常见的函数表示法,便于我们进行理论研究,它有显式、隐式和参数式之分.例如:$y=2+3x,\ e^x+xy+\sin x=0,\ \begin{cases}x=2\cos t, \\ y=2\sin t.\end{cases}$

2. 表格法

　　表格法就是把自变量和因变量的对应值用表格形式列出.这种表示法有较强的实用价值,比如三角函数表、常用对数表等.

3. 图示法

　　图示法是用某坐标系下的一条曲线反映自变量与因变量的对应关系的方法.比如,气象

台自动温度计记录了某地区的一昼夜气温的变化情况,这条曲线在直角坐标系下反映出来的就是一个函数关系.这种方法的几何直观性强,函数的基本性态一目了然,但它不利于理论研究.

1.1.4　函数的性质

1. 单调性

设函数 $y=f(x)$ 在 (a,b) 内有定义,若对 (a,b) 内的任意两点 x_1,x_2,当 $x_1<x_2$ 时,有 $f(x_1)<f(x_2)$,则称 $y=f(x)$ 在 (a,b) 内单调增加;若当 $x_1<x_2$ 时,有 $f(x_1)>f(x_2)$,则称 $f(x)$ 在 (a,b) 内单调减少.区间 (a,b) 称为单调区间.

例如:函数 $y=x^2$ 在区间 $(-\infty,0)$ 内是单调减少的,在区间 $(0,+\infty)$ 内是单调增加的.

又如函数 $y=x,y=x^3$ 在区间 $(-\infty,+\infty)$ 内都是单调增加的.

2. 奇偶性

设函数 $y=f(x)$ 的定义域关于原点对称(即若 $x\in D$,则 $-x\in D$),若对于任意的 $x\in D$,都有 $f(-x)=f(x)$,则称 $y=f(x)$ 为偶函数;若对于任意的 $x\in D$,都有 $f(-x)=-f(x)$,则称 $y=f(x)$ 为奇函数.

偶函数的图像关于 y 轴对称,奇函数的图像关于原点对称.

例如:$f(x)=x^4,g(x)=x\sin x$ 在定义区间上都是偶函数,而 $F(x)=x^5,G(x)=x^3\cos x$ 在定义区间上都是奇函数.

3. 有界性

设函数 $f(x)$ 在区间 I 上有定义,如果存在一个正数 M,使得与任一 $x\in I$ 所对应的函数值 $f(x)$ 都满足不等式 $|f(x)|\leqslant M$,就称函数 $f(x)$ 在 I 内有界.如果这样的 M 不存在,就称函数 $f(x)$ 在 I 内无界.

例如,函数 $f(x)=\sin x$ 在 $(-\infty,+\infty)$ 内是有界的,因为无论 x 取任何值,$|\sin x|\leqslant 1$ 都成立.又如,函数 $f(x)=\dfrac{1}{x}$ 在开区间 $(0,1)$ 内是无界的,而 $f(x)=\dfrac{1}{x}$ 在开区间 $(3,6)$ 内是有界的.由此可见,笼统地说某个函数是有界函数或无界函数是不确切的,必须指明所讨论的区间.

4. 周期性

设函数 $y=f(x)$ 在 D 上有定义,若存在常数 $T\neq 0$,对于任意的 $x\in D$,恒有 $f(x+T)=f(x)$,则称 $f(x)$ 是以 T 为周期的周期函数.

通常所说的周期函数的周期,是指它们的最小正周期.如 $y=\sin x$ 的周期是 2π,$y=\tan x$ 的周期是 π.函数 $y=c$(c 为常数)是周期函数,但不存在最小正周期.

例 7　讨论下列函数的奇偶性.

$(1)f(x)=\dfrac{a^x-1}{a^x+1}$.　　　　$(2)f(x)=\ln(x+\sqrt{1+x^2})$.

解　(1)　　　　　　$f(-x)=\dfrac{a^{-x}-1}{a^{-x}+1}=\dfrac{1-a^x}{1+a^x}=-f(x)$,

所以 $f(x)=\dfrac{a^x-1}{a^x+1}$ 是奇函数.

(2)　　$f(-x) = \ln\left(-x + \sqrt{1+(-x)^2}\right) = \ln\dfrac{\left(\sqrt{1+x^2} - x\right)\left(\sqrt{1+x^2} + x\right)}{\sqrt{1+x^2} + x}$

$$= \ln\frac{1}{\sqrt{1+x^2} + x} = -\ln\left(\sqrt{1+x^2} + x\right) = -f(x),$$

所以 $f(x) = \ln\left(x + \sqrt{1+x^2}\right)$ 是奇函数.

1.1.5　初等函数

1. 反函数

定义 1.1.2　设函数 $y = f(x)$, 其定义域为 D, 值域为 M. 如果对于每一个 $y \in M$, 有唯一的一个 $x \in D$ 与之对应, 并使 $y = f(x)$ 成立, 则得到一个以 y 为自变量、x 为因变量的函数, 称此函数为 $y = f(x)$ 的反函数, 记作

$$x = f^{-1}(y).$$

显然, $x = f^{-1}(y)$ 的定义域为 M, 值域为 D. 由于习惯上自变量用 x 表示, 因变量用 y 表示, 所以 $y = f(x)$ 的反函数可表示为

$$y = f^{-1}(x).$$

应当说明的是, 在同一直角坐标系 xOy 中, 函数 $y = f(x)$ 与其反函数 $y = f^{-1}(x)$ 的图像是关于直线 $y = x$ 对称的.

例 8　求 $y = 2^x + 1$ 的反函数.

解　由 $y = 2^x + 1$ 得 $2^x = y - 1$, 两边取对数得

$$x = \log_2(y - 1).$$

交换 x, y 的位置, 得反函数

$$y = \log_2(x - 1).$$

2. 基本初等函数

下列六种函数统称为基本初等函数.

1) 常值函数

常值函数 $y = C$, 其中 C 为常数. 其定义域为 $(-\infty, +\infty)$. 其对应法则是对于任何 $x \in (-\infty, +\infty)$, x 所对应的函数值 y 恒等于常数 C. 其函数图像为平行于 x 轴的直线(见图 1-1-4).

2) 幂函数

幂函数 $y = x^\alpha$(α 为任意常数)的定义域和值域由 α 而定, 但在 $(0, +\infty)$ 内都有定义, 且其图像经过点 $(1, 1)$. 图 1-1-5 给出了几个常见的幂函数的图像.

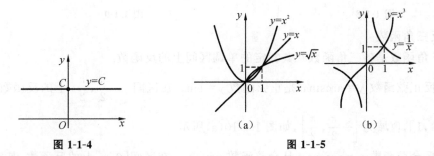

图 1-1-4　　　　　　　　　　　　　　　　图 1-1-5

3)指数函数

指数函数 $y=a^x(a>0,a\ne1)$ 的定义域为 $(-\infty,+\infty)$,值域为 $(0,+\infty)$,图像都经过点 $(0,1)$.当 $a>1$ 时,$y=a^x$ 单调增加;当 $0<a<1$ 时,$y=a^x$ 单调减少.指数函数的图像均在 x 轴上方,如图 1-1-6 所示.

4)对数函数

对数函数 $y=\log_a x(a>0,a\ne1)$ 是指数函数 $y=a^x$ 的反函数.对数函数的定义域为 $(0,+\infty)$,值域为 $(-\infty,+\infty)$,图像经过点 $(1,0)$.当 $a>1$ 时,$y=\log_a x$ 单调增加;当 $0<a<1$ 时,$y=\log_a x$ 单调减少.对数函数的图像在 y 轴的右方,如图 1-1-7 所示.

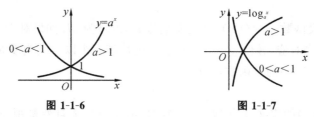

图 1-1-6　　　　　　　　　　图 1-1-7

当 $a=e$ 时,$y=\log_e x$ 简记为 $y=\ln x$,它是常见的对数函数,称为自然对数.其中 $e=2.718\,281\,828\,459\,045\,235\,36\cdots$,为无理数.

5)三角函数

三角函数有:

$$正弦函数\ y=\sin x,\quad 余弦函数\ y=\cos x;$$
$$正切函数\ y=\tan x,\quad 余切函数\ y=\cot x;$$
$$正割函数\ y=\sec x,\quad 余割函数\ y=\csc x.$$

$\sin x$ 和 $\cos x$ 的定义域为 $(-\infty,+\infty)$,值域为 $[-1,1]$,都以 2π 为周期.$\sin x$ 是奇函数,$\cos x$ 是偶函数,如图 1-1-8 所示.

$\tan x$ 的定义域是 $x\ne k\pi+\dfrac{\pi}{2}$ 的实数 $(k\in\mathbf{Z})$,$\cot x$ 的定义域是 $x\ne k\pi$ 的实数 $(k\in\mathbf{Z})$.它们都以 π 为周期,且都是奇函数,如图 1-1-9 所示.

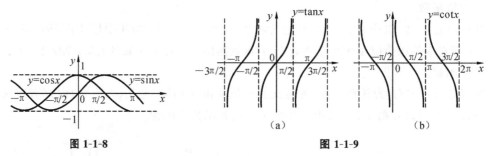

图 1-1-8　　　　　　　　　　　图 1-1-9

6)反三角函数

反三角函数是各三角函数在其特定的单调区间上的反函数.

(1)反正弦函数 $y=\arcsin x$ 是正弦函数 $y=\sin x$ 在区间 $\left[-\dfrac{\pi}{2},\dfrac{\pi}{2}\right]$ 上的反函数,其定义域为 $[-1,1]$,值域为 $\left[-\dfrac{\pi}{2},\dfrac{\pi}{2}\right]$,如图 1-1-10(a)所示.

(2)反余弦函数 $y=\arccos x$ 是余弦函数 $y=\cos x$ 在区间 $[0,\pi]$ 上的反函数,其定义域为

[-1,1],值域为[0,π],如图 1-1-10(b)所示.

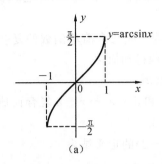 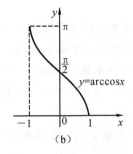

图 1-1-10

(3)反正切函数 $y=\arctan x$ 是正切函数 $y=\tan x$ 在区间 $\left(-\dfrac{\pi}{2},\dfrac{\pi}{2}\right)$ 内的反函数,其定义域为 $(-\infty,+\infty)$,值域为 $\left(-\dfrac{\pi}{2},\dfrac{\pi}{2}\right)$,如图 1-1-11(a)所示.

(4)反余切函数 $y=\operatorname{arccot} x$ 是余切函数 $y=\cot x$ 在区间 $(0,\pi)$ 内的反函数,其定义域为 $(-\infty,+\infty)$,值域为 $(0,\pi)$,如图 1-1-11(b)所示.

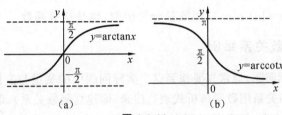

图 1-1-11

3. 复合函数

定义 1.1.3　设函数 $y=f(u)$ 的定义域为 D_f,函数 $u=\varphi(x)$ 的值域为 M_φ,若 $M_\varphi\bigcap D_f\neq\varnothing$,则将 $y=f(\varphi(x))$ 称为 $y=f(u)$ 与 $u=\varphi(x)$ 复合而成的复合函数,u 称为中间变量,x 为自变量.

如函数 $y=\ln u,u=x^2+1$,因为 $u=x^2+1$ 的值域 $[1,+\infty)$ 包含在 $y=\ln u$ 的定义域 $(0,+\infty)$ 内,所以 $y=\ln(x^2+1)$ 是 $y=\ln u$ 与 $u=x^2+1$ 复合而成的复合函数.

注意　(1)并不是任何两个函数都可以复合的,在函数复合时一定要注意 $y=f(u)$ 与 $u=\varphi(x)$ 中 y 的定义域与 u 的值域是否有非空交集,有非空交集才能复合,否则不能复合.

如 $y=\arcsin u$ 与 $u=8+x^2$ 就不能复合. 因为 $u=8+x^2$ 的值域为 $[8,+\infty)$,而 $y=\arcsin u$ 的定义域为 $[-1,1]$,所以对于任意的 x 所对应的 u,都使 $y=\arcsin u$ 无意义.

(2)复合函数还可推广到由三个及以上函数的有限次复合. 例如,$y=\ln\sqrt{2+x^2}$,就是由 $y=\ln u,u=\sqrt{v}$ 和 $v=2+x^2$ 三个函数复合而成的,其中 u 和 v 都是中间变量.

例 9　指出下列函数的复合过程.

(1)$y=\sqrt[3]{2x+1}$.　　　(2)$y=\ln\tan\dfrac{x}{2}$.　　　(3)$y=\sqrt{\ln\arctan x^2}$.

解　(1)$y=\sqrt[3]{2x+1}$ 是由 $y=\sqrt[3]{u}$ 与 $u=2x+1$ 复合而成的.

(2)$y=\ln\tan\dfrac{x}{2}$ 是由 $y=\ln u,u=\tan v,v=\dfrac{x}{2}$ 复合而成的.

(3)$y=\sqrt{\ln\arctan x^2}$ 是由基本初等函数 $y=\sqrt{u}$，$u=\ln v$，$v=\arctan t$，$t=x^2$ 复合而成的.

利用复合函数的概念可以将一个较复杂的函数看成几个简单函数的复合，这样对复杂函数的研究可以变成对简单函数的研究，从而使问题得到简化.

例 10　求复合函数 $y=\log_2(x^2-x-2)$ 的定义域.

解　因为 $y=\log_2(x^2-x-2)$ 是由 $y=\log_2 u$ 和 $u=x^2-x-2$ 复合而成的，对于 $y=\log_2 u$，需 $u>0$，即
$$x^2-x-2>0.$$
所以得到 $x<-1$ 或 $x>2$，即函数 $y=\log_2(x^2-x-2)$ 的定义域为
$$(-\infty,-1)\bigcup(2,+\infty).$$

4. 初等函数

定义 1.1.4　由基本初等函数经过有限次四则运算和有限次的复合所构成，并且可用一个解析式表示的函数，称为初等函数.

分段函数中有些是初等函数，有些是非初等函数.

如 $y=|x|=\begin{cases} x,x\geqslant 0, \\ -x,x<0 \end{cases}$ 是一个分段函数，由于 $y=|x|=\sqrt{x^2}$，因此，$y=|x|$ 是初等函数. 同理，$y=|\sin x|$，$y=\ln|x^2-1|$ 都既是分段函数，也是初等函数.

1.1.6　建立函数关系举例

运用函数解决实际问题，通常先要找到这个实际问题中的变量与变量之间的依赖关系，然后把变量间的这种依赖关系用数学解析式表达出来（即建立函数关系），最后进行分析、计算.

例 11　电力部门规定：居民每月用电量不超过 30 度时，每度电按 0.5 元收费；当用电量超过 30 度但不超过 60 度时，超过的部分每度按 0.6 元收费；当用电量超过 60 度时，超过部分按每度 0.8 元收费. 试建立居民月用电费 G 与月用电量 W 之间的函数关系.

解　当 $0\leqslant W\leqslant 30$ 时，$G=0.5W$；

当 $30<W\leqslant 60$ 时，$G=0.5\times 30+0.6\times(W-30)=0.6W-3$；

当 $W>60$ 时，$G=0.5\times 30+0.6\times 30+0.8\times(W-60)=0.8W-15$.

所以 $G=f(W)=\begin{cases} 0.5W, & 0\leqslant W\leqslant 30, \\ 0.6W-3, & 30<W\leqslant 60, \\ 0.8W-15, & W>60. \end{cases}$

例 12　某企业生产某种产品，固定成本为 20 000 元，每增加生产 1 kg 产品，成本增加 50 元，且每天最多生产 100 kg. 试将每日产品的总成本 C（单位：元）表示为产量 Q（单位：kg）的函数.

解　由经济学知识可知，总成本＝固定成本＋可变成本，故
$$C(Q)=20\ 000+50Q,\quad 0\leqslant Q\leqslant 100.$$

习　题　1-1

1.求下列函数的定义域：

　　(1)$y=\sqrt{x-3}+\dfrac{1}{x-4}$；　　　　　　　　　(2)$y=\sqrt{x}+\sqrt{-x}+10$；

(3) $y = 5\arccos\dfrac{x-1}{7}$;　　　　　　(4) $y = \ln(x-1) + \dfrac{1}{\sqrt{x+1}}$;

(5) $y = \log_{(x-2)}(2x-5)$.

2. 求下列函数的函数值:

(1) $f(x) = \begin{cases} x+1, & -10 < x < 1, \\ 3, & x = 1, \\ 2x^2 - 1, & 1 < x < 5, \end{cases}$　求 $f(0), f(1), f(2), f(f(1))$;

(2) $f(x) = \arccos(\ln x)$,求 $f(e), f(1), f\left(\dfrac{1}{e}\right)$.

3. 下列函数 $f(x)$ 与 $g(x)$ 是否相同? 为什么?

(1) $f(x) = 2\ln x, g(x) = \ln x^2$;　　　　　(2) $f(x) = x + 3, g(x) = \dfrac{x^2 - 9}{x - 3}$;

(3) $f(x) = 1, g(x) = \sec^2 x - \tan^2 x$;　　(4) $f(x) = x, g(x) = \sqrt[7]{x^7}$.

4. 确定下列函数的奇偶性:

(1) $f(x) = x^8 \cos x$;　　　　　　　　(2) $f(x) = x^{10} \tan x$;

(3) $f(x) = \lg\dfrac{1+x}{1-x}$;　　　　　　(4) $f(x) = \ln|x| - \sec x$;

(5) $f(x) = \dfrac{\sin x}{x}$.

5. 求下列函数的反函数:

(1) $y = \dfrac{2x-1}{x+1}$;　　　　　　　　(2) $y = 5^x - 2$;

(3) $y = \sqrt[7]{x-3}$;　　　　　　　　(4) $y = \dfrac{e^x - e^{-x}}{2}$.

6. 下列函数哪些是周期函数? 若是周期函数,求其周期.

(1) $y = \sin 3x$;　　(2) $y = \cos^2 x$;　　(3) $y = 10\sin\left(\dfrac{1}{2}x - \dfrac{\pi}{6}\right)$;

(4) $y = 10\tan\left(2x - \dfrac{\pi}{4}\right)$;　　(5) $y = x\cos x$;　　(6) $y = \sin x + \cos x$.

7. 指出下列函数的复合过程:

(1) $y = \ln\tan^3 x$;　　(2) $y = 10^{\sqrt{\sin x}}$;　　(3) $y = \cos\ln(3x-2)$;

(4) $y = e^{\arcsin\frac{1}{x}}$;　　(5) $y = \sin^2 e^{x^2}$;　　(6) $y = \sqrt{\ln\sqrt{x}}$.

8. 某化肥厂生产某产品 1 000 t,每吨定价为 130 元,销售量在 700 t 以内,按原价出售,超过 700 t 时超过的部分需打 9 折出售,试求销售总收益 R 与销售量 Q 的函数关系.

9. 拟建一个容积为 V 的长方体水池,设它的底为正方形,已知池底所用材料单位面积的造价是四壁单位面积造价的 2 倍,试将总造价 y 表示成水池高度 x 的函数.

§ 1.2　常用的经济函数

在经济分析中,常常要用数学方法来分析经济变量间的关系,即先建立变量间的函数关系,然后用微积分等知识分析这些经济函数的特性.本节介绍几个常见的经济函数.

1.2.1　需求函数与价格函数

1.需求函数

消费者对某种商品的需求量,与消费者人数,消费者的收入,人们的习性、嗜好,季节性及该商品的价格等诸多因素有关.为简化问题的分析,现在假定其他因素暂时保持某种状态不变,只考虑商品的价格对需求量的影响.为此,我们可建立商品的需求量 Q 与该商品价格 P 的函数关系,称其为需求函数,记为 $Q=Q(P)$.这里,价格 P 是自变量,取非负值.

一般的,需求量随价格上涨而减少.因此,通常需求函数是价格的单调减少函数.

在企业管理和经济学中常见的需求函数有:

线性需求函数　　$Q=a-bP$,其中 $b\geqslant0,a\geqslant0$,且均为常数;

二次曲线需求函数　　$Q=a-bP-cP^2$,其中 $a\geqslant0,b\geqslant0,c\geqslant0$,且均为常数;

指数需求函数　　$Q=Ae^{-bP}$,其中 $A\geqslant0,b\geqslant0$,且均为常数.

2.价格函数

需求函数 $Q=Q(P)$ 的反函数就是价格函数,记作 $P=P(Q)$.价格函数也反映商品的需求与价格的关系.

1.2.2　供给函数

在市场经济规律作用下,市场上某种商品的供应量(称为商品供给量)的大小依赖于该商品的价格高低.影响商品供给量的重要因素是商品价格,记商品供给量为 S,P 为商品的价格,则商品供给量 S 是价格 P 的函数,称其为供给函数,记作 $S=S(P)$.

一般的,商品供给量随商品价格的上涨而增加.因此,商品供给函数 S 是商品价格 P 的单调增加函数.

常见的供给函数有线性函数、二次函数、幂函数、指数函数等.

1.2.3　总成本函数

从事产品的生产需要有场地(厂房)、机器设备、劳动力、能源、原材料等投入,我们称之为生产成本.成本投入大体可分为两大部分:其一是在短时间内不发生变化或变化很小,或者随产品数量增加而变化不明显的,如厂房、设备等,称为固定成本,常用 C_1 表示;其二是随产品数量的变化而直接变化的部分,如原材料、能源等,称为可变成本,常用 C_2 表示,它是产品数量 Q 的函数,即 $C_2=C_2(Q)$.

生产 Q 个单位某种产品时的可变成本 C_2 与固定成本 C_1 之和,称为总成本函数,记作 C,即

$$C=C(Q)=C_1+C_2(Q).$$

一般情况下,总成本函数是一个单调增加函数,常见的成本函数有线性函数、二次函数、三次函数等.

只给出总成本不能说明企业生产的好坏,在经济分析中,常用到平均成本这个概念,即生产 Q 个单位产品时,单位产品的成本,记作 $A(Q)$,即

$$A(Q)=\frac{C(Q)}{Q}=\frac{\text{固定成本}+\text{可变成本}}{\text{产量}}.$$

在生产技术水平和生产要素的价格固定不变的条件下,总成本、平均成本都是产量的函数.

例1 生产某种商品的总成本(单位:元)是 $C(Q)=500+4Q$,求生产 50 件这种商品时的总成本和平均成本.

解 生产 50 件这种商品的总成本为
$$C(50)=500 \text{ 元}+4\times50 \text{ 元}=700 \text{ 元},$$
平均成本为
$$A(50)=\frac{C(Q)}{Q}\Big|_{Q=50}=\frac{700 \text{ 元}}{50 \text{ 件}}=14 \text{ 元/件}.$$

1.2.4 收入函数与利润函数

1. 收入函数

收入是指销售某种商品所获得的收入,又可分为总收入和平均收入.

总收入是销售者售出一定数量商品所得的全部收入,常用 R 表示.

平均收入是售出一定数量的商品时,平均每售出一个单位商品的收入,也就是销售一定数量商品时的单位商品的销售价格,常用 $\overline{R}$ 表示.

总收入、平均收入都是售出商品数量的函数.

设 P 为商品价格,Q 为商品的销售量,则有
$$R=R(Q)=QP(Q),$$
$$\overline{R}=\frac{R(Q)}{Q}=P(Q),$$
其中 $P(Q)$ 是商品的价格函数.

例2 设某商品的价格函数是 $P=50-\frac{1}{5}Q$,试求该商品的收入函数,并求出销售 10 件商品时的总收入和平均收入.

解 收入函数为
$$R=PQ=50Q-\frac{1}{5}Q^2,$$
平均收入为
$$\overline{R}=\frac{R}{Q}=P=50-\frac{1}{5}Q,$$
由此得到销售 10 件商品时的总收入和平均收入分别为
$$R(10)=50\times10-\frac{1}{5}\times10^2=480,$$
$$\overline{R}(10)=50-\frac{1}{5}\times10=48.$$

2. 利润函数

生产一定数量的产品的总收入与总成本之差就是它的总利润,记作 L,即
$$L=L(Q)=R(Q)-C(Q),$$
其中 Q 是产品数量.它的平均利润记作 $\overline{L}$,即
$$\overline{L}=\overline{L}(Q)=\frac{L(Q)}{Q}.$$

总利润 L 和平均利润 $\overline{L}$ 都是产量 Q 的函数.

例 3　已知生产某种商品 Q 件时的总成本(单位:万元)为 $C(Q)=10+6Q+0.1Q^2$,如果该商品的销售单价为 9 万元,试求:

(1)该商品的利润函数;

(2)生产 10 件该商品时的总利润和平均利润;

(3)生产 30 件该商品时的总利润.

解　(1)该商品的收入函数为 $R(Q)=9Q$,从而利润函数为

$$L(Q)=R(Q)-C(Q)=3Q-10-0.1Q^2.$$

(2)生产 10 件该商品时的总利润为

$$L(10)=(3\times10-10-0.1\times10^2)\ 万元=10\ 万元,$$

此时的平均利润为

$$\overline{L}=\frac{L(10)}{10}=\frac{10\ 万元}{10\ 件}=1\ 万元/件.$$

(3)生产 30 件该商品时的总利润为

$$L(30)=(3\times30-10-0.1\times30^2)\ 万元=-10\ 万元.$$

我们知道,一般情况下,收入随着销售量的增加而增加,而由例 3 可以看出,利润并不总是随销售量的增加而增加.

习　题　1-2

1. 设销售某种商品的总收入 R 是销售量 x 的二次函数,经统计得知,当销售量分别为 $0,2,4$ 时,总收入 R 为 $0,4,16$.试确定 R 关于 x 的函数式.

2. 设生产某种商品 x 件时的总成本为 $C(x)=100+2x+x^2$,若销售价格为 $P=250-5x$(x 为需求量),试写出总利润函数.

3. 某厂生产一种元器件,设计能力为日产 120 件.每日的固定成本为 200 元,每件的平均可变成本为 10 元.

(1)试求该厂此元器件的日总成本函数及平均成本函数.

(2)若每件售价 15 元,试写出总收入函数.

§1.3　极　　限

1.3.1　数列极限

定义 1.3.1　如果按照某一法则,有第一个数 x_1,第二个数 x_2,…,这样依次序排列着,使得对应于任何一个正整数 n,有一个确定的数 x_n,那么,这列有次序的数 $x_1,x_2,x_3,$ …,x_n,…就叫做数列,简记为数列 $\{x_n\}$.

数列中的每一个数叫做数列的项,第 n 项 x_n 叫做数列的一般项.例如:

$$1,2,3,\cdots,n,\cdots, \tag{1-3-1}$$

$$1,\frac{1}{2},\frac{1}{3},\cdots,\frac{1}{n},\cdots, \tag{1-3-2}$$

$$1, -1, 1, -1, \cdots, (-1)^{n+1}, \cdots, \tag{1-3-3}$$

$$a, a, a, \cdots, a, \cdots \tag{1-3-4}$$

都是数列的例子,它们的一般项依次为 $x_n = n, \dfrac{1}{n}, (-1)^{n+1}, a$.

对于数列,我们主要关注的是当它的项数 n 无限增大时它的一般项的变化趋势. 例如,当 n 无限增大时,数列(1-3-1)中的数也随着无限增大;数列(1-3-2)却变得越来越小而接近于 0;数列(1-3-3)在 1 与 -1 之间交替取值;数列(1-3-4)不随 n 变化而恒为 a. 为此,我们引入数列收敛的定义.

定义 1.3.2　对于数列 $\{x_n\}$,如果当 n 无限增大时,数列的一般项 x_n 无限地接近于某一确定的数值 a,则称常数 a 是数列 $\{x_n\}$ 的极限,或称数列 $\{x_n\}$ 收敛于 a,记为 $\lim\limits_{n\to\infty} x_n = a$. 如果数列没有极限,就说数列是发散的.

其中,"lim"代表极限(limit),极限符号下面的"$n \to \infty$"表示项数 n 无限增大.

例 1　观察下面数列的变化趋势,并写出它们的极限.

$(1) x_n = \dfrac{1}{2^{n-1}}.$　　　$(2) x_n = \dfrac{n+1}{n}.$　　　$(3) x_n = \dfrac{1}{(-3)^n}.$　　　$(4) x_n = 8.$

解　$(1) x_n = \dfrac{1}{2^{n-1}}$ 的项依次为 $1, \dfrac{1}{2}, \dfrac{1}{4}, \dfrac{1}{8}, \cdots$,当 n 无限增大时,x_n 无限接近于 0,所以 $\lim\limits_{n\to\infty} \dfrac{1}{2^{n-1}} = 0$.

$(2) x_n = \dfrac{n+1}{n}$ 的项依次为 $2, \dfrac{3}{2}, \dfrac{4}{3}, \dfrac{5}{4}, \cdots$,当 n 无限增大时,x_n 无限接近于 1,所以 $\lim\limits_{n\to\infty} = \dfrac{n+1}{n} = 1$.

$(3) x_n = \dfrac{1}{(-3)^n}$ 的项依次为 $-\dfrac{1}{3}, \dfrac{1}{9}, -\dfrac{1}{27}, \dfrac{1}{81}, \cdots$,当 n 无限增大时,x_n 无限接近于 0,所以 $\lim\limits_{n\to\infty} = \dfrac{1}{(-3)^n} = 0$.

$(4) x_n = 8$ 为常数数列,无论 n 取怎样的正整数,x_n 始终为 8,所以 $\lim\limits_{n\to\infty} 8 = 8$. 任何一个常数数列 $\{C\}$ 的极限就是这个常数本身,即 $\lim\limits_{n\to\infty} C = C$($C$ 为常数).

收敛数列具有如下性质.

(1)唯一性:收敛数列的极限是唯一的.

(2)有界性:收敛数列一定有界. 有界是收敛的必要条件,无界数列一定发散;反之,有界的数列不一定收敛.

(3)数列极限的存在准则包括夹逼准则和单调有界准则.

①夹逼准则:设有三个数列 $\{x_n\}$、$\{y_n\}$、$\{z_n\}$ 满足条件 $x_n \leqslant y_n \leqslant z_n (n = 1, 2, \cdots)$,且 $\lim\limits_{n\to\infty} x_n = \lim\limits_{n\to\infty} z_n = A$,则 $\{y_n\}$ 收敛,且 $\lim\limits_{n\to\infty} y_n = A$.

②单调有界准则:单调有界数列必有极限.

1.3.2　数列极限的运算法则

前面介绍了数列极限的定义,并用观察法求出了一些简单数列的极限,但对于较复杂的数列的极限很难用观察法求得,因此需要研究数列极限的运算法则. 下面我们给出数列极限的四则运算法则.

法则(数列极限的四则运算法则)　设有数列$\{x_n\}$、$\{y_n\}$,且$\lim\limits_{n\to\infty}x_n=A$,$\lim\limits_{n\to\infty}y_n=B$,则:

(1)加(减)法法则,即

$$\lim_{n\to\infty}(x_n\pm y_n)=\lim_{n\to\infty}x_n\pm\lim_{n\to\infty}y_n=A\pm B;$$

(2)乘法法则,即

$$\lim_{n\to\infty}(x_n\cdot y_n)=\lim_{n\to\infty}x_n\cdot\lim_{n\to\infty}y_n=AB,$$

特别地,

$$\lim_{n\to\infty}(Cx_n)=\lim_{n\to\infty}C\cdot\lim_{n\to\infty}x_n=CA\quad(C\text{ 是常数});$$

(3)除法法则,即

$$\lim_{n\to\infty}\frac{x_n}{y_n}=\frac{\lim\limits_{n\to\infty}x_n}{\lim\limits_{n\to\infty}y_n}=\frac{A}{B}\quad(B\neq0).$$

上述定理表明,当参加运算的数列$\{x_n\}$、$\{y_n\}$的极限存在时,它们的和、差、积、商(分母极限不为零)的极限等于它们极限的和、差、积、商.法则(1)、(2)可以推广到有限多个数列的情形.

说明:四则运算法则的应用是有前提的.

其一,参与运算的每一项必须存在极限,否则就会出现类似于$\lim\limits_{n\to\infty}\dfrac{\sin n}{n}=\lim\limits_{n\to\infty}\dfrac{1}{n}\cdot\lim\limits_{n\to\infty}\sin n$$=0\cdot\lim\limits_{n\to\infty}\sin n=0$的推理错误.

其二,参与运算的项数必须有限,否则就会出现类似于

$$\lim_{n\to\infty}\left\{\frac{1}{n^2}+\frac{2}{n^2}+\cdots+\frac{n}{n^2}\right\}=\lim_{n\to\infty}\frac{1}{n^2}+\lim_{n\to\infty}\frac{2}{n^2}+\cdots+\lim_{n\to\infty}\frac{n}{n^2}$$
$$=0+0+\cdots+0=0$$

的计算错误.

其三,分母极限不能为零,即$B\neq0$.如果两个数列都不收敛,它们的和、差、积、商有可能存在极限.比如:$u_n=n^2$,$v_n=-n^2$当$n\to\infty$时没有极限,但它们的和的极限为0.再比如:$u_n=v_n=(-1)^n$是发散的,但$u_n\cdot v_n=1$,是收敛的.

例2　已知$\lim\limits_{n\to\infty}x_n=8$,$\lim\limits_{n\to\infty}y_n=-12$,求$\lim\limits_{n\to\infty}\left(5x_n+\dfrac{y_n}{6}\right)$.

解　　　　　$\lim\limits_{n\to\infty}\left(5x_n+\dfrac{y_n}{6}\right)=\lim\limits_{n\to\infty}5x_n+\lim\limits_{n\to\infty}\dfrac{y_n}{6}=40-2=38.$

例3　求下列各极限.

(1)$\lim\limits_{n\to\infty}\left(3-\dfrac{2}{n}-\dfrac{4}{n^2}\right).$　　　(2)$\lim\limits_{n\to\infty}\dfrac{2n^2-5n+3}{7n^2+3n-4}.$　　　(3)$\lim\limits_{n\to\infty}\dfrac{1+2+\cdots+n}{n^2}.$

解　(1)　　　$\lim\limits_{n\to\infty}\left(3-\dfrac{2}{n}-\dfrac{4}{n^2}\right)=\lim\limits_{n\to\infty}3-2\lim\limits_{n\to\infty}\dfrac{1}{n}-4\lim\limits_{n\to\infty}\dfrac{1}{n^2}$

$$=3-2\times0-4\times0=3.$$

(2)　　　$\lim\limits_{n\to\infty}\dfrac{2n^2-5n+3}{7n^2+3n-4}=\lim\limits_{n\to\infty}\dfrac{2-5\dfrac{1}{n}+3\dfrac{1}{n^2}}{7+3\dfrac{1}{n}-4\dfrac{1}{n^2}}=\dfrac{2-0+0}{7+0-0}=\dfrac{2}{7}.$

(3)由$1+2+\cdots+n=\dfrac{n(n+1)}{2}$知,

$$\lim_{n\to\infty}\frac{1+2+\cdots+n}{n^2}=\lim_{n\to\infty}\frac{n+1}{2n}=\frac{1}{2}.$$

例 4　求 $\lim\limits_{n\to\infty}\dfrac{2n^2-1}{3n^3+n^2+1}$.

解
$$\lim_{n\to\infty}\frac{2n^2-1}{3n^3+n^2+1}=\lim_{n\to\infty}\frac{\dfrac{2}{n}-\dfrac{1}{n^3}}{3+\dfrac{1}{n}+\dfrac{1}{n^3}}=\frac{2\lim\limits_{n\to\infty}\dfrac{1}{n}-\lim\limits_{n\to\infty}\dfrac{1}{n^3}}{3+\lim\limits_{n\to\infty}\dfrac{1}{n}+\lim\limits_{n\to\infty}\dfrac{1}{n^3}}$$
$$=\frac{2\times0-0}{3+0+0}=0.$$

用列表法可以观察得到下面常用的数列极限
$$\lim_{n\to\infty}q^n=0\quad(|q|<1).$$
证明略.

1.3.3　函数极限

前面已讨论了数列 $x_n=f(n)$ 的极限,由于数列 $x_n=f(n)$ 也是一个函数,因此,数列的极限是函数极限中的特殊情形. 其特殊性是:自变量 n 只取正整数,且 n 趋向于无穷大,或者说 n 是离散地变化着趋向于正无穷大的. 在这一节里,我们将讨论一般函数 $y=f(x)$ 的极限问题. 这里,自变量 x 大致有两种变化形式,即 $x\to\infty$ 和 $x\to x_0$(有限数),并且 x 不是离散变化的,而是连续变化的.

1. 当 x→∞ 时,函数 y=f(x) 的极限

例 5　考察函数 $f(x)=\dfrac{1}{x}$ 的变化趋势.

表 1-3-1

x	1	10	100	1 000	10 000	100 000	1 000 000	…
$\dfrac{1}{x}$	1	0.1	0.01	0.001	0.000 1	0.000 01	0.000 001	…
x	−1	−10	−100	−1 000	−10 000	−100 000	−1 000 000	…
$\dfrac{1}{x}$	−1	−0.1	−0.01	−0.001	−0.000 1	−0.000 01	−0.000 001	…

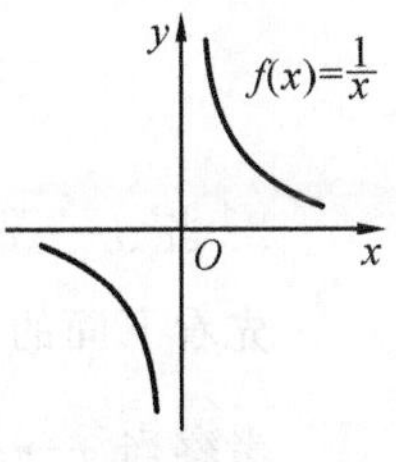

由表 1-3-1 和图 1-3-1 可以看出,当 x 的绝对值无限增大时,$f(x)$ 的值无限接近于零,即当 $x\to\infty$ 时,
$$f(x)=\frac{1}{x}\to0.$$

图 1-3-1

对于这种当 $x\to\infty$ 时,函数 $f(x)$ 的变化趋势,给出下面的定义.

定义 1.3.3　如果当 x 的绝对值无限增大,即 $x\to\infty$ 时,函数 $f(x)$ 无限接近于一个确定的常数 A,那么 A 就叫做函数 $f(x)$ 当 $x\to\infty$ 时的极限,记为
$$\lim_{x\to\infty}f(x)=A\quad\text{或}\quad\text{当 }x\to\infty\text{ 时},f(x)\to A.$$

当然,在这里我们是假定 $f(x)$ 在 $x\to\infty$ 时是有定义的,根据定义 1.3.3 可知,当 $x\to\infty$ 时,$f(x)=\dfrac{1}{x}$ 的极限是 0,可记为

$$\lim_{x\to\infty} f(x) = \lim_{x\to\infty} \frac{1}{x} = 0.$$

在定义 1.3.3 中,自变量 x 的绝对值无限增大指的是 x 既取正值而无限增大(记为 $x\to +\infty$),同时也取负值而绝对值无限增大(记为 $x\to -\infty$).但有时 x 的变化趋向只能或只需取这两种变化中的一种情形,所以下面给出当 $x\to +\infty$ 或 $x\to -\infty$ 时函数极限的定义.

定义 1.3.4 如果当 $x\to +\infty$(或 $x\to -\infty$)时,函数 $f(x)$ 无限接近于一个确定的常数 A,那么 A 就叫做函数 $f(x)$ 当 $x\to +\infty$(或 $x\to -\infty$)时的极限,记为

$$\lim_{\substack{x\to +\infty \\ (x\to -\infty)}} f(x) = A \quad 或 \quad 当 x\to +\infty(或 x\to -\infty)时, f(x)\to A.$$

例如,如图 1-3-1 所示,有

$$\lim_{x\to +\infty} \frac{1}{x} = 0 \quad 及 \quad \lim_{x\to -\infty} \frac{1}{x} = 0,$$

这两个极限值相等,都为 0,所以 $\lim\limits_{x\to\infty} \dfrac{1}{x} = 0$.

又如,如图 1-3-2 所示,有

$$\lim_{x\to +\infty} \arctan x = \frac{\pi}{2} \quad 及 \quad \lim_{x\to -\infty} \arctan x = -\frac{\pi}{2},$$

由于当 $x\to +\infty$ 和 $x\to -\infty$ 时,函数 $\arctan x$ 不是无限接近于同一个确定的常数,所以 $\lim\limits_{x\to\infty} \arctan x$ 不存在.

由上面的例子可以看出,如果 $\lim\limits_{x\to +\infty} f(x)$ 和 $\lim\limits_{x\to -\infty} f(x)$ 都存在并且相等,那么 $\lim\limits_{x\to\infty} f(x)$ 也存在并且与它们相等.如果 $\lim\limits_{x\to +\infty} f(x)$ 和 $\lim\limits_{x\to -\infty} f(x)$ 都存在,但不相等,那么 $\lim\limits_{x\to\infty} f(x)$ 不存在.

定理 1.3.1 $\lim\limits_{x\to\infty} f(x) = A$ 的充要条件是 $\lim\limits_{x\to +\infty} f(x) = \lim\limits_{x\to -\infty} f(x) = A$.

例 6 讨论函数 $y = e^x$ 及 $y = e^{-x}$(见图 1-3-3)当 $x\to\infty$ 时的极限.

解 因为 $\lim\limits_{x\to +\infty} e^x = +\infty$,$\lim\limits_{x\to -\infty} e^x = 0$,所以 $\lim\limits_{x\to\infty} e^x$ 不存在.
又因为 $\lim\limits_{x\to +\infty} e^{-x} = 0$,$\lim\limits_{x\to -\infty} e^{-x} = +\infty$,所以 $\lim\limits_{x\to\infty} e^{-x}$ 不存在.

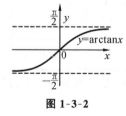

图 1-3-2

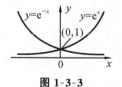

图 1-3-3

2. 当 $x\to x_0$ 时,函数 $y = f(x)$ 的极限

先看下面的例子.

考察当 $x\to 3$ 时,函数 $f(x) = \dfrac{x}{3} + 1$ 的变化趋势(见图 1-3-4).

设 x 从 3 的左侧无限接近于 3(见表 1-3-2).

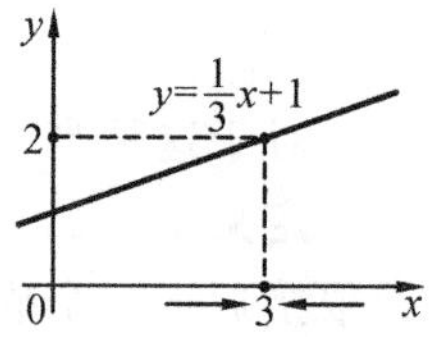

图 1-3-4

表 1-3-2

x	2.9	2.99	2.999	…	→	3
$f(x)$	1.97	1.997	1.999 7	…	→	2

设 x 从 3 的右侧无限接近于 3（见表 1-3-3）.

表 1-3-3

x	3.1	3.01	3.001	...	→	3
$f(x)$	2.03	2.003	2.000 3	...	→	2

由此可见，当 $x \to 3$ 时，$f(x) = \dfrac{x}{3} + 1$ 的值无限接近于 2.

对于这种当 $x \to x_0$（定值）时，函数 $f(x)$ 的变化趋势，我们给出下面的定义.

定义 1.3.5　如果当 x 无限接近于定值 x_0，即 $x \to x_0$ 时，函数 $f(x)$ 无限接近于一个确定的常数 A，那么 A 就叫做函数 $f(x)$ 当 $x \to x_0$ 时的极限，记为

$$\lim_{x \to x_0} f(x) = A \quad \text{或} \quad \text{当 } x \to x_0 \text{ 时，} f(x) \to A.$$

需要说明的是，在上面的定义中，我们假定函数 $f(x)$ 在点 x_0 的左右近旁是有定义的，因为我们考虑的是当自变量 $x \to x_0$ 时，函数 $f(x)$ 的变化趋势，所以并不在乎函数 $f(x)$ 在点 x_0 处是否有定义，即 $f(x)$ 在点 x_0 处是否有定义，并不影响当 $x \to x_0$ 时，函数 $f(x)$ 的变化趋势.

因此，当 $x \to 3$ 时，$f(x) = \dfrac{x}{3} + 1$ 的极限是 2，可记为

$$\lim_{x \to 3} f(x) = \lim_{x \to 3}\left(\frac{x}{3} + 1\right) = 2.$$

例 7　考察极限 $\lim\limits_{x \to x_0} C$（$C$ 为常数）.

解　设 $f(x) = C$（C 为常数）. 因为当 $x \to x_0$ 时，$f(x)$ 的值恒等于 C（见图 1-3-5），所以 $\lim\limits_{x \to x_0} f(x) = \lim\limits_{x \to x_0} C = C$.

一般的，常数 C 的极限就是其本身 C.

例 8　考察极限 $\lim\limits_{x \to x_0} x$.

解　设 $f(x) = x$，因为当 $x \to x_0$ 时，$f(x)$ 的值无限接近于 x_0（见图 1-3-6），所以 $\lim\limits_{x \to x_0} x = x_0$.

前面讨论的当 $x \to x_0$ 时函数 $f(x)$ 的极限概念中，x 是既从 x_0 的左侧也从 x_0 的右侧无限接近于 x_0 的，但有时只能或只需考虑 x 仅从 x_0 的左侧无限接近于 x_0（记为 $x \to x_0^-$）的情形，或者 x 仅从 x_0 的右侧无限接近于 x_0（记为 $x \to x_0^+$）的情形. 下面给出当 $x \to x_0^-$ 或 $x \to x_0^+$ 时函数极限的定义.

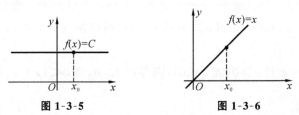

图 1-3-5　　　　　　　　　图 1-3-6

定义 1.3.6　如果当 $x \to x_0^-$ 时，函数 $f(x)$ 无限接近于一个确定的常数 A，那么 A 就叫做函数 $f(x)$ 当 $x \to x_0^-$ 时的左极限，记为

$$\lim_{x \to x_0^-} f(x) = A \quad \text{或} \quad f(x_0 - 0) = A.$$

如果当 $x \to x_0^+$ 时,函数 $f(x)$ 无限接近于一个确定的常数 A,那么 A 就叫做函数 $f(x)$ 当 $x \to x_0$ 时的右极限,记为

$$\lim_{x \to x_0^+} f(x) = A \quad 或 \quad f(x_0 + 0) = A.$$

左极限与右极限统称为单侧极限.

根据当 $x \to x_0$ 时函数 $f(x)$ 的极限的定义,以及左极限和右极限的定义,容易证明:函数 $f(x)$ 当 $x \to x_0$ 时极限存在的充分必要条件是左极限及右极限各自存在并且相等,即

$$\lim_{x \to x_0} f(x) = A \Leftrightarrow f(x_0 - 0) = f(x_0 + 0) = A.$$

例 9　设 $f(x) = \begin{cases} x, & x \leqslant 0, \\ \sin x, & x > 0, \end{cases}$ 求 $\lim\limits_{x \to 0} f(x)$.

解　$f(x)$ 是一个分段函数,$x = 0$ 是这个分段函数的分段点.对于分段函数来说,其分段点处的极限要分左、右极限讨论.由

$$f(0 - 0) = \lim_{x \to 0^-} f(x) = \lim_{x \to 0^-} x = 0,$$

$$f(0 + 0) = \lim_{x \to 0^+} f(x) = \lim_{x \to 0^+} \sin x = \sin 0 = 0$$

知,$f(0 - 0) = f(0 + 0)$,故 $\lim\limits_{x \to 0} f(x) = 0$.

例 10　讨论 $f(x) = \begin{cases} x + 1, & x < 1, \\ x^2, & x \geqslant 1, \end{cases}$ 当 $x \to 1$ 时的极限.

解　当 $x < 1$ 时,

$$\lim_{x \to 1^-} f(x) = \lim_{x \to 1^-} (x + 1) = 2,$$

当 $x \geqslant 1$ 时,

$$\lim_{x \to 1^+} f(x) = \lim_{x \to 1^+} x^2 = 1,$$

因而 $\lim\limits_{x \to 1^-} f(x) \neq \lim\limits_{x \to 1^+} f(x)$,故 $\lim\limits_{x \to 1} f(x)$ 不存在.

1.3.4　函数极限的性质

函数极限与数列极限一样,也具有唯一性、有界性、保号性等性质.

性质 1　若 $\lim f(x)$ 存在,则其极限必唯一.其中"lim"表示任一极限过程.

性质 2　(1)若 $\lim\limits_{x \to \infty} f(x)$ 存在,则必存在 $X > 0$ 和 $M > 0$,使得当 $|x| > X$ 时,有 $|f(x)| \leqslant M$.

(2)若 $\lim\limits_{x \to x_0} f(x)$ 存在,则必存在 $\delta > 0$ 和 $M > 0$,使得当 $0 < |x - x_0| < \delta$ 时,有 $|f(x)| \leqslant M$.

性质 3　(1)若 $\lim\limits_{x \to \infty} f(x) = a$ 且 $a > 0$(或 $a < 0$),则存在 $X > 0$,当 $|x| > X$ 时,有 $f(x) > 0$(或 $f(x) < 0$).

(2)若 $\lim\limits_{x \to x_0} f(x) = a$ 且 $a > 0$(或 $a < 0$),则存在 $\delta > 0$,当 $0 < |x - x_0| < \delta$ 时,有 $f(x) > 0$(或 $f(x) < 0$).

习　　题　1-3

1. 观察下列数列当 $n \to \infty$ 时的变化趋势,如果有极限,写出它们的极限:

$(1)a_n = \dfrac{n+1}{n+3}$;　　　　　　　　　　　$(2)a_n = (-1)^n \dfrac{1}{n}$;

$(3)a_n = \dfrac{1-(-1)^n}{2}$;　　　　　　　　　　$(4)a_n = 3^n$.

2. 求下列极限:

$(1)\lim\limits_{n\to\infty}\left(5+\dfrac{1}{n}\right)$;　　　　　　　　$(2)\lim\limits_{n\to\infty}\dfrac{3n-4}{2n}$;

$(3)\lim\limits_{n\to\infty}\dfrac{5n-2}{2n^2+3n}$;　　　　　　　　$(4)\lim\limits_{n\to\infty}\dfrac{5^n-7^n}{5^n+7^n}$;

$(5)\lim\limits_{x\to+\infty}3^{-x}$;　　　　　　　　　　$(6)\lim\limits_{x\to-\infty}8^x$.

3. 设函数 $f(x)=\begin{cases}x+2, & x\geqslant1,\\ x-2, & x<1,\end{cases}$ 分别讨论 $\lim\limits_{x\to3}f(x),\lim\limits_{x\to1}f(x),\lim\limits_{x\to0}f(x)$.

4. 设函数 $f(x)=\begin{cases}\cos x+1, & x\leqslant0,\\ 10^x, & x>0.\end{cases}$ 讨论当 $x\to0$ 时 $f(x)$ 的极限是否存在.

§1.4　无穷小量与无穷大量

1.4.1　无穷小量

在高等数学中,无穷小量是一个非常重要的概念.许多变化状态较复杂的变量的研究常常可归结为相应的无穷小量的研究.

定义 1.4.1　在自变量 x 的某一变化过程中,若函数 $f(x)$ 的极限为零,则称此函数为在自变量 x 的这一变化过程中的无穷小量,简称为无穷小.

例如,函数 $f(x)=\dfrac{1}{x}$,因 $\lim\limits_{x\to\infty}\dfrac{1}{x}=0$,所以函数 $f(x)=\dfrac{1}{x}$ 是当 $x\to\infty$ 时的无穷小.又如 $\lim\limits_{x\to0}x^2=0$,因而函数 x^2 是当 $x\to0$ 时的无穷小量.

注意　(1)无穷小是以 0 为极限的变量.

(2)说到无穷小,必须指明自变量的变化过程.

(3)无穷小与绝对值很小的数不能混为一谈.

(4)零是唯一可以作为无穷小的常数.

例 1　指出自变量 x 在怎样的趋向下,下列函数为无穷小量.

$(1)y=\dfrac{1}{x+1}$.　　　$(2)y=x^2-1$.　　　$(3)y=a^x(a>0,a\neq1)$.

解　(1)因为 $\lim\limits_{x\to\infty}\dfrac{1}{x+1}=0$,所以当 $x\to\infty$ 时,函数 $y=\dfrac{1}{x+1}$ 是一个无穷小量.

(2)因为 $\lim\limits_{x\to1}(x^2-1)=0$ 与 $\lim\limits_{x\to-1}(x^2-1)=0$,所以当 $x\to1$ 与 $x\to-1$ 时函数 $y=x^2-1$ 都是无穷小量.

(3)对于 $a>1$,因为 $\lim\limits_{x\to-\infty}a^x=0$,所以当 $x\to-\infty$ 时,$y=a^x$ 为一个无穷小量;而对于 $0<a<1$,因为 $\lim\limits_{x\to+\infty}a^x=0$,所以当 $x\to+\infty$ 时,$y=a^x$ 为一个无穷小量.

定理 1.4.1　$\lim f(x)=A$ 的充要条件是存在该极限过程的无穷小量 $\alpha(x)$,使得 $f(x)=A+\alpha(x)$,其中 A 为常数.

定理 1.4.1 说明了函数 $f(x)$、函数的极限 A 与无穷小 $\alpha(x)$ 三者之间的重要关系,即具有极限的函数等于其极限与一个无穷小的和.

直观地看,这一结论是明显的. 因为若当 $x \to x_0$ 时,$f(x)$ 以 A 为极限,则当 $x \to x_0$ 时,$f(x)$ 将越来越接近于 A,从而 $f(x) - A$ 越来越接近于 0,即 $\alpha(x) = f(x) - A$ 是当 $x \to x_0$ 时的一个无穷小量,因此 $f(x) = A + \alpha(x)$;反过来,如果当 $x \to x_0$ 时,$\alpha(x) = f(x) - A$ 是一个无穷小量,即 $f(x) - A$ 越来越接近于 0,则 $f(x)$ 越来越接近于 A,因此 $\lim\limits_{x \to x_0} f(x) = A$. $x \to \infty$ 时函数的情形和数列的情形类似.

无穷小量具有如下性质.

性质 1 有限多个无穷小之和、差仍是无穷小.

性质 2 有界函数与无穷小之积是无穷小.

应该注意,性质 1 中的"有限多个"是必要的,换言之,无限多个无穷小量的和不一定是无穷小量. 比如当 $n \to \infty$ 时,$\dfrac{1}{n} \to 0$,但 n 个 $\dfrac{1}{n}$ 相加等于 1,它不是无穷小量,即

$$\lim_{n \to \infty} \underbrace{\left(\frac{1}{n} + \frac{1}{n} + \cdots + \frac{1}{n} \right)}_{n \uparrow} = 1.$$

推论 1 常数与无穷小量之积仍为无穷小量.

这是因为常数 C 是任何极限过程的有界量,由性质 2 即可得到推论 1.

推论 2 有限多个无穷小量之积仍为无穷小量.

例 2 试求:

(1) $\lim\limits_{x \to 0} (2\sin x + x^3)$.   (2) $\lim\limits_{x \to 0} \left(x \sin \dfrac{1}{x} \right)$.

解 (1) 当 $x \to 0$ 时,$\sin x$ 和 x 均是无穷小量,因此 $2\sin x$ 和 x^3 也都是无穷小量,由性质 1 知 $\lim\limits_{x \to 0} (2\sin x + x^3) = 0$.

(2) $\left| \sin \dfrac{1}{x} \right| \leqslant 1$,可知 $\sin \dfrac{1}{x}$ 是有界函数,而当 $x \to 0$ 时,x 是无穷小量,由性质 2 知 $\lim\limits_{x \to 0} \left(x \sin \dfrac{1}{x} \right) = 0$.

例 3 求 $\lim\limits_{x \to \infty} \dfrac{\cos x}{x}$.

解
$$\frac{\cos x}{x} = \frac{1}{x} \cdot \cos x,$$

其中 $\cos x$ 为有界函数,$\dfrac{1}{x}$ 为当 $x \to \infty$ 时的无穷小量. 由性质 2 可知 $\lim\limits_{x \to \infty} \dfrac{\cos x}{x} = 0$.

1.4.2 无穷大量

无穷小量是在某极限过程中其绝对值可无限变小,趋近于零的变量;无穷大量则正好相反,是在某极限过程中,其绝对值可无限制地增大的变量.

定义 1.4.2 在自变量 x 的某一变化过程中,若函数 $f(x)$ 的绝对值无限增大,则称函数 $f(x)$ 为在自变量 x 的这一变化过程中的无穷大量,简称为无穷大,记为 $\lim\limits_{\substack{x \to x_0 \\ (x \to \infty)}} f(x) = \infty$.

例如：函数 $f(x)=\dfrac{1}{x}$，因 $\lim\limits_{x\to 0}\dfrac{1}{x}=\infty$，所以 $f(x)=\dfrac{1}{x}$ 是当 $x\to 0$ 时的无穷大.

又如：函数 $f(x)=x^2$，因 $\lim\limits_{x\to\infty}x^2=+\infty$，所以 $f(x)=x^2$ 是当 $x\to\infty$ 时的无穷大.

说明：(1)这里采用极限记号只是为了方便，并不表明极限存在；

(2)无穷大量是变量，与自变量的变化过程密切相关，脱离自变量的变化过程谈无穷大量是没有实际意义的；

(3)无穷大量不是一个绝对值很大的常数.

例 4　指出自变量 x 在怎样的趋向下，下列函数为无穷大量.

(1)$y=\left(\dfrac{1}{10}\right)^x$.　　　　(2)$y=\log_a x$ $(a>0,a\neq 1)$.

解　(1)当 $x\to -\infty$ 时，$\left(\dfrac{1}{10}\right)^x\to +\infty$. 所以当 $x\to -\infty$ 时，$\left(\dfrac{1}{10}\right)^x$ 为正无穷大量.

(2)若 $0<a<1$，因为当 $x\to 0^+$ 时，$\log_a x\to +\infty$，当 $x\to +\infty$ 时，$\log_a x\to -\infty$，所以当 $x\to 0^+$ 时，函数 $\log_a x$ 为正无穷大量，当 $x\to +\infty$ 时，函数 $\log_a x$ 为负无穷大量. 若 $a>1$，因为当 $x\to 0^+$ 时，$\log_a x\to -\infty$，当 $x\to +\infty$ 时，$\log_a x\to +\infty$，所以当 $x\to 0^+$ 时，函数 $\log_a x$ 为负无穷大量，当 $x\to +\infty$ 时，函数 $\log_a x$ 为正无穷大量.

1.4.3　无穷大量与无穷小量的关系

我们知道，当 $x\to 0$ 时，函数 $y=x$ 是无穷小，函数 $y=\dfrac{1}{x}$ 是无穷大. 换言之，无穷大量的倒数是无穷小量，非零的无穷小量的倒数是无穷大量. 这一现象不是偶然的，关于无穷大、无穷小实际上有下述定理.

定理 1.4.2　在某极限过程中，若 $f(x)$ 是一个无穷大量，则 $\dfrac{1}{f(x)}$ 为无穷小量；若 $f(x)$ 为无穷小量 $(f(x)\neq 0)$，则 $\dfrac{1}{f(x)}$ 为无穷大量.

下面利用无穷小与无穷大的关系来求某些函数的极限.

例 5　求 $\lim\limits_{x\to 2}\dfrac{x+1}{x-2}$.

解　因为 $\lim\limits_{x\to 2}\dfrac{x-2}{x+1}=0$，即当 $x\to 2$ 时，$\dfrac{x-2}{x+1}$ 是无穷小，根据无穷小与无穷大的关系可知，它的倒数 $\dfrac{x+1}{x-2}$ 是当 $x\to 2$ 时的无穷大，即 $\lim\limits_{x\to 2}\dfrac{x+1}{x-2}=\infty$.

习　题　1-4

1.判断下列函数在指定的过程中哪些是无穷小量，哪些是无穷大量：

(1)$e^x(x\to -\infty)$;　　　　　　　　　(2)$\tan x(x\to 0)$;

(3)$10^{-x}-1(x\to 0)$;　　　　　　　　(4)$\dfrac{x+8}{x-5}(x\to 5)$;

(5)$\dfrac{1}{1-\cos x}(x\to 0)$.

2. 自变量 x 在怎样的变化过程中,下列函数为无穷小?

(1)$y=2x+10$;   (2)$y=\ln x$;

(3)$y=\dfrac{2x}{x-5}$;   (4)$y=3^x$;

(5)$y=10^{\frac{1}{x}}$.

3. 自变量 x 在怎样的变化过程中,下列函数为无穷大?

(1)$y=\ln x$;   (2)$y=5^{\frac{1}{x}}$;

(3)$y=\dfrac{x+7}{x^2-25}$;   (4)$y=2^x$.

4. 利用无穷小的性质求下列极限:

(1)$\lim\limits_{x\to 0}x\cos\dfrac{1}{x}$;   (2)$\lim\limits_{x\to\infty}\dfrac{\sin x}{x}$;

(3)$\lim\limits_{n\to\infty}\dfrac{1}{2n^2+5}\cos(n!)$;   (4)$\lim\limits_{x\to-\infty}\left(\dfrac{1}{x}\arctan x+\mathrm{e}^x\right)$.

§1.5　函数极限的运算法则

数列极限的运算法则可以推广到函数极限中来. 在这一节里,我们要介绍函数极限的运算法则,并学会利用它们去求一些函数的极限.

定理 1.5.1　设 $\lim\limits_{x\to x_0}f(x)=A$,$\lim\limits_{x\to x_0}g(x)=B$,则

(1)$\lim\limits_{x\to x_0}[f(x)\pm g(x)]=\lim\limits_{x\to x_0}f(x)\pm\lim\limits_{x\to x_0}g(x)=A\pm B$;

(2)$\lim\limits_{x\to x_0}[f(x)\cdot g(x)]=\lim\limits_{x\to x_0}f(x)\cdot\lim\limits_{x\to x_0}g(x)=A\cdot B$;

(3)$\lim\limits_{x\to x_0}\dfrac{f(x)}{g(x)}=\dfrac{\lim\limits_{x\to x_0}f(x)}{\lim\limits_{x\to x_0}g(x)}=\dfrac{A}{B}$　$(B\neq 0)$.

说明:(1)上述运算法则对于 $x\to\infty$ 时的情形也是成立的.

(2)运算法则(1)与(2)可以推广到有限个具有极限的函数的情形.

定理 1.5.1 结论成立的前提要求和数列极限相同,如函数 $f(x)$ 与 $g(x)$ 的极限必须存在、参与运算的项数必须有限、在商的运算法则中分母极限必须不为零,等等,否则结论不成立. 如 $\lim\limits_{x\to 0}x\cos\dfrac{1}{x}=\lim\limits_{x\to 0}x\cdot\lim\limits_{x\to 0}\cos\dfrac{1}{x}=0$,这个做法是错误的,因为当 $x\to 0$ 时,函数 $\cos\dfrac{1}{x}$ 没有极限.

推论 1　设 $\lim\limits_{x\to x_0}f(x)=A$,则 $\lim\limits_{x\to x_0}C\cdot f(x)=C\cdot\lim\limits_{x\to x_0}f(x)=CA$　（C 为常数）.

推论 2　设 $\lim\limits_{x\to x_0}f(x)=A$,则 $\lim\limits_{x\to x_0}[f(x)]^n=[\lim\limits_{x\to x_0}f(x)]^n=A^n$　（n 为非负整数）.

由极限的定义,显然有以下结论:

(1)$\lim\limits_{\substack{x\to x_0\\(x\to\infty)}}C=C$　（C 为常数）;

(2)$\lim\limits_{x\to x_0}x=x_0$.

例 1　求 $\lim\limits_{x\to 3}(2x^3+3x+5)$.

解 原式 $=2\lim\limits_{x\to 3}x^3+3\lim\limits_{x\to 3}x+5=54+9+5=68.$

例 2 求 $\lim\limits_{x\to 2}\dfrac{2x^3+x^2-4}{x-6}.$

解 由定理 1.5.1(3),有

$$\lim_{x\to 2}(x-6)=\lim_{x\to 2}x-\lim_{x\to 2}6=2-6=-4,$$

$$\lim_{x\to 2}(2x^3+x^2-4)=2\lim_{x\to 2}x^3+\lim_{x\to 2}x^2-4=2(\lim_{x\to 2}x)^3+(\lim_{x\to 2}x)^2-4$$

$$=2\cdot 2^3+2^2-4=16,$$

故

$$\lim_{x\to 2}\frac{2x^3+x^2-4}{x-6}=\frac{16}{-4}=-4.$$

若记 $f(x)=\dfrac{2x^3+x^2-4}{x-6}$,则对于本例而言,有 $\lim\limits_{x\to 2}f(x)=f(2)=-4.$ 这一结果不是偶然的,我们有更一般的结论.

设 $f(x)=a_0x^n+a_1x^{n-1}+\cdots+a_{n-1}x+a_n$,其中 $a_0,a_1,\cdots,a_n$ 为常数,$a_0\neq 0,n$ 为非负整数,称 $f(x)$ 为 n 次多项式,有

(1) $\lim\limits_{x\to x_0}f(x)=f(x_0)$;

(2)若 $f(x),g(x)$ 均为多项式,称 $\dfrac{f(x)}{g(x)}$ 为有理函数.若 $g(x_0)\neq 0$,则

$$\lim_{x\to x_0}\frac{f(x)}{g(x)}=\frac{f(x_0)}{g(x_0)}.$$

例 3 求 $\lim\limits_{x\to 2}\dfrac{x^2}{x-2}.$

解 当 $x\to 2$ 时,$x-2\to 0$,故不能直接用定理 1.5.1(3),又 $x^2\to 4,\lim\limits_{x\to 2}\dfrac{x-2}{x^2}=\dfrac{2-2}{4}=0$,由无穷小与无穷大的关系有 $\lim\limits_{x\to 2}\dfrac{x^2}{x-2}=\infty.$

在求极限 $\lim\limits_{x\to x_0}\dfrac{f(x)}{g(x)}$ 时,如果 $\lim\limits_{x\to x_0}f(x)=A\neq 0$, $\lim\limits_{x\to x_0}g(x)=0$,则由无穷小与无穷大的关系有 $\lim\limits_{x\to x_0}\dfrac{f(x)}{g(x)}=\infty.$ 如果 $\lim\limits_{x\to x_0}f(x)=0$, $\lim\limits_{x\to x_0}g(x)=0$,即分子、分母的极限都为零,它实为两个无穷小之商,我们把这种极限形式称为 $\dfrac{0}{0}$ 型未定式.

例 4 求 $\lim\limits_{x\to 3}\dfrac{x-3}{x^2-9}.$

解 当 $x\to 3$ 时,分母的极限为 0,这时不能用定理 1.5.1(3)的方法求极限.但在 $x\to 3$ 的过程中,由于 $x\neq 3$,即 $x-3\neq 0$,而且分子与分母有公因式 $x-3$,故在分式中可约去极限为零的公因式,所以

$$\lim_{x\to 3}\frac{x-3}{x^2-9}=\lim_{x\to 3}\frac{x-3}{(x+3)(x-3)}$$

$$=\lim_{x\to 3}\frac{1}{x+3}=\frac{\lim\limits_{x\to 3}1}{\lim\limits_{x\to 3}x+\lim\limits_{x\to 3}3}$$

$$= \frac{1}{3+3} = \frac{1}{6}.$$

例 5　求下列极限.

(1)$\lim\limits_{x \to 1} \left(\dfrac{1}{1-x} - \dfrac{2}{1-x^2} \right).$　　　　　　　(2)$\lim\limits_{x \to 1} \dfrac{x^n-1}{x^m-1}$,其中 m,n 为正整数.

解　(1)分析:当 $x \to 1$ 时,上式两项均为无穷大,不能用差的运算法则,但可先通分,再求极限.

$$\lim_{x \to 1} \left(\frac{1}{1-x} - \frac{2}{1-x^2} \right) = \lim_{x \to 1} \frac{1+x-2}{1-x^2} = \lim_{x \to 1} \frac{-(1-x)}{(1+x)(1-x)}$$

$$= \lim_{x \to 1} \frac{-1}{x+1} = -\frac{1}{2}.$$

(2)由于分母的极限$\lim\limits_{x \to 1}(x^m-1)=0$,故不能用定理 1.5.1(3)的方法求极限.应想办法约去使分子、分母的极限均为零的因子 $x-1$(称为零因子).

因

$$x^n-1=(x-1)(x^{n-1}+x^{n-2}+\cdots+1),$$

故

$$\lim_{x \to 1} \frac{x^n-1}{x^m-1} = \lim_{x \to 1} \frac{(x-1)(x^{n-1}+\cdots+1)}{(x-1)(x^{m-1}+\cdots+1)} = \lim_{x \to 1} \frac{x^{n-1}+\cdots+1}{x^{m-1}+\cdots+1} = \frac{n}{m}.$$

例 6　求下列极限.

(1)$\lim\limits_{x \to 0} \dfrac{\sqrt{1+x}-1}{x}.$　　　　　　　(2)$\lim\limits_{x \to 4} \dfrac{\sqrt{2x+1}-3}{\sqrt{x-2}-\sqrt{2}}.$

解　(1)　　　$\lim\limits_{x \to 0} \dfrac{\sqrt{1+x}-1}{x} = \lim\limits_{x \to 0} \dfrac{(\sqrt{1+x}-1)(\sqrt{1+x}+1)}{x(\sqrt{1+x}+1)}$

$$= \lim_{x \to 0} \frac{x}{x(\sqrt{1+x}+1)} = \lim_{x \to 0} \frac{1}{\sqrt{1+x}+1} = \frac{1}{2}.$$

(2)　　　　　$\lim\limits_{x \to 4} \dfrac{\sqrt{2x+1}-3}{\sqrt{x-2}-\sqrt{2}}$

$$= \lim_{x \to 4} \frac{(\sqrt{2x+1}-3)(\sqrt{2x+1}+3)(\sqrt{x-2}+\sqrt{2})}{(\sqrt{x-2}-\sqrt{2})(\sqrt{x-2}+\sqrt{2})(\sqrt{2x+1}+3)}$$

$$= \lim_{x \to 4} \frac{(2x-8)(\sqrt{x-2}+\sqrt{2})}{(x-4)(\sqrt{2x+1}+3)} = 2 \lim_{x \to 4} \frac{\sqrt{x-2}+\sqrt{2}}{\sqrt{2x+1}+3} = \frac{2\sqrt{2}}{3}.$$

前面的例子主要讨论的是有理函数当 $x \to x_0$ 时的极限问题,下面介绍当 $x \to \infty$时,有理函数的极限求法.

例 7　试求下列极限.

(1)$\lim\limits_{x \to \infty} \dfrac{3x^2+5}{8x^2-9}.$　　　　(2)$\lim\limits_{x \to \infty} \dfrac{3x^2+5}{8x^3-9}.$　　　　(3)$\lim\limits_{x \to \infty} \dfrac{8x^3-9}{3x^2+5}.$

解　(1)、(2)、(3)题只是改变了分子、分母两多项式的次数.

(1)分子、分母同除以分母的最高次幂 x^2,得

$$\lim_{x \to \infty} \frac{3x^2+5}{8x^2-9} = \lim_{x \to \infty} \frac{3+\dfrac{5}{x^2}}{8-\dfrac{9}{x^2}} = \frac{3}{8}.$$

（2）与（1）类似，分子、分母同除以分母的最高次幂 x^3，有

$$\lim_{x \to \infty} \frac{3x^2+5}{8x^3-9} = \lim_{x \to \infty} \frac{\dfrac{3}{x}+\dfrac{5}{x^3}}{8-\dfrac{9}{x^3}} = \frac{0}{8} = 0.$$

（3）由（2）可知，$\lim\limits_{x \to \infty} \dfrac{3x^2+5}{8x^3-9} = 0$，从而，由无穷小量与无穷大量的关系知，

$$\lim_{x \to \infty} \frac{8x^3-9}{3x^2+5} = \infty.$$

由例 7 的方法容易得到下述结论.

设 $a_0 \neq 0, b_0 \neq 0, m, n$ 为自然数，则

$$\lim_{x \to \infty} \frac{a_0 x^n + a_1 x^{n-1} + \cdots + a_n}{b_0 x^m + b_1 x^{m-1} + \cdots + b_m} = \begin{cases} \dfrac{a_0}{b_0}, & n=m, \\ 0, & n<m, \\ \infty, & n>m. \end{cases}$$

特别的，若 $g(x)=1$，则 $\lim\limits_{x \to \infty}(a_0 x^n + a_1 x^{n-1} + \cdots + a_n) = \infty$，其中 $n \geqslant 1$.

由以上例题，可以得出求函数极限的一般方法：在求极限的过程中，分母的极限不能为零，若为零则要想办法去掉使分母为零的因式，有根式的要设法有理化. 要注意的是，$x \to x_0$ 表示 x 无限地接近于 x_0，但永远不等于 x_0.

习　题　1-5

1. 求下列极限：

（1）$\lim\limits_{x \to 2}(2x^2 - 3x + 1)$；

（2）$\lim\limits_{x \to 2} \dfrac{x^2-4}{x^2+4}$；

（3）$\lim\limits_{x \to 5} \dfrac{x+5}{x-5}$；

（4）$\lim\limits_{x \to 1} \dfrac{x-1}{x^3-1}$；

（5）$\lim\limits_{x \to 0} \dfrac{\sqrt{1+x}-\sqrt{1-x}}{x}$；

（6）$\lim\limits_{x \to 3}\left(\dfrac{1}{x-3} - \dfrac{6}{x^2-9}\right)$；

（7）$\lim\limits_{x \to \infty} \dfrac{2x^2-3x+1}{5x^2+x-8}$；

（8）$\lim\limits_{x \to \infty} \dfrac{2x^2-3x+1}{5x^3+x-8}$；

（9）$\lim\limits_{x \to \infty} \dfrac{2x^3-3x+1}{5x^2+x-8}$；

（10）$\lim\limits_{n \to \infty} \dfrac{1+2+3+\cdots+(n-1)}{n^2}$；

（11）$\lim\limits_{n \to \infty} \dfrac{(2n+1)(3n+2)(4n+3)}{n^3}$；

（12）$\lim\limits_{x \to \infty}(2x^5 - 3x + 8)$；

（13）$\lim\limits_{n \to \infty} \dfrac{2^n-3^n}{2^n+3^n}$.

2. 若 $\lim\limits_{x \to 3} \dfrac{x^2-2x+k}{x-3} = 4$，求 k.

3. 若 $\lim\limits_{x \to 1} \dfrac{x^3+2x+m}{x-1} = n$，求 m, n.

§ 1.6　两个重要极限

1.6.1　第一个重要极限 $\lim\limits_{x \to 0} \dfrac{\sin x}{x} = 1$

列表考察当 $x \to 0$ 时 $\dfrac{\sin x}{x}$ 的变化趋势(见表 1-6-1).

表 1-6-1

x	± 1	± 0.5	± 0.1	± 0.01	± 0.001	$\cdots \to 0$
$\dfrac{\sin x}{x}$	0.841 470 9	0.958 851 1	0.998 334 2	0.999 983 3	0.999 999 8	$\cdots \to 1$

从表 1-6-1 可以看出,当 $x \to 0$ 时,$\dfrac{\sin x}{x}$ 的值无限趋近于 1.

可用极限存在准则证明 $\lim\limits_{x \to 0} \dfrac{\sin x}{x} = 1$(证明略).

该重要极限的特点:一般的,若在某极限过程中,$\lim \varphi(x) = 0$,则在该极限过程中有

$$\lim \frac{\sin \varphi(x)}{\varphi(x)} = 1,$$

或记为

$$\lim_{\varphi(x) \to 0} \frac{\sin \varphi(x)}{\varphi(x)} = 1,$$

其中 $\lim\limits_{\varphi(x) \to 0}$ 表示在某极限过程中 $\varphi(x) \to 0$.

例 1　求 $\lim\limits_{x \to 0} \dfrac{\sin 3x}{x}$.

解　令 $u = 3x$,则 $x = \dfrac{u}{3}$. 当 $x \to 0$ 时,$u \to 0$,有

$$\lim_{x \to 0} \frac{\sin 3x}{x} = \lim_{u \to 0} \frac{\sin u}{\dfrac{u}{3}} = 3 \lim_{u \to 0} \frac{\sin u}{u} = 3.$$

注意:函数 $\dfrac{\sin 3x}{x}$ 通过变量替换成为 $\dfrac{\sin u}{u}$,极限中的 $x \to 0$ 同时要变为 $u \to 0$.

也可以直接计算,即

$$\lim_{x \to 0} \frac{\sin 3x}{x} = \lim_{x \to 0} 3 \frac{\sin 3x}{3x} = 3 \lim_{3x \to 0} \frac{\sin 3x}{3x} = 3.$$

例 2　求 $\lim\limits_{x \to 0} \dfrac{\sin 8x}{\sin 5x}$.

解

$$\lim_{x \to 0} \frac{\sin 8x}{\sin 5x} = \lim_{x \to 0} \frac{\dfrac{\sin 8x}{8x} \cdot 8}{\dfrac{\sin 5x}{5x} \cdot 5} = \frac{8}{5} \frac{\lim\limits_{x \to 0} \dfrac{\sin 8x}{8x}}{\lim\limits_{x \to 0} \dfrac{\sin 5x}{5x}} = \frac{8}{5}.$$

例 3　求 $\lim\limits_{x \to 0} \dfrac{\tan x}{x}$.

解

$$\lim_{x \to 0} \frac{\tan x}{x} = \lim_{x \to 0} \left(\frac{\sin x}{x} \cdot \frac{1}{\cos x} \right)$$

$$=\lim_{x\to 0}\frac{\sin x}{x}\cdot\lim_{x\to 0}\frac{1}{\cos x}=1\times 1=1.$$

例 4　求下列极限.

(1) $\lim\limits_{x\to 0}\dfrac{1-\cos x}{x^2}$.　　　　(2) $\lim\limits_{x\to 0}\dfrac{\sin 5x}{\tan 3x}$.　　　　(3) $\lim\limits_{x\to \pi}\dfrac{\sin x}{\pi-x}$.

解　(1)　$\displaystyle\lim_{x\to 0}\frac{1-\cos x}{x^2}=\lim_{x\to 0}\frac{2\sin^2\dfrac{x}{2}}{x^2}=\lim_{x\to 0}\frac{1}{2}\cdot\frac{\sin\dfrac{x}{2}}{\dfrac{x}{2}}\cdot\frac{\sin\dfrac{x}{2}}{\dfrac{x}{2}}=\frac{1}{2}.$

(2)　$\displaystyle\lim_{x\to 0}\frac{\sin 5x}{\tan 3x}=\lim_{x\to 0}\frac{5\times\dfrac{\sin 5x}{5x}}{3\times\dfrac{\tan 3x}{3x}}=\frac{5}{3}\frac{\displaystyle\lim_{x\to 0}\dfrac{\sin 5x}{5x}}{\displaystyle\lim_{x\to 0}\dfrac{\tan 3x}{3x}}=\frac{5}{3}.$

(3)　$\displaystyle\lim_{x\to \pi}\frac{\sin x}{\pi-x}=\lim_{\pi-x\to 0}\frac{\sin(\pi-x)}{\pi-x}=1.$

1.6.2　第二个重要极限 $\lim\limits_{x\to\infty}\left(1+\dfrac{1}{x}\right)^x=\mathrm{e}$

列表考察当 $x\to\infty$ 时函数 $\left(1+\dfrac{1}{x}\right)^x$ 的变化趋势(见表 1-6-2).

表 1-6-2

x	10	100	1 000	10 000	100 000	1 000 000	$\cdots\to+\infty$
$\left(1+\dfrac{1}{x}\right)^x$	2.593 74	2.704 81	2.716 92	2.718 15	2.718 27	2.718 28	$\cdots\to\mathrm{e}$
x	-10	-100	$-1\,000$	$-10\,000$	$-100\,000$	$-1\,000\,000$	$\cdots\to-\infty$
$\left(1+\dfrac{1}{x}\right)^x$	2.867 97	2.731 99	2.719 64	2.718 42	2.718 30	2.718 28	$\cdots\to\mathrm{e}$

从表 1-6-2 可以看出,当 $x\to\infty$ 时,$\left(1+\dfrac{1}{x}\right)^x$ 的值无限趋近于 $\mathrm{e}=2.71828\cdots$.

可用极限存在准则证明 $\lim\limits_{x\to\infty}\left(1+\dfrac{1}{x}\right)^x=\mathrm{e}$(证明略).

在上式中,令 $t=\dfrac{1}{x}$,当 $x\to\infty$ 时,$t\to 0$,有

$$\lim_{t\to 0}(1+t)^{\frac{1}{t}}=\mathrm{e}.$$

综合起来,得到以下公式:

$$\lim_{x\to\infty}\left(1+\frac{1}{x}\right)^x=\mathrm{e},\quad\lim_{x\to 0}(1+x)^{\frac{1}{x}}=\mathrm{e}.$$

若用 $\lim\limits_{\varphi(x)\to 0}$ 表示在某极限过程中,函数 $\varphi(x)\to 0$,用 $\lim\limits_{\varphi(x)\to\infty}$ 表示在某极限过程中,函数 $\varphi(x)\to\infty$,则上面两公式可推广为

$$\lim_{\varphi(x)\to\infty}\left[1+\frac{1}{\varphi(x)}\right]^{\varphi(x)}=\mathrm{e},\quad\lim_{\varphi(x)\to 0}[1+\varphi(x)]^{\frac{1}{\varphi(x)}}=\mathrm{e}.$$

例 5　求 $\lim\limits_{x\to\infty}\left(1+\dfrac{2}{x}\right)^x$.

解　　　　　$\lim\limits_{x\to\infty}\left(1+\dfrac{2}{x}\right)^x=\lim\limits_{\frac{x}{2}\to\infty}\left[\left(1+\dfrac{2}{x}\right)^{\frac{x}{2}}\right]^2=\left[\lim\limits_{\frac{x}{2}\to\infty}\left(1+\dfrac{2}{x}\right)^{\frac{x}{2}}\right]^2=\mathrm{e}^2.$

例 6　求 $\lim\limits_{x\to0}(1-x)^{\frac{1}{x}}.$

解　令 $u=-x$，则当 $x\to0$ 时 $u\to0$. 因此

$$\lim\limits_{x\to0}(1-x)^{\frac{1}{x}}=\lim\limits_{u\to0}(1+u)^{-\frac{1}{u}}=\dfrac{1}{\mathrm{e}}.$$

例 7　求极限 $\lim\limits_{x\to0}(1+\tan x)^{\cot x}.$

解　设 $t=\tan x$，则当 $x\to0$ 时，$t\to0$. 所以

$$\lim\limits_{x\to0}(1+\tan x)^{\cot x}=\lim\limits_{t\to0}(1+t)^{\frac{1}{t}}=\mathrm{e}.$$

例 8　求 $\lim\limits_{x\to\infty}\left(\dfrac{2x+1}{2x-1}\right)^x.$

解法一　　　　　　　$\lim\limits_{x\to\infty}\left(\dfrac{2x+1}{2x-1}\right)^x=\lim\limits_{x\to\infty}\left(1+\dfrac{2}{2x-1}\right)^x,$

令 $u=\dfrac{2}{2x-1}$，则 $x=\dfrac{u+2}{2u}$，当 $x\to\infty$时，$u\to0$. 所以

$$\lim\limits_{x\to\infty}\left(\dfrac{2x+1}{2x-1}\right)^x=\lim\limits_{u\to0}(1+u)^{\frac{u+2}{2u}}=\lim\limits_{u\to0}\left[(1+u)^{\frac{1}{u}}\right]^{\frac{u+2}{2}}=\mathrm{e}.$$

解法二

$$\lim\limits_{x\to\infty}\left(\dfrac{2x+1}{2x-1}\right)^x=\lim\limits_{x\to\infty}\left(1+\dfrac{2}{2x-1}\right)^x=\lim\limits_{x\to\infty}\left(1+\dfrac{2}{2x-1}\right)^{\frac{2x-1}{2}\cdot\frac{2}{2x-1}\cdot x}$$
$$=\mathrm{e}^{\lim\limits_{x\to\infty}\frac{2x}{2x-1}}=\mathrm{e}.$$

习　题　1-6

1. 求下列极限：

(1) $\lim\limits_{x\to0}\dfrac{\sin8x}{x}$；

(2) $\lim\limits_{x\to0}\dfrac{\sin7x}{\sin3x}$；

(3) $\lim\limits_{x\to0}x\cot5x$；

(4) $\lim\limits_{x\to0}\dfrac{1-\cos2x}{x\sin x}$；

(5) $\lim\limits_{x\to\frac{\pi}{2}}\dfrac{\cos x}{\frac{\pi}{2}-x}$；

(6) $\lim\limits_{n\to\infty}6^n\sin\dfrac{x}{6^n}$；

(7) $\lim\limits_{x\to0^+}\dfrac{x}{\sqrt{1-\cos x}}$；

(8) $\lim\limits_{x\to0}\dfrac{\tan x-\sin x}{x^3}$.

2. 求下列极限：

(1) $\lim\limits_{x\to\infty}\left(1+\dfrac{7}{x}\right)^x$；

(2) $\lim\limits_{x\to\infty}\left(1-\dfrac{1}{x}\right)^{2x}$；

(3) $\lim\limits_{x\to0}(1+6x)^{\frac{1}{x}}$；

(4) $\lim\limits_{x\to0}(1-3x)^{\frac{2}{x}}$；

(5) $\lim\limits_{x\to\infty}\left(\dfrac{2-x}{3-x}\right)^x$；

(6) $\lim\limits_{x\to0}\sqrt[7x]{1+5x}$.

3. 设 $\lim\limits_{x\to\infty}\left(1+\dfrac{3}{x}\right)^{-kx}=\mathrm{e}^{-9}$，求 k.

§ 1.7　无穷小量的比较

1.7.1　无穷小量比较的概念

我们知道,在同一极限过程中,两个无穷小量的和、差、积仍然是无穷小量. 但两个无穷小量的商却不一定是无穷小量. 一般的,无穷小量的商有下列几种情形.

(1) 当 $x \to 0$ 时, $\dfrac{x^2}{x} \to 0$,仍为无穷小量.

(2) 当 $x \to 0$ 时, $\dfrac{3\sin x}{x} \to 3$,极限为非零常数.

(3) 当 $x \to 0$ 时, $\dfrac{\tan x}{x} \to 1$,极限为 1.

(4) 当 $x \to 0$ 时, $\dfrac{x}{x^2} \to \infty$,为无穷大量.

(5) 当 $x \to 0$ 时, $\dfrac{x\sin\dfrac{1}{x}}{x} = \sin\dfrac{1}{x}$,极限不存在且不为无穷大量.

对前四种情形进行分类,并进一步讨论它们的数学含义.

定义 1.7.1　设 α,β 是自变量的同一变化过程中的无穷小量.

若 $\lim\dfrac{\beta}{\alpha} = 0$,则称 β 是比 α 高阶的无穷小,记作 $\beta = o(\alpha)$;

若 $\lim\dfrac{\beta}{\alpha} = \infty$,则称 β 是比 α 低阶的无穷小;

若 $\lim\dfrac{\beta}{\alpha} = c \neq 0$,则称 β 与 α 是同阶的无穷小;

若 $\lim\dfrac{\beta}{\alpha} = 1$,则称 β 与 α 是等价无穷小,记作 $\alpha \sim \beta$.

显然,若 $\alpha \sim \beta$,则 α 与 β 是同阶无穷小,但反之结论不成立.

在同一极限过程中,两个无穷小量虽然都是趋近于 0 的,但它们趋近于 0 的速度有快有慢. 通俗地说,若 α 是 β 的高阶无穷小,则 α 趋近于 0 的速度比 β 趋近于 0 的速度快得多;若 α 与 β 是同阶无穷小,则 α 与 β 趋近于 0 的速度差不多;若 α 与 β 是等价无穷小,则 α 与 β 趋近于 0 的速度几乎是一样的.

1.7.2　关于等价无穷小量的性质和定理

等价无穷小量在极限运算(包括数列极限运算)中的作用表述在下面的定理中.

定理 1.7.1　设在某极限过程中, $\alpha \sim \alpha'$, $\beta \sim \beta'$. 若 $\lim\dfrac{\beta'}{\alpha'}$ 存在(或为 ∞),则 $\lim\dfrac{\beta}{\alpha} = \lim\dfrac{\beta'}{\alpha'}$.

定理 1.7.2　设在某极限过程中, $\alpha \sim \beta$, z 是该极限过程中的第三个变量. 若 $\lim\beta z$ 存在(或为 ∞),则 $\lim\alpha z = \lim\beta z$.

定理 1.7.3　设在某极限过程中, $\alpha \sim \beta$, $\beta \sim \gamma$,则 $\alpha \sim \gamma$.

以上定理表明,在求极限的乘除运算中,无穷小量可以用其等价无穷小量替代.

常用的等价无穷小量列举如下:当 $x \to 0$ 时,

$$\sin x \sim x, \quad \tan x \sim x, \quad \arcsin x \sim x,$$

$$\arctan x \sim x, \quad 1 - \cos x \sim \frac{1}{2}x^2, \quad \ln(1+x) \sim x,$$

$$e^x - 1 \sim x, \quad \sqrt{1+x} - 1 \sim \frac{1}{2}x.$$

例 1　求 $\lim\limits_{x \to 0} \dfrac{\tan 4x}{\sin 6x}$.

解
$$\lim_{x \to 0} \frac{\tan 4x}{\sin 6x} = \lim_{x \to 0} \frac{4x}{6x} = \frac{2}{3}.$$

例 2　利用等价无穷小量代换求极限 $\lim\limits_{x \to 0} \dfrac{\tan x - \sin x}{\sin x^3}$.

解　由于 $\tan x - \sin x = \tan x(1 - \cos x)$,而

$$\tan x \sim x (x \to 0), \quad 1 - \cos x \sim \frac{x^2}{2} (x \to 0), \quad \sin x^3 \sim x^3 (x \to 0),$$

故有

$$\lim_{x \to 0} \frac{\tan x - \sin x}{\sin x^3} = \lim_{x \to 0} \frac{\tan x(1 - \cos x)}{\sin x^3} = \lim_{x \to 0} \frac{x \cdot \dfrac{x^2}{2}}{x^3} = \frac{1}{2}.$$

注　(1)在利用等价无穷小量代换求极限时,应注意:只有对所求极限式中相乘或相除的因式才能用等价无穷小量来替代,而对极限式中的相加或相减部分则不能随意替代.如在例 2 中,若运用

$$\tan x \sim x (x \to 0), \quad \sin x \sim x (x \to 0),$$

而推出

$$\lim_{x \to 0} \frac{\tan x - \sin x}{\sin x^3} = \lim_{x \to 0} \frac{x - x}{\sin x^3} = 0,$$

则得到的结果是错误的.

(2)未必任意两个无穷小量都可进行比较,例如:当 $x \to 0$ 时,$x \sin \dfrac{1}{x}$ 与 x 既非同阶,又无高低阶可比较,因为 $\lim\limits_{x \to 0} \dfrac{x \sin \dfrac{1}{x}}{x}$ 不存在.

习　题　1-7

1.利用等价无穷小,求下列极限:

(1) $\lim\limits_{x \to 0} \dfrac{\sin 9x}{\sin 3x}$;

(2) $\lim\limits_{x \to 0} \dfrac{\tan 7x}{\sin 4x}$;

(3) $\lim\limits_{x \to 0} \dfrac{1 - \cos x}{x \sin x}$;

(4) $\lim\limits_{x \to 0} \dfrac{e^x - 1}{\sin 3x}$;

(5) $\lim\limits_{x \to 0} \dfrac{\arcsin 2x}{\ln(1-x)}$;

(6) $\lim\limits_{x \to 0} \dfrac{\sin x^5}{\tan x^4}$.

2.当 $x \to 0$ 时,$6x^2 - 7x^3$ 与 $3x^3 + 5x^4$ 相比,哪一个是高阶无穷小?

3.(1)当 $x \to 1$ 时,无穷小 $1-x$ 和 $1-x^2$ 是否同阶? 是否等价?

(2)当 $x \to 1$ 时,无穷小 $1-x$ 和 $\dfrac{1}{3}(1-x^3)$ 是否同阶? 是否等价?

§1.8 函数的连续性

在许多实际问题中,变量的变化往往是"连续"不断的.例如,气温的变化、河水的流动、物体的运动等,其特点是时间变化很小时,这些变量的变化也很小.变量的这种变化现象,体现在函数关系上,就是函数的连续性;反映在几何上,连续函数的图像是一条连续不间断的曲线.

下面给出连续函数的概念.

1.8.1 函数连续性

定义 1.8.1 若自变量从初值 x_0 变为终值 x 时,差值 $x-x_0$ 称为自变量 x 的增量(通常称为改变量),记为 Δx,增量 Δx 可正可负.

如图 1-8-1 所示,设函数 $y=f(x)$,当自变量 x 在 x_0 点有一个改变量 Δx 时,相应函数 $f(x)$ 的值从 $f(x_0)$ 变为 $f(x_0+\Delta x)$,称 $f(x_0+\Delta x)-f(x_0)$ 为函数的增量(或改变量),记作 Δy 或 $\Delta f(x)$.

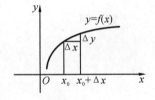

图 1-8-1

定义 1.8.2 设函数 $y=f(x)$ 在点 x_0 的某一个邻域 $U(x_0,\delta)$ 内有定义,若

$$\lim_{\Delta x \to 0}[f(x_0+\Delta x)-f(x_0)]=0 \quad 或 \quad \lim_{\Delta x \to 0}\Delta y=0,$$

则称函数 $f(x)$ 在点 x_0 处连续.

令 $x_0+\Delta x=x$,则当 $\Delta x \to 0$ 时,$x \to x_0$,故由

$$\lim_{\Delta x \to 0}[f(x_0+\Delta x)-f(x_0)]=\lim_{x \to x_0}[f(x)-f(x_0)]$$
$$=\lim_{x \to x_0}f(x)-f(x_0)=0$$

可得到函数 $y=f(x)$ 在点 x_0 处连续的下列等价定义.

定义 1.8.3 设函数 $y=f(x)$ 在点 x_0 的某一个邻域 $U(x_0,\delta)$ 内有定义,若 $\lim\limits_{x \to x_0}f(x)=f(x_0)$,则称函数 $y=f(x)$ 在点 x_0 处连续.

由定义可知,一个函数 $f(x)$ 在点 x_0 连续必须满足下列三个条件(通常称为三要素):

(1)函数 $y=f(x)$ 在 x_0 的一个邻域有定义,即有确定的函数值;

(2)$\lim\limits_{x \to x_0^-}f(x)=\lim\limits_{x \to x_0^+}f(x)=A$,即有极限;

(3)$A=f(x_0)$.

注意 (1)函数 $y=f(x)$ 在点 x_0 有极限并不要求其在点 x_0 有定义,而函数 $y=f(x)$ 在点 $x=x_0$ 连续,则要求其在点 x_0 本身和它的邻域内有定义.

(2)如果三个条件有一个不满足,则函数 $f(x)$ 在点 x_0 不连续.

函数的连续性是用极限来定义的,而极限可分为左、右极限,因此,连续性也可分为左、右连续性来讨论.

定义 1.8.4 设函数 $f(x)$ 在 $[x_0, x_0+\delta)$ $(\delta>0,$ 且为常数$)$ 内有定义. 若 $\lim\limits_{x \to x_0^+} f(x) = f(x_0)$, 则称函数 $f(x)$ 在点 x_0 处是右连续的.

设函数 $f(x)$ 在 $(x_0-\delta, x_0]$ $(\delta>0,$ 且为常数$)$ 内有定义. 若 $\lim\limits_{x \to x_0^-} f(x) = f(x_0)$, 则称函数 $f(x)$ 在点 x_0 处是左连续的.

函数在点 x_0 处的左、右连续性统称为函数的单侧连续性.

由函数 $f(x)$ 当 $x \to x_0$ 时的极限与其相应的左、右极限的关系定理, 以及函数 $f(x)$ 在点 x_0 处连续的定义, 可得到下面的定理.

定理 1.8.1 函数 $f(x)$ 在点 x_0 处连续的充分必要条件是函数 $f(x)$ 在点 x_0 处左连续且右连续, 即 $\lim\limits_{x \to x_0} f(x) = f(x_0)$ 的充要条件是 $\lim\limits_{x \to x_0^+} f(x) = \lim\limits_{x \to x_0^-} f(x) = f(x_0)$.

定义 1.8.5 若函数 $f(x)$ 在开区间 (a,b) 内每一点处都连续, 则称函数 $f(x)$ 在开区间 (a,b) 内连续. 若函数 $f(x)$ 在开区间 (a,b) 内连续, 且在点 a 右连续, 在点 b 左连续, 则称函数 $f(x)$ 在闭区间 $[a,b]$ 上连续.

若函数 $f(x)$ 在它的定义域内每一点都连续, 则称 $f(x)$ 为连续函数.

例 1 讨论函数 $f(x)=\begin{cases} x^2, & x \leq 1 \\ x+1, & x>1 \end{cases}$ 在点 $x=1$ 处的连续性.

解 因

$$f(1)=1,$$
$$\lim_{x \to 1^-} f(x) = \lim_{x \to 1^-} x^2 = 1,$$
$$\lim_{x \to 1^+} f(x) = \lim_{x \to 1^+} (x+1) = 2,$$

故 $f(x)$ 在 $x=1$ 处不连续, 但 $f(x)$ 在点 $x=1$ 处是左连续的, 因为 $\lim\limits_{x \to 1^-} f(x) = 1 = f(1)$.

例 2 讨论函数 $f(x)=\begin{cases} x, & x \leq 0, \\ x\sin\dfrac{1}{x}, & x>0 \end{cases}$ 在点 $x=0$ 处的连续性.

解 由于函数在分段点 $x=0$ 两边的表达式不同, 因此, 一般要考虑在分段点 $x=0$ 处的左极限与右极限.

$$\lim_{x \to 0^-} f(x) = \lim_{x \to 0^-} x = 0, \quad \lim_{x \to 0^+} f(x) = \lim_{x \to 0^+} x\sin\frac{1}{x} = 0,$$

而 $f(0)=0$, 即

$$\lim_{x \to 0^-} f(x) = \lim_{x \to 0^+} f(x) = f(0) = 0,$$

由函数在某一点连续的充要条件知, $f(x)$ 在点 $x=0$ 处连续.

例 3 证明函数 $f(x)=\begin{cases} x^2, & x \geq 1, \\ \dfrac{\sin x}{x}, & 0<x<1 \end{cases}$ 在 $x=1$ 处不连续.

证 因为 $\lim\limits_{x \to 1^+} f(x) = \lim\limits_{x \to 1^+} x^2 = 1$, $\lim\limits_{x \to 1^-} f(x) = \lim\limits_{x \to 1^-} \dfrac{\sin x}{x} = \sin 1$, 所以 $\lim\limits_{x \to 1} f(x)$ 不存在, 故函数 $f(x)$ 在 $x=1$ 处不连续.

注意 对于讨论分段函数 $f(x)$ 在分段点 $x=a$ 处的连续性问题, 如果函数 $f(x)$ 在 $x=a$ 左、右两边的表达式相同, 则直接计算函数 $f(x)$ 在 $x=a$ 处的极限; 如果函数 $f(x)$ 在 $x=$

a 左、右两边的表达式不相同,则要分别计算函数 $f(x)$ 在 $x=a$ 处的左、右极限,再确定函数 $f(x)$ 在 $x=a$ 处的极限.

1.8.2 连续函数的运算

1. 连续函数的四则运算

定理 1.8.2 如果函数 $f(x)$ 和 $g(x)$ 都在点 x_0 连续,那么它们的和、差、积、商(分母不等于零)也都在点 x_0 连续,即

$$\lim_{x \to x_0}[f(x) \pm g(x)] = f(x_0) \pm g(x_0),$$

$$\lim_{x \to x_0}[f(x) \cdot g(x)] = f(x_0)g(x_0),$$

$$\lim_{x \to x_0}\frac{f(x)}{g(x)} = \frac{f(x_0)}{g(x_0)} \quad (g(x_0) \neq 0).$$

例如,函数 $y = \sin x$ 和 $y = \cos x$ 在点 $x = \dfrac{\pi}{3}$ 是连续的,显然它们的和、差、积、商($\sin x \pm \cos x$,$\sin x \cos x$,$\dfrac{\sin x}{\cos x}$)在点 $x = \dfrac{\pi}{3}$ 也是连续的.

2. 反函数与复合函数的连续性

定理 1.8.3 若函数 $y = f(x)$ 在某区间上严格单调且连续,则其反函数 $y = f^{-1}(x)$ 在相应的区间上也严格单调且连续.

定理 1.8.4 若函数 $u = \varphi(x)$ 在 x_0 处连续,且 $u_0 = \varphi(x_0)$,函数 $y = f(u)$ 在 u_0 处连续,则复合函数 $y = f(\varphi(x))$ 在 x_0 处连续.

如 $u = \sin x$ 在 $x = 2$ 处连续,$y = u^2$ 在 $\sin 2$ 处连续,则复合函数 $y = (\sin x)^2$ 在 $x = 2$ 处连续.

定理 1.8.5 若 $\lim\limits_{x \to x_0}\varphi(x) = u_0$,函数 $y = f(u)$ 在 u_0 处连续,则

$$\lim_{x \to x_0}f(\varphi(x)) = f(\lim_{x \to x_0}\varphi(x)).$$

换言之,若函数 $f(u)$ 连续,函数符号 f 与极限号可以交换次序.

当把 $x \to x_0$ 换成其他的趋向时,这个定理也成立.

例 4 求 $\lim\limits_{x \to 1}\sqrt{x^2 + x + 1}$.

解 因为函数 $y = \sqrt{x^2 + x + 1}$ 是由 $y = \sqrt{u}$ 与 $u = x^2 + x + 1$ 复合而成的,又 $\lim\limits_{x \to 1}(x^2 + x + 1) = 3$,$y = \sqrt{u}$ 在 $u = 3$ 处连续,所以

$$\lim_{x \to 1}\sqrt{x^2 + x + 1} = \sqrt{\lim_{x \to 1}(x^2 + x + 1)} = \sqrt{3}.$$

例 5 求 $\lim\limits_{x \to \infty}\ln\dfrac{2x^2 - x}{x^2 + 1}$.

解 $y = \ln\dfrac{2x^2 - x}{x^2 + 1}$ 是由 $y = \ln u$ 与 $u = \dfrac{2x^2 - x}{x^2 + 1}$ 复合而成的,因为 $\lim\limits_{x \to \infty}\dfrac{2x^2 - x}{x^2 + 1} = 2$,$y = \ln u$ 在 $u = 2$ 处连续,所以

$$\lim_{x \to \infty}\ln\frac{2x^2 - x}{x^2 + 1} = \ln\lim_{x \to \infty}\frac{2x^2 - x}{x^2 + 1} = \ln 2.$$

例 6 求 $\lim\limits_{x \to \infty} \sin\left(1 + \dfrac{1}{x}\right)^x$.

解
$$\lim_{x \to \infty} \sin\left(1 + \frac{1}{x}\right)^x = \sin\left[\lim_{x \to \infty}\left(1 + \frac{1}{x}\right)^x\right] = \sin \mathrm{e}.$$

例 7 求下列极限.

(1) $\lim\limits_{x \to 0} \dfrac{\ln(1+x)}{x}$.   (2) $\lim\limits_{x \to 0} \dfrac{\mathrm{e}^x - 1}{x}$.

解 (1) 因 $\dfrac{\ln(1+x)}{x} = \ln(1+x)^{\frac{1}{x}}$,而对数函数是连续的,故有

$$\lim_{x \to 0} \frac{\ln(1+x)}{x} = \lim_{x \to 0} \ln(1+x)^{\frac{1}{x}} = \ln \lim_{x \to 0}(1+x)^{\frac{1}{x}} = \ln \mathrm{e} = 1.$$

一般的,有

$$\lim_{x \to 0} \frac{\log_a(1+x)}{x} = \frac{1}{\ln a}.$$

(2) 令 $\mathrm{e}^x - 1 = t$,则 $x = \ln(1+t)$,当 $x \to 0$ 时,$t \to 0$. 利用(1)的结果,有

$$\lim_{x \to 0} \frac{\mathrm{e}^x - 1}{x} = \lim_{t \to 0} \frac{t}{\ln(1+t)} = 1.$$

一般的,还可求得

$$\lim_{x \to 0} \frac{a^x - 1}{x} = \ln a.$$

1.8.3 初等函数的连续性

1. 基本初等函数的连续性

由连续和极限的定义容易证明:基本初等函数即常值函数、指数函数、对数函数、幂函数、三角函数、反三角函数在其定义域内都是连续的.

2. 初等函数的连续性

由于初等函数是由基本初等函数经有限次四则运算和有限次复合而成的,由定理 1.8.2、定理 1.8.4,可得结论:初等函数在其有定义的区间内连续.

这一结论给出了求初等函数 $f(x)$ 在点 x_0 处的极限的简便方法:若 $f(x)$ 是一初等函数,它在 (a,b) 上有定义,则对任何 $x_0 \in (a,b)$,有

$$\lim_{x \to x_0} f(x) = f(x_0).$$

初等函数的连续区间就是初等函数的定义区间.

注 定义区间是包含在定义域内的区间.

对于分段函数来说,除按上述结论考虑每一分段区间内的连续性外,还必须讨论分段点的连续性.

例 8 求下列极限.

(1) $\lim\limits_{x \to 1} \dfrac{x^2 + \ln(4-3x)}{\arctan x}$.   (2) $\lim\limits_{x \to 0} \dfrac{x^2 + 1}{3x^2 + \cos x^2 + 2}$.

解 (1)
$$\lim_{x \to 1} \frac{x^2 + \ln(4-3x)}{\arctan x} = \frac{1 + \ln(4-3)}{\arctan 1} = \frac{4}{\pi}.$$

(2)
$$\lim_{x \to 0} \frac{x^2 + 1}{3x^2 + \cos x^2 + 2} = \frac{0 + 1}{0 + \cos 0 + 2} = \frac{1}{3}.$$

例 9　求 $\lim\limits_{x\to 1}\dfrac{\sqrt{x^2+3}-2}{x-1}$.

解　当 $x\to 1$ 时,分母、分子的极限都为零,此极限为 $\dfrac{0}{0}$ 型,要设法消去零因式,首先分子有理化.

$$\lim_{x\to 1}\frac{\sqrt{x^2+3}-2}{x-1}=\lim_{x\to 1}\frac{(\sqrt{x^2+3}-2)(\sqrt{x^2+3}+2)}{(x-1)(\sqrt{x^2+3}+2)}$$

$$=\lim_{x\to 1}\frac{x^2-1}{(x-1)(\sqrt{x^2+3}+2)}=\lim_{x\to 1}\frac{x+1}{\sqrt{x^2+3}+2}=\frac{1}{2}.$$

1.8.4　函数间断点

定义 1.8.6　若函数 $f(x)$ 在点 x_0 的某去心邻域 $\mathring{U}(x_0)$ 内有定义,但在点 x_0 处不连续,则称 $f(x)$ 在点 x_0 处间断,点 x_0 称为函数 $f(x)$ 的间断点.

由函数 $f(x)$ 在点 x_0 连续的定义可知,函数 $f(x)$ 在点 x_0 处不连续应至少有下列三种情形之一:

(1) $f(x)$ 在点 x_0 无定义;

(2) $\lim\limits_{x\to x_0}f(x)$ 不存在;

(3) $\lim\limits_{x\to x_0}f(x)\neq f(x_0)$.

下面以具体的例子说明函数间断点的类型.

例 10　讨论函数 $f(x)=\dfrac{\sin x}{x}$ 在 $x=0$ 处的连续性.

解　因 $f(x)$ 的定义域为 $(-\infty,0)\bigcup(0,+\infty)$,故 $f(x)=\dfrac{\sin x}{x}$ 在 $x=0$ 处间断. 但是,$\lim\limits_{x\to 0}\dfrac{\sin x}{x}=1$,如果补充定义 $f(0)=1$,则得到函数

$$y=\begin{cases}f(x), & x\neq 0,\\ 1, & x=0,\end{cases}$$

该函数在点 $x=0$ 处是连续的.

例 11　设函数 $f(x)=\begin{cases}x, & x>1,\\ 0, & x=1,\\ x^2, & x<1,\end{cases}$ 讨论 $f(x)$ 在点 $x=1$ 处的连续性.

解　函数 $f(x)$ 在 $x=1$ 处有定义,$f(1)=0$,

$$\lim_{x\to 1^-}f(x)=\lim_{x\to 1^-}x^2=1,\quad \lim_{x\to 1^+}f(x)=\lim_{x\to 1^+}x=1,$$

故 $\lim\limits_{x\to 1}f(x)=1$,但 $\lim\limits_{x\to 1}f(x)\neq f(1)$,所以 $x=1$ 是函数 $f(x)$ 的间断点.

如果重新定义 $f(1)$,使 $f(1)=1$,函数 $f(x)$ 将成为一个新函数 $g(x)$,即

$$g(x)=\begin{cases}x, & x>1,\\ 1, & x=1,\\ x^2, & x<1,\end{cases}$$

显然 $g(x)$ 在点 $x=1$ 处是连续的.

一般说来,若 $\lim\limits_{x \to x_0} f(x) = a$ 存在,但函数 $f(x)$ 在点 x_0 处无定义,或者虽有定义,但 $f(x_0) \neq a$,则称点 x_0 为函数 $f(x)$ 的可去间断点. 此时,若补充定义或改变函数 $f(x)$ 在点 x_0 处的值为 $f(x_0) = a$,就可得到一个在点 x_0 处连续的新函数:

$$y = \begin{cases} f(x), & x \neq x_0, \\ a, & x = x_0. \end{cases}$$

例 12 讨论函数 $f(x) = \begin{cases} x+1, & x > 0, \\ \dfrac{1}{2}, & x = 0, \\ \sin x, & x < 0, \end{cases}$ 在点 $x = 0$ 处的连续性.

解 如图 1-8-2 所示,因为

$$\lim_{x \to 0^+} f(x) = \lim_{x \to 0^+} (x+1) = 1,$$
$$\lim_{x \to 0^-} f(x) = \lim_{x \to 0^-} \sin x = 0,$$

得

$$\lim_{x \to 0^+} f(x) \neq \lim_{x \to 0^-} f(x),$$

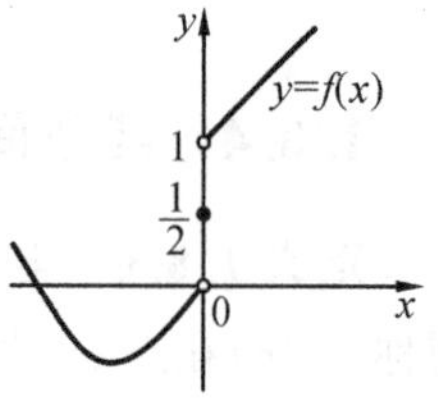

图 1-8-2

所以 $x = 0$ 为函数 $f(x)$ 的间断点. 由图 1-8-2 可看出,例 12 中的函数 $f(x)$ 的图像在其间断点 $x = 0$ 处产生跳跃,我们称这种左、右极限均存在但不相等的函数的间断点为跳跃间断点.

通常将函数的跳跃间断点和可去间断点统称为函数的第一类间断点.

定义 1.8.7 若 x_0 为函数 $f(x)$ 的一个间断点,且 $\lim\limits_{x \to x_0^+} f(x)$ 与 $\lim\limits_{x \to x_0^-} f(x)$ 均存在,则称点 x_0 为函数 $f(x)$ 的一个第一类间断点.

在第一类间断点中,如果 $\lim\limits_{x \to x_0} f(x) \neq f(x_0)$ 或 $f(x)$ 在 $x = x_0$ 处无定义,则称这种间断点 x_0 为可去间断点;若 $\lim\limits_{x \to x_0^-} f(x) = A$,$\lim\limits_{x \to x_0^+} f(x) = B$,但 $A \neq B$,则称这种间断点 x_0 为跳跃间断点.

定义 1.8.8 凡不属于第一类的间断点,称为函数的第二类间断点.

函数的第二类间断点通常有无穷型间断点和振荡型间断点.

例 13 讨论函数 $f(x) = \begin{cases} \dfrac{1}{x}, & x \neq 0, \\ 0, & x = 0 \end{cases}$ 在点 $x = 0$ 处的连续性.

解 由于 $\lim\limits_{x \to 0} f(x) = \lim\limits_{x \to 0} \dfrac{1}{x} = \infty$,所以函数 $f(x)$ 在点 $x = 0$ 处间断,点 $x = 0$ 为 $f(x)$ 的第二类间断点,我们称之为无穷型间断点.

例 14 讨论函数 $f(x) = \begin{cases} \sin \dfrac{1}{x}, & x \neq 0, \\ 0, & x = 0 \end{cases}$ 在点 $x_0 = 0$ 处的连续性.

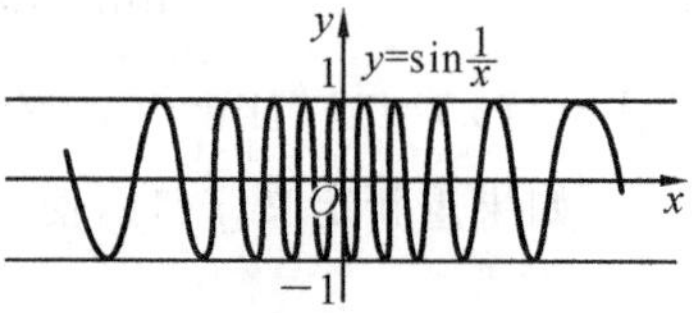

图 1-8-3

解 由于 $\lim\limits_{x \to 0} \sin \dfrac{1}{x}$ 不存在,且由图 1-8-3 可看出,当 x 趋近于 0 时,函数 $f(x)$ 的图像在 -1 与 1 之间来回振荡,故点 $x = 0$ 为函数 $f(x)$ 的第二类

间断点,且称之为振荡型间断点.

1.8.5　闭区间上连续函数的性质

在闭区间上连续的函数有一些重要性质.它们可作为分析和论证某些问题的理论根据.这些性质的几何意义十分明显,我们均不给予证明.

定理 1.8.6(最值定理)　若函数 $f(x)$ 在闭区间 $[a,b]$ 上连续,则 $f(x)$ 在闭区间 $[a,b]$ 上可同时取得最大值与最小值.

这个定理中重要的两个条件是"闭区间 $[a,b]$"与"连续",缺一不可.如函数 $y=\dfrac{1}{x}$ 在区间 $(0,1)$ 内连续,但不能取得最大值与最小值.必须注意定理的条件是充分而非必要的条件,即不满足这两个条件的函数也可能取得最大值与最小值.比如狄利克雷函数,它处处不连续,但有最大值 1,也有最小值 0.

推论 1(有界定理)　闭区间上连续函数必有界.

定理 1.8.7(介值定理)　若函数 $f(x)$ 在闭区间 $[a,b]$ 上连续,且 $f(a)\neq f(b)$,C 为介于 $f(a)$ 与 $f(b)$ 之间的任意数,则在 (a,b) 内至少存在一点 x_0,使得 $f(x_0)=C$.

定理 1.8.7 的几何意义是连续曲线 $y=f(x)$ 与水平直线 $y=C$ 至少相交于一点,如图 1-8-4 所示.它说明连续函数在变化过程中必定经过一切中间值,从而反映了变化的连续性.

由定理 1.8.6 与定理 1.8.7 知,在闭区间 $[a,b]$ 上连续的函数 $f(x)$,可取得介于其在闭区间 $[a,b]$ 上的最大值与最小值之间的任意一个数.

定理 1.8.8(零点存在定理)　设 $f(x)$ 在闭区间 $[a,b]$ 上连续,且两端点上的函数值异号,即 $f(a)\cdot f(b)<0$,则至少存在一点 $x_0\in(a,b)$,使得 $f(x_0)=0$.

从图 1-8-5 可看出零点存在定理的几何意义:若函数 $f(x)$ 在闭区间 $[a,b]$ 上连续,且 $f(a)$ 与 $f(b)$ 不同号,则函数 $y=f(x)$ 对应的曲线至少有一次穿过 x 轴.

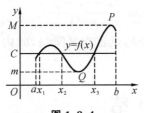
图 1-8-4
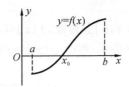
图 1-8-5

例 15　证明方程 $x^3+2x=6$ 至少有一个根介于 1 和 3 之间.

证　设 $f(x)=x^3+2x-6$,则 $f(x)$ 在 $[1,3]$ 上连续,且 $f(1)=-3<0$,$f(3)=27>0$,由零点存在定理知,在 $(1,3)$ 内至少有一点 x_0,使 $f(x_0)=0$,即方程 $x^2+2x=6$ 在 $(1,3)$ 内至少有一根.

例 16　证明方程 $x=a\sin x+b(a>0,b>0)$ 至少有一个正根,并且它不超过 $a+b$.

证　设 $f(x)=a\sin x+b-x$,则 $f(x)$ 在 $[0,a+b]$ 上连续,且

$$f(0)=b>0,\quad f(a+b)=a\sin(a+b)-a=a[\sin(a+b)-1]\leqslant 0.$$

若 $f(a+b)=0$,则 $x_0=a+b$ 是方程 $x=a\sin x+b$ 的根.

若 $f(a+b)<0$,由零点存在定理,在 $(0,a+b)$ 内至少有一点 ξ,使 $f(\xi)=0$,即 ξ 是方程 $x=a\sin x+b$ 的根.

故方程 $x=a\sin x+b$ 至少有一个不超过 $a+b$ 的正根.

习 题 1-8

1.设函数 $f(x)=\begin{cases}\dfrac{\sin x}{x}, & x<0, \\ a, & x=0, \\ x\sin\dfrac{1}{x}+1, & x>0.\end{cases}$ 问常数 a 为何值时,$f(x)$ 在 $x=0$ 处连续?

2.求下列函数的间断点,并指出间断点的类型:

(1) $f(x)=\dfrac{2x}{x^2-4x+3}$;   (2) $f(x)=x\sin\dfrac{1}{x}$;

(3) $f(x)=\begin{cases}2x-1, & x\geqslant 2, \\ x^2, & x<2;\end{cases}$ (4) $f(x)=\arctan\dfrac{1}{x}$;

(5) $f(x)=\dfrac{1+10^{-\frac{1}{x^2}}}{1-10^{-\frac{1}{x^2}}}$.

3.证明方程 $x\cdot 5^x-1=0$ 在区间 $(0,1)$ 内至少有一个实数根.

4.证明方程 $x^3-2x-1=0$ 在 $(1,2)$ 内至少有一个实根.

5.求下列极限:

(1) $\lim\limits_{x\to 0}\sqrt{x^2-4x+7}$;   (2) $\lim\limits_{x\to\frac{\pi}{4}}(\sin 2x)^5$;

(3) $\lim\limits_{x\to\frac{\pi}{9}}\ln(2\cos 3x)$;   (4) $\lim\limits_{x\to 0}\ln\dfrac{\tan x}{x}$;

(5) $\lim\limits_{x\to 0}\dfrac{\sqrt{1+x}-1}{x}$;   (6) $\lim\limits_{x\to 1}\dfrac{\sqrt{5x-4}-\sqrt{x}}{x-1}$.

6.设函数 $f(x)$ 在 $[a,b]$ 上连续,$f(a)<a$,$f(b)>b$,试证在区间 (a,b) 内至少存在一点 x_0,使 $f(x_0)=x_0$.(提示:可令 $g(x)=f(x)-x$.)

本 章 小 结

本章主要讲述了函数、极限和连续三个概念.

1.函数

理解函数概念首先应该明确它是不同于相关关系的确定性关系,其次要掌握好函数概念的两个要素,能正确确定函数的定义域和确定函数关系的对应法则,正确理解函数符号 f 的含义.

在理解函数概念的基础上,还要进一步掌握函数几种特性的表达式和几何意义,了解分段函数的概念和求值方法,六类基本初等函数的性质和图像,了解复合函数、反函数和初等函数的概念.

2. 极限

在了解数列极限的定义、函数极限的定义(六种形式)、极限存在的充分必要条件的基础上,掌握极限的运算法则和下列求极限的方法.

(1)利用函数的连续性求极限.

设 $f(x)$ 是初等函数,定义域为 (a,b),若 $x_0 \in (a,b)$,则 $\lim\limits_{x \to x_0} f(x) = f(x_0)$. 我们知道求函数值一般是不需要技巧的,因此这种求极限的方法是非常容易掌握的,它是求极限的首选方法.

(2)当函数 $y = f(x)$ 在点 x_0 处连续时,可以交换函数符号与极限符号,即

$$\lim_{x \to x_0} f(x) = f(\lim_{x \to x_0} x).$$

(3)利用无穷小量与有界变量的乘积仍是无穷小量求极限.

(4)利用无穷小量与无穷大量的倒数关系求极限.

(5)利用以下两个重要极限及其推论求极限,即

① $\lim\limits_{x \to 0} \dfrac{\sin x}{x} = 1 \Rightarrow \lim\limits_{x \to 0} \dfrac{\sin kx}{x} = k$, $\quad \lim\limits_{x \to 0} \dfrac{\tan kx}{x} = k$, $\quad \lim\limits_{x \to 0} \dfrac{\sin ax}{\sin bx} = \dfrac{a}{b} \quad (k,a,b \neq 0)$;

② $\lim\limits_{x \to \infty} \left(1 + \dfrac{1}{x}\right)^x = \mathrm{e}$　或　$\lim\limits_{x \to 0}(1+x)^{\frac{1}{x}} = \mathrm{e} \Rightarrow \lim\limits_{x \to \infty}\left(1 + \dfrac{a}{x}\right)^{bx+c} = \mathrm{e}^{ab}$ 　(a,b,c 为常数).

(6)对于有理分式的极限,可以按照下面归纳的方法来求.

①当 $x \to x_0$ 时,当分母极限不为零时,可直接利用函数的连续性求极限. 当分母极限为零时,又分为两种情况:如果分子极限不为零,则由无穷小量与无穷大量的倒数关系可得原式的极限为无穷大;如果分子的极限也为零,消去无穷小量因子后再求极限.

②当 $x \to \infty$ 时,有下面的结论($a_0 \neq 0, b_0 \neq 0$):

$$\lim_{x \to \infty} \frac{a_0 x^n + a_1 x^{n-1} + \cdots + a_n}{b_0 x^m + b_1 x^{m-1} + \cdots + b_m} = \begin{cases} 0, & n < m, \\ \dfrac{a_0}{b_0}, & n = m, \\ \infty, & n > m, \end{cases}$$

3. 连续

函数概念和极限概念相结合得出的函数连续性的概念是本章的另外一个重要概念. 函数的连续性这部分主要应掌握函数在点 x_0 连续的两个等价定义、函数在点 x_0 处连续与函数在点 x_0 处有极限的关系、判别间断点的条件及类型和初等函数的连续性.

由连续函数的四则运算以及反函数、复合函数的连续性,首先得到,基本初等函数在其定义域内是连续的这一结论,进而又得到,一切初等函数在其定义域内都是连续的这一重要结论.

闭区间上连续函数及其性质也是必须掌握的内容之一.

第 2 章　导数与微分

导　学

17 至 18 世纪的数学家们常把自己的数学活动与自然领域中各学科(物理、化学、力学、天文学)的研究活动联系起来,并从实际需要出发提出了许多数学问题.历史上,导数概念产生于对两个实际问题的研究:一是求曲线的切线问题,这是一个非常古老的话题,可以追溯到古希腊著名的数学家阿基米德(Archimedes,希,公元前 287—前 212);二是求非匀速运动的速度,它最早是由开普勒(Kepler,德,1571—1630)、伽利略(Galileo,意,1564—1642)和牛顿(Newton,英,1642—1727)等提出来的.

以上两类实际问题都可归结为变量变化的快慢程度,即函数的变化率问题,数学上称为导数.莱布尼茨(Leibniz,德,1646—1716)从第一个问题出发,牛顿从第二个问题出发,分别得出了导数概念.

高等数学中研究导数、微分及其应用的部分叫做微分学,研究不定积分、定积分及其应用的部分叫做积分学,微分学与积分学统称为微积分学.从本章起将进入微分学的学习,首先介绍微分学的第一个基本概念——导数.

§2.1　导数的概念

2.1.1　两个实例

1.平面曲线的切线

中学数学给出了圆的切线定义,现在给出一般曲线的切线定义.

定义 2.1.1　设点 P_0 是平面曲线 L 上的定点,点 P 是 L 的动点,从而得曲线 L 的割线 P_0P.当动点 P 沿 L 无限趋近于 P_0 时,割线 P_0P 的极限位置 P_0T 存在,则称直线 P_0T 为曲线 L 在 P_0 处的**切线**(见图 2-1-1).

设曲线 L 的方程为 $y=f(x)$,$P_0(x_0,f(x_0)) \in L$,P_0 的邻近点 $P(x_0+\Delta x,f(x_0+\Delta x)) \in L$,则割线 P_0P 的斜率为

$$\tan\varphi = \frac{f(x_0+\Delta x)-f(x_0)}{\Delta x} = \frac{\Delta y}{\Delta x},$$

其中 φ 为割线 P_0P 的倾角.当 P 沿 L 无限趋近于 P_0,即 $\Delta x \to 0$ 时,切线 P_0T 的斜率为

$$\tan\alpha = \lim_{\Delta x \to 0} \frac{\Delta y}{\Delta x} = \lim_{\Delta x \to 0} \frac{f(x_0+\Delta x)-f(x_0)}{\Delta x},$$

其中 α 为切线 P_0T 的倾角.

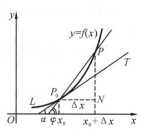

图 2-1-1

2. 变速直线运动的速度

已知某物体作变速直线运动,其位置函数为 $s = s(t), t \in T$. 求此物体在 t_0 时刻的瞬时速度.

首先求物体在 $[t_0, t_0 + \Delta t] \subset T$ 时间段上的平均速度 $\bar{v}(t)$, 即

$$\bar{v}(t) = \frac{s(t_0 + \Delta t) - s(t_0)}{\Delta t}.$$

当时间增量 $\Delta t \to 0$ 时,时间段 $[t_0, t_0 + \Delta t]$ 趋向于时刻 t_0,则时间段 $[t_0, t_0 + \Delta t]$ 上的平均速度趋向于 t_0 时刻的瞬时速度,即

$$v(t_0) = \lim_{\Delta t \to 0} \frac{\Delta s}{\Delta t} = \lim_{\Delta t \to 0} \frac{s(t_0 + \Delta t) - s(t_0)}{\Delta t}.$$

在科学与生产实践中,有许多类似的问题,抛开它们的具体含义,它们所要求的都是函数增量与自变量增量之比的极限,这就是导数的概念.

2.1.2　导数定义

定义 2.1.2　设函数 $y = f(x)$ 在点 x_0 的某邻域内有定义,当自变量 x 在 x_0 处取得增量 Δx(点 $x_0 + \Delta x$ 仍在该邻域内)时,相应的函数 y 取得增量 $\Delta y = f(x_0 + \Delta x) - f(x_0)$. 如果 Δy 与 Δx 之比当 $\Delta x \to 0$ 时的极限存在,则称函数 $y = f(x)$ 在点 x_0 处可导,并称此极限为函数 $y = f(x)$ 在点 x_0 处的**导数**,记为 $y'|_{x = x_0}$,即

$$y'|_{x = x_0} = \lim_{\Delta x \to 0} \frac{\Delta y}{\Delta x} = \lim_{\Delta x \to 0} \frac{f(x_0 + \Delta x) - f(x_0)}{\Delta x}, \tag{2-1-1}$$

也可记作 $f'(x_0), \left.\dfrac{\mathrm{d}y}{\mathrm{d}x}\right|_{x = x_0}$ 或 $\left.\dfrac{\mathrm{d}f(x)}{\mathrm{d}x}\right|_{x = x_0}$.

导数的定义式(2-1-1)也可取不同形式,常见的有

$$f'(x_0) = \lim_{h \to 0} \frac{f(x_0 + h) - f(x_0)}{h}. \tag{2-1-2}$$

若在式(2-1-1)中,设 $x = x_0 + \Delta x$,则式(2-1-1)还可写成

$$f'(x_0) = \lim_{x \to x_0} \frac{f(x) - f(x_0)}{x - x_0}. \tag{2-1-3}$$

如果函数 $f(x)$ 在开区间 (a, b) 内的每点处可导,则称函数 $f(x)$ 在开区间 (a, b) 内可导. 于是,对任一 $x \in (a, b)$,都对应着 $f(x)$ 的一个确定的导数值,这就构成了一个新的函数,这个函数叫做原来函数 $f(x)$ 的**导函数**,也称为**导数**,记作 y'、$f'(x)$、$\dfrac{\mathrm{d}y}{\mathrm{d}x}$、$\dfrac{\mathrm{d}f(x)}{\mathrm{d}x}$.

还要指出,函数 $f(x)$ 在点 x_0 处的导数 $f'(x_0)$ 是用极限给出定义的,而极限存在的充分必要条件是左、右极限都存在且相等,因此 $f'(x_0)$ 存在的充分必要条件是左、右极限

$$\lim_{\Delta x \to 0^-} \frac{f(x_0 + \Delta x) - f(x_0)}{\Delta x} \quad 与 \quad \lim_{\Delta x \to 0^+} \frac{f(x_0 + \Delta x) - f(x_0)}{\Delta x}$$

存在且相等. 这两个极限分别称为函数 $f(x)$ 在点 x_0 处的**左导数**和**右导数**,记为 $f'_-(x_0)$ 与 $f'_+(x_0)$,即

$$f'_-(x_0) = \lim_{\Delta x \to 0^-} \frac{f(x_0 + \Delta x) - f(x_0)}{\Delta x}, \tag{2-1-4}$$

$$f'_+(x_0) = \lim_{\Delta x \to 0^+} \frac{f(x_0 + \Delta x) - f(x_0)}{\Delta x}.$$

这就是说，函数 $f(x)$ 在点 x_0 处可导的充分必要条件是左导数 $f'_-(x_0)$ 与右导数 $f'_+(x_0)$ 都存在且相等.

例 1　求函数 $f(x)=C$　（C 为常数）的导数.

解
$$f'(x)=\lim_{\Delta x\to 0}\frac{f(x+\Delta x)-f(x)}{\Delta x}=\lim_{\Delta x\to 0}\frac{C-C}{\Delta x}=0,$$

即
$$(C)'=0.$$

例 2　求函数 $f(x)=x^n$　（n 为正整数）在 $x=a$ 处的导数.

解
$$f'(a)=\lim_{x\to a}\frac{f(x)-f(a)}{x-a}=\lim_{x\to a}\frac{x^n-a^n}{x-a}$$
$$=\lim_{x\to a}(x^{n-1}+ax^{n-2}+\cdots+a^{n-1})$$
$$=na^{n-1}.$$

把以上结果中的 a 换成 x，得 $f'(x)=nx^{n-1}$，即
$$(x^n)'=nx^{n-1}.$$

更一般的，对幂函数 $y=x^{\alpha}$　（α 为实数），有
$$(x^{\alpha})'=\alpha x^{\alpha-1}.$$

例 3　求函数 $f(x)=\sin x$ 的导数.

解
$$f'(x)=\lim_{\Delta x\to 0}\frac{f(x+\Delta x)-f(x)}{\Delta x}=\lim_{\Delta x\to 0}\frac{\sin(x+\Delta x)-\sin x}{\Delta x}$$
$$=\lim_{\Delta x\to 0}\frac{2\cos\left(x+\frac{\Delta x}{2}\right)\sin\frac{\Delta x}{2}}{\Delta x}$$
$$=\lim_{\Delta x\to 0}\cos\left(x+\frac{\Delta x}{2}\right)\frac{\sin\frac{\Delta x}{2}}{\frac{\Delta x}{2}}=\cos x,$$

即
$$(\sin x)'=\cos x.$$

同理
$$(\cos x)'=-\sin x.$$

例 4　求函数 $f(x)=a^x$　（$a>0,a\neq 1$）的导数.

解
$$f'(x)=\lim_{\Delta x\to 0}\frac{f(x+\Delta x)-f(x)}{\Delta x}=\lim_{\Delta x\to 0}\frac{a^{x+\Delta x}-a^x}{\Delta x}$$
$$=a^x\lim_{\Delta x\to 0}\frac{a^{\Delta x}-1}{\Delta x},$$

由 §1.8 节例 7(2) 得 $f'(x)=a^x\ln a$，即
$$(a^x)'=a^x\ln a.$$

例 5　求函数 $f(x)=\log_a x$　（$a>0,a\neq 1$）的导数.

解
$$f'(x)=\lim_{\Delta x\to 0}\frac{f(x+\Delta x)-f(x)}{\Delta x}=\lim_{\Delta x\to 0}\frac{\log_a(x+\Delta x)-\log_a x}{\Delta x}$$
$$=\lim_{\Delta x\to 0}\frac{1}{\Delta x}\log_a\frac{x+\Delta x}{x}=\lim_{\Delta x\to 0}\frac{1}{x}\frac{x}{\Delta x}\log_a\left(1+\frac{\Delta x}{x}\right)$$
$$=\frac{1}{x}\lim_{\Delta x\to 0}\frac{\log_a\left(1+\frac{\Delta x}{x}\right)}{\frac{\Delta x}{x}},$$

由 §1.8 节例 7(1)得 $f'(x)=\dfrac{1}{x\ln a}$,即

$$(\log_a x)'=\frac{1}{x\ln a}.$$

例 6　讨论函数 $f(x)=|x|$ 在 $x=0$ 处的可导性.

解　$\lim\limits_{x\to 0}\dfrac{f(0+x)-f(0)}{x}=\lim\limits_{x\to 0}\dfrac{|x|-0}{x}=\lim\limits_{x\to 0}\dfrac{|x|}{x},$

当 $x<0$ 时,$\dfrac{|x|}{x}=-1$,则

$$\lim_{x\to 0}\frac{|x|}{x}=-1;$$

当 $x>0$ 时,$\dfrac{|x|}{x}=1$,则

$$\lim_{x\to 0}\frac{|x|}{x}=1.$$

所以,$\lim\limits_{x\to 0}\dfrac{f(0+x)-f(0)}{x}$ 不存在,即函数 $f(x)=|x|$ 在 $x=0$ 处不可导.

2.1.3　导数几何意义

由导数定义可知,导数 $f'(x_0)$ 的几何意义是曲线 $y=f(x)$ 上点 $P_0(x_0,f(x_0))$ 处切线的斜率为 $f'(x_0)$. 所以,$y=f(x)$ 在点 $P_0(x_0,f(x_0))$ 处的切线方程与法线方程分别为

$$y-f(x_0)=f'(x_0)(x-x_0) \tag{2-1-5}$$

和

$$y-f(x_0)=\frac{-1}{f'(x_0)}(x-x_0) \quad (f'(x_0)\neq 0). \tag{2-1-6}$$

例 7　求曲线 $y=\sin x$ 在点 $\left(\dfrac{\pi}{6},\dfrac{1}{2}\right)$ 处的切线方程和法线方程.

解　由例 3 知

$$(\sin x)'\big|_{x=\frac{\pi}{6}}=\cos\frac{\pi}{6}=\frac{\sqrt{3}}{2},$$

则切线方程为

$$y-\frac{1}{2}=\frac{\sqrt{3}}{2}\left(x-\frac{\pi}{6}\right),$$

法线方程为

$$y-\frac{1}{2}=-\frac{2\sqrt{3}}{3}\left(x-\frac{\pi}{6}\right).$$

例 8　求曲线 $y=x^3-2x$ 上垂直于直线 $x+y=0$ 的切线方程.

解　设切点为 (x_0,y_0),直线 $x+y=0$ 的斜率为 -1,又 $y'=3x^2-2$,所以所求切线斜率为 $3x_0^2-2=1$,于是 $x_0=\pm 1$. 当 $x_0=1$ 时,$y_0=-1$;当 $x_0=-1$ 时,$y_0=1$. 于是所求切线方程为

$$y+1=x-1 \quad 及 \quad y-1=x+1,$$

即

$$y=x-2 \quad 及 \quad y=x+2.$$

例 9　讨论函数 $y=x^{\frac{1}{3}}$ 在 $x=0$ 处是否可导? 是否有切线?

解　$\lim\limits_{x\to 0}\dfrac{f(0+x)-f(0)}{x}=\lim\limits_{x\to 0}\dfrac{x^{\frac{1}{3}}}{x}=\lim\limits_{x\to 0}\dfrac{1}{x^{\frac{2}{3}}}=\infty,$

即函数 $y=x^{\frac{1}{3}}$ 在 $x=0$ 处不可导. 但 $y=x^{\frac{1}{3}}$ 在 $x=0$ 处有垂直于 x 轴的切线,即 y 轴,如图 2-1-2 所示.

由例 6 知,函数 $y=|x|$ 在 $x=0$ 处不可导,且函数 $y=|x|$ 在 $x=0$ 处也无切线,如图 2-1-3 所示.

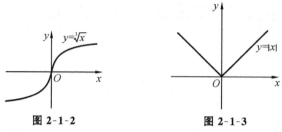

图 2-1-2　　　　　　　　　　　　图 2-1-3

由上述讨论可知,函数 $f(x)$ 在 x_0 处可导,则它在该点必有切线;$f(x)$ 在 x_0 处不可导,一般 $f(x)$ 在该点无切线;若 $f(x)$ 在 x_0 处的导数为无穷大,则 $f(x)$ 在 $(x_0,f(x_0))$ 处有垂直于 x 轴的切线.

2.1.4　可导与连续的关系

定理 2.1.1　如果函数 $f(x)$ 在 x_0 处可导,则 $f(x)$ 在 x_0 处连续.

证　因为 $\lim\limits_{\Delta x \to 0}\dfrac{\Delta y}{\Delta x}=f'(x_0)$,于是

$$\lim_{\Delta x \to 0}\Delta y = \lim_{\Delta x \to 0}\left(\frac{\Delta y}{\Delta x}\right)\Delta x = \lim_{\Delta x \to 0}\frac{\Delta y}{\Delta x}\lim_{\Delta x \to 0}\Delta x$$
$$=f'(x_0)\cdot 0=0,$$

所以 $f(x)$ 在 x_0 处连续.

由反证法,可得下面推论.

推论 1　如果函数 $f(x)$ 在 x_0 处间断,则 $f(x)$ 在 x_0 处不可导.

例 10　设函数 $f(x)=\begin{cases} x\sin\dfrac{1}{x}, & x\neq 0, \\ 0, & x=0, \end{cases}$ 讨论 $f(x)$ 在 $x=0$ 处是否连续,是否可导.

解
$$\lim_{x\to 0}f(x)=\lim_{x\to 0}x\sin\frac{1}{x}=0=f(0),$$

即 $f(x)$ 在 $x=0$ 处连续. 又

$$\lim_{x\to 0}\frac{f(x)-f(0)}{x-0}=\lim_{x\to 0}\frac{x\sin\dfrac{1}{x}-0}{x-0}=\lim_{x\to 0}\sin\frac{1}{x},$$

由于 $\lim\sin\dfrac{1}{x}$ 不存在,所以函数 $f(x)$ 在 $x=0$ 处不可导.

由上可知,函数 $f(x)$ 在某一点连续,并不一定可导.

习　　题　2-1

1. 根据导数定义求下列函数的导数:

　　(1) $y=ax+b$　(a,b 为常数);　　　　　　　　(2) $y=x^2-2x+4$.

2. 若 $\lim\limits_{x \to a} \dfrac{f(x) - f(a)}{x - a} = A$ （A 为常数），判断下列各题：

（1）$f(x)$ 在 $x = a$ 处无意义；

（2）$f(x)$ 在 $x = a$ 处连续；

（3）$f(x)$ 在 $x = a$ 处可导；

（4）$\lim\limits_{x \to a} f(x)$ 存在.

3. 一物体的运动方程为 $s = t^3 + 10$，求该物体在 $t = 3$ 时的瞬时速度.

4. 求在抛物线 $y = x^2$ 上点 $x = 3$ 处的切线方程与法线方程.

5. 讨论下列函数在指定点处是否连续，是否可导.

（1）$f(x) = \begin{cases} x, & x < 0, \\ x^2, & x \geqslant 0; \end{cases}$ 在 $x = 0$ 处.

（2）$f(x) = \begin{cases} \dfrac{\sin(x-1)}{x-1}, & x \neq 1, \\ 0, & x = 1; \end{cases}$ 在 $x = 1$ 处.

6. 函数 $f(x) = \begin{cases} x^2 \sin \dfrac{1}{x}, & x \neq 0, \\ 0, & x = 0 \end{cases}$ 在点 $x = 0$ 处是否连续？是否可导？

7. 求曲线 $y = \cos x$ 上点 $\left(\dfrac{\pi}{3}, \dfrac{1}{2}\right)$ 处的切线方程和法线方程.

8. 在抛物线 $y = x^2$ 上取横坐标为 $x_1 = 1, x_2 = 3$ 的两点，作过这两点的割线. 问抛物线上哪一点的切线平行于这条割线？

§2.2 导数公式与导数的四则运算

第 §1.1 节的例 1 至例 5，由导数定义给出了常值函数、幂函数、正弦函数与余弦函数、指数函数与对数函数的导函数，本节在此基础上给出基本初等函数求导公式.

2.2.1 基本初等函数导数公式

（1）$C' = 0$ （C 为常数）；

（2）$(x^\alpha)' = \alpha x^{\alpha - 1}$ （$\alpha \in \mathbf{R}$）；

（3）$(\sin x)' = \cos x$；

（4）$(\cos x)' = -\sin x$；

（5）$(\tan x)' = \sec^2 x$；

（6）$(\cot x)' = -\csc^2 x$；

（7）$(\sec x)' = \sec x \tan x$；

（8）$(\csc x)' = -\csc x \cot x$；

（9）$(\arcsin x)' = \dfrac{1}{\sqrt{1 - x^2}}$；

（10）$(\arccos x)' = \dfrac{-1}{\sqrt{1 - x^2}}$；

（11）$(\arctan x)' = \dfrac{1}{1 + x^2}$；

（12）$(\text{arccot} x)' = \dfrac{-1}{1 + x^2}$；

（13）$(\ln x)' = \dfrac{1}{x}$；

（14）$(\log_a x)' = \dfrac{1}{x \ln a}$ （$a > 0, a \neq 1$）；

（15）$(e^x)' = e^x$；

（16）$(a^x)' = a^x \ln a$ （$a > 0, a \neq 1$）.

2.2.2 函数四则运算求导法则

求导法则 I 设函数 $u = u(x), v = v(x)$ 都在 x 处可导，则 $u \pm v$ 在 x 处可导，且

$$(u \pm v)' = u' \pm v'.$$

求导法则 II　设函数 $u = u(x), v = v(x)$ 都在 x 处可导, 则 uv 在 x 处可导, 且

$$(uv)' = u'v + uv'.$$

由此得推论 1.

推论 1　函数 $u = u(x)$ 在 x 处可导, k 为常数, 则

$$(ku)' = ku',$$

即常数因子可以提到求导符号外.

求导法则 III　设函数 $u = u(x), v = v(x)$ 都在 x 处可导, 且 $v(x) \neq 0$, 则 $\dfrac{u}{v}$ 在 x 处可导, 且

$$\left(\frac{u}{v}\right)' = \frac{u'v - uv'}{v^2}.$$

现仅证明法则 II, 其他法则可类似证明.

证　设 $\Delta u = u(x + \Delta x) - u(x), \Delta v = v(x + \Delta x) - v(x)$, 则

$$u(x + \Delta x) = u(x) + \Delta u, \quad v(x + \Delta x) = v(x) + \Delta v,$$

于是

$$\begin{aligned}
(uv)' &= \lim_{\Delta x \to 0} \frac{u(x + \Delta x)v(x + \Delta x) - u(x)v(x)}{\Delta x} \\
&= \lim_{\Delta x \to 0} \frac{[u(x) + \Delta u][v(x) + \Delta v] - u(x)v(x)}{\Delta x} \\
&= \lim_{\Delta x \to 0} \left[\frac{\Delta u}{\Delta x}v(x) + u(x)\frac{\Delta v}{\Delta x} + \frac{\Delta u}{\Delta x}\Delta v\right].
\end{aligned}$$

由于 $v(x)$ 在 x 处可导, 则 $v(x)$ 在 x 处连续, 即 $\Delta x \to 0$ 时有 $\Delta v \to 0$, 又 $u(x), v(x)$ 在 x 处可导, 上式右边极限为 $u'v + uv'$, 即

$$(uv)' = u'v + uv'.$$

例 1　设 $f(x) = 2x^2 - 3x + \sin\dfrac{\pi}{7} - \ln 2$, 求 $f'(x)$ 及 $f'(1)$.

解　因为 $\sin\dfrac{\pi}{7}, \ln 2$ 为常数, 所以

$$\begin{aligned}
f'(x) &= \left(2x^2 - 3x + \sin\frac{\pi}{7} + \ln 2\right)' \\
&= (2x^2)' - (3x)' + \left(\sin\frac{\pi}{7}\right)' + (\ln 2)' \\
&= 2(x^2)' - 3(x)' + 0 + 0 \\
&= 4x - 3, \\
f'(1) &= f'(x)\big|_{x=1} = (4x - 3)\big|_{x=1} = 4 \times 1 - 3 = 1.
\end{aligned}$$

例 2　设 $y = (\sin x - 2\cos x)\ln x$, 求 y'.

解　
$$\begin{aligned}
y' &= (\sin x - 2\cos x)'\ln x + (\sin x - 2\cos x)(\ln x)' \\
&= (\cos x + 2\sin x)\ln x + (\sin x - 2\cos x)\frac{1}{x}.
\end{aligned}$$

例 3　证明 $(\tan x)' = \sec^2 x$.

证　$(\tan x)' = \left(\dfrac{\sin x}{\cos x}\right)' = \dfrac{(\sin x)'\cos x - \sin x(\cos x)'}{\cos^2 x} = \dfrac{\cos^2 x + \sin^2 x}{\cos^2 x} = \sec^2 x.$

同理可证　$(\cot x)' = -\csc^2 x.$

例 4 证明 $(\sec x)' = \sec x \tan x$.

证
$$(\sec x)' = \left(\frac{1}{\cos x}\right)' = \frac{(1)'\cos x - 1(\cos x)'}{\cos^2 x} = \frac{\sin x}{\cos^2 x} = \sec x \tan x.$$

同理可证 $(\csc x)' = -\csc x \cot x$.

习 题 2-2

1. 求下列函数的导数:

(1) $y = x^3 - 3x^2 + 4x - 5$;

(2) $y = \dfrac{4}{x^5} + \dfrac{7}{x^4} - \dfrac{2}{x} + 12$;

(3) $y = 5x^3 - 2^x + 3e^x$;

(4) $y = 2\tan x + \sec x - 1$;

(5) $y = \ln x - 2\lg x + 3\log_2 x$;

(6) $y = \sin x \cos x$;

(7) $y = x^2 \ln x$;

(8) $y = 3e^x \cos x$;

(9) $y = (2 + 3x)(4 - 7x)$;

(10) $y = \dfrac{\sin x}{x}$;

(11) $y = \dfrac{\ln x}{x}$;

(12) $y = \dfrac{e^x}{x^2} + \ln 3$;

(13) $y = \dfrac{1}{\ln x}$;

(14) $y = \dfrac{x-1}{x+1}$;

(15) $y = \dfrac{1}{1 + x + x^2}$;

(16) $y = x^2 \ln x \cos x$;

(17) $y = \dfrac{5x^2 - 3x + 4}{x^2 - 1}$;

(18) $y = \dfrac{1 + \sin x}{1 + \cos x}$.

2. 在括号内填入适当的函数:

(1) $(\quad)' = 6x^2$;

(2) $(\quad)' = \dfrac{-2}{1 + x^2}$;

(3) $(\quad)' = \dfrac{\sin x}{\cos^2 x}$;

(4) $(\quad)' = \dfrac{1}{x \ln 3}$;

(5) $(\quad)' = \sqrt{x} - \dfrac{1}{x}$;

(6) $(\quad)' = 2^x \ln 8$.

3. (1) $y = \dfrac{\sin x}{x}$, 求 $y'\left(\dfrac{\pi}{2}\right)$.

(2) $y = (1 + x^3)(5 - x^{-2})$, 求 $y'(1)$, $[y(1)]'$.

4. 求曲线 $y = x^2 + x - 2$ 的切线方程, 使该切线平行于直线 $x + y - 3 = 0$.

5. 以初速度 v_0 上抛的物体, 其上升的高度 h 与时间 t 的关系为 $h(t) = v_0 t - \dfrac{1}{2}gt^2$, 求:

(1) 上抛物体的速度 $v(t)$ ($t \in (0, v_0/g)$);

(2) 经过多少时间它的速度为零.

§2.3 反函数与复合函数的导数

2.3.1 反函数求导法则

反函数求导法则 设单调连续函数 $x = \varphi(y)$ 在点 y 可导, 且 $\varphi'(y) \neq 0$, 则 $x = \varphi(y)$ 的

反函数 $y=f(x)$ 在对应点 x 处可导,且

$$f'(x)=\frac{1}{\varphi'(y)} \quad \text{或} \quad \frac{\mathrm{d}y}{\mathrm{d}x}=1\Big/\frac{\mathrm{d}x}{\mathrm{d}y}. \tag{2-3-1}$$

例 1 设函数 $y=\arcsin x$ $(|x|<1)$,证明 $y'=\dfrac{1}{\sqrt{1-x^2}}$.

证 $y=\arcsin x$ $(|x|<1)$ 的反函数 $x=\sin y$ 在 $(-\dfrac{\pi}{2},\dfrac{\pi}{2})$ 内单调、连续,且 $\dfrac{\mathrm{d}x}{\mathrm{d}y}=\cos y$
>0. 由反函数求导法则,得

$$(\arcsin x)'=y'=1\Big/\frac{\mathrm{d}x}{\mathrm{d}y}=\frac{1}{\cos y}=\frac{1}{\sqrt{1-\sin^2 y}}=\frac{1}{\sqrt{1-x^2}}.$$

同理可证

$$(\arccos x)'=-\frac{1}{\sqrt{1-x^2}},$$

$$(\arctan x)'=\frac{1}{1+x^2}, \quad (\mathrm{arccot}x)'=-\frac{1}{1+x^2}.$$

2.3.2 复合函数求导法则

复合函数求导法则 如果 $u=\varphi(x)$ 在点 x_0 处可导,而 $y=f(u)$ 在点 $u_0=\varphi(x_0)$ 处可导,则复合函数 $y=f(\varphi(x))$ 在点 x_0 处可导,且其导数为

$$\frac{\mathrm{d}y}{\mathrm{d}x}\Big|_{x=x_0}=f'(u_0)\varphi'(x_0). \tag{2-3-2}$$

证 由于 $y=f(u)$ 在点 u_0 处可导,因此

$$\lim_{\Delta u\to 0}\frac{\Delta y}{\Delta u}=f'(u_0)$$

存在,于是根据极限与无穷小的关系有

$$\frac{\Delta y}{\Delta u}=f'(u_0)+\alpha,$$

其中 α 是当 $\Delta u\to 0$ 时的无穷小. 设 $\Delta u\neq 0$,用 Δu 乘以上式两边,则

$$\Delta y=f'(u_0)\Delta u+\alpha\Delta u, \tag{2-3-3}$$

再用 $\Delta x\neq 0$ 除式(2-3-3)两边,得

$$\frac{\Delta y}{\Delta x}=f'(u_0)\frac{\Delta u}{\Delta x}+\alpha\frac{\Delta u}{\Delta x},$$

于是

$$\lim_{\Delta x\to 0}\frac{\Delta y}{\Delta x}=\lim_{\Delta x\to 0}\Big[f'(u_0)\frac{\Delta u}{\Delta x}+\alpha\frac{\Delta u}{\Delta x}\Big].$$

由函数在某点可导必在该点连续的性质可知,当 $\Delta x\to 0$ 时,$\Delta u\to 0$,且 $\lim\limits_{\Delta x\to 0}\alpha=\lim\limits_{\Delta u\to 0}\alpha=0$. 又因 $u=\varphi(x)$ 在点 x_0 处可导,即有

$$\lim_{\Delta x\to 0}\frac{\Delta u}{\Delta x}=\varphi'(x_0),$$

所以

$$\lim_{\Delta x\to 0}\frac{\Delta y}{\Delta x}=f'(u_0)\lim_{\Delta x\to 0}\frac{\Delta u}{\Delta x},$$

即

$$\frac{dy}{dx}\bigg|_{x=x_0} = f'(u_0)\varphi'(x_0).$$

当 $\Delta u = 0$ 时,可以证明式(2-3-2)仍然成立.

由上述法则,如果 $u = \varphi(x)$ 在区间 I 内可导,$y = f(u)$ 在开区间 I_1 内可导,且当 $x \in I$ 时,对应的 $u \in I_1$,那么复合函数 $y = f(\varphi(x))$ 在区间 I 内可导,且有

$$\frac{dy}{dx} = \frac{dy}{du}\frac{du}{dx} \tag{2-3-4}$$

成立.

在此必须注意:$[f(\varphi(x))]'$ 表示复合函数 y 对自变量 x 的导数,而 $f'(\varphi(x))$ 表示复合函数对中间变量 u 的导数.

上述复合函数的求导法则,即式(2-3-2)或式(2-3-4),亦称为**链式法则**.

例 2　$y = \ln\tan x$,求 $\dfrac{dy}{dx}$.

解　$y = \ln\tan x$ 可看做由 $y = \ln u$,$u = \tan x$ 复合而成,因此

$$\frac{dy}{dx} = \frac{dy}{du}\frac{du}{dx} = \frac{1}{u}\sec^2 x = \cot x\sec^2 x = \frac{1}{\sin x\cos x}.$$

例 3　$y = e^{x^3}$,求 $\dfrac{dy}{dx}$.

解　$y = e^{x^3}$ 可看做由 $y = e^u$,$u = x^3$ 复合而成,因此

$$\frac{dy}{dx} = (e^u)'(x^3)' = e^u 3x^2 = 3x^2 e^{x^3}.$$

对复合函数分解比较熟悉后,就不必再写出中间变量,可以采用以下例题方式计算.

例 4　$y = \ln\sin x$,求 $\dfrac{dy}{dx}$.

解　$$\frac{dy}{dx} = [\ln(\sin x)]' = \frac{1}{\sin x}(\sin x)' = \frac{\cos x}{\sin x} = \cot x.$$

例 5　$y = \sin\dfrac{2x}{1+x^2}$,求 $\dfrac{dy}{dx}$.

解　$$\frac{dy}{dx} = \left[\sin\left(\frac{2x}{1+x^2}\right)\right]' = \left(\cos\frac{2x}{1+x^2}\right)\left(\frac{2x}{1+x^2}\right)'$$

$$= \left(\cos\frac{2x}{1+x^2}\right)\frac{2(1+x^2)-2x(0+2x)}{(1+x^2)^2}$$

$$= \frac{2(1-x^2)}{(1+x^2)^2}\cos\frac{2x}{1+x^2}.$$

例 6　$y = e^{\sin\frac{1}{x}}$,求 y'.

解　$$y' = \left[e^{\left(\sin\frac{1}{x}\right)}\right]' = e^{\left(\sin\frac{1}{x}\right)}\left[\sin\left(\frac{1}{x}\right)\right]'$$

$$= e^{\sin\frac{1}{x}}\cos\frac{1}{x}\left(\frac{1}{x}\right)' = -\frac{1}{x^2}e^{\sin\frac{1}{x}}\cos\frac{1}{x}.$$

例 7　$f(x)$,$g(x)$ 都是可导函数,$y = f(\sin^2 x) + g(\cos^2 x)$,求 y'.

解　$y_1 = f(\sin^2 x)$ 是 $y_1 = f(u)$,$u = \sin^2 x$ 的复合函数,于是

$$[f(\sin^2 x)]' = f'(\sin^2 x)(\sin^2 x)' = f'(\sin^2 x)2\sin x\cos x$$

$$= \sin 2x f'(\sin^2 x).$$

同理
$$[g(\cos^2 x)]' = -\sin 2x\, g'(\cos^2 x).$$
所以
$$y' = \sin 2x [f'(\sin^2 x) - g'(\cos^2 x)].$$

习　题　2-3

1. 在以下括号内填入适当的函数：

(1)$(e^{-\cos x})' = e^{-\cos x}(\qquad)' = (\qquad)$；

(2)$[\ln(\csc x - \cot x)]' = (\qquad)(\csc x - \cot x)' = (\qquad)$；

(3)$(\qquad)' = 3\sin^2 2x(\sin 2x)' = (\qquad)$；

(4)$f(u)$可导，则$(\qquad)' = 2f'(\tan x)(\tan x)'$.

2. 求下列函数的导数：

(1)$y = (2x+5)^4$；　　　　　　(2)$y = \cos(4-3x)$；

(3)$y = e^{-3x^2}$；　　　　　　(4)$y = \ln(1+x^2)$；

(5)$y = \sin^2 x$；　　　　　　(6)$y = \arctan x^2$；

(7)$y = \sqrt{a^2 - x^2}$；　　　　　　(8)$y = \tan x^2$；

(9)$y = \arctan e^x$；　　　　　　(10)$y = (\arcsin x)^2$；

(11)$y = \log_a(x^2 + x + 1)$；　　　　　　(12)$y = \ln\cos x$；

(13)$y = e^{-\frac{\pi}{2}}\cos 3x$；　　　　　　(14)$y = \arccos\dfrac{1}{x}$；

(15)$y = \arcsin\sqrt{x}$；　　　　　　(16)$y = \ln(x + \sqrt{a^2 + x^2})$；

(17)$y = \ln[\ln(\ln x)]$；　　　　　　(18)$y = \arcsin\sqrt{\dfrac{1-x}{1+x}}$.

3. 求下列函数在指定点处的导数值：

(1)$y = \cos 2x + x\tan 3x, x = \dfrac{\pi}{4}$；

(2)$y = \cot\sqrt{1+x^2}, x = 0$；

(3)$y = \ln\dfrac{\sqrt{x+1}-1}{\sqrt{x+1}+1}, x = 1$；

(4)$y = \dfrac{1}{\sqrt{2\pi}\sigma}e^{-\frac{(x-\mu)^2}{2\sigma^2}}$（$\mu, \sigma$是常数，$\sigma > 0$），$x = \mu$.

4. 设$f(x)$是可导函数，$f(x) > 0$，求下列导数：

(1)$y = \ln f(2x)$；　　　　　　(2)$y = f^2(e^x)$.

§2.4　隐函数和参数式函数的导数

在函数的三种表示形式中，我们已讨论了显函数求导，下面将讨论隐函数求导与参数式函数求导，同时还介绍对数求导法.

2.4.1　隐函数求导

下面通过例题说明隐函数的求导方法.

例 1　求由方程 $e^{x+2y}=xy+1$ 确定的隐函数的导数 $y'|_{(0,0)}$.

解　方程两边分别对 x 求导,注意 y 是 x 的函数,有

$$e^{x+2y}(1+2y')=y+xy',$$

即

$$(2e^{x+2y}-x)y'=y-e^{x+2y},$$

因为 x,y 仍满足原方程,由此对上式化简,得

$$[2(xy+1)-x]y'=y-(xy+1),$$

$$y'=\frac{y-(xy+1)}{2(xy+1)-x}\quad(2(xy+1)-x\neq0).$$

把 $x=0,y=0$ 代入,得

$$y'|_{(0,0)}=-\frac{1}{2}.$$

例 2　求圆 $x^2+(y-1)^2=1$ 在 $x=\frac{1}{2}$ 处的切线方程.

解　当 $x=\frac{1}{2}$ 时,$y=1\pm\frac{\sqrt{3}}{2}$.方程两边对 x 求导,注意 y 是 x 的函数,有

$$2x+2(y-1)y'=0,$$

$$y'=\frac{x}{1-y}. \tag{2-4-1}$$

将 $x=\frac{1}{2}$ 时 $y=1\pm\frac{\sqrt{3}}{2}$ 代入式(2-4-1)得

$$y'\Big|_{\left(\frac{1}{2},1+\frac{\sqrt{3}}{2}\right)}=-\frac{\sqrt{3}}{3},\quad y'\Big|_{\left(\frac{1}{2},1-\frac{\sqrt{3}}{2}\right)}=\frac{\sqrt{3}}{3}, \tag{2-4-2}$$

由 $x=\frac{1}{2}$ 时 $y=1\pm\frac{\sqrt{3}}{2}$、式(2-4-2)可得所求切线方程为

$$y-\left(1\pm\frac{\sqrt{3}}{2}\right)=\mp\frac{\sqrt{3}}{3}\left(x-\frac{1}{2}\right),$$

即

$$3y+\sqrt{3}x-3-2\sqrt{3}=0\quad\text{与}\quad3y-\sqrt{3}x-3+2\sqrt{3}=0.$$

由以上两例可知,隐函数求导的方法是:

设方程 $F(x,y)=0$ 确定了可导函数 $y=f(x)$,在方程 $F(x,y)=0$ 的两端分别对 x 求导,注意 y 是 x 的函数,最后解出 y'.

由隐函数求导方法可得**对数求导法**.对数求导法是处理幂指函数 $[u(x)]^{v(x)}$ 与由几个含有变量的式子的乘、除、乘方、开方构成的函数求导的非常有用且简便的方法.下面通过例题说明对数求导法.

例 3　设 $y=x^{\cos2x}\quad(x>0)$,求 y'.

解　等式两边取对数,有

$$\ln y=\cos2x\ln x,$$

由隐函数求导法,方程两边对 x 求导,得

$$\frac{1}{y}y'=-2\sin2x\ln x+\frac{\cos2x}{x},$$

所以

$$y'=x^{\cos2x}\left(\frac{\cos2x}{x}-2\sin2x\ln x\right).$$

利用指数与对数的有关性质也可以这样简便计算:

$$y' = (e^{\cos 2x \ln x})' = x^{\cos 2x}(\cos 2x \ln x)'$$

$$= x^{\cos 2x}\left(\frac{\cos 2x}{x} - 2\sin 2x \ln x\right).$$

例 4 设 $y = (3x-1)^{\frac{5}{3}}\sqrt{\dfrac{x-1}{x-2}}$ $(x>2)$,求 y'.

解 等式两边取对数,有

$$\ln y = \frac{5}{3}\ln(3x-1) + \frac{1}{2}[\ln(x-1) - \ln(x-2)],$$

由隐函数的求导法,方程两边对 x 求导,得

$$\frac{1}{y}y' = \frac{5}{3}\frac{3}{3x-1} + \frac{1}{2}\frac{1}{x-1} - \frac{1}{2}\frac{1}{x-2},$$

所以

$$y' = (3x-1)^{\frac{5}{3}}\sqrt{\frac{x-1}{x-2}}\left[\frac{5}{3x-1} + \frac{1}{2(x-1)} - \frac{1}{2(x-2)}\right].$$

同样,也可以进行如下简便计算:

$$y' = [e^{\frac{5}{3}\ln(3x-1) + \frac{1}{2}\ln(x-1) - \frac{1}{2}\ln(x-2)}]'$$

$$= (3x-1)^{\frac{5}{3}}$$

$$\sqrt{\frac{x-1}{x-2}}\left[\frac{5}{3}\ln(3x-1) + \frac{1}{2}\ln(x-1) - \frac{1}{2}\ln(x-2)\right]'$$

$$= (3x-1)^{\frac{5}{3}}\sqrt{\frac{x-1}{x-2}}\left[\frac{5}{3x-1} + \frac{1}{2(x-1)} - \frac{1}{2(x-2)}\right].$$

2.4.2 参数式函数求导

设由参数方程 $\begin{cases} x = \varphi(t), \\ y = \psi(t) \end{cases}$ $(t \in (\alpha, \beta))$ 确定的函数为 $y = f(x)$,其中函数 $\varphi(t), \psi(t)$ 可导且 $\varphi'(t) \neq 0$,则函数 $y = f(x)$ 可导,且

$$\frac{dy}{dx} = \frac{\psi'(t)}{\varphi'(t)} \quad (t \in (\alpha, \beta)). \tag{2-4-3}$$

证明见 2.6 节例 2,也可用反函数求导公式证明.

例 5 设摆线的参数方程为 $\begin{cases} x = a(t - \sin t), \\ y = a(1 - \cos t) \end{cases}$ $(a$ 为常数$)$,求 $\dfrac{dy}{dx}$.

解 由式$(2$-4-$3)$得

$$\frac{dy}{dx} = \frac{[a(1-\cos t)]_t'}{[a(t-\sin t)]_t'} = \frac{\sin t}{1-\cos t} = \cot\frac{t}{2}.$$

习 题 2-4

1. 求下列隐函数的导数 $\dfrac{dy}{dx}$:

$(1)\ x^2 + y^2 - xy = 1$; $(2)\ y = x + \ln y$;

$(3)\ y = \sin(x+y)$; $(4)\ \sqrt{x} + \sqrt{y} = \sqrt{a}$.

2. 求下列参数式函数的导数 $\dfrac{\mathrm{d}y}{\mathrm{d}x}$：

(1) $\begin{cases} x = t^4, \\ y = 4t; \end{cases}$

(2) $\begin{cases} x = \ln(1+t^2), \\ y = t - \arctan t; \end{cases}$

(3) $\begin{cases} x = \dfrac{a}{2}\left(t + \dfrac{1}{t}\right), \\ y = \dfrac{b}{2}\left(t - \dfrac{1}{t}\right). \end{cases}$

3. 利用对数求导法求下列函数的导数：

(1) $y = x\sqrt{\dfrac{1-x}{1+x}}$；

(2) $y = \dfrac{x^2}{1-x}\sqrt[3]{\dfrac{3-x}{(3+x)^2}}$；

(3) $y = (x + \sqrt{1+x^2})^n$；

(4) $y = (x-a_1)^{b_1}(x-a_2)^{b_2}\cdots(x-a_n)^{b_n}$；

(5) $y = x^x$.

4. 求椭圆 $\dfrac{x^2}{a^2} + \dfrac{y^2}{b^2} = 1$ 在点 $M(x_0, y_0)$ 处的切线方程与法线方程.

5. 设 $y = f(x)$ 是由参数方程 $x = \mathrm{e}^t\cos t, y = \mathrm{e}^t\sin t$ 所确定的函数，求曲线在 $t = \dfrac{\pi}{3}$ 处的导数 y' 及其切线方程.

§2.5 高阶导数

在运动学中，不但需要了解物体运动的速度，而且需要了解物体运动速度的变化，即加速度. 例如，自由落体的运动方程为

$$s = \frac{1}{2}gt^2,$$

在时刻 t 的瞬时速度为

$$v = \frac{\mathrm{d}s}{\mathrm{d}t} = \left(\frac{1}{2}gt^2\right)' = gt,$$

在时刻 t 的加速度为

$$a = \frac{\mathrm{d}v}{\mathrm{d}t} = (gt)' = g.$$

这是物理学中所熟悉的公式，在工程学中，常常需要了解曲线斜率的变化程度，即求曲线的弯曲度，这就需要讨论斜率函数的导数问题. 解决这些实际问题，就需要讨论导函数继续求导问题，即高阶导数.

定义 2.5.1 设函数 $y = f(x)$ 在 x 处可导，若 $f'(x)$ 的导数又存在，则称该导数为 $y = f(x)$ 的二阶导数，记为 $f''(x)$ 或 y''，$\dfrac{\mathrm{d}^2 y}{\mathrm{d}x^2}, \dfrac{\mathrm{d}^2 f}{\mathrm{d}x^2}$，即

$$y'' = (y')' = \frac{\mathrm{d}}{\mathrm{d}x}\left(\frac{\mathrm{d}y}{\mathrm{d}x}\right) = \frac{\mathrm{d}^2 y}{\mathrm{d}x^2}. \tag{2-5-1}$$

若 $y'' = f''(x)$ 的导数又存在，则称该导数为 $y = f(x)$ 的三阶导数，记为 $f'''(x)$ 或 y'''.

一般的，若 $y = f(x)$ 的 $n-1$ 阶导数 $f^{(n-1)}(x)$ 的导数存在，则称该导数为 $y = f(x)$ 的 n 阶导数，记为

$$y^{(n)} \text{ 或 } f^{(n)}(x_0), \frac{\mathrm{d}^n y}{\mathrm{d}x^n}, \frac{\mathrm{d}^n f}{\mathrm{d}x^n}. \tag{2-5-2}$$

函数的二阶和二阶以上的导数,称为函数的高阶导数,函数 $f(x)$ 的 n 阶导数在 $x=x_0$ 处的导函数值记为

$$f^{(n)}(x_0) \text{ 或 } y^{(n)}(x_0), \frac{\mathrm{d}^n y}{\mathrm{d}x^n}\Big|_{x=x_0}, \frac{\mathrm{d}^n f}{\mathrm{d}x^n}\Big|_{x=x_0}. \tag{2-5-3}$$

对 $f(x)$ 求 n 阶导数,由高阶导数的定义,只需对函数 $f(x)$ 依次地求 n 次导数即可.

例 1 设 $y=x^n$ (n 为正整数),求 $y^{(k)}$.

解 若 $k<n$,

$$y'=nx^{n-1},$$
$$y''=n(n-1)x^{n-2},$$
$$\vdots$$

由归纳法可得

$$y^{(k)}=n(n-1)(n-2)\cdots(n-k+1)x^{n-k}.$$

若 $k=n$,则

$$y^{(k)}=n(n-1)\cdots3\cdot2\cdot1x^{n-n}=n!.$$

若 $k>n$,则

$$y^{(n+1)}=y^{(n+2)}=\cdots=y^{(k)}=0.$$

例 2 设 $y=a_nx^n+a_{n-1}x^{n-1}+\cdots+a_1x+a_0$,求 $y^{(n)}$,$y^{(n-1)}(0)$ 及 $y^{(n-1)}(1)$.

解 $y'=a_nnx^{n-1}+a_{n-1}(n-1)x^{n-2}+\cdots+a_1,$

$$y''=a_nn(n-1)x^{n-2}+a_{n-1}(n-1)(n-2)x^{n-3}+\cdots+2\cdot1\cdot a_2,$$
$$\vdots$$

由归纳法可得

$$y^{(n-1)}=a_nn(n-1)\cdots3\cdot2x+a_{n-1}(n-1)!,$$

所以

$$y^{(n)}=a_nn!,$$
$$y^{(n-1)}(0)=a_{n-1}(n-1)!,$$
$$y^{(n-1)}(1)=a_nn!+a_{n-1}(n-1)!.$$

例 3 设 $y=\ln(1+x)$,求 $y^{(100)}(0)$.

解 $y'=\dfrac{1}{1+x}=(1+x)^{-1},$

$$y''=-1(1+x)^{-2}=-(1+x)^{-2},$$
$$y'''=(-1)(-2)(1+x)^{-3}=2!\,(1+x)^{-3},$$
$$\vdots$$

由归纳法可得

$$y^{(n)}=(-1)^{n-1}(n-1)!\,\frac{1}{(1+x)^n},$$

所以

$$y^{(100)}(0)=-99!.$$

例 4 设 $y=\sin x$,求 $y^{(n)}$.

解 $$y'=\cos x=\sin\left(x+\frac{\pi}{2}\right),$$

$$y'' = \left[\sin\left(x + \frac{\pi}{2}\right)\right]' = \cos\left(x + \frac{\pi}{2}\right) = \sin\left(x + \frac{2\pi}{2}\right),$$

$$\vdots$$

由归纳法可得

$$y^{(n)} = \sin\left(x + \frac{n\pi}{2}\right).$$

同样可得

$$(\cos x)^{(n)} = \cos\left(x + \frac{n\pi}{2}\right).$$

例 5　设 $x = \varphi(t), y = \psi(t)$ 具有二阶导数,求 $\dfrac{d^2 y}{dx^2}$.

解　由 $\dfrac{dy}{dx} = \dfrac{\psi'(t)}{\varphi'(t)}$,得

$$\frac{d^2 y}{dx^2} = \frac{d}{dx}\left(\frac{dy}{dx}\right) = \frac{d}{dt}\left(\frac{\psi'(t)}{\varphi'(t)}\right)\frac{dt}{dx} = \frac{\psi''(t)\varphi'(t) - \psi'(t)\varphi''(t)}{[\varphi'(t)]^2} \cdot \frac{1}{\dfrac{dx}{dt}}$$

$$= \frac{\psi''(t)\varphi'(t) - \psi'(t)\varphi''(t)}{[\varphi'(t)]^3}.$$

习　　题　2-5

1. 求下列函数的 n 阶导数:

(1) $y = \cos x$;　　　　　　　　　　　(2) $y = e^x$;

(3) $y = 3x^2 + 5x - 7$;　　　　　　　(4) $y = (2x + 1)^n$;

(5) $y = \ln(1 + 2x)$.

2. 求下列函数的二阶导数 $\dfrac{d^2 y}{dx^2}$:

(1) $y = \dfrac{1-x}{1+x}$;　　　　　　　　　(2) $y = e^x \cos x$;

(3) $x^2 + y^2 = a^2$;　　　　　　　　(4) $x^2 - y^2 = a^2$.

3. 某物体作变速直线运动,其距离函数为 $s = \dfrac{1}{2}(e^t - e^{-t})$,求此物体运动的加速度.

4. 已知函数 y 的 $n-2$ 阶导数 $y^{(n-2)} = \dfrac{x}{\ln x}$,求 y 的 n 阶导数.

5. 设函数 $y = f(\sin x)$,$f(x)$ 存在二阶导数,求 y''.

6. 求下列参数式函数的二阶导数 $\dfrac{d^2 y}{dx^2}$:

(1) $\begin{cases} x = 2e^t, \\ y = 3e^{-t}; \end{cases}$　　(2) $\begin{cases} x = a\cos t, \\ y = b\sin t. \end{cases}$

7. 求下列函数的高阶导数:

(1) $y = \dfrac{1-x}{1+x}$,求 $y^{(n)}$;　(2) $y = a^x$,求 $y^{(n)}$.

8. 设 $y + \ln y - 2x = 0$,求 y''.

§2.6　微分及其应用

2.6.1　微分定义

首先分析一个实例. 一块边长为 x_0 的正方形铁片加热后, 其边长由 x_0 变到 $x_0+\Delta x$, 如图 2-6-1 所示, 问此铁片的面积改变了多少?

设铁片的边长为 x_0, 面积为 A, 则 $A=x_0^2$. 铁片受热后, 其面积的改变可以看成是, 当自变量 x 自 x_0 取得增量 Δx 时, 函数 A 相应的增量 ΔA, 即

$$\Delta A=(x_0+\Delta x)^2-x_0^2=2x_0\Delta x+(\Delta x)^2.$$

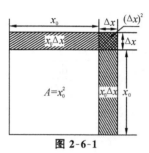

图 2-6-1

上式 ΔA 分成两部分: 第一部分 $2x_0\Delta x$ 是 Δx 的线性函数, 即图 2-6-1 中带有斜线的两个矩形面积之和; 第二部分 $(\Delta x)^2$ 在图 2-6-1 中是带有交叉斜线的小正方形的面积, 当 $\Delta x\to 0$ 时, 第二部分 $(\Delta x)^2$ 是比 Δx 高阶的无穷小, 即 $(\Delta x)^2=o(\Delta x)$.

由此可见, 如果边长改变很微小, 即 $|\Delta x|$ 很小时, 面积的改变量 ΔA 可以用第一部分近似地替代, 在实际问题中, 类似此例的讨论很多, 于是有下面的定义.

定义 2.6.1　设函数 $y=f(x)$ 在 x_0 的某邻域内有定义, x_0 及 $x_0+\Delta x$ 在此邻域内, 如果函数的增量可以表示为

$$\Delta y=f(x_0+\Delta x)-f(x_0)=A\Delta x+o(\Delta x),\qquad(2\text{-}6\text{-}1)$$

其中 A 是不依赖于 Δx 的常数, 而 $o(\Delta x)$ 是比 Δx 高阶的无穷小, 那么称函数 $y=f(x)$ 在点 x_0 是**可微的**, 而 $A\Delta x$ 叫做函数 $y=f(x)$ 在点 x_0 相应于自变量增量 Δx 的**微分**, 记为 $\mathrm{d}y$, 即

$$\mathrm{d}y=A\Delta x.\qquad(2\text{-}6\text{-}2)$$

下面讨论可微的条件.

定理 2.6.1　函数 $y=f(x)$ 在 x_0 处可微的充要条件是函数 $f(x)$ 在 x_0 处可导, 且当 $f(x)$ 在 x_0 处可微时, 式(2-6-2)中的 $A=f'(x_0)$, 即

$$\mathrm{d}y=f'(x_0)\Delta x.\qquad(2\text{-}6\text{-}3)$$

证　先证必要性.

设函数 $y=f(x)$ 在 x_0 处可微, 由可微定义, 式(2-6-1)成立, 式(2-6-1)两边除以 Δx, 得

$$\frac{\Delta y}{\Delta x}=A+\frac{o(\Delta x)}{\Delta x}.$$

当 $\Delta x\to 0$ 时, 对上式取极限得

$$\lim_{x\to 0}\frac{\Delta y}{\Delta x}=f'(x_0)=A.$$

这就是说, 若函数 $f(x)$ 在 x_0 处可微, 则 $f(x)$ 在 x_0 处可导, 且 $f'(x_0)=A$.

再证充分性.

如果 $y=f(x)$ 在 x_0 处可导, 即

$$\lim_{\Delta x\to 0}\frac{\Delta y}{\Delta x}=f'(x_0),$$

由第 1 章 1.4 节定理 1 极限与无穷小的关系, 上式可写成

$$\frac{\Delta y}{\Delta x} = f'(x_0) + \alpha,$$

其中当 $\Delta x \to 0$ 时，$\alpha \to 0$，于是有

$$\Delta y = f'(x_0)\Delta x + \alpha \Delta x$$

且

$$\lim_{\Delta x \to 0} \frac{\alpha \Delta x}{\Delta x} = \lim_{\Delta x \to 0} \alpha = 0.$$

若记 $\alpha \Delta x = o(\Delta x)$，上式为

$$\Delta y = f'(x_0)\Delta x + o(\Delta x),$$

因 $f'(x_0)$ 不依赖于 Δx，上式相当于式(2-6-1)，所以 $f(x)$ 在点 x_0 处可微.

例 1　求函数 $y = x^3$ 在 $x_0 = 2$，$\Delta x = 0.02$ 时的增量与微分.

解　函数增量为

$$\Delta y = (2 + 0.02)^3 - 2^3 = 0.242\,408.$$

函数在 x_0 处的微分为

$$\left. \mathrm{d}y \right|_{\substack{x_0=2 \\ \Delta x=0.02}} = \left. f'(x_0)\Delta x \right|_{\substack{x_0=2 \\ \Delta x=0.02}} = \left. 3x_0^2 \Delta x \right|_{\substack{x_0=2 \\ \Delta x=0.02}} = 3 \times 2^2 \times 0.02 = 0.24.$$

比较 Δy 与 $\mathrm{d}y$ 知 $\Delta y - \mathrm{d}y = 0.002\,408$，显然可以用 $\mathrm{d}y$ 近似 Δy，且 $\mathrm{d}y$ 计算简便.

通常把自变量 x 的增量 Δx 称为自变量的微分，记作 $\mathrm{d}x = \Delta x$，于是

$$\mathrm{d}y = f'(x_0)\mathrm{d}x. \tag{2-6-4}$$

若 $y = f(x)$ 在区间上每点都可微，则可微函数为

$$\mathrm{d}y = f'(x)\mathrm{d}x. \tag{2-6-5}$$

由式(2-6-5)可看出导数为两个微分的商，即 $f'(x) = \dfrac{\mathrm{d}y}{\mathrm{d}x}$. 从而导数 $f'(x)$ 也叫做**微商**.

由此，还可以证明参数式函数的求导公式.

例 2　设参数式方程 $\begin{cases} x = \varphi(t), \\ y = \psi(t) \end{cases}$ 确定函数 $y = y(x)$，$\varphi(t),\psi(t)$ 可导且 $\varphi'(t) \neq 0$，则证明

$$\frac{\mathrm{d}y}{\mathrm{d}x} = \frac{\psi'(t)}{\varphi'(t)}.$$

证　　　　　$$y'(x) = \frac{\mathrm{d}y}{\mathrm{d}x} = \frac{\mathrm{d}\psi(t)}{\mathrm{d}\varphi(t)} = \frac{\psi'(t)}{\varphi'(t)}.$$

因为可微等价于可导，所以由导数的基本公式及求导法则，可相应得出微分公式与微分法则.

2.6.2　基本微分公式与微分法则

1. 基本初等函数的微分公式

(1) $\mathrm{d}C = 0$　(C 为常数)；

(2) $\mathrm{d}(x^\alpha) = \alpha x^{\alpha-1}\mathrm{d}x$　($\alpha \in \mathbf{R}$)；

(3) $\mathrm{d}\sin x = \cos x\,\mathrm{d}x$；

(4) $\mathrm{d}\cos x = -\sin x\,\mathrm{d}x$；

(5) $\mathrm{d}\tan x = \sec^2 x\,\mathrm{d}x$；

(6) $\mathrm{d}\cot x = -\csc^2 x\,\mathrm{d}x$；

(7) $\mathrm{d}\sec x = \sec x \tan x\,\mathrm{d}x$；

(8) $\mathrm{d}\csc x = -\csc x \cot x\,\mathrm{d}x$；

$(9) \operatorname{darcsin} x = \dfrac{1}{\sqrt{1-x^2}} \mathrm{d}x$;

$(10) \operatorname{darccos} x = -\dfrac{1}{\sqrt{1-x^2}} \mathrm{d}x$;

$(11) \operatorname{darctan} x = \dfrac{1}{1+x^2} \mathrm{d}x$;

$(12) \operatorname{darccot} x = -\dfrac{1}{1+x^2} \mathrm{d}x$;

$(13) \mathrm{d}\ln x = \dfrac{1}{x} \mathrm{d}x$;

$(14) \mathrm{d}\log_a x = \dfrac{1}{x \ln a} \mathrm{d}x \quad (a>0, a \neq 1)$;

$(15) \mathrm{d}\mathrm{e}^x = \mathrm{e}^x \mathrm{d}x$;

$(16) \mathrm{d}a^x = a^x \ln a \, \mathrm{d}x \quad (a>0, a \neq 1)$.

2. 函数和差积商的微分法则

设函数 $u = u(x), v = v(x)$ 可微,则

$$\mathrm{d}(u \pm v) = \mathrm{d}u \pm \mathrm{d}v ,$$

$$\mathrm{d}(uv) = v \mathrm{d}u + u \mathrm{d}v , \quad \mathrm{d}(ku) = k \mathrm{d}u \quad (k \text{ 为常数}),$$

$$\mathrm{d}\left(\frac{u}{v}\right) = \frac{v \mathrm{d}u - u \mathrm{d}v}{v^2} \quad (v \neq 0).$$

3. 复合函数的微分法

如果 $u = \varphi(x)$ 在 x 处可微,而 $y = f(u)$ 在 $u = \varphi(x)$ 处可微,则复合函数 $y = f(\varphi(x))$ 在 x 处可微,且微分为

$$\mathrm{d}y = f'(u)\varphi'(x)\mathrm{d}x. \tag{2-6-6}$$

例 3 设 $y = \sqrt{\cos 2x + 7}$,求 $\mathrm{d}y$.

解法一 设 $u = \varphi(x) = \cos 2x + 7$,则 $y = f(u) = u^{\frac{1}{2}}$,由式(2-6-6)得

$$\mathrm{d}y = f'(u)\varphi'(x)\mathrm{d}x = \frac{1}{2\sqrt{u}}(-2\sin 2x)\mathrm{d}x ,$$

即

$$\mathrm{d}y = \frac{-\sin 2x}{\sqrt{\cos 2x + 7}}\mathrm{d}x.$$

解法二 熟悉复合函数微分法后,就不必设中间变量,直接由式(2-6-6)求微分,即

$$\mathrm{d}y = \mathrm{d}(\cos 2x + 7)^{\frac{1}{2}} = \frac{1}{2\sqrt{\cos 2x + 7}}\mathrm{d}(\cos 2x + 7)$$

$$= \frac{1}{2\sqrt{\cos 2x + 7}}[\mathrm{d}\cos(2x) + \mathrm{d}7]$$

$$= \frac{1}{2\sqrt{\cos 2x + 7}}(-\sin 2x)\mathrm{d}(2x)$$

$$= \frac{-\sin 2x}{\sqrt{\cos 2x + 7}}\mathrm{d}x.$$

例 4 求由方程 $\begin{cases} x = a\cos\theta, \\ y = b\sin\theta \end{cases}$ 所确定的函数 $y = f(x)$ 的微分.

解 所求微分为 $\mathrm{d}y = \mathrm{d}f(x) = f'(x)\mathrm{d}x = \dfrac{(b\sin\theta)'}{(a\cos\theta)'}\mathrm{d}x = \dfrac{-b}{a}\cot\theta \mathrm{d}x ,$

即

$$dy = -\frac{b}{a}\cot\theta dx = -\frac{b^2}{a^2} \cdot \frac{x}{y}dx.$$

例 5　求由方程 $y = 1 + x e^y$ 所确定的隐函数 $y = f(x)$ 的微分.

解　方程两边分别求微分,有

$$dy = d(1 + x e^y) = e^y dx + x e^y dy,$$

解出 dy 得

$$dy = \frac{e^y}{1 - x e^y}dx.$$

2.6.3　微分应用

这里主要介绍微分在近似计算中的两个公式:其一,是函数增量的近似公式;其二,是函数值的近似公式.

设函数 $y = f(x)$,当 $|\Delta x|$ 很小时,有

$$\Delta y = f(x_0 + \Delta x) - f(x_0) \approx f'(x_0)\Delta x, \tag{2-6-7}$$

令 $x = x_0 + \Delta x$,则有

$$f(x) \approx f(x_0) + f'(x_0)\Delta x. \tag{2-6-8}$$

例 6　一个外直径为 10 cm 的球,球壳厚度为 $\frac{1}{16}$ cm,试求球壳体积的近似值.

解　设球半径为 r,球体积为 V,由 $V = \frac{4}{3}\pi r^3$,$r_0 = 5$ cm,$\Delta r = -\frac{1}{16}$ cm,于是体积 V 的微分 dV 为

$$dV = 4\pi r_0^2 \Delta r = \left[4\pi \times 5^2 \times \left(-\frac{1}{16}\right)\right] \text{cm}^3 \approx -19.63 \text{ cm}^3.$$

从而体积 ΔV 的近似值为 $-dV = 19.63$ cm³.

例 7　求 $\sqrt[3]{1.02}$ 的近似值.

解　设函数 $f(x) = \sqrt[3]{x}$,$x_0 = 1$,$\Delta x = 0.02$,$x = x_0 + \Delta x = 1.02$,所以有

$$\sqrt[3]{x} \approx \sqrt[3]{x_0} + (\sqrt[3]{x})' \Big|_{x=x_0} \Delta x = \sqrt[3]{x_0} + \frac{1}{3\sqrt[3]{x_0^2}}\Delta x,$$

从而

$$\sqrt[3]{1.02} \approx \sqrt[3]{1} + \frac{1}{3\sqrt[3]{1^2}} \times 0.02 = 1.006\,7.$$

例 8　求 $\sin 31°$ 的近似值.

解　设函数 $f(x) = \sin x$,$x_0 = 30° = \frac{\pi}{6}$,$\Delta x = 1° = \frac{\pi}{180}$,$x = x_0 + \Delta x = \frac{\pi}{6} + \frac{\pi}{180}$,所以有

$$\sin x \approx \sin x_0 + (\sin x)' \big|_{x=x_0} \Delta x = \sin x_0 + \cos x_0 \Delta x,$$

得

$$\sin 31° \approx \sin \frac{\pi}{6} + \left(\cos \frac{\pi}{6}\right)\frac{\pi}{180} = \frac{1}{2} + \frac{\sqrt{3}}{2} \times 0.017\,45$$

$$= 0.515\,1.$$

习 题 2-6

1. 求函数 $y = x^3 - x$ 在 $x = 2$，$\Delta x = 0.01$ 时的改变量 Δy 及微分 dy.

2. 求下列函数的微分：

(1) $y = 3x^2$； (2) $y = \cos(3x^2 + 1)$；

(3) $y = \dfrac{x}{1 - x^2}$； (4) $y = e^{-x}\cos x$；

(5) $y = \tan \dfrac{x}{2}$； (6) $\dfrac{x^2}{a^2} + \dfrac{y^2}{b^2} = 1$.

3. 正立方体的棱长为 10 m，如果棱长增加 0.1 m，求此正立方体体积增加的近似值及体积的近似值.

4. 求下列各式的近似值：

(1) $\sqrt[3]{8.02}$； (2) $\cos 60°20'$.

5. 当 $|x|$ 很小时，证明下列近似公式：

(1) $\tan x \approx x$ （x 是角的弧度值）；

(2) $\ln(1 + x) \approx x$；

(3) $\dfrac{1}{1 + x} \approx 1 - x$.

本 章 小 结

本章主要介绍了导数和微分的概念及计算方法.

1. 基本概念

1）导数

导数是一种特殊形式的极限，函数在某一点处的导数就是函数在该点处函数的改变量与自变量的改变量之比在自变量的改变量趋于零时的极限.

2）微分

微分是导数与函数自变量的改变量的乘积或者说是函数增量的近似值.

3）几何意义

$f'(x_0)$ 是曲线 $y = f(x)$ 在点 $(x_0, f(x_0))$ 处的切线斜率.

dy 是曲线 $y = f(x)$ 在点 $(x_0, f(x_0))$ 处的切线纵坐标对应于 Δx 的改变量.

（注：Δy 是曲线 $y = f(x)$ 的纵坐标对应于 Δx 的改变量.）

4）可导与连续的关系

如果函数 $y = f(x)$ 在点 x_0 处可导，则 $y = f(x)$ 在点 x_0 处一定连续. 反之，$y = f(x)$ 在点 x_0 处连续时，函数 $y = f(x)$ 在点 x_0 处不一定可导.

5）可导与可微的关系

函数 $y = f(x)$ 在 x_0 处可导与它在该点可微是等价的.

2. 基本计算方法

本章最主要的计算是能够运用导数基本公式和运算法则（特别是复合函数求导法则），

求简单函数和复合函数的导数.

复合函数求导法则即链式规则是整个导数计算的关键.

求高阶导数和微分的方法与求导数的方法类似.

隐函数求导：设方程 $F(x,y)=0$ 表示自变量为 x、因变量为 y 的隐函数，求导时，利用复合函数求导公式将所给方程两边同时对 x 求导，然后解方程求出 y'.

对数求导法：对于两类特殊的函数，可以通过两边取对数将其转化为隐函数，然后按隐函数的求导方法求出导数 y'.

3. 简单应用

导数：曲线 $y=f(x)$ 在点 $M_0(x_0,y_0)$ 处的切线方程为
$$y-y_0=f'(x_0)(x-x_0).$$

微分：当 $|\Delta x|$ 很小时，有近似公式
$$f(x+\Delta x)-f(x)=\Delta y\approx \mathrm{d}y=f'(x)\Delta x.$$
这个公式可以直接用来计算增量的近似值，而公式
$$f(x+\Delta x)\approx f(x)+f'(x)\Delta x$$
可以用来计算函数的近似值.

第3章 中值定理与导数应用

导 学

中值定理揭示了函数在某区间的整体性质与该区间内部某一点的导数之间的联系,因而称为中值定理.中值定理既是用微分学知识解决应用问题的理论基础,又是解决微分学自身发展的一种理论性数学模型,因而也称为微分基本定理.

本章先介绍两个中值定理,然后以此为基础,以导数为工具,解决一类特殊极限的计算问题,即用洛必达(L′Hospital,法,1661—1704)法则求极限;接着讨论函数单调性、极值、最值和曲线的凹凸性、拐点等;最后介绍导数在经济分析中的一些应用.

§3.1 中 值 定 理

本节主要介绍两个微分中值定理的条件、结论、几何意义及其相互关系,而证明请参阅其他高等数学教材.

3.1.1 罗尔定理

罗尔定理 若函数 $f(x)$ 满足:

(1)在闭区间 $[a,b]$ 上连续;

(2)在开区间 (a,b) 内可导;

(3)在区间端点上函数值相等,即 $f(a)=f(b)$,

则在区间 (a,b) 内至少存在一点 $\xi(a<\xi<b)$,使得 $f'(\xi)=0$.

罗尔(M. Rolle,法,1652—1719)定理的几何意义:定理的三个条件表明曲线弧 $y=f(x)$ 是一条连续、光滑的,且在两个端点 A,B 处纵坐标相等,结论是在 $\overgroup{AB}$ 上至少有一点 $C(\xi,f(\xi))$,曲线在点 C 的切线平行于 x 轴,如图 3-1-1 所示.

在这里必须指出:定理的三个条件中,只要有一个不成立,定理的结论就可能不成立.

例 1 $f(x)=\begin{cases} x, & 0\leqslant x<1, \\ 0, & x=1. \end{cases}$

函数 $f(x)$ 仅在 $x=1$ 处不连续,罗尔定理的其他两个条件都成立,但罗尔定理的结论不成立,如图 3-1-2 所示.

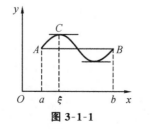

图 3-1-1

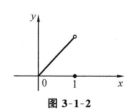

图 3-1-2

例 2　$f(x)=|x|,x\in[-1,1]$.

函数 $f(x)$ 仅在 $x=0$ 处不可导(由第 2 章 §2.1 节例 9 可知),罗尔定理的其他条件都满足,但结论不成立,如图 3-1-3 所示.

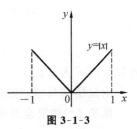

图 3-1-3

例 3　$y=\sin x,x\in\left[0,\dfrac{\pi}{2}\right]$.

函数 y 在区间端点处的函数值不相等,罗尔定理的其他条件都满足,但结论不成立,图略.

例 4　验证函数 $f(x)=x^3+4x^2-7x-10$ 在区间 $[-1,2]$ 上满足罗尔定理的三个条件,并求出满足 $f'(\xi)=0$ 的点 ξ.

解　因为函数 $f(x)$ 是多项式,它在 $(-\infty,+\infty)$ 内可导,所以它在 $[-1,2]$ 上连续,在 $(-1,2)$ 内可导,且 $f(-1)=f(2)=0$.因此,$f(x)$ 满足罗尔定理的三个条件.

又 $f'(x)=3x^2+8x-7$,设 $f'(\xi)=0$,即

$$3\xi^2+8\xi-7=0,$$

解方程得

$$\xi_1=\frac{-4+\sqrt{37}}{3},\quad \xi_2=\frac{-4-\sqrt{37}}{3},$$

而 ξ_2 不属于 $(-1,2)$,应舍去,显然 $\xi_1\in(-1,2)$,即 ξ_1 为所求.

3.1.2　拉格朗日中值定理

拉格朗日中值定理　若函数 $f(x)$ 满足:

(1)在闭区间 $[a,b]$ 上连续;

(2)在开区间 (a,b) 内可导,

则在区间 (a,b) 内至少存在一点 ξ,使等式

$$f(b)-f(a)=(b-a)f'(\xi)$$

成立.

把该定理的结论写成

$$\frac{f(b)-f(a)}{b-a}=f'(\xi),$$

上式的左边正好是函数曲线 $y=f(x)$ 两端点 $A(a,f(a))$ 和 $B(b,f(b))$ 连线的弦 AB 的斜率.于是,拉格朗日(J. L. Lagrange,法,1736—1813)中值定理的几何意义是:在闭区间上连续、开区间内可导的函数在 (a,b) 内至少存在一点 ξ,使函数曲线在 ξ 处的切线与弦 AB 平行,如图 3-1-4 所示.

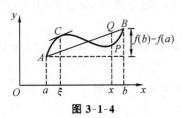

图 3-1-4

如果在拉格朗日定理中增加第三个条件——该函数在两端点的函数值相等,则定理的结论正好是罗尔定理.所以,罗尔定理是拉格朗日中值定理的特例.

在第 2 章 §2.6 节我们给出了用微分近似表示函数的增量,即 $\Delta y\approx dy=f'(x_0)\Delta x$.下面由拉格朗日中值定理给出微积分中常用的函数增量公式.

设函数 $y=f(x)$ 在开区间 (a,b) 内可导,任取 x_0 及 $x_0+\Delta x$ 仍属于 (a,b),显然 $f(x)$ 在 $[x_0,x_0+\Delta x]$ 上满足拉格朗日中值定理的条件.于是有

$$\Delta y = f(x_0 + \Delta x) - f(x_0) = f'(\xi)\Delta x \quad \xi \in (x_0, x_0 + \Delta x)$$

或

$$\Delta y = f(x_0 + \Delta x) - f(x_0) = f'(x_0 + \theta \Delta x)\Delta x \quad (0 < \theta < 1),$$

称以上两式为函数 $f(x)$ 在 x_0 处的**有限增量公式**或**微分中值定理**.

由拉格朗日中值定理可以导出以下两个推论.

推论 1 如果在开区间 (a,b) 内恒有 $f'(x) = 0$,则 $f(x)$ 在 (a,b) 内恒为常数.

证 设 x_1, x_2 是 (a,b) 内任意两点,不妨设 $x_1 < x_2$,在 $[x_1, x_2]$ 上应用拉格朗日中值定理,有 $\xi \in (x_1, x_2)$,使

$$f(x_2) - f(x_1) = (x_2 - x_1)f'(\xi) = 0,$$

所以有

$$f(x_1) = f(x_2).$$

由 x_1, x_2 的任意性可知,$f(x)$ 在 (a,b) 内任何点处函数值相等,即 $f(x)$ 在 (a,b) 上恒为常数.

推论 2 如果在开区间 (a,b) 内恒有 $f'(x) = g'(x)$,则在 (a,b) 内恒有

$$f(x) = g(x) + C \quad (C \text{ 为一常数}).$$

证 令 $F(x) = f(x) - g(x)$,于是 $F'(x) = f'(x) - g'(x) = 0$.

由推论 1 可得推论 2 成立.

例 5 设函数 $y = x^2$,在闭区间 $[0,1]$ 上验证拉格朗日中值定理的正确性.

解 显然 $f(x) = x^2$ 在 $[0,1]$ 上连续,在 $(0,1)$ 内可导,且 $f'(x) = 2x$,于是有

$$\frac{f(1) - f(0)}{1 - 0} = 2\xi,$$

即 $2\xi = 1$,亦即 $\xi = \dfrac{1}{2} \in (0,1)$.所以 $f(x) = x^2$ 在 $[0,1]$ 上满足拉格朗日中值定理.

习 题 3-1

1.讨论下列函数在所给定的区间上罗尔定理是否成立,若成立,求出定理中的 ξ.

(1) $f(x) = \ln\sin x$, $\left[\dfrac{\pi}{6}, \dfrac{5\pi}{6}\right]$; 　　　　(2) $f(x) = \dfrac{3}{x^2+1}$, $[-1,1]$;

(3) $f(x) = x\sqrt{3-x}$, $[0,3]$.

2.验证下列函数在所给定的区间上拉格朗日中值定理是否成立,若成立,求出定理中的 ξ.

(1) $f(x) = 2x^3$, $[-1,1]$; 　　　　(2) $f(x) = \arctan x$, $[0,1]$;

(3) $f(x) = x^3 - 5x^2 + x - 2$, $[-1,0]$.

3.已知函数 $f(x) = (2x+1)(3x-1)(x-3)(x-5)$,不求 $f(x)$ 的导数,讨论 $f'(x) = 0$ 的实根,并指出它们所在的区间.

4.设三次方程 $a_0 x^3 + a_1 x^2 + a_2 x + a_3 = 0$ 有三个不同实根,证明二次方程 $3a_0 x^2 + 2a_1 x + a_2 = 0$ 的所有根都是实数.

5.试证方程 $4ax^3 + 3bx^2 + 2cx = a + b + c$ 在开区间 $(0,1)$ 内至少有一个实根.

6.试证 $\arcsin x + \arccos x = \dfrac{\pi}{2}$ 的区间 $[-1,1]$ 上恒成立.

7.证明:当 $x > 0$ 时,$\dfrac{x}{1+x} < \ln(1+x) < x$.

8. 证明：当 $0 < a < b$ 时，$\dfrac{b-a}{b} < \ln\dfrac{b}{a} < \dfrac{b-a}{a}$.

9. 证明下列各式：

(1) 当 $x > 0$ 时，$e^x > 1 + x$；

(2) 不等式 $|\arctan x| \leqslant |x|$ 成立；

(3) 恒等式 $\arctan x + \arctan\dfrac{1}{x} = \dfrac{\pi}{2}$　$(x \neq 0)$.

§ 3.2　洛必达法则

3.2.1　$\dfrac{0}{0}$ 型未定式

洛必达法则 I　如果函数 $f(x)$ 和 $F(x)$ 满足

(1) 当 $x \to x_0$ 时，$f(x) \to 0$，$F(x) \to 0$；

(2) 在点 x_0 的某去心邻域 $\mathring{U}(x_0, \delta)$ 内，$f'(x)$，$F'(x)$ 存在，且 $F'(x) \neq 0$；

(3) $\lim\limits_{x \to x_0}\dfrac{f'(x)}{F'(x)}$ 存在（或为 ∞），

则极限 $\lim\limits_{x \to x_0}\dfrac{f(x)}{F(x)}$ 也存在（或为 ∞），且

$$\lim_{x \to x_0}\frac{f(x)}{F(x)} = \lim_{x \to x_0}\frac{f'(x)}{F'(x)}.$$

证明从略.

洛必达法则 II　如果函数 $f(x)$ 和 $F(x)$ 满足

(1) 当 $x \to \infty$ 时，$f(x) \to 0$，$F(x) \to 0$；

(2) 当 $|x|$ 充分大时，$f'(x)$，$F'(x)$ 存在，且 $F'(x) \neq 0$；

(3) $\lim\limits_{x \to \infty}\dfrac{f'(x)}{F'(x)}$ 存在（或为 ∞），

则极限 $\lim\limits_{x \to \infty}\dfrac{f(x)}{F(x)}$ 存在（或为 ∞），且

$$\lim_{x \to \infty}\frac{f(x)}{F(x)} = \lim_{x \to \infty}\frac{f'(x)}{F'(x)}.$$

证　作变量替换令 $x = \dfrac{1}{t}$，则当 $x \to \infty$ 时，$t \to 0$，于是

$$\lim_{x \to \infty}\frac{f(x)}{F(x)} = \lim_{t \to 0}\frac{f\left(\dfrac{1}{t}\right)}{F\left(\dfrac{1}{t}\right)},$$

由洛必达法则 I 有

$$\lim_{t \to 0}\frac{f\left(\dfrac{1}{t}\right)}{F\left(\dfrac{1}{t}\right)} = \lim_{t \to 0}\frac{f'\left(\dfrac{1}{t}\right)\left(-\dfrac{1}{t^2}\right)}{F'\left(\dfrac{1}{t}\right)\left(-\dfrac{1}{t^2}\right)} = \lim_{t \to 0}\frac{f'\left(\dfrac{1}{t}\right)}{F'\left(\dfrac{1}{t}\right)},$$

再把变量还原可得

$$\lim_{x\to\infty}\frac{f(x)}{F(x)}=\lim_{x\to\infty}\frac{f'(x)}{F'(x)}.$$

3.2.2 $\dfrac{\infty}{\infty}$ 型未定式

洛必达法则Ⅲ　　如果函数 $f(x)$ 和 $F(x)$ 满足

(1)当 $x\to x_0$ 时，$f(x)\to\infty$，$F(x)\to\infty$；

(2)在点 x_0 的某去心邻域 $\mathring{U}(x_0,\delta)$ 内，$f'(x)$，$F'(x)$ 存在，且 $F'(x)\neq0$；

(3)$\lim\limits_{x\to x_0}\dfrac{f'(x)}{F'(x)}$ 存在(或为 ∞)，

则极限 $\lim\limits_{x\to x_0}\dfrac{f(x)}{F(x)}$ 存在(或为 ∞)，且

$$\lim_{x\to x_0}\frac{f(x)}{F(x)}=\lim_{x\to x_0}\frac{f'(x)}{F'(x)}.$$

洛必达法则Ⅳ　　如果函数 $f(x)$ 和 $F(x)$ 满足

(1)当 $x\to\infty$ 时，$f(x)\to\infty$，$F(x)\to\infty$；

(2)当 $|x|$ 充分大时，$f'(x)$，$F'(x)$ 存在，且 $F'(x)\neq0$；

(3)$\lim\limits_{x\to\infty}\dfrac{f'(x)}{F'(x)}$ 存在(或为 ∞)，

则极限 $\lim\limits_{x\to\infty}\dfrac{f(x)}{F(x)}$ 也存在(或为 ∞)，且

$$\lim_{x\to\infty}\frac{f(x)}{F(x)}=\lim_{x\to\infty}\frac{f'(x)}{F'(x)}.$$

这两个法则的证明从略.

有了洛必达法则，处理 $\dfrac{0}{0}$ 型与 $\dfrac{\infty}{\infty}$ 型未定式极限非常方便，但在应用中，还要注意几点，下面通过实例给以说明.

例1　求极限 $\lim\limits_{x\to0}\dfrac{\sin x}{x}$.

解　显然此极限是 $\dfrac{0}{0}$ 型未定式，且满足洛必达法则的条件，运用洛必达法则，可求出极限. 于是

$$\lim_{x\to0}\frac{\sin x}{x}=\lim_{x\to0}\frac{(\sin x)'}{x'}=\lim_{x\to0}\frac{\cos x}{1}=1.$$

例2　求极限 $\lim\limits_{x\to0^+}\dfrac{\ln\sin ax}{\ln\sin bx}$　$(a>0,b>0)$.

解　显然此极限是 $\dfrac{\infty}{\infty}$ 型未定式，符合洛必达法则的条件，于是可应用洛必达法则，但此题在应用了一次洛必达法则后，$\lim\limits_{x\to0^+}\dfrac{f'(x)}{F'(x)}$ 仍是 $\dfrac{0}{0}$ 型未定式，这时只要符合洛必达法则的条件，就可继续使用洛必达法则. 本题说明，只要满足条件，洛必达法则就可以反复使用.

$$\lim_{x\to0^+}\frac{\ln\sin ax}{\ln\sin bx}=\lim_{x\to0^+}\frac{\dfrac{a\cos ax}{\sin ax}}{\dfrac{b\cos bx}{\sin bx}}=\lim_{x\to0^+}\frac{a\cos ax}{b\cos bx}\lim_{x\to0^+}\frac{\sin bx}{\sin ax}=\frac{a}{b}\lim_{x\to0^+}\frac{b\cos bx}{a\cos ax}=1.$$

例 3　求极限 $\lim\limits_{x\to+\infty}\dfrac{e^x-e^{-x}}{e^x+e^{-x}}$.

解　该极限属于 $\dfrac{\infty}{\infty}$ 型未定式,反复使用洛必达法则,但对极限存在与否,不能判断. 如

$$\lim_{x\to+\infty}\frac{e^x-e^{-x}}{e^x+e^{-x}}=\lim_{x\to+\infty}\frac{e^x+e^{-x}}{e^x-e^{-x}}=\lim_{x\to+\infty}\frac{e^x-e^{-x}}{e^x+e^{-x}}=\cdots,$$

这时,可先化简被求极限的函数,再求极限,即

$$\lim_{x\to+\infty}\frac{e^x-e^{-x}}{e^x+e^{-x}}=\lim_{x\to+\infty}\frac{e^{2x}-1}{e^{2x}+1}=\lim_{x\to+\infty}\frac{2e^{2x}}{2e^{2x}}=1.$$

例 4　求 $\lim\limits_{x\to 1}\dfrac{x^3-3x+2}{x^3-x^2-x+1}$.

解　这是 $\dfrac{0}{0}$ 型未定式,所以

$$\lim_{x\to 1}\frac{x^3-3x+2}{x^3-x^2-x+1}=\lim_{x\to 1}\frac{3x^2-3}{3x^2-2x-1}=\lim_{x\to 1}\frac{6x}{6x-2}=\frac{3}{2}.$$

注意　上式中的 $\lim\limits_{x\to 1}\dfrac{6x}{6x-2}$ 已不是未定式,不能对它应用洛必达法则,否则会导致错误结果.

因此,在反复应用洛必达法则的过程中,要特别注意每次所求的极限是否为未定式,如果不是,就不能应用洛必达法则.

例 5　求极限 $\lim\limits_{x\to\infty}\dfrac{x+\sin x}{x+\cos x}$.

解　此极限是 $\dfrac{\infty}{\infty}$ 型未定式,用洛必达法则时极限不存在,即

$$\lim_{x\to\infty}\frac{x+\sin x}{x+\cos x}=\lim_{x\to\infty}\frac{1+\cos x}{1-\sin x}.$$

是不是该题极限真的不存在呢? 不一定,这仅仅说明洛必达法则的第三个条件不满足,不能用洛必达法则,必须用其他方法求解此未定式. 在此,把分子、分母同除以 x,把被求极限的函数变换一下,利用有界量乘无穷小的法则,则此题可解,即

$$\lim_{x\to\infty}\frac{x+\sin x}{x+\cos x}=\lim_{x\to\infty}\frac{1+\dfrac{1}{x}\sin x}{1+\dfrac{1}{x}\cos x}=\frac{\lim\limits_{x\to\infty}\left(1+\dfrac{1}{x}\sin x\right)}{\lim\limits_{x\to\infty}\left(1+\dfrac{1}{x}\cos x\right)}=1.$$

3.2.3　其他类型未定式

对于 $0\cdot\infty$ 型、$\infty-\infty$ 型未定式,可通过适当的函数变换,将它们化为 $\dfrac{0}{0}$ 型或 $\dfrac{\infty}{\infty}$ 型未定式,然后再应用洛必达法则.

例 6　求极限 $\lim\limits_{x\to 0^+}x^a\ln x$　$(a>0)$.

解　此极限是 $0\cdot\infty$ 型,可将它化为 $\dfrac{\infty}{\infty}$ 型后应用洛必达法则,即

$$\lim_{x\to 0^+}x^a\ln x=\lim_{x\to 0^+}\frac{\ln x}{x^{-a}}=\lim_{x\to 0^+}\frac{\dfrac{1}{x}}{-ax^{-a-1}}=\lim_{x\to 0^+}\left(-\frac{x^a}{a}\right)=0.$$

若此题化成 $\dfrac{0}{0}$ 型,用洛必达法则,即使反复使用也不能计算出结果.如

$$\lim_{x\to 0^+} x^a \ln x = \lim_{x\to 0^+} \frac{x^a}{\dfrac{1}{\ln x}} = \lim_{x\to 0^+} \frac{a x^{a-1}}{-\dfrac{1}{\ln^2 x}\dfrac{1}{x}} = \lim_{x\to 0^+} \frac{a x^a}{-\dfrac{1}{\ln^2 x}} = \cdots.$$

是将 $0 \cdot \infty$ 型未定式化为 $\dfrac{0}{0}$ 型还是 $\dfrac{\infty}{\infty}$ 型,由具体问题而定.

例 7 求极限 $\lim\limits_{x\to 1}\left(\dfrac{3}{1-x^3} - \dfrac{1}{1-x}\right)$.

解 这是 $\infty - \infty$ 型的未定式.

$$\lim_{x\to 1}\left(\frac{3}{1-x^3} - \frac{1}{1-x}\right) = \lim_{x\to 1}\frac{3-(1+x+x^2)}{1-x^3} = \lim_{x\to 1}\frac{2-x-x^2}{1-x^3}$$

$$= \lim_{x\to 1}\frac{-1-2x}{-3x^2} = \frac{\lim\limits_{x\to 1}(-1-2x)}{\lim\limits_{x\to 1}(-3x^2)} = 1.$$

下面三个例子属幂指未定式 0^0 型,1^∞ 型与 ∞^0 型,利用对数,可将其化为 $\dfrac{0}{0}$ 型或 $\dfrac{\infty}{\infty}$ 型未定式,再用洛必达法则.这样求极限的方法通常称为**对数求极限方法**.

例 8 求极限 $\lim\limits_{x\to 0^+} x^x$.

解法一 此极限为 0^0 型未定式,令 $y = x^x$,两边取对数,$\ln y = x \ln x$,再两边取极限,于是

$$\lim_{x\to 0^+}\ln y = \lim_{x\to 0^+} x\ln x = \lim_{x\to 0^+}\frac{\ln x}{\dfrac{1}{x}} = \lim_{x\to 0^+}\frac{\dfrac{1}{x}}{-\dfrac{1}{x^2}} = \lim_{x\to 0^+}(-x) = 0,$$

所以

$$\lim_{x\to 0^+} y = e^0 = 1.$$

这里应用了复合函数 $y = e^{\ln y}$ 的求极限方法.因此,此题也可这样解:

解法二 $\lim\limits_{x\to 0^+} x^x = \lim\limits_{x\to 0^+} e^{x\ln x} = e^{\lim\limits_{x\to 0^+} x\ln x} = e^{\lim\limits_{x\to 0^+}\frac{\ln x}{\frac{1}{x}}} = e^{\lim\limits_{x\to 0^+}\frac{\frac{1}{x}}{-\frac{1}{x^2}}} = e^0 = 1.$

例 9 求极限 $\lim\limits_{x\to 0}(1+\sin x)^{\frac{1}{x}}$.

解 此极限为 1^∞ 型未定式,所以

$$\lim_{x\to 0}(1+\sin x)^{\frac{1}{x}} = e^{\lim\limits_{x\to 0}\frac{1}{x}\ln(1+\sin x)} = e^{\lim\limits_{x\to 0}\frac{\ln(1+\sin x)}{x}}$$

$$= e^{\lim\limits_{x\to 0}\frac{\frac{\cos x}{1+\sin x}}{1}} = e^{\lim\limits_{x\to 0}\frac{\cos x}{1+\sin x}} = e^1 = e.$$

例 10 求极限 $\lim\limits_{x\to 0^+}(\cot x)^x$.

解 此极限为 ∞^0 型未定式,所以

$$\lim_{x\to 0^+}(\cot x)^x = e^{\lim\limits_{x\to 0^+} x\ln\cot x} = e^{\lim\limits_{x\to 0^+}\frac{\ln\cot x}{\frac{1}{x}}} = e^{\lim\limits_{x\to 0^+}\frac{\frac{-\csc^2 x}{\cot x}}{-\frac{1}{x^2}}} = e^{\lim\limits_{x\to 0^+}\frac{\sin x}{\cos x}\frac{x^2}{\sin^2 x}}$$

$$= e^{\lim\limits_{x\to 0^+}\frac{\sin x}{\cos x}\frac{1}{(\frac{\sin x}{x})^2}} = e^0 = 1.$$

习　　题　3-2

1.利用洛必达法则求下列极限：

(1)$\lim\limits_{x\to 0}\dfrac{\sin 5x}{x}$；

(2)$\lim\limits_{x\to x_0}\dfrac{x^{100}-x_0^{100}}{x^{50}-x_0^{50}}$；

(3)$\lim\limits_{x\to 0}\dfrac{e^x-e^{-x}}{\sin x}$；

(4)$\lim\limits_{x\to 0}\dfrac{1-\cos x^2}{x^2\sin x^2}$；

(5)$\lim\limits_{x\to\frac{\pi}{4}}\dfrac{\tan x-1}{\sin 4x}$；

(6)$\lim\limits_{x\to\frac{\pi}{2}}\dfrac{\tan 6x}{\tan 2x}$；

(7)$\lim\limits_{x\to 0^+}\dfrac{\ln x}{\ln\sin x}$；

(8)$\lim\limits_{x\to 0}\left(\dfrac{1}{x}-\dfrac{1}{e^x-1}\right)$；

(9)$\lim\limits_{x\to\frac{\pi}{2}}(1+\cos x)^{\frac{1}{x-\frac{\pi}{2}}}$；

(10)$\lim\limits_{x\to 0^+}x^{\sin x}$；

(11)$\lim\limits_{x\to 0^+}(\cot x)^{\frac{1}{\ln x}}$；

(12)$\lim\limits_{x\to +\infty}\left(\dfrac{2}{\pi}\arctan x\right)^x$.

§3.3　利用导数分析函数特性

3.3.1　函数的单调性

首先从直观几何图形看单调函数的导数特点,如图 3-3-1 所示.单调增函数的曲线上每点切线与 x 轴正向夹角 α 始终在第 I 象限,这就是说

$$f'(x)=\tan\alpha\geqslant 0;$$

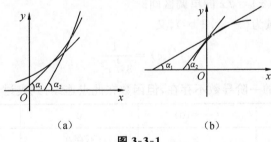

　　　　(a)　　　　　　　　　　　　(b)

图 3-3-1

而单调减函数的曲线上每点切线与 x 轴正向夹角 α 在第 II 象限,如图 3-3-2 所示,即

$$f'(x)=\tan\alpha\leqslant 0.$$

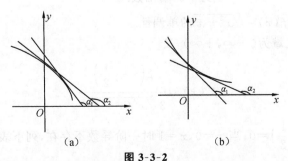

　　　　(a)　　　　　　　　　　　　(b)

图 3-3-2

于是有函数单调性判断定理.

定理 3.3.1 设函数 $f(x)$ 在区间 $[a,b]$ 上连续,在 (a,b) 内可导,

(1)若 $x \in (a,b)$ 时,恒有 $f'(x) > 0$,则 $f(x)$ 在 $[a,b]$ 上单调增加;

(2)若 $x \in (a,b)$ 时,恒有 $f'(x) < 0$,则 $f(x)$ 在 $[a,b]$ 上单调减少.

证 在区间 (a,b) 内任取 x_1, x_2,不妨设 $x_1 < x_2$,于是在 $[x_1, x_2]$ 上满足拉格朗日中值定理的条件,从而有

$$f(x_2) - f(x_1) = f'(\xi)(x_2 - x_1).$$

若 $f'(x) > 0$,于是 $f(x_2) - f(x_1) > 0$,即 $f(x_2) > f(x_1)$,所以 $f(x)$ 在 $[a,b]$ 上单调增加.

若 $f'(x) < 0$,于是 $f(x_2) - f(x_1) < 0$,从而 $f(x)$ 在 $[a,b]$ 上单调减少.

在判断函数单调性时,如果 $f(x)$ 在 (a,b) 内连续,一阶导数在 (a,b) 内的某些单个点处为零或者不存在,函数在这些点处或者不影响函数单调性,或者仅为单调区间的分界点,或者为函数的极值点.

例 1 讨论函数 $f(x) = x^3$ 的单调性.

解 首先确定 $f(x)$ 的定义域: $f(x)$ 为多项式,定义域为 $(-\infty, +\infty)$.

再求一阶导数,求出一阶导数为零(或不存在)时自变量 x 的值,这些点把定义域分成若干个部分区间,确定各区间一阶导数的符号,于是判断出函数的单调区间.

由 $f'(x) = 3x^2$,当 $x = 0$ 时,$f'(0) = 0$.列表如下:

x	$(-\infty, 0)$	0	$(0, +\infty)$
$f'(x)$	$+$	0	$+$
$f(x)$	↗		↗

所以 $f(x) = x^3$ 在 $(-\infty, +\infty)$ 上为单调增函数.

我们用 ↗ 表示函数递增,↘ 表示函数递减.

例 2 确定函数 $f(x) = \sqrt[3]{x}$ 的单调区间.

解 $f(x)$ 的定义域为 $(-\infty, +\infty)$,又

$$f'(x) = \frac{1}{3\sqrt[3]{x^2}}.$$

当 $x = 0$ 时,$f(x)$ 的一阶导数不存在,但函数在此点连续,列表讨论如下:

x	$(-\infty, 0)$	0	$(0, +\infty)$
$f'(x)$	$+$	不存在	$+$
$f(x)$	↗		↗

所以 $f(x) = \sqrt[3]{x}$ 于 $(-\infty, +\infty)$ 上为单调增函数.

例 3 分析函数 $f(x) = \sqrt[3]{x^2 - x}$ 的单调性.

解 $f(x)$ 的定义域为 $(-\infty, +\infty)$,又

$$f'(x) = \frac{2\left(x - \dfrac{1}{2}\right)}{3\sqrt[3]{x^2(x-1)^2}}.$$

当 $x = \dfrac{1}{2}$ 时,$f'\left(\dfrac{1}{2}\right) = 0$;当 $x = 0$,$x = 1$ 时一阶导数不存在,列下表进行讨论:

x	$(-\infty,0)$	0	$\left(0,\dfrac{1}{2}\right)$	$\dfrac{1}{2}$	$\left(\dfrac{1}{2},1\right)$	1	$(1,+\infty)$
$f'(x)$	$-$	不存在	$-$	0	$+$	不存在	$+$
$f(x)$	↘	0	↘	$-\dfrac{1}{\sqrt[3]{4}}$	↗	0	↗

所以 $f(x)$ 于 $\left(-\infty,\dfrac{1}{2}\right]$ 内单调减少,于 $\left[\dfrac{1}{2},+\infty\right)$ 内单调增加.

3.3.2　函数的极值

分析函数的特性时,很重要的一个特性就是函数的极值.

定义 3.3.1　设函数 $f(x)$ 在邻域 $U(x_0,\delta)$ 内有定义,对任意 $x\in\mathring{U}(x_0,\delta)$,总有 $f(x)<f(x_0)$,则称 $f(x_0)$ 为函数 $f(x)$ 的极大值,称 x_0 为 $f(x)$ 的极大值点;若对任意 $x\in\mathring{U}(x_0,\delta)$,总有 $f(x)>f(x_0)$,则称 $f(x_0)$ 为函数 $f(x)$ 的极小值,称 x_0 为 $f(x)$ 的极小值点.

为找出函数的极值点,先给出极值存在的必要条件.

定理 3.3.2(极值存在的必要条件)　若函数 $f(x)$ 在 x_0 处有极值,且 $f'(x_0)$ 存在,则 $f'(x_0)=0$.

证　不妨设 $f(x_0)$ 为极大值.任取 $x\in\mathring{U}(x_0,\delta)$,恒有
$$f(x)<f(x_0),$$
于是当 $x<x_0$ 时,$\dfrac{f(x)-f(x_0)}{x-x_0}>0$;当 $x>x_0$ 时,$\dfrac{f(x)-f(x_0)}{x-x_0}<0$.

由第 2 章单侧导数定义及第 1 章 §1.3 节函数极限性质 3 的推论,则
$$f'_-(x_0)=\lim_{x\to x_0^-}\frac{f(x)-f(x_0)}{x-x_0}\geqslant 0,$$
$$f'_+(x_0)=\lim_{x\to x_0^+}\frac{f(x)-f(x_0)}{x-x_0}\leqslant 0,$$
因为 $f'(x_0)$ 存在,所以 $f'(x_0)=0$.

使 $f'(x)=0$ 成立的点 x_0,称为函数 $f(x)$ 的**驻点**.

定理 3.3.2 是极值存在的必要条件,但不是充分条件,如函数 $y=x^2$,$y'(0)=0$,$x=0$ 是 $y=x^2$ 的极小值点,如图 3-3-3 所示;而函数 $f(x)=x^3$,$f'(0)=0$,但 $x=0$ 不是 $f(x)=x^3$ 的极值点,如图 3-3-4 所示.

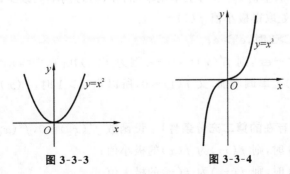

图 3-3-3　　　　　　　　　　图 3-3-4

又如 $y=x^{\frac{2}{3}}$,当 $x=0$ 时,函数连续,但一阶导数不存在,而 $x=0$ 是 $y=x^{\frac{2}{3}}$ 的极小值点,如图 3-3-5 所示.函数 $f(x)=x^{\frac{1}{3}}$,当 $x=0$ 时函数连续,但函数在该点不可导,且 $x=0$ 也不

是它的极值点,如图 3-3-6 所示.

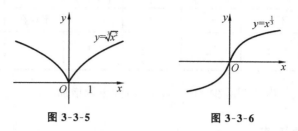

图 3-3-5　　　　　　　图 3-3-6

从以上几个函数可以看出,函数的驻点、一阶导数不存在的点仅仅是取得极值的可疑点,是否为极值点需要判断,于是有下面定理.

定理 3.3.3(极值存在的第一充分条件)　设函数 $f(x)$ 在点 x_0 的邻域 $(x_0-\delta,x_0+\delta)$ 内连续,$f'(x_0)=0$ 或 $f'(x_0)$ 不存在.

(1)若 $x\in(x_0-\delta,x_0)$ 时 $f'(x)>0$,而当 $x\in(x_0,x_0+\delta)$ 时 $f'(x)<0$,则 $f(x)$ 在 x_0 处取得极大值 $f(x_0)$;

(2)若 $x\in(x_0-\delta,x_0)$ 时 $f'(x)<0$,而当 $x\in(x_0,x_0+\delta)$ 时 $f'(x)>0$,则 $f(x)$ 在 x_0 处取得极小值 $f(x_0)$;

(3)若 $x\in\overset{\circ}{U}(x_0,\delta)$ 时 $f'(x)>0$ 或者 $f'(x)<0$,则 $f(x)$ 在 x_0 处无极值.

请读者自己证明.

例 4　求函数 $f(x)=2x-3x^{\frac{2}{3}}$ 的极值.

解　$f(x)$ 的定义域为 $(-\infty,+\infty)$,又

$$f'(x)=\frac{2(\sqrt[3]{x}-1)}{\sqrt[3]{x}}.$$

当 $x=0$ 时,$f'(0)$ 不存在;当 $x=1$ 时,$f'(1)=0$. 于是 $x=0,x=1$ 为极值可疑点,列表讨论如下:

x	$(-\infty,0)$	0	$(0,1)$	1	$(1,+\infty)$
$f'(x)$	$+$	不存在	$-$	0	$+$
$f(x)$	↗	0 极大值	↘	-1 极小值	↗

所以函数在 $(-\infty,0]$ 和 $[1,-\infty)$ 上单调增加;在 $(0,1)$ 内单调减少;在 $x=0$ 处取得极大值 $f(0)=0$,在 $x=1$ 处取得极小值 $f(1)=-1$.

例 5　证明:当 $x>1$ 时,$e^x>ex$.

证　设 $f(x)=e^x-ex$,则 $f'(x)=e^x-e$. 因为 $f(x)$ 在 $[1,+\infty)$ 上连续,且 $f'(x)>0$,所以 $f(x)$ 在 $[1,+\infty)$ 上单调增加,又 $f(1)=0$,所以当 $x>1$ 时,$f(x)>f(1)=0$,即 $e^x-ex>0$,从而 $e^x>ex$.

定理 3.3.4(极值存在的第二充分条件)　设函数 $f'(x_0)=0$,$f''(x_0)$ 存在.

(1)若 $f''(x_0)>0$ 时,则 $f(x_0)$ 为 $f(x)$ 的极小值;

(2)若 $f''(x_0)<0$ 时,则 $f(x_0)$ 为 $f(x)$ 的极大值.

第二充分条件由二阶导数的定义与第一充分条件可证,在此从略.

第二充分条件在极值的应用题中应用很广泛,见后面例题.

3.3.3　函数最大值、最小值及其应用

由第 1 章 §1.8 节定理 1.8.6 可知,闭区间上的连续函数一定可以取得最大值或最小值,那它在哪些点上可以取得呢？它只可能在闭区间的端点上或在区间内的点上取得. 而函数的极值是函数在区间内的某些局部范围内的最大值或最小值. 所以,求函数的最大值和最小值,只需把函数在端点、一阶导数为零的点及一阶导数不存在的点的函数值求出来,然后进行比较,其中的最大值和最小值就是函数的最大值和最小值.

例 6　设函数 $f(x) = x + \sqrt{1-x}$ 定义在闭区间 $[-3,1]$ 上,求 $f(x)$ 的最大值点和最小值点及其最大值和最小值.

解　$f(x)$ 在 $[-3,1]$ 上连续,一定存在最大值和最小值. 对函数求导,即

$$f'(x) = 1 - \frac{1}{2\sqrt{1-x}} = \frac{2\sqrt{1-x}-1}{2\sqrt{1-x}},$$

当 $x=1$ 时,$f'(1)$ 不存在；当 $x = \dfrac{3}{4}$ 时,$f'\left(\dfrac{3}{4}\right) = 0$.

求出下列函数值：

$$f(-3) = -1,$$
$$f\left(\frac{3}{4}\right) = \frac{5}{4},$$
$$f(1) = 1.$$

比较这几个函数值的大小可知,在 $x = \dfrac{3}{4}$ 处取得函数的最大值,最大值为 $\dfrac{5}{4}$；在 $x = -3$ 处取得函数的最小值,最小值为 -1.

在判断函数最大值和最小值时,有两种情况要给予说明：

第一,若函数 $f(x)$ 在闭区间上为单调函数,则最大值和最小值一定在端点处取得；

第二,若函数 $f(x)$ 在所讨论的区间上有且仅有一个极值,这个极值就是函数的最值. 这一点在求最大值或最小值的实际问题中,不少实例属于此种类型.

例 7　求函数 $y = 2x - \sin x$ 在 $\left[0, \dfrac{\pi}{2}\right]$ 上的最大值和最小值.

解　由于 $y' = 2 - \cos x > 0$,因此函数的最值在端点处取得,即

$$y(0) = 0,$$
$$y\left(\frac{\pi}{2}\right) = \pi - 1.$$

所以,在 $x = 0$ 处,函数取得最小值 0；在 $x = \dfrac{\pi}{2}$ 处,函数取得最大值 $\pi - 1$.

例 8　某工厂要造一个容积为 8 000 m^3 的圆柱形蓄水池,问如何设计尺寸可以使用料最省？

解　设蓄水池的底半径为 r,高为 h,体积为 V,侧面积与底面积的和为 S,于是

$$V = \pi r^2 h, \quad h = \frac{8\,000}{\pi r^2},$$

面积函数 $S = \pi r^2 + 2\pi r h = \pi r^2 + \dfrac{16\,000}{r}$ 定义在 $(0, +\infty)$ 内,且

$$S' = 2\pi r - \frac{16\ 000}{r^2} = \frac{2\pi r^3 - 16\ 000}{r^2},$$

$$S'' = 2\pi + \frac{32\ 000}{r^3}.$$

当 $r = \frac{20}{\sqrt[3]{\pi}}$ m 时，$S'\left(\frac{20}{\sqrt[3]{\pi}}\right) = 0$，$S''\left(\frac{20}{\sqrt[3]{\pi}}\right) > 0$，所以当 $r = \frac{20}{\sqrt[3]{\pi}}$，$h = \frac{20}{\sqrt[3]{\pi}}$ 时，面积函数取得极小值. 又只有一个极值，所以它就是最小值. 设计蓄水池的底半径与高相等，都等于 $\frac{20}{\sqrt[3]{\pi}}$ m 时，建池用料最省.

3.3.4　曲线的凹凸性与拐点

一阶导数的符号可以判断曲线的单调性，但仅知道曲线的单调性还是无法确定函数图像的形状.

设函数 $f(x)$ 从坐标平面上点 A 单调递增到点 B，此单调函数图像从 A 到 B 可能为这两种形状之一，如图 3-3-7 所示.因此，要确定函数图像的形状，还需分析凹凸性与拐点.

定义 3.3.2　在某区间内，若函数曲线弧位于每点切线的上方，则称曲线在此区间上是凹的，如图 3-3-8 所示；若函数曲线弧位于每点切线的下方，则称曲线在此区间上是凸的，如图 3-3-9 所示.

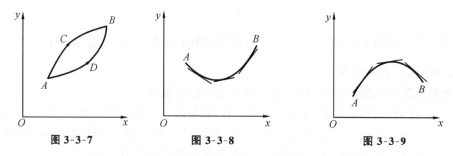

图 3-3-7　　　　　　　图 3-3-8　　　　　　　图 3-3-9

定理 3.3.5　设函数 $f(x)$ 在区间 (a,b) 内具有二阶导数.

(1)若 $x \in (a,b)$ 时，恒有 $f''(x) > 0$，则曲线 $f(x)$ 在 (a,b) 内是凹的；

(2)若 $x \in (a,b)$ 时，恒有 $f''(x) < 0$，则曲线 $f(x)$ 在 (a,b) 内是凸的.

证明从略.

定义 3.3.3　曲线凹与凸的分界点称为曲线的拐点.

拐点既然是曲线凹与凸的分界点，在拐点左右邻域内，$f''(x)$ 的符号就应相反，于是在拐点处 $f''(x) = 0$ 或 $f''(x)$ 不存在.所以，判断曲线 $f(x)$ 的凹凸性与拐点，首先应找到二阶导数为零与二阶导数不存在的点 x，由此划分定义域为若干个部分区间，讨论各区间二阶导数的符号，就可以判断出函数的凹凸性与拐点.

例 9　求曲线 $f(x) = \frac{x^4}{12} - \frac{5}{6}x^3 + 3x^2$ 的凹凸区间与拐点.

解　函数 $f(x)$ 的定义域为 $(-\infty, +\infty)$.

$$f'(x) = \frac{1}{3}x^3 - \frac{5}{2}x^2 + 6x,$$

$$f''(x) = x^2 - 5x + 6 = (x-2)(x-3).$$

令 $f''(x)=0$ 得 $x_1=2,x_2=3$. 用点 $x_1=2,x_2=3$ 划分函数定义区间 $(-\infty,+\infty)$,列表讨论如下:

x	$(-\infty,2)$	2	$(2,3)$	3	$(3,+\infty)$
$f''(x)$	$+$	0	$-$	0	$+$
$f(x)$	凹	$\dfrac{20}{3}$ 拐点	凸	$\dfrac{45}{4}$ 拐点	凹

即曲线在区间 $(-\infty,2]$ 和 $[3,+\infty)$ 内是凹的,在区间 $(2,3)$ 内是凸的,点 $\left(2,\dfrac{20}{3}\right)$ 与 $\left(3,\dfrac{45}{4}\right)$ 为曲线的拐点.

例 10　分析曲线 $y=(x-1)^{\frac{5}{3}}$ 的凹凸性与拐点.

解　函数定义域为 $(-\infty,+\infty)$,

$$y'=\frac{5}{3}(x-1)^{\frac{2}{3}},\quad y''=\frac{10}{9}\frac{1}{\sqrt[3]{x-1}}.$$

当 $x=1$ 时,$y''(x)$ 不存在,由此划分定义域为两个区间,列表如下:

x	$(-\infty,1)$	1	$(1,+\infty)$
y''	$-$	不存在	$+$
y	凸	0 拐点	凹

即函数在区间 $(-\infty,1)$ 内是凸的,在区间 $[1,+\infty)$ 内是凹的,$(1,0)$ 为函数的拐点.

习 题 3-3

1.求下列函数的单调区间:

(1) $y=2+x-x^2$;

(2) $y=\dfrac{2x}{1+x^2}$;

(3) $y=\dfrac{\sqrt{x}}{x+100}\quad(x\geqslant0)$;

(4) $y=x+\sin x$;

(5) $y=x^3+x$;

(6) $y=2x^2-\ln x$.

2.求下列函数的极值:

(1) $y=2x^3-6x^2-18x+7$;

(2) $y=x-\sin x$;

(3) $y=(x-3)^2(x-2)$;

(4) $y=2x-\ln(4x)^2$.

3.求下列函数在所给的区间上的最大值和最小值:

(1) $y=x^5-5x^4+5x^3+1,[-1,2]$;

(2) $y=\dfrac{x-1}{x+1},[0,4]$;

(3) $y=\ln(x^2+1),[-1,2]$;

(4) $y=x+\sqrt{x},[0,4]$.

4.判定下列曲线的凹凸性:

(1) $y=2-x-x^2$;

(2) $y=x+\ln x$.

5.求下列曲线的凹凸区间及拐点:

(1) $y=x^3-5x^2+3x+5$;

(2) $y=\ln(x^2+1)$.

6.证明下列不等式：

(1)当 $x>0$ 时，$x>\ln(1+x)$；

(2)当 $x>0$ 时，$1+x\ln(x+\sqrt{1+x^2})>\sqrt{1+x^2}$；

(3)当 $0<x<\dfrac{\pi}{2}$ 时，$\sin x+\tan x>2x$；

(4)当 $x>1$ 时，$\ln x>\dfrac{2(x-1)}{x+1}$.

7.某工厂要做一个容积为 108 m³、底部为正方形的长方体水池，底部与侧面单位面积用料相同，问如何设计尺寸可以使水池用料最省？

8.对物体的长度进行了 100 次测量，得到 100 个数据 $x_1,x_2,\cdots,x_{100}$，现要确定一个量 x，使它与测得的数据之差的平方和为最小，问 x 应是多少？

9.以直的河岸为一边，用篱笆围成一矩形场地，有 36 m 长的篱笆，问所能围成的最大场地面积是多少？

§3.4　函数曲线渐近线与函数作图

3.4.1　曲线渐近线

下面只讨论曲线的水平渐近线和垂直渐近线(实际上还有一种所谓斜渐近线，在此略).

1.水平渐近线

设函数 $y=f(x)$ 的定义域是无限区间，若

$$\lim_{x\to-\infty}f(x)=b \quad \text{或} \quad \lim_{x\to+\infty}f(x)=b,$$

则称直线 $y=b$ 为函数曲线 $y=f(x)$ 的水平渐近线.

如，对于函数 $y=\arctan x$，因为 $\lim\limits_{x\to+\infty}\arctan x=\dfrac{\pi}{2}$，所以 $y=\dfrac{\pi}{2}$ 是 $y=\arctan x$ 的一条水平渐近线，如图 3-4-1(a)所示.

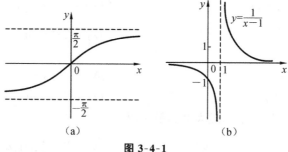

(a)　　　　　　　　　(b)

图 3-4-1

2.铅直渐近线

对函数 $y=f(x)$，若

$$\lim_{x\to a^-}f(x)=\infty \quad \text{或} \quad \lim_{x\to a^+}f(x)=\infty,$$

则称直线 $x=a$ 为函数曲线 $y=f(x)$ 的铅直渐近线.

如,函数 $y=\dfrac{1}{x-1}$,因为 $\lim\limits_{x\to 1}\dfrac{1}{x-1}=\infty$,所以 $x=1$ 为曲线 $y=\dfrac{1}{x-1}$ 的铅直渐近线,如图 3-4-1(b)所示.

例 1 求函数 $y=\dfrac{1}{2x-1}$ 的渐近线.

解 因为 $\lim\limits_{x\to\infty}\dfrac{1}{2x-1}=0$,所以曲线 $y=\dfrac{1}{2x-1}$ 有水平渐近线 $y=0$;又因 $\lim\limits_{x\to\frac{1}{2}}\dfrac{1}{2x-1}=\infty$,所以曲线 $y=\dfrac{1}{2x-1}$ 还有一条铅直渐近线 $x=\dfrac{1}{2}$.

例 2 求曲线 $y=\dfrac{x^2}{2x+1}$ 的渐近线.

解 因为 $\lim\limits_{x\to\infty}\dfrac{x^2}{2x+1}=\infty$,所以曲线 $y=\dfrac{x^2}{2x+1}$ 无水平渐近线;而因 $\lim\limits_{x\to-\frac{1}{2}}\dfrac{x^2}{2x+1}=\infty$,所以曲线 $y=\dfrac{x^2}{2x+1}$ 有一铅直渐近线 $x=-\dfrac{1}{2}$.

3.4.2 函数作图

在用描点法作出函数的图像时,如何恰当选择图像上的点是很重要的.现在利用上面两节学习的微分学的方法,对所描的点加以选择,抓住那些在图像上处于重要位置的点(如"峰"、"谷"、拐点等),并掌握图像在各个部分区间上的主要性态(如升降、凹向等),从而只需描出少数的点,就可把函数图像的特性比较准确地描绘出来.

利用导数描绘函数图像的一般步骤如下:

第一步,确定函数 $y=f(x)$ 的定义域及函数的某些特性(如奇偶性、周期性等),求出函数的一阶导数 $f'(x)$ 和二阶导数 $f''(x)$;

第二步,求出一阶导数 $f'(x)$ 和二阶导数 $f''(x)$ 在函数定义域内的全部零点,并求出函数 $f(x)$ 的间断点及 $f'(x)$ 和 $f''(x)$ 不存在的点,用这些点将函数的定义域划分成几个部分区间;

第三步,确定在这些部分区间内 $f'(x)$ 和 $f''(x)$ 的符号,并由此确定函数图像的升降和凹凸,极值点和拐点;

第四步,确定函数图像的水平渐近线、铅直渐近线及其他变化趋势;

第五步,算出方程 $f'(x)=0$ 和 $f''(x)=0$ 的根所对应的函数值,定出图像上相应的点.

为了把图像描得准确些,有时还需要补充一些点,然后结合第三步和第四步中得到的结果,连接这些点作出函数 $y=f(x)$ 的图像.

例 3 作出函数 $y=x^3-x^2-x+1$ 的图像.

解 (1)所给函数 $y=f(x)$ 的定义域为 $(-\infty,+\infty)$,而且
$$f'(x)=3x^2-2x-1=(3x+1)(x-1),$$
$$f''(x)=6x-2=2(3x-1).$$

(2)$f'(x)=0$ 的根为 $x=-\dfrac{1}{3}$ 和 1;$f''(x)=0$ 的根为 $x=\dfrac{1}{3}$.将点 $x=-\dfrac{1}{3},\dfrac{1}{3},1$ 由小到大排列,依次把定义域 $(-\infty,+\infty)$ 划分成下列四个部分区间:
$$\left(-\infty,-\frac{1}{3}\right],\quad\left[-\frac{1}{3},\frac{1}{3}\right],\quad\left[\frac{1}{3},1\right],\quad[1,+\infty).$$

(3)在 $\left(-\infty,-\dfrac{1}{3}\right)$ 内，$f'(x)>0$，$f''(x)<0$，所以在 $\left(-\infty,-\dfrac{1}{3}\right]$ 上曲线弧上升而且是凸的．在 $\left(-\dfrac{1}{3},\dfrac{1}{3}\right)$ 内，$f'(x)<0$，$f''(x)<0$，所以在 $\left[-\dfrac{1}{3},\dfrac{1}{3}\right]$ 上曲线弧下降而且是凸的．

同样可以讨论在区间 $\left[\dfrac{1}{3},1\right]$ 上及在区间 $[1,+\infty)$ 上相应的曲线弧的升降和凹凸．为明了起见，我们把所得的结论列成下表：

x	$\left(-\infty,-\dfrac{1}{3}\right)$	$-\dfrac{1}{3}$	$\left(-\dfrac{1}{3},\dfrac{1}{3}\right)$	$\dfrac{1}{3}$	$\left(\dfrac{1}{3},1\right)$	1	$(1,+\infty)$
$f'(x)$	$+$	0	$-$	$-$	$-$	0	$+$
$f''(x)$	$-$	$-$	$-$	0	$+$	$+$	$+$
$y=f(x)$ 的图像	↗	极大值点	↘	拐点 $\left(\dfrac{1}{3},f\left(\dfrac{1}{3}\right)\right)$	↘	极小值点	↗

这里记号↗表示曲线弧上升而且是凸的，↘表示曲线弧下降而且是凸的，↘表示曲线弧下降而且是凹的，↗表示曲线弧上升而且是凹的．

(4)当 $x\to+\infty$ 时，$y\to+\infty$；当 $x\to-\infty$ 时，$y\to-\infty$．

(5)算出 $x=-\dfrac{1}{3},\dfrac{1}{3},1$ 处的函数值：

$$f\left(-\dfrac{1}{3}\right)=\dfrac{32}{27},\quad f\left(\dfrac{1}{3}\right)=\dfrac{16}{27},\quad f(1)=0.$$

从而得到函数 $y=x^3-x^2-x+1$ 图像上的三个点：

$$\left(-\dfrac{1}{3},\ \dfrac{32}{27}\right),\quad \left(\dfrac{1}{3},\dfrac{16}{27}\right),\quad (1,0).$$

适当补充一些点．例如，计算出

$$f(-1)=0,\quad f(0)=1,\quad f\left(\dfrac{3}{2}\right)=\dfrac{5}{8},$$

就可补充描出点 $(-1,0)$，点 $(0,1)$ 和点 $\left(\dfrac{3}{2},\dfrac{5}{8}\right)$．结合(3)中得到的结果，就可以画出 $y=x^3-x^2-x+1$ 的图像，如图 3-4-2 所示．

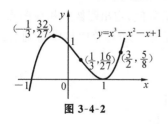

图 3-4-2

如果所讨论的函数是奇函数或偶函数，那么，描绘函数图像时还应该注意利用函数图像的对称性．

例 4 描绘函数 $y=2+\dfrac{3x}{(x+1)^2}$ 的图像．

解 (1)所给函数 $y=f(x)$ 的定义域为 $(-\infty,-1)$ 和 $(-1,+\infty)$．

$$f'(x)=\dfrac{3(1-x)}{(x+1)^3},$$

$$f''(x)=\dfrac{6(x-2)}{(x+1)^4}.$$

(2)$f'(x)=0$ 的根为 $x=1$；$f''(x)=0$ 的根为 $x=2$，点 $x=-1,1$ 和 2 把定义域划分成四个部分区间：$(-\infty,-1)$，$(-1,1]$，$[1,2]$，$[2,+\infty)$．

（3）在各部分区间内判定 $f'(x)$ 及 $f''(x)$ 的符号，相应曲线弧的升降、凹向及极值点和拐点等，讨论如下表所示：

x	$(-\infty,-1)$	$(-1,1)$	1	$(1,2)$	2	$(2,+\infty)$
$f'(x)$	$-$	$+$	0	$-$	$-$	$-$
$f''(x)$	$-$	$-$	$-$	$-$	0	$+$
$y=f(x)$ 的图像	↘	↗	极大值点	↘	拐点 $(2,f(2))$	↘

（4）由于 $\lim\limits_{x\to\infty}f(x)=2$，$\lim\limits_{x\to-1}f(x)=-\infty$，所以图像有一条水平渐近线 $y=2$ 和一条铅直渐近线 $x=-1$.

（5）算出 $x=1,2$ 处的函数值：

$$f(1)=\frac{11}{4},\quad f(2)=\frac{8}{3}.$$

从而得到图像上的两个点 $M_1\left(1,\dfrac{11}{4}\right)$，$M_2\left(2,\dfrac{8}{3}\right)$.

又由于 $f(0)=2$，$f\left(-\dfrac{1}{2}\right)=-4$，$f(-2)=-4$，$f(-4)$ $=\dfrac{2}{3}$，从而又得到图像上的四个点：

$$M_3(0,2),\quad M_4\left(-\frac{1}{2},-4\right),$$
$$M_5(-2,-4),\quad M_6\left(-4,\frac{2}{3}\right).$$

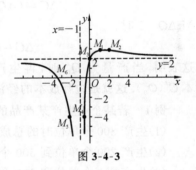

图 **3-4-3**

函数 $y=2+\dfrac{3x}{(x+1)^2}$ 的图像如图 3-4-3 所示.

习　题　3-4

1．描绘下列函数的图像：

（1）$y=\dfrac{1}{5}(x^4-6x^2+8x+7)$；

（2）$y=\dfrac{x}{1+x^2}$；

（3）$y=\ln(x^2+1)$；

（4）$y=e^{-(x-1)^2}$；

（5）$y=\dfrac{\cos x}{\cos 2x}$；

（6）$y=\dfrac{(x-3)^2}{4(x-1)}$.

§3.5　导数在经济分析中的应用

在第 1 章 §1.2 节已经介绍了需求函数、成本函数、收入函数及利润函数等几种常见的经济函数.在生产实际中人们最关心的是最低的成本、最大的利润及最大的收益等问题.经济学中通常利用边际和弹性这两个概念对这些问题进行分析，使用的数学工具便是导数.

3.5.1　边际与边际分析

定义 3.5.1　设函数 $y=f(x)$ 可导,则称导函数 $f'(x)$ 为边际函数,导数值 $f'(x_0)$ 称为边际函数值.

1. 边际成本

成本函数 $C=C(Q)$ 的导数 $C'=C'(Q)$ 称为**边际成本**,记为 MC 或 C_M,即 $MC=C'(Q)$.

当产量 Q_0 提高到 $Q_0+\Delta Q$ 时,成本的改变量为
$$\Delta C=C(Q_0+\Delta Q)-C(Q_0),$$
这时平均成本
$$\overline{C}=\frac{\Delta C}{\Delta Q}=\frac{C(Q_0+\Delta Q)-C(Q_0)}{\Delta Q},$$
表示当产量从 Q_0 提高到 $Q_0+\Delta Q$ 时,平均每增加一个单位产量所需要的成本.

由微分的概念有
$$\Delta C=C(Q_0+\Delta Q)-C(Q_0)\approx C'(Q_0)\Delta Q,$$
当 $\Delta Q=1$ 时,
$$\Delta C=C(Q_0+1)-C(Q_0)\approx C'(Q_0),$$
这表明,当产量为 Q_0 时,再生产一个单位的产品所增加的成本 ΔC 近似等于边际成本 $C'(Q_0)$. 这就是边际成本的经济意义.

例 1　若某企业生产某产品的总成本 $C(Q)=Q^2+12Q+100$(单位:元),求:

(1)生产 300 个单位时的总成本和平均成本;

(2)生产 200 个单位到 300 个单位时总成本的平均变化率;

(3)生产 200 个单位和 300 个单位时的边际成本.

解　(1)生产 300 个单位时的总成本
$$C(300)=(300^2+12\times300+100)\ \text{元}=93\,700\ \text{元},$$
平均成本为
$$\overline{C}(300)=\frac{C(300)}{300}=\frac{93\,700}{300}\ \text{元}\approx312.3\ \text{元};$$

(2)生产 200 个单位到 300 个单位时总成本的平均变化率
$$\frac{\Delta C}{\Delta Q}=\frac{C(300)-C(200)}{300-200}=\frac{93\,700-42\,500}{100}\ \text{元}=512\ \text{元};$$

(3)边际成本函数
$$C'(Q)=2Q+12.$$
所以生产 200 个单位时的边际成本
$$C'(200)=(2\times200+12)\ \text{元}=412\ \text{元},$$
生产 300 个单位时的边际成本
$$C'(300)=(2\times300+12)\ \text{元}=612\ \text{元}.$$

该结果表明:当生产 200 个单位产品时,再增加生产一个单位的产品,总成本需增加 412 元;若生产 300 个单位产品时,再增加生产一个单位的产品,总成本则需增加 612 元.

此外,上述结果还表明边际成本与平均成本是有明显区别的.

2. 边际收入

收入函数 $R = R(Q)$ 对产量的导数 $R' = R'(Q)$ 称为**边际收入**,记为 MR 或 R_M,即

$$MR = R'(Q).$$

对边际收入 $R'(Q)$ 的理解与边际成本类似,即边际收入 $R'(Q_0)$ 表示当产量(销售量)为 Q_0 时,再多生产(销售)一个单位产品或少生产(销售)一个单位产品其增加或减少的收入.

例 2　设某产品的需求函数为 $P = 20 - \dfrac{Q}{5}$,其中,P 为价格,Q 为销售量,求销售量为 15 个单位时的总收入、边际收入,以及当销售量从 15 个单位增加到 20 个单位时收入的平均变化率.

解　设总收入为 R,则

$$R = QP(Q) = 20Q - \frac{Q^2}{5},$$

所以当销售量 Q 为 15 个单位时,总收入

$$R(15) = 20 \times 15 - \frac{15^2}{5} = 255.$$

边际收入

$$MR(15) = R'(Q)\big|_{Q=15} = \left(20 - \frac{2}{5}Q\right)\bigg|_{Q=15} = 14.$$

当销售量从 15 个单位增加到 20 个单位时,收入的平均变化率

$$\frac{\Delta R}{\Delta Q} = \frac{R(20) - R(15)}{20 - 15} = \frac{320 - 255}{5} = 13.$$

3. 边际利润

利润函数 $L = L(Q)$ 对产量 Q 的导数 $L'(Q)$ 叫做**边际利润**,记为 ML 或 L_M,即

$$ML = L'(Q).$$

边际利润 $ML = L'(Q)$ 的经济意义也与边际成本类似,边际利润 $L'(Q_0)$ 表示当产量为 Q_0 个单位时,再多生产一个单位产品或少生产一个单位产品所增加或减少的利润.

例 3　某企业月生产量为 Q 的利润是 $L = L(Q) = -5Q^2 + 250Q$,试求月产量为 20 个单位、25 个单位时的边际利润.

解　生产量为 Q 时产品的边际利润

$$L'(Q) = -10Q + 250,$$

所以月产量为 20 个单位的边际利润

$$L'(20) = -10 \times 20 + 250 = 50,$$

即当月产量为 20 个单位时,产量再增加 1 个单位,利润将增加 50.

当月产量为 25 个单位时,边际利润

$$L'(25) = -10 \times 25 + 250 = 0,$$

这时若再增加 1 个单位产量,利润不增加也不减少.

若月产量为 30 个单位时,$L'(30) = -10 \times 30 + 250 = -50$,这表明,若这时产量再增加 1 个单位,利润不仅不会增加,反而还要减少 50.

实际上,当 $Q > 25$ 时,上述边际函数 $L'(Q) = 250 - 10Q < 0$,即这时利润函数为减函数. 因此,当产量再继续增加时,利润不但不能增加,反而会减少.

3.5.2　弹性分析

1. 弹性的概念

在边际分析中,我们讨论的函数变化率和函数改变量均属于绝对数范围内的,如当产量由 Q_0 改变到 $Q_0+\Delta Q$ 时,成本的改变量为 $\Delta C=C(Q_0+\Delta Q)-C(Q_0)$,边际成本

$$C'(Q)=\lim_{\Delta Q\to 0}\frac{\Delta C}{\Delta Q}.$$

这里,ΔC 和 ΔQ 都是成本函数在 Q 处的绝对变化率. 在经济问题中,仅用绝对概念是不足以深入分析和说明问题的. 例如,甲商品单价为 5 元,涨价 1 元;乙商品单价 200 元,也涨价 1 元. 虽然这两种商品价格的绝对改变量相同,都是 1 元,但这两种商品的涨幅却不相同,甲商品涨幅为 $\frac{1}{5}=20\%$,乙商品涨幅为 $\frac{1}{200}=0.5\%$,显然甲商品涨幅是乙商品涨幅的 40 倍. 因此,仅用绝对改变量是不够的,我们有必要研究函数的相对改变量与相对变化率.

定义 3.5.2　设函数 $y=f(x)$ 在 x 处可导,函数 $f(x)$ 在 x 处的相对改变量

$$\frac{\Delta y}{y}=\frac{f(x+\Delta x)-f(x)}{f(x)}$$

与自变量的相对改变量 $\frac{\Delta x}{x}$ 之比,在 $\Delta x\to 0$ 时的极限

$$\lim_{\Delta x\to 0}\frac{\dfrac{\Delta y}{y}}{\dfrac{\Delta x}{x}}=\lim_{\Delta x\to 0}\frac{\dfrac{f(x+\Delta x)-f(x)}{f(x)}}{\dfrac{\Delta x}{x}}$$

若存在,则称此极限为函数 $f(x)$ 在点 x 处的**弹性**,也称为函数 $f(x)$ 在点 x 处的**相对变化率**,并记为 ε,即

$$\varepsilon=\lim_{\Delta x\to 0}\frac{\dfrac{\Delta y}{y}}{\dfrac{\Delta x}{x}}=\lim_{\Delta x\to 0}\frac{\Delta y}{\Delta x}\cdot\frac{x}{y}=\frac{x}{y}\lim_{\Delta x\to 0}\frac{\Delta y}{\Delta x}=\frac{x}{y}f'(x).$$

注意　弹性 ε 也可记为

$$\varepsilon=\frac{x\,\mathrm{d}y}{y\,\mathrm{d}x}=\frac{\mathrm{d}y}{\mathrm{d}x}\bigg/\frac{y}{x}-\frac{\text{边际函数}}{\text{平均函数}},$$

即在经济学中,弹性也可理解为边际函数与平均函数之比.

由弹性定义可以看出,弹性 ε 仍是自变量 x 的函数,因此也称弹性 ε 为 $f(x)$ 的弹性函数.

2. 需求弹性

由于需求函数 $Q=f(P)$ 一般为价格的递减函数,它的边际函数小于零,即价格弹性为负值,为了讨论方便,需求函数的弹性常用其绝对值表示,即

$$\varepsilon(P)=\left|\frac{P\,\mathrm{d}Q}{Q\,\mathrm{d}P}\right|.$$

其经济意义是某产品的价格为 P 时,价格变化 1%,对这种产品需求量变化的百分数.

例 4　设某产品的需求函数为 $Q=f(P)=100-2P$ 　$(0\leqslant P<50)$,求需求弹性.

解
$$\varepsilon(P)=\frac{P\,\mathrm{d}Q}{Q\,\mathrm{d}P}=\frac{P}{100-2P}(-2)=\frac{P}{P-50}.$$

　　同样地,我们也可对其他经济函数作弹性分析,如收入对价格的弹性、收入对需求量的弹性等.

　　例 5　设需求函数为 $Q=f(P)=50-P$　　$(0<P<50)$,求收入 R 对价格 P 的弹性.

　　解　将收入 R 表示为价格 P 的函数,有

$$R=R(P)=QP=(50-P)P,$$

所以收入 R 对价格 P 的弹性为

$$\varepsilon(P)=\frac{P}{R}\frac{\mathrm{d}R}{\mathrm{d}P}=\frac{P}{(50-P)P}(50-2P)=\frac{50-2P}{50-P}.$$

3.5.3　最大利润与最低成本分析

　　在经济学中,总收入 R 和总成本 C 都可以表示为产量 Q 的函数,从而总利润 L 也可表示为产量 Q 的函数,即

$$L(Q)=R(Q)-C(Q),$$

为使总利润取得最大,其一阶导数须等于零,即

$$\frac{\mathrm{d}L(Q)}{\mathrm{d}Q}=\frac{\mathrm{d}[R(Q)-C(Q)]}{\mathrm{d}Q}=0$$

或

$$\frac{\mathrm{d}R(Q)}{\mathrm{d}Q}=\frac{\mathrm{d}C(Q)}{\mathrm{d}Q}.$$

也就是说,要使总利润最大,边际收入必须等于边际成本.

　　再由极值存在的充分条件,为使总利润达到最大,还要求二阶导数

$$\frac{\mathrm{d}^2[R(Q)-C(Q)]}{\mathrm{d}Q^2}<0,$$

即

$$\frac{\mathrm{d}^2R(Q)}{\mathrm{d}Q^2}<\frac{\mathrm{d}^2C(Q)}{\mathrm{d}Q^2}.$$

　　例 6　某商家每天加工衣服 Q 件的费用为 $C(Q)=5Q+200$,得到的收入为 $R(Q)=10Q-0.01Q^2$.问每天加工多少件可以获得最大利润?

　　解　设利润为 $L(Q)$,则

$$L(Q)=R(Q)-C(Q)=10Q-0.01Q^2-(5Q+200),$$

即

$$L(Q)=-0.01Q^2+5Q-200,$$

于是

$$L'(Q)=-0.02Q+5.$$

令 $L'(Q)=0$,得 $Q=250$ 件,又

$$L''(Q)=-0.02<0,$$

所以,$Q=250$ 是极大值点,也是最大值点. 又

$$L(250)=425,$$

故若每天加工 250 件衣服,得到的利润最大.

　　同样,也有最大收入与最低(小)成本等问题的讨论.

　　例 7　某产品的成本函数为 $C=15Q-6Q^2+Q^3$.

　　(1)生产数量为多少时,平均成本最小?

　　(2)求出边际成本,并验证当平均成本达最小时,边际成本等于平均成本.

解　(1)平均成本　　　　$\overline{C}(Q)=\dfrac{C(Q)}{Q}=\dfrac{15Q-6Q^2+Q^3}{Q}$,

即　　　　　　　　　　　　$\overline{C}(Q)=15-6Q+Q^2$.

令 $\overline{C}'(Q)=-6+2Q=0$,得 $Q=3$,又 $\overline{C}''(Q)=2>0$,故当产量为 $Q=3$ 时,平均成本 $\overline{C}$ 最小.

(2)边际成本 $C'=C'(Q)=(15Q-6Q^2+Q^3)'$,即

$$C'(Q)=15-12Q+3Q^2.$$

由(1)可知,当产量 $Q=3$ 时,平均成本 $\overline{C}$ 最小,且 $\overline{C}(3)=15-6\times 3+3^2=6$,而边际成本 $C'(3)=15-12\times 3+3\cdot 3^2=6$,即 $\overline{C}(3)=C'(3)=6$,故当平均成本达到最小时,边际成本等于平均成本.

一般的,对平均成本函数求导

$$\frac{\mathrm{d}\overline{C}}{\mathrm{d}Q}=\overline{C}'(Q)=\left(\frac{C(Q)}{Q}\right)'=\frac{QC'(Q)-C(Q)}{Q^2}=\frac{1}{Q}\left[C'(Q)-\frac{C(Q)}{Q}\right],$$

根据函数取得极值的必要条件,应有 $\overline{C}'(Q)=0$,即

$$C'(Q)-\frac{C(Q)}{Q}=0 \quad \text{或} \quad C'(Q)=\frac{C(Q)}{Q}=\overline{C}(Q).$$

所以,要使产量在 Q 时平均成本最低,这时平均成本 $\overline{C}(Q)$ 必须等于边际成本 $C'(Q)$.

习　题　3-5

1.设某产品生产 x 单位的总成本 C 为 x 的函数,即 $C=C(x)=1\,100+\dfrac{1}{1\,200}x^2$,求:

(1)生产 900 单位时的总成本和平均单位成本;

(2)生产 900 单位和 1 000 单位时的边际成本.

2.设某产品生产 x 单位的总收益 R 为 x 的函数,即 $R=R(x)=200-0.01x^2$.求生产 50 单位产品时的总收益及边际收益.

3.某厂生产某种商品 x 单位的费用为 $C(x)=5x+200$,得到的收益为 $R(x)=10x-0.01x^2$.问应生产多少单位才能使利润为最大?

4.某商品的价格 P 与需求量 Q 的关系为 $P=10-\dfrac{Q}{5}$.

(1)求需求量为 20 时的总收益 R、平均收益 $\overline{R}$ 及边际收益 R'.

(2)Q 为多少时总收益最大?

5.某工厂生产某产品,日总成本为 C,其中固定成本为 200,每多生产一单位产品,成本增加 10,该商品的需求函数为 $Q=50-2P$.问 Q 为多少时工厂日总利润 L 最大?

6.设某商品的需求函数为 $Q=\mathrm{e}^{-\frac{P}{4}}$,求需求弹性函数及 $P=3$ 时的需求弹性.

7.设某成本函数为 $C(Q)=54+18Q+6Q^2$,试求平均成本最小的产量水平.

8.某企业生产某产品 Q 个单位的总成本为 $C(Q)=\dfrac{3}{2}Q^2+40$,市场对该产品的需求函数为 $Q=\sqrt{60-P}$.求使利润最大的产量、价格与最大利润.

本　章　小　结

本章介绍了两个中值定理及导数在有关方面的一些应用.

1. 中值定理

1）罗尔定理

函数 $f(x)$ 在 $[a,b]$ 上连续，在 (a,b) 内可导，$f(a)=f(b)$，则至少存在一点 $\xi\in(a,b)$，使得 $f'(\xi)=0$.

2）拉格朗日中值定理

函数 $f(x)$ 在 $[a,b]$ 上连续，在 (a,b) 内可导，则至少存在一点 $\xi\in(a,b)$，使得 $f'(\xi)=\dfrac{f(b)-f(a)}{b-a}$.

作为拉格朗日中值定理的直接应用可得两个推论：

(1) 若在 (a,b) 内，恒有 $f'(x)=0$，则在 (a,b) 内 $f(x)$ 为一常数；

(2) 若在 (a,b) 内有 $f'(x)=g'(x)$，则在 (a,b) 内 $f(x)-g(x)=C$　（C 为一常数）.

两定理之间的关系为：拉格朗日中值定理加上条件 $f(a)=f(b)$ 即得罗尔定理，罗尔定理取消 $f(a)=f(b)$，则仅有拉格朗日中值定理的结论. 所以，罗尔定理是拉格朗日中值定理的特例，拉格朗日中值定理是罗尔定理的推广.

2. 洛必达法则

若分式 $\dfrac{f(x)}{g(x)}$ 是 $\dfrac{0}{0}$ 型或 $\dfrac{\infty}{\infty}$ 型未定式，而且 $\lim\dfrac{f'(x)}{g'(x)}=A$（或 ∞），则有 $\lim\dfrac{f(x)}{g(x)}=\lim\dfrac{f'(x)}{g'(x)}=A$（或 ∞）.

注意　上述公式对任意的变化过程都是成立的.

对于其他类型未定式，可通过适当变换将它们直接或间接化为 $\dfrac{0}{0}$ 型或 $\dfrac{\infty}{\infty}$ 型未定式，再用洛必达法则求极限.

3. 导数在研究函数特性方面的应用及函数作图

1）判断函数的单调性及求函数的单调区间

设函数 $f(x)$ 在区间 (a,b) 内可导. 如果在 (a,b) 内 $f'(x)>0$，则函数 $f(x)$ 在 (a,b) 内单调递增；如果在 (a,b) 内 $f'(x)<0$，则函数 $f(x)$ 在 (a,b) 内单调递减.

利用函数单调性还可以证明某些不等式.

2）求函数的极值

先求出 $f'(x)=0$ 和 $f'(x)$ 不存在的点 x_0，当 x 由小到大经过 x_0 时，若 $f'(x)$ 的符号由正变负，则 x_0 是极大值点；若 $f'(x)$ 的符号由负变正，则 x_0 是极小值点. 若 $f(x)$ 在 x_0 二阶可导，函数的极值也可用二阶导数的符号来判别：当 $f''(x_0)>0$，则 x_0 是极小值点；当 $f''(x_0)<0$，则 x_0 是极大值点.

3）求函数的最值

求函数的最值有闭区间上的最值、一般区间上的最值、实际问题中的最值.

4）求曲线的凹凸区间及拐点

在某个区间内，如果 $f''(x)>0$，则曲线为凹的；如果 $f''(x)<0$，则曲线为凸的；$f''(x)$ 改变符号的点为拐点.

5）函数作图

4. 导数在实际中的应用

(1) 利用最值解决某些实际问题.

(2) 经济方面的应用.

第4章 不定积分

导 学

数学发展的动力主要来源于社会发展的环境力量,16—17 世纪的社会大变革,促使数学从常量数学演变到变量数学,其中最为重要的部分就是微积分.微积分的创立首先是为了解决当时数学面临的四类核心问题中的第四类问题,即求曲线的长度、曲线围成的面积、曲面围成的体积、物体的重心和引力,等等.此类问题的研究具有久远的历史,例如,古希腊人曾用穷竭法求出了某些图形的面积和体积,我国南北朝时期的祖冲之和他的儿子祖暅也曾推导出某些图形的面积和体积.在欧洲,对此类问题的研究兴起于 17 世纪,先是穷竭法被逐渐修改,后来微积分的创立彻底改变了解决这一大类问题的方法.

数学中有许多运算都是互逆的,如加法与减法、乘法与除法、乘方与开方、指数运算与对数运算等.本章又将引入一种新的逆运算,即导数或微分的逆运算——不定积分.例如,已知质点作直线运动的位置函数为 $s(t)$,通过求导,可得其速度函数 $v(t)=s'(t)$;反过来,若已知质点的速度函数为 $v(t)=s'(t)$,如何求它的位置函数 $s(t)$ 呢? 这便是本章所要讨论的问题.

§4.1 不定积分的概念与性质

4.1.1 原函数

定义 4.1.1 设函数 $F(x)$ 与 $f(x)$ 在区间 I 上有定义,并且在 I 上满足
$$F'(x)=f(x) \quad \text{或} \quad dF(x)=f(x)dx,$$
则称函数 $F(x)$ 为 $f(x)$ 在区间 I 上的**原函数**.

例如,在区间 $(-\infty,+\infty)$ 内,$(\sin x)'=\cos x$,所以 $\sin x$ 是 $\cos x$ 在 $(-\infty,+\infty)$ 内的一个原函数;又如,在 $(0,+\infty)$ 内,$(\ln x)'=\dfrac{1}{x}$,所以 $\ln x$ 是 $\dfrac{1}{x}$ 在区间 $(0,+\infty)$ 内的一个原函数.

关于函数的原函数,有两点说明.

(1)如果函数 $f(x)$ 在区间 I 上连续,则 $f(x)$ 在 I 上存在原函数(这个结论称为原函数存在定理,我们将在第 5 章证明它).

由此可知,初等函数在其定义域内都有原函数.

(2)如果函数 $f(x)$ 在区间 I 上有原函数 $F(x)$,则 $f(x)$ 的原函数不止一个,而是有无穷多个.其中任意两个原函数之间仅相差一个常数.

事实上,若 $F(x)$ 是 $f(x)$ 的一个原函数,即有 $F'(x)=f(x)$.而对于任意常数 C,同样有 $[F(x)+C]'=f(x)$,即 $F(x)+C$ 也是 $f(x)$ 的原函数.由 C 的任意性知,$f(x)$ 有无穷多个原函数.若 $\Phi(x)$ 也为 $f(x)$ 的一个原函数,即有 $\Phi'(x)=f(x)$,因此,$[\Phi(x)-F(x)]'=\Phi'(x)-F'(x)=0$.由第 3 章 §3.1 节拉格朗日中值定理推论知,$\Phi(x)-F(x)=C(C$ 为常

数),从而 $\Phi(x)=F(x)+C$.

这表明,如果 $F(x)$ 为 $f(x)$ 的一个原函数,那么 $F(x)$ 加上一个任意常数 C,即 $F(x)+C$,表示 $f(x)$ 的全体原函数.因此,我们有下面的定义.

4.1.2　不定积分

定义 4.1.2　在区间 I 内,函数 $f(x)$ 的全体原函数称为 $f(x)$ 在区间 I 上的**不定积分**,记作 $\int f(x)\mathrm{d}x$.其中记号 $\int$ 称为**积分号**,$f(x)$ 称为**被积函数**,$f(x)\mathrm{d}x$ 称为**被积表达式**,x 称为**积分变量**.

按此定义,若 $F'(x)=f(x)(x\in I)$,则有 $\int f(x)\mathrm{d}x=F(x)+C$　($x\in I,C$ 为任意常数).

例 1　求下列函数的不定积分.

(1) $\int x^3\mathrm{d}x$.　　　　(2) $\int \dfrac{1}{1+x^2}\mathrm{d}x$.

解　(1)因为 $\left(\dfrac{x^4}{4}\right)'=x^3$,所以 $\dfrac{x^4}{4}$ 是 x^3 的一个原函数,即

$$\int x^3\mathrm{d}x=\frac{x^4}{4}+C.$$

(2)因为 $(\arctan x)'=\dfrac{1}{1+x^2}$,即 $\arctan x$ 是 $\dfrac{1}{1+x^2}$ 的一个原函数,所以

$$\int \frac{1}{1+x^2}\mathrm{d}x=\arctan x+C.$$

4.1.3　不定积分的几何意义

通常把函数 $f(x)$ 的一个原函数 $y=F(x)$ 的图像叫做 $f(x)$ 的一条**积分曲线**,$f(x)$ 的所有积分曲线构成的曲线族 $y=F(x)+C$ 称为 $f(x)$ 的**积分曲线族**(见图 4-1-1).

从几何意义看,函数 $f(x)$ 的不定积分 $\int f(x)\mathrm{d}x$ 表示 $f(x)$ 的积分曲线族.

从图 4-1-1 可以看出,积分曲线族具有以下两个显著特点:

(1)对应同一个横坐标 x 的点,所有的切线互相平行;

(2)积分曲线族中,所有的曲线都可以由其中任意一条曲线沿着 y 轴的方向上下平移得到.

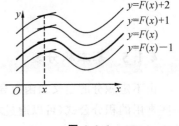

图 4-1-1

例 2　求经过点 $(1,3)$ 且其切线的斜率为 $2x$ 的曲线方程.

解　设所求曲线方程为 $y=F(x)$,由题意知 $F'(x)=2x$,而

$$\int 2x\mathrm{d}x=x^2+C,$$

即 $2x$ 的积分曲线族为 $y=x^2+C$.将 $x=1,y=3$ 代入,得 $C=2$,故所求曲线方程为 $y=x^2+2$.

4.1.4　不定积分性质

由不定积分的定义,可得如下性质.

性质 1 $\left[\int f(x)\mathrm{d}x\right]'=f(x)$　或　$\mathrm{d}\left[\int f(x)\mathrm{d}x\right]=f(x)\mathrm{d}x.$

性质 2 $\int F'(x)\mathrm{d}x=F(x)+C$　或　$\int \mathrm{d}F(x)=F(x)+C.$

这两个性质说明:先积分后微分,形式不变;先微分后积分,相差一常数. 由此可见,不定积分运算与微分运算互为逆运算.

性质 3 $\int [f(x)\pm g(x)]\mathrm{d}x=\int f(x)\mathrm{d}x\pm \int g(x)\mathrm{d}x$,即两个函数和(差)的不定积分等于这两个函数的不定积分的和(差).

这个性质显然可以推广到有限个函数的情形.

性质 4 $\int kf(x)\mathrm{d}x=k\int f(x)\mathrm{d}x$ $(k\neq 0,k$ 为常数),即被积函数中不为零的常数因子可以提到积分号的外面来.

例 3　求 $\int (3\mathrm{e}^x+\cos x)\mathrm{d}x.$

解　　　$\int (3\mathrm{e}^x+\cos x)\mathrm{d}x=3\int \mathrm{e}^x\mathrm{d}x+\int \cos x\mathrm{d}x=3\mathrm{e}^x+\sin x+C.$

在求不定积分时应注意以下两点:

(1)分项积分后,按理每个积分都有一个任意常数,但由于任意常数之和仍为任意常数,因此只要最后写出一个总的任意常数即可;

(2)积分结果是否正确,只要将其结果求导,看它的导数是否等于被积函数即可.

例 4　求 $\int \dfrac{x^4}{1+x^2}\mathrm{d}x.$

解
$$\int \frac{x^4}{1+x^2}\mathrm{d}x=\int \left(x^2-1+\frac{1}{1+x^2}\right)\mathrm{d}x$$
$$=\int x^2\mathrm{d}x-\int \mathrm{d}x+\int \frac{1}{1+x^2}\mathrm{d}x$$
$$=\frac{1}{3}x^3-x+\arctan x+C.$$

4.1.5　基本积分表

由不定积分的定义和函数导数公式可立即得到相应的积分公式(1)～(13).另外,还有一些常用的积分公式(可以通过求导加以验证),将这些公式汇集起来列表(通常称为基本积分表)如下:

(1) $\int k\mathrm{d}x=kx+C$　(k 为常数);　　　(2) $\int x^{\mu}\mathrm{d}x=\dfrac{x^{\mu+1}}{\mu+1}+C$　($\mu\neq -1$);

(3) $\int \dfrac{1}{x}\mathrm{d}x=\ln |x|+C;$　　　　　　(4) $\int a^x\mathrm{d}x=\dfrac{a^x}{\ln a}+C;$

(5) $\int \mathrm{e}^x\mathrm{d}x=\mathrm{e}^x+C;$　　　　　　　(6) $\int \sin x\mathrm{d}x=-\cos x+C;$

(7) $\int \cos x\,\mathrm{d}x = \sin x + C$；

(8) $\int \sec^2 x\,\mathrm{d}x = \tan x + C$；

(9) $\int \csc^2 x\,\mathrm{d}x = -\cot x + C$；

(10) $\int \sec x \tan x\,\mathrm{d}x = \sec x + C$；

(11) $\int \csc x \cot x\,\mathrm{d}x = -\csc x + C$；

(12) $\int \dfrac{1}{\sqrt{1-x^2}}\,\mathrm{d}x = \arcsin x + C$；

(13) $\int \dfrac{1}{1+x^2}\,\mathrm{d}x = \arctan x + C$；

(14) $\int \tan x\,\mathrm{d}x = -\ln|\cos x| + C$；

(15) $\int \cot x\,\mathrm{d}x = \ln|\sin x| + C$；

(16) $\int \sec x\,\mathrm{d}x = \ln|\sec x + \tan x| + C$；

(17) $\int \csc x\,\mathrm{d}x = \ln|\csc x - \cot x| + C$；

(18) $\int \dfrac{1}{a^2+x^2}\,\mathrm{d}x = \dfrac{1}{a}\arctan\dfrac{x}{a} + C$；

(19) $\int \dfrac{1}{a^2-x^2}\,\mathrm{d}x = \dfrac{1}{2a}\ln\left|\dfrac{a+x}{a-x}\right| + C$；

(20) $\int \dfrac{1}{\sqrt{a^2-x^2}}\,\mathrm{d}x = \arcsin\dfrac{x}{a} + C$；

(21) $\int \dfrac{\mathrm{d}x}{\sqrt{x^2+a^2}} = \ln|x+\sqrt{x^2+a^2}| + C$；　(22) $\int \dfrac{\mathrm{d}x}{\sqrt{x^2-a^2}} = \ln|x+\sqrt{x^2-a^2}| + C$.

注意　公式(2)中 $\mu \neq -1$，$\mu = -1$ 时为公式(3). 公式(3)在 $x \neq 0$ 时都成立，这是因为：当 $x > 0$ 时，$(\ln|x|)' = (\ln x)' = \dfrac{1}{x}$；当 $x < 0$ 时，$(\ln|x|)' = [\ln(-x)]' = \dfrac{1}{-x}(-1) = \dfrac{1}{x}$，从而公式(3)成立.

习　题　4-1

1. 填空，并计算相应的不定积分：

(1) $(\qquad)' = 1$　　　　　　　$\int \mathrm{d}x = (\qquad)$；

(2) $(\qquad)' = \mathrm{e}^x$　　　　　　$\int \mathrm{e}^x\,\mathrm{d}x = (\qquad)$；

(3) $\mathrm{d}(\qquad) = \sin x\,\mathrm{d}x$　　　$\int \sin x\,\mathrm{d}x = (\qquad)$；

(4) $\mathrm{d}(\qquad) = \sec^2 x\,\mathrm{d}x$　　$\int \sec^2 x\,\mathrm{d}x = (\qquad)$；

(5) $(\qquad)' = \dfrac{1}{1+x^2}$　　　$\int \dfrac{1}{1+x^2}\,\mathrm{d}x = (\qquad)$；

(6) $(\qquad)' = \dfrac{1}{\sqrt{1-x^2}}$　　$\int \dfrac{1}{\sqrt{1-x^2}}\,\mathrm{d}x = (\qquad)$.

2. 用微分法验证下列各等式：

(1) $\int (3x^2+2x+2)\,\mathrm{d}x = x^3+x^2+2x+C$；

(2) $\int \dfrac{1}{x^2}\,\mathrm{d}x = -\dfrac{1}{x} + C$；

(3) $\int \cos(2x+3)\,\mathrm{d}x = \dfrac{1}{2}\sin(2x+3) + C$；

(4) $\int \cos^2 x\,\mathrm{d}x = \dfrac{x}{2} + \dfrac{1}{4}\sin 2x + C$；

(5) $\int \dfrac{x}{\sqrt{a^2+x^2}}\,\mathrm{d}x = \sqrt{a^2+x^2} + C$.

3.求下列不定积分：

(1) $\displaystyle\int (x^3+3x^2-1)\mathrm{d}x$；　　　　　　　　(2) $\displaystyle\int x^2\sqrt{x}\,\mathrm{d}x$；

(3) $\displaystyle\int \mathrm{e}^{x-3}\mathrm{d}x$；　　　　　　　　　　(4) $\displaystyle\int 10^x 2^{3x}\mathrm{d}x$；

(5) $\displaystyle\int \frac{(x^2-3)(x+1)}{x^2}\mathrm{d}x$；　　　　　(6) $\displaystyle\int \frac{x^2}{1+x^2}\mathrm{d}x$；

(7) $\displaystyle\int \frac{3^x+2^x}{3^x}\mathrm{d}x$；　　　　　　　(8) $\displaystyle\int (\mathrm{e}^x-3\cos x)\mathrm{d}x$；

(9) $\displaystyle\int \frac{x-9}{\sqrt{x}+3}\mathrm{d}x$；　　　　　　(10) $\displaystyle\int \frac{\mathrm{e}^{2x}-1}{\mathrm{e}^x+1}\mathrm{d}x$；

(11) $\displaystyle\int \sec x(\sec x-\tan x)\mathrm{d}x$；　　　(12) $\displaystyle\int \frac{\cos 2x}{\cos x-\sin x}\mathrm{d}x$.

4.解下列各题：

(1)已知函数 $f(x)$ 的导数等于 $x+2$，且当 $x=2$ 时，$y=5$，求这个函数；

(2)已知曲线上任一点的切线的斜率为 $3x^2$，且曲线经过点 $(1,2)$，求该曲线的方程；

(3)已知动点在时刻 t 的速度为 $v=3t-2$，且 $t=0$ 时，$s=5$，求该动点的运动方程.

§4.2　换元积分

利用基本积分表中的公式及不定积分的性质所能计算的不定积分是很有限的. 比如，$\displaystyle\int x\mathrm{e}^x\mathrm{d}x$、$\displaystyle\int \ln x\mathrm{d}x$ 就不能直接用积分公式和不定积分的性质求出. 因此，有必要讨论其他积分方法，本节将介绍换元积分法.

首先看一个例子，求不定积分 $\displaystyle\int \mathrm{e}^{2x}\mathrm{d}x$. 在基本积分表中有公式 $\displaystyle\int \mathrm{e}^x\mathrm{d}x=\mathrm{e}^x+C$ 而没有公式 $\displaystyle\int \mathrm{e}^{2x}\mathrm{d}x$，因此，不能直接用基本积分表中的公式计算. 若令 $u=2x$，则 $\mathrm{d}u=2\mathrm{d}x$，$\mathrm{d}x=\dfrac{1}{2}\mathrm{d}u=\dfrac{1}{2}\mathrm{d}(2x)$，于是

$$\int \mathrm{e}^{2x}\mathrm{d}x=\frac{1}{2}\int \mathrm{e}^{2x}\mathrm{d}(2x)\xlongequal{2x=u}\frac{1}{2}\int \mathrm{e}^u\mathrm{d}u=\frac{1}{2}\mathrm{e}^u+C$$

$$\xlongequal{u=2x}\frac{1}{2}\mathrm{e}^{2x}+C.$$

一般的，有下面定理.

定理 4.2.1(第一换元积分法)　设 $\displaystyle\int f(u)\mathrm{d}u=F(u)+C$，$u=\varphi(x)$ 可导，则有积分公式

$$\int f(\varphi(x))\varphi'(x)\mathrm{d}x=F(\varphi(x))+C. \tag{4-2-1}$$

证　只要证明式(4-2-1)右边导数等于左边被积函数即可. 因为 $F'(u)=f(u)$，$u=\varphi(x)$，对式(4-2-1)右边求导，有

$$[F(\varphi(x))+C]'=F'(\varphi(x))\varphi'(x)=f(\varphi(x))\varphi'(x),$$

从而式(4-2-1)成立.

利用式(4-2-1)即第一换元积分法求不定积分可按以下步骤进行：

$$\int g(x)\mathrm{d}x \xrightarrow{\text{恒等变形}} \int f(\varphi(x))\varphi'(x)\mathrm{d}x \xrightarrow{\text{凑微分}} \int f(\varphi(x))\mathrm{d}\varphi(x)$$

$$\xrightarrow[u=\varphi(x)]{\text{换元}} \int f(u)\mathrm{d}u \xrightarrow{\text{积分}} F(u)+C \xrightarrow[u=\varphi(x)]{\text{回代}} F(\varphi(x))+C.$$

第一换元积分法的关键是要把被积表达式分解出 $\varphi'(x)\mathrm{d}x$，并凑成微分 $\mathrm{d}\varphi(x)$，因此第一换元积分法也称**凑微分法**.

例 1　求 $\displaystyle\int \frac{1}{3+2x}\mathrm{d}x$.

解　因为 $(3+2x)'=2$，即 $\frac{1}{2}(3+2x)'=1$，所以

$$\int \frac{\mathrm{d}x}{3+2x} = \frac{1}{2}\int \frac{1}{(3+2x)}(3+2x)'\mathrm{d}x \quad \left(=\frac{1}{2}\int \frac{1}{\varphi(x)}\varphi'(x)\mathrm{d}x\right)$$

$$= \frac{1}{2}\int \frac{1}{3+2x}\mathrm{d}(3+2x), \quad \left(=\frac{1}{2}\int \frac{1}{\varphi(x)}\mathrm{d}\varphi(x)\right)$$

令 $u=3+2x$，则

$$\int \frac{\mathrm{d}x}{3+2x} = \frac{1}{2}\int \frac{1}{u}\mathrm{d}u = \frac{1}{2}\ln|u|+C.$$

回代，有

$$\int \frac{\mathrm{d}x}{3+2x} = \frac{1}{2}\ln|3+2x|+C.$$

例 2　求 $\displaystyle\int x\sqrt{4-x^2}\,\mathrm{d}x$.

解　因为 $(4-x^2)'=-2x$，即 $x=-\frac{1}{2}(4-x^2)'$，所以

$$\int x\sqrt{4-x^2}\,\mathrm{d}x = -\frac{1}{2}\int \sqrt{4-x^2}(4-x^2)'\mathrm{d}x$$

$$= -\frac{1}{2}\int (4-x^2)^{\frac{1}{2}}\mathrm{d}(4-x^2)$$

$$\xrightarrow{4-x^2=u} -\frac{1}{2}\int u^{\frac{1}{2}}\mathrm{d}u = -\frac{1}{2}\cdot\frac{2}{3}u^{\frac{3}{2}}+C$$

$$= -\frac{1}{3}(4-x^2)^{\frac{3}{2}}+C.$$

例 3　求 $\displaystyle\int x\mathrm{e}^{x^2}\mathrm{d}x$.

解　因为 $\frac{1}{2}(x^2)'=x$，所以

$$\int x\mathrm{e}^{x^2}\mathrm{d}x = \frac{1}{2}\int \mathrm{e}^{x^2}(x^2)'\mathrm{d}x = \frac{1}{2}\int \mathrm{e}^{x^2}\mathrm{d}(x^2)$$

$$\xrightarrow{x^2=u} \frac{1}{2}\int \mathrm{e}^u\mathrm{d}u = \frac{1}{2}\mathrm{e}^u+C$$

$$\xrightarrow{\text{回代}} \frac{1}{2}\mathrm{e}^{x^2}+C.$$

从以上例子可以看出，第一换元积分法的关键是"凑微分". 下面列举一些常用的凑微分

形式供大家参考:

$$\mathrm{d}x = \frac{1}{a}\mathrm{d}(ax+b);$$
$$x\mathrm{d}x = \frac{1}{2}\mathrm{d}x^2 = \frac{1}{2a}\mathrm{d}(ax^2+b);$$

$$\frac{1}{\sqrt{x}}\mathrm{d}x = 2\mathrm{d}\sqrt{x} = \frac{2}{a}\mathrm{d}(a\sqrt{x}+b);$$
$$a^x\mathrm{d}x = \frac{1}{\ln a}\mathrm{d}a^x;$$

$$\frac{1}{x^2}\mathrm{d}x = -\mathrm{d}\left(\frac{1}{x}\right);$$
$$\cos x\mathrm{d}x = \mathrm{d}(\sin x);$$

$$\sin x\mathrm{d}x = -\mathrm{d}(\cos x);$$
$$\sec^2 x\mathrm{d}x = \mathrm{d}(\tan x);$$

$$\sec x\tan x\mathrm{d}x = \mathrm{d}\sec x;$$
$$\frac{1}{1+x^2}\mathrm{d}x = \mathrm{d}(\arctan x);$$

$$\frac{1}{\sqrt{1-x^2}}\mathrm{d}x = \mathrm{d}(\arcsin x).$$

凑微分法运用熟练以后,中间变量可以省略.

例 4　求 $\displaystyle\int \frac{\sin\sqrt{x}}{\sqrt{x}}\mathrm{d}x$.

解　因为 $\mathrm{d}(\sqrt{x}) = \dfrac{\frac{1}{2}\mathrm{d}x}{\sqrt{x}}$,即 $2\mathrm{d}(\sqrt{x}) = \dfrac{1}{\sqrt{x}}\mathrm{d}x$. 所以

$$\int \frac{\sin\sqrt{x}}{\sqrt{x}}\mathrm{d}x = 2\int \sin\sqrt{x}\,\mathrm{d}(\sqrt{x}) = -2\cos\sqrt{x} + C.$$

例 5　求 $\displaystyle\int \frac{1}{a^2+x^2}\mathrm{d}x$　$(a\neq 0)$(基本积分表中(18)).

解
$$\int \frac{1}{a^2+x^2}\mathrm{d}x = \frac{1}{a^2}\int \frac{1}{1+\left(\frac{x}{a}\right)^2}\mathrm{d}x$$

$$= \frac{1}{a}\int \frac{1}{1+\left(\frac{x}{a}\right)^2}\mathrm{d}\left(\frac{x}{a}\right) = \frac{1}{a}\arctan\frac{x}{a} + C.$$

例 6　求 $\displaystyle\int \tan x\,\mathrm{d}x$　(基本积分表中(14)).

解　$\displaystyle\int \tan x\,\mathrm{d}x = \int \frac{\sin x}{\cos x}\mathrm{d}x$,因为 $\mathrm{d}(\cos x) = -\sin x\mathrm{d}x$,即 $\sin x\mathrm{d}x = -\mathrm{d}(\cos x)$,所以

$$\int \tan x\,\mathrm{d}x = \int \frac{\sin x}{\cos x}\mathrm{d}x = -\int \frac{1}{\cos x}\mathrm{d}(\cos x)$$
$$= -\ln|\cos x| + C.$$

同理可求得

$$\int \cot x\,\mathrm{d}x = \ln|\sin x| + C.$$

例 7　求 $\displaystyle\int \cos^2 x\,\mathrm{d}x$.

解　因为 $\cos^2 x = \dfrac{1}{2}(1+\cos 2x)$,所以

$$\int \cos^2 x\,\mathrm{d}x = \int \frac{1}{2}(1+\cos 2x)\mathrm{d}x$$

$$= \frac{1}{2} \left(\int \mathrm{d}x + \int \cos 2x \, \mathrm{d}x \right)$$

$$= \frac{1}{2} \left(x + \frac{1}{2} \int \cos 2x \, \mathrm{d}(2x) \right)$$

$$= \frac{1}{2} x + \frac{1}{4} \sin 2x + C.$$

例 8　求 $\displaystyle\int \sin 3x \cos 4x \, \mathrm{d}x$.

解　此题不能直接凑微分,由三角函数积化和差公式,先将被积函数化作两项之和,即 $\sin 3x \cos 4x = \dfrac{1}{2}(\sin 7x - \sin x)$,再来积分. 于是

$$\int \sin 3x \cos 4x \, \mathrm{d}x = \frac{1}{2} \int (\sin 7x - \sin x) \, \mathrm{d}x$$

$$= \frac{1}{2} \left(\int \sin 7x \, \mathrm{d}x - \int \sin x \, \mathrm{d}x \right)$$

$$= \frac{1}{2} \left[\frac{1}{7} \int \sin 7x \, \mathrm{d}(7x) + \cos x + C_1 \right]$$

$$= \frac{1}{2} \cos x - \frac{1}{14} \cos 7x + C.$$

例 9　求 $\displaystyle\int \sec x \, \mathrm{d}x$　(基本积分表中(16)).

解　$\displaystyle\int \sec x \, \mathrm{d}x = \int \frac{\mathrm{d}x}{\cos x} = \int \frac{\cos x}{\cos^2 x} \mathrm{d}x = \int \frac{\mathrm{d}(\sin x)}{1 - \sin^2 x}$

$$= \frac{1}{2} \int \left(\frac{1}{1 + \sin x} + \frac{1}{1 - \sin x} \right) \mathrm{d}(\sin x)$$

$$= \frac{1}{2} \left[\int \frac{\mathrm{d}(1 + \sin x)}{1 + \sin x} - \int \frac{\mathrm{d}(1 - \sin x)}{1 - \sin x} \right]$$

$$= \frac{1}{2} \left[\ln|1 + \sin x| - \ln|1 - \sin x| \right] + C$$

$$= \frac{1}{2} \ln \left| \frac{1 + \sin x}{1 - \sin x} \right| + C$$

$$= \frac{1}{2} \ln \frac{(1 + \sin x)^2}{\cos^2 x} + C$$

$$= \ln \left| \frac{1 + \sin x}{\cos x} \right| + C$$

$$= \ln|\sec x + \tan x| + C.$$

同理可求得

$$\int \csc x \, \mathrm{d}x = \ln|\csc x - \cot x| + C.$$

有些积分不能通过第一换元积分法一次凑微分求解,但作这样的换元 $x = \psi(t)$ 后,将积分变为 $\displaystyle\int f(\psi(t)) \psi'(t) \mathrm{d}t$ 的形式却可以求解. 这就是所谓的第二换元积分法.

定理 4.2.2(第二换元积分法)　设 $f(x)$ 连续,又 $x = \psi(t)$ 是单调的、可导的函数,且 $\psi'(t) \neq 0$,则有换元公式

$$\int f(x) \mathrm{d}x = \left[\int f(\psi(t)) \psi'(t) \mathrm{d}t \right]_{t = \psi^{-1}(x)}, \tag{4-2-2}$$

其中 $t = \psi^{-1}(x)$ 为 $x = \psi(t)$ 的反函数.

利用式(4-2-2)作第二类换元积分的一般步骤为:

$$\int f(x)\,\mathrm{d}x \xrightarrow[\text{换元}]{x = \psi(t)} \int f(\psi(t))\psi'(t)\,\mathrm{d}t \xlongequal{\text{积分}} F(t) + C$$

$$\xlongequal[\text{回代}]{t = \psi^{-1}(x)} F(\psi^{-1}(x)) + C.$$

第二换元积分法主要用于不能用基本积分公式和第一换元积分法求解的某些根式函数为被积函数的积分. 下面介绍两种方法去掉被积函数的根号.

1)三角换元法

例 10 求 $\displaystyle\int \sqrt{a^2 - x^2}\,\mathrm{d}x$ $(a > 0)$.

解 由三角公式 $\sin^2 x + \cos^2 x = 1$,作换元 $x = a\sin t \left(-\dfrac{\pi}{2} < t < \dfrac{\pi}{2}\right)$,则 $\sqrt{a^2 - x^2}$

$= a\sqrt{1 - \sin^2 t} = a\cos t$,$\mathrm{d}x = a\cos t\,\mathrm{d}t$,于是

$$\int \sqrt{a^2 - x^2}\,\mathrm{d}x = a^2 \int \cos^2 t\,\mathrm{d}t = \frac{a^2}{2}\left(t + \frac{1}{2}\sin 2t + C\right)$$

$$= \frac{a^2}{2}(t + \sin t\cos t) + C.$$

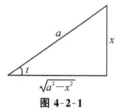

图 4-2-1

再由 $x = a\sin t$,即 $\sin t = \dfrac{x}{a}$ 作辅助三角形,如图 4-2-1 所示,有 $t = \arcsin\dfrac{x}{a}$,$\cos t = \dfrac{\sqrt{a^2 - x^2}}{a}$,因此

$$\int \sqrt{a^2 - x^2}\,\mathrm{d}x = \frac{a^2}{2}\arcsin\frac{x}{a} + \frac{x}{2}\sqrt{a^2 - x^2} + C.$$

此题也可用三角换元 $x = a\cos t$ 求解.

例 11 求 $\displaystyle\int \frac{\mathrm{d}x}{\sqrt{x^2 + a^2}}$ $(a > 0)$ (基本积分表中(21)).

解 由三角公式 $1 + \tan^2 t = \sec^2 t$,令 $x = a\tan t$ $\left(-\dfrac{\pi}{2} < t < \dfrac{\pi}{2}\right)$,则 $\sqrt{x^2 + a^2} = a\sec t$,$\mathrm{d}x = a\sec^2 t\,\mathrm{d}t$. 于是

$$\int \frac{\mathrm{d}x}{\sqrt{x^2 + a^2}} = \int \frac{a\sec^2 t}{a\sec t}\,\mathrm{d}t = \int \sec t\,\mathrm{d}t = \ln|\sec t + \tan t| + C_1.$$

再由 $x = a\tan t$,即 $\tan t = \dfrac{x}{a}$ 作辅助三角形,如图 4-2-2 所示,有 $\sec t = \dfrac{\sqrt{x^2 + a^2}}{a}$,因此

$$\int \frac{\mathrm{d}x}{\sqrt{x^2 + a^2}} = \ln\left|\frac{\sqrt{x^2 + a^2}}{a} + \frac{x}{a}\right| + C_1$$

$$= \ln(x + \sqrt{x^2 + a^2}) + C,$$

其中 $C = C_1 - \ln a$.

此题也可用换元 $x = a\cot t$ 求解.

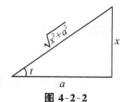

图 4-2-2

例 12 求 $\displaystyle\int \frac{\mathrm{d}x}{\sqrt{x^2 - a^2}}$ $(a > 0)$ (基本积分表中(22)).

解 由三角公式 $\sec^2 t - 1 = \tan^2 t$,令 $x = a\sec t$ $\left(0 < t < \dfrac{\pi}{2}\right)$,则 $\sqrt{x^2 - a^2} = a\tan t$,$\mathrm{d}x = a\sec t\tan t\,\mathrm{d}t$,于是

$$\int \frac{\mathrm{d}x}{\sqrt{x^2-a^2}} = \int \sec t\,\mathrm{d}t = \ln|\sec t+\tan t|+C_1.$$

再由 $x=a\sec t$ 即 $\sec t=\dfrac{x}{a}$ 作辅助三角形，如图 4-2-3 所示，有 $\tan t=\dfrac{\sqrt{x^2-a^2}}{a}$，因此

$$\int \frac{\mathrm{d}x}{\sqrt{x^2-a^2}} = \ln\left|\frac{x}{a}+\frac{\sqrt{x^2-a^2}}{a}\right|+C_1$$

$$= \ln(x+\sqrt{x^2-a^2})+C,$$

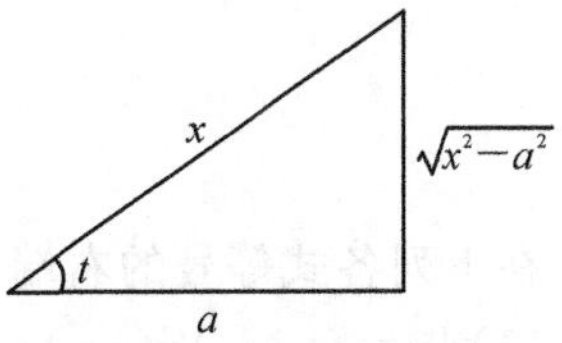

图 4-2-3

其中 $C=C_1-\ln a$.

此题也可用换元 $x=a\csc t$ 求解.

2) 简单根式换元

对于被积函数中含有根式 $\sqrt[n]{\dfrac{ax+b}{cx+d}}$ 的某积分，也可通过适当的代换求得积分.

例 13　求 $\displaystyle\int \frac{\sqrt{x-1}}{x}\mathrm{d}x$.

解　令 $\sqrt{x-1}=t$，则 $x=t^2+1,\mathrm{d}x=2t\,\mathrm{d}t$. 于是

$$\int \frac{\sqrt{x-1}}{x}\mathrm{d}x = 2\int \frac{t^2}{t^2+1}\mathrm{d}t = 2\int \frac{t^2+1-1}{t^2+1}\mathrm{d}x$$

$$= 2\int\left(1-\frac{1}{t^2+1}\right)\mathrm{d}t = 2(t-\arctan t)+C$$

$$= 2(\sqrt{x-1}-\arctan\sqrt{x-1})+C.$$

例 14　求 $\displaystyle\int \frac{1}{x}\sqrt{\frac{1+x}{x}}\mathrm{d}x$.

解　令 $\sqrt{\dfrac{1+x}{x}}=t$，则 $x=\dfrac{1}{t^2-1},\mathrm{d}x=-\dfrac{2t}{(t^2-1)^2}\mathrm{d}t$. 于是

$$\int \frac{1}{x}\sqrt{\frac{1+x}{x}}\mathrm{d}x = \int(t^2-1)t\left[-\frac{2t}{(t^2-1)^2}\right]\mathrm{d}t$$

$$= -2\int \frac{t^2}{t^2-1}\mathrm{d}t = -2\int\left(1+\frac{1}{t^2-1}\right)\mathrm{d}t$$

$$= -2t-\ln\left|\frac{t-1}{t+1}\right|+C$$

$$= -2\sqrt{\frac{1+x}{x}}-\ln\left[x\left(\sqrt{\frac{1+x}{x}}-1\right)^2\right]+C$$

$$= -2\sqrt{\frac{1+x}{x}}-2\ln\left(\sqrt{\frac{1+x}{x}}-1\right)-\ln x+C.$$

例 15　求 $\displaystyle\int \frac{1}{\sqrt{x}+\sqrt[3]{x}}\mathrm{d}x$.

解　为了同时消去两个根式 $\sqrt{x}$ 和 $\sqrt[3]{x}$，令 $\sqrt[6]{x}=t$，则 $x=t^6,\mathrm{d}x=6t^5\mathrm{d}t$，于是

$$\int \frac{\mathrm{d}x}{\sqrt{x}+\sqrt[3]{x}} = \int \frac{6t^5}{t^3+t^2}\mathrm{d}t = 6\int \frac{t^3}{t+1}\mathrm{d}t = 6\int \frac{t^3+1-1}{t+1}\mathrm{d}t$$

$$= 6\int\left(t^2 - t + 1 - \frac{1}{t+1}\right)dt$$

$$= 2t^3 - 3t^2 + 6t - 6\ln|t+1| + C$$

$$= 2\sqrt{x} - 3\sqrt[3]{x} + 6\sqrt[6]{x} - 6\ln(\sqrt[6]{x} + 1) + C.$$

习　题　4-2

1.在下列各式等号的右端加上适当的系数,使等式成立:

(1)$dx = ($ $)d(ax)$;　　　　　　(2)$dx = ($ $)d(7x - 3)$;

(3)$x\,dx = ($ $)d(x^2)$;　　　　　　(4)$x\,dx = ($ $)d(1 - x^2)$;

(5)$e^{2x}dx = ($ $)d(e^{2x})$;　　　　(6)$e^{-\frac{x}{2}}dx = ($ $)d(1 + e^{-\frac{x}{2}})$;

(7)$\sin\frac{3}{2}x\,dx = ($ $)d\left(\cos\frac{3}{2}x\right)$;　　(8)$\frac{dx}{x} = ($ $)d(5\ln|x|)$;

(9)$\dfrac{dx}{\sqrt{1-x^2}} = ($ $)d(1 - \arcsin x)$;　(10)$\dfrac{dx}{1+9x^2} = ($ $)d(\arctan 3x)$.

2.求下列不定积分(其中 ω、φ 均为常数):

(1)$\displaystyle\int e^{5x}\,dx$;　　　　　　　　(2)$\displaystyle\int(3 - 2x)^{100}\,dx$;

(3)$\displaystyle\int\frac{dx}{1 - 2x}$;　　　　　　(4)$\displaystyle\int\frac{dx}{\sqrt[3]{2 - 3x}}$;

(5)$\displaystyle\int\cos^2 3t\,dt$;　　　　　　(6)$\displaystyle\int\frac{\sin\sqrt{t}}{\sqrt{t}}\,dt$;

(7)$\displaystyle\int 2^{1-2x}\,dx$;　　　　　　(8)$\displaystyle\int\tan^{10}x\sec^2 x\,dx$;

(9)$\displaystyle\int\frac{dx}{\sin x\cos x}$;　　　　(10)$\displaystyle\int\frac{dx}{e^x + e^{-x}}$;

(11)$\displaystyle\int x\cos(x^2)\,dx$;　　　　(12)$\displaystyle\int\frac{x}{\sqrt{2 - 3x}}\,dx$;

(13)$\displaystyle\int\frac{x}{1 + 2x^4}\,dx$;　　　　(14)$\displaystyle\int\cos^2(\omega t + \varphi)\sin(\omega t + \varphi)\,dt$;

(15)$\displaystyle\int\frac{\sin x}{\cos^3 x}\,dx$;　　　　(16)$\displaystyle\int\frac{2x - 1}{\sqrt{1 - x^2}}\,dx$;

(17)$\displaystyle\int\cos^3 x\,dx$;　　　　　(18)$\displaystyle\int\frac{\sin x + \cos x}{\sqrt[3]{\sin x - \cos x}}\,dx$;

(19)$\displaystyle\int\frac{1 + \ln x}{(x\ln x)^2}\,dx$;　　　(20)$\displaystyle\int\sin 2x\cos 3x\,dx$;

(21)$\displaystyle\int\sin 5x\sin 7x\,dx$;　　　(22)$\displaystyle\int\tan^3 x\sec x\,dx$;

(23)$\displaystyle\int\frac{dx}{1 + \sqrt{2x}}$;　　　　(24)$\displaystyle\int\frac{dx}{\sqrt{x} + \sqrt[4]{x}}$;

(25)$\displaystyle\int\frac{dx}{\sqrt{4x^2 + 9}}$;　　　(26)$\displaystyle\int\frac{\ln(\tan x)}{\sin x\cos x}\,dx$.

§4.3 分 部 积 分

前面在复合函数微分法的基础上得到了换元积分法,现在利用两个函数乘积的微分法,来推导另一种求积分的基本方法——**分部积分法**.

设函数 $u=u(x)$,$v=v(x)$ 具有连续导数,这两个函数乘积的导数公式为

$$[u(x)v(x)]'=u'(x)v(x)+u(x)v'(x),$$

即

$$u(x)v'(x)=[u(x)v(x)]'-u'(x)v(x),$$

对上式两边求不定积分,有

$$\int u(x)v'(x)\mathrm{d}x=\int [u(x)v(x)]'\mathrm{d}x-\int u'(x)v(x)\mathrm{d}x,$$

即

$$\int u(x)\mathrm{d}v(x)=u(x)v(x)-\int v(x)\mathrm{d}u(x), \tag{4-3-1}$$

上式简记为

$$\int u\mathrm{d}v=uv-\int v\mathrm{d}u.$$

式(4-3-1)称为**分部积分公式**.

对于有些积分既不能用换元积分,也不能用积分公式积分,这时可考虑用分部积分.在利用分部积分公式时,对于 u 和 $\mathrm{d}v$(或 $v'\mathrm{d}x$)的选取也是很有讲究的,下面举例说明分部积分公式的应用,并注意公式中 u 和 $\mathrm{d}v$ 的选取.

例 1　求 $\int x\sin x\,\mathrm{d}x$.

解　这个积分不宜换元,考虑用分部积分.选哪一部分为 u 呢? 不妨设 $u=x$,则 $\mathrm{d}v=\sin x\,\mathrm{d}x=\mathrm{d}(-\cos x)$,于是 $\mathrm{d}u=\mathrm{d}x$,$v=-\cos x$. 所以

$$\int x\sin x\,\mathrm{d}x=\int x\,\mathrm{d}(-\cos x)=x(-\cos x)-\int(-\cos x)\mathrm{d}u$$
$$=-x\cos x+\int\cos x\,\mathrm{d}x$$
$$=-x\cos x+\sin x+C.$$

例 2　求 $\int x\mathrm{e}^x\,\mathrm{d}x$.

解　设 $u=x$,则 $\mathrm{d}v=\mathrm{e}^x\mathrm{d}x=\mathrm{d}\mathrm{e}^x$,$\mathrm{d}u=\mathrm{d}x$,$v=\mathrm{e}^x$. 于是

$$\int x\mathrm{e}^x\,\mathrm{d}x=\int x\mathrm{d}\mathrm{e}^x=x\mathrm{e}^x-\int\mathrm{e}^x\,\mathrm{d}x=x\mathrm{e}^x-\mathrm{e}^x+C.$$

从上面两个例子可以看出,利用分部积分应考虑两点:

(1) v 要容易求得;

(2) $\int v\mathrm{d}u$ 比 $\int u\mathrm{d}v$ 容易.

由以上两个例子可知,一般来说,若被积函数是指数为正整数的幂函数和正(余)弦函数或幂函数和指数函数的乘积,就可以考虑用分部积分法,并选幂函数为 u.

例 3　求 $\int x\ln x\,\mathrm{d}x$.

解　设 $u=\ln x$，则 $\mathrm{d}v=x\,\mathrm{d}x=\mathrm{d}\left(\dfrac{x^2}{2}\right)$，$\mathrm{d}u=\dfrac{1}{x}\mathrm{d}x$，$v=\dfrac{x^2}{2}$，于是

$$\int x\ln x\,\mathrm{d}x = \int \ln x\,\mathrm{d}\left(\frac{x^2}{2}\right) = \frac{x^2}{2}\ln x - \int \frac{x^2}{2}\frac{1}{x}\mathrm{d}x$$

$$= \frac{1}{2}x^2\ln x - \frac{1}{2}\int x\,\mathrm{d}x$$

$$= \frac{1}{2}x^2\ln x - \frac{1}{4}x^2 + C.$$

例 4　求 $\int \arctan x\,\mathrm{d}x$.

解　设 $u=\arctan x$，则 $\mathrm{d}v=\mathrm{d}x$，$\mathrm{d}u=\dfrac{1}{1+x^2}\mathrm{d}x$，$v=x$，于是

$$\int \arctan x\,\mathrm{d}x = x\arctan x - \int \frac{x}{1+x^2}\mathrm{d}x$$

$$= x\arctan x - \frac{1}{2}\int \frac{1}{1+x^2}\mathrm{d}(1+x^2)$$

$$= x\arctan x - \frac{1}{2}\ln(1+x^2) + C.$$

由上面两个例子可以知道，**若被积函数是幂函数和对数函数或幂函数和反三角函数的乘积，也可考虑用分部积分，并选对数函数或反三角函数为 u**.

有时分部积分一次不能立即得到结果，但较原积分要容易或与原积分类型相当，这时可再进行积分，最后就能得到结果.

例 5　求 $\int x^2\mathrm{e}^x\,\mathrm{d}x$.

解　设 $u=x^2$，则 $\mathrm{d}v=\mathrm{e}^x\mathrm{d}x$，$\mathrm{d}u=2x\,\mathrm{d}x$，$v=\mathrm{e}^x$. 于是

$$\int x^2\mathrm{e}^x\,\mathrm{d}x = x^2\mathrm{e}^x - 2\int x\mathrm{e}^x\,\mathrm{d}x.$$

对 $\int x\mathrm{e}^x\,\mathrm{d}x$ 再进行一次分部，由例 2 便得

$$\int x^2\mathrm{e}^x\,\mathrm{d}x = x^2\mathrm{e}^x - 2(x\mathrm{e}^x - \mathrm{e}^x) + C = (x^2 - 2x + 2)\mathrm{e}^x + C.$$

例 6　求 $\int \mathrm{e}^x\cos x\,\mathrm{d}x$.

解

$$\int \mathrm{e}^x\cos x\,\mathrm{d}x = \int \mathrm{e}^x\,\mathrm{d}\sin x = \mathrm{e}^x\sin x - \int \mathrm{e}^x\sin x\,\mathrm{d}x$$

$$= \mathrm{e}^x\sin x + \int \mathrm{e}^x\,\mathrm{d}\cos x$$

$$= \mathrm{e}^x\sin x + \mathrm{e}^x\cos x - \int \mathrm{e}^x\cos x\,\mathrm{d}x.$$

右边的积分与原积分相同，将它移至左边与原积分合并，两边再同时除以 2，便得

$$\int \mathrm{e}^x\cos x\,\mathrm{d}x = \frac{1}{2}\mathrm{e}^x(\sin x + \cos x) + C.$$

此题也可这样解：

$$\int \mathrm{e}^x\cos x\,\mathrm{d}x = \int \cos x\,\mathrm{d}\mathrm{e}^x = \mathrm{e}^x\cos x + \int \mathrm{e}^x\sin x\,\mathrm{d}x = \mathrm{e}^x\cos x + \int \sin x\,\mathrm{d}\mathrm{e}^x$$

$$= \mathrm{e}^x\cos x + \mathrm{e}^x\sin x - \int \mathrm{e}^x\cos x\,\mathrm{d}x,$$

即

$$\int e^x \cos x \, dx = \frac{1}{2} e^x (\cos x + \sin x) + C.$$

在积分过程中,有时需将换元积分法与分部积分法结合起来使用.

例 7 求 $\int e^{\sqrt{x}} \, dx$.

解 先换元,令 $\sqrt{x} = t, x = t^2, dx = 2t \, dt$,于是 $\int e^{\sqrt{x}} \, dx = 2 \int t e^t \, dt$. 再分部

$$2 \int t e^t \, dt = 2 \int t \, de^t = 2 \left(t e^t - \int e^t \, dt \right) = 2(t e^t - e^t) + C,$$
$$= 2 e^t (t - 1) + C,$$

从而

$$\int e^{\sqrt{x}} \, dx = 2(\sqrt{x} - 1) e^{\sqrt{x}} + C.$$

对于被积函数为两个多项式相除的分式函数的积分,称为有理函数积分. 对此我们只作如下简单介绍.

(1)当分式函数为假分式*时,可用多项式除法将假分式化为一个整式与一个真分式的和,然后再进行积分,如

$$\int \frac{x^3 + x + 1}{x^2 + 1} \, dx = \int \left(x + \frac{1}{x^2 + 1} \right) dx = \int x \, dx + \int \frac{1}{x^2 + 1} \, dx = \frac{1}{2} x^2 + \arctan x + C.$$

(2)当分母为一次式的真分式时,可用凑微分法求解,如

$$\int \frac{1}{2x + 3} \, dx = \frac{1}{2} \int \frac{1}{2x + 3} \, d(2x + 3) = \frac{1}{2} \ln(2x + 3) + C.$$

(3)当分母为二次多项式的真分式时,可按下例求解.

例 8 求 $\int \frac{x - 2}{x^2 + 2x + 3} \, dx$.

解 因为 $(x^2 + 2x + 3)' = 2x + 2$,于是将 $x - 2$ 表示为

$$x - 2 = \left[\frac{1}{2} (2x + 2) - 1 \right] - 2 = \frac{1}{2} (2x + 2) - 3,$$

于是

$$\int \frac{x - 2}{x^2 + 2x + 3} \, dx = \int \frac{\frac{1}{2} (2x + 2) - 3}{x^2 + 2x + 3} \, dx$$
$$= \frac{1}{2} \int \frac{2x + 2}{x^2 + 2x + 3} \, dx - 3 \int \frac{dx}{x^2 + 2x + 3}$$
$$= \frac{1}{2} \int \frac{d(x^2 + 2x + 3)}{x^2 + 2x + 3} - 3 \int \frac{d(x + 1)}{(x + 1)^2 + (\sqrt{2})^2}$$
$$= \frac{1}{2} \ln(x^2 + 2x + 3) - \frac{3}{\sqrt{2}} \arctan \frac{x + 1}{\sqrt{2}} + C.$$

---

* 所谓假分式是指分子多项式的次数大于或等于分母多项式的次数的分式,如 $\frac{x^3 + x + 1}{x^2 + 1}$ 及 $\frac{x^2 - 1}{3x^2 + 2}$ 等;

而分子多项式的次数小于分母多项式的次数的分式,则称为真分式,如 $\frac{2x^2 + 1}{x^3 - 4}, \frac{3}{x^2 + 1}$ 等.

（4）当被积分式函数分母的次数大于 2 时，由代数学知识，可先将这个既约真分式分解为基本分式（即部分分式）之和（详见附录 B），然后再进行积分.

例 9　求 $\int \dfrac{\mathrm{d}x}{x(x^2+1)}$.

解　因为 $\dfrac{1}{x(x^2+1)}=\dfrac{1}{x}-\dfrac{x}{x^2+1}$，所以

$$\int \frac{1}{x(x^2+1)}\mathrm{d}x=\int\left(\frac{1}{x}-\frac{x}{x^2+1}\right)\mathrm{d}x=\int\frac{1}{x}\mathrm{d}x-\int\frac{x}{x^2+1}\mathrm{d}x$$

$$=\ln|x|-\frac{1}{2}\ln(x^2+1)+C$$

$$=\ln\left|\frac{x}{\sqrt{x^2+1}}\right|+C.$$

例 10　求 $\int \dfrac{x^2+1}{x(x-1)^2}\mathrm{d}x$.

解　因为 $\dfrac{x^2+1}{x(x-1)^2}=\dfrac{1}{x}+\dfrac{2}{(x-1)^2}$，所以

$$\int\frac{x^2+1}{x(x-1)^2}\mathrm{d}x=\int\left(\frac{1}{x}+\frac{2}{(x-1)^2}\right)\mathrm{d}x=\int\frac{1}{x}\mathrm{d}x+2\int\frac{\mathrm{d}x}{(x-1)^2}$$

$$=\ln|x|-\frac{2}{x-1}+C.$$

习　题　4-3

1．求下列不定积分：

(1) $\int x\sin x\,\mathrm{d}x$；

(2) $\int x^2\cos x\,\mathrm{d}x$；

(3) $\int x\mathrm{e}^{-x}\,\mathrm{d}x$；

(4) $\int x^2\ln x\,\mathrm{d}x$；

(5) $\int x\ln(x^2+1)\,\mathrm{d}x$；

(6) $\int \dfrac{\ln x}{\sqrt{x}}\mathrm{d}x$；

(7) $\int x\cos\dfrac{x}{2}\mathrm{d}x$；

(8) $\int \dfrac{1}{x^2}\arctan x\,\mathrm{d}x$；

(9) $\int x\tan^2 x\,\mathrm{d}x$；

(10) $\int x(2-x)^4\,\mathrm{d}x$；

(11) $\int (\ln x)^2\,\mathrm{d}x$；

(12) $\int x\sin x\cos x\,\mathrm{d}x$；

(13) $\int x\cos^2 x\,\mathrm{d}x$；

(14) $\int \dfrac{x^2}{1+x^2}\arctan x\,\mathrm{d}x$；

(15) $\int (\arcsin x)^2\,\mathrm{d}x$；

(16) $\int \mathrm{e}^{\sqrt[3]{x}}\,\mathrm{d}x$；

(17) $\int \mathrm{e}^{-2x}\sin\dfrac{x}{2}\mathrm{d}x$；

(18) $\int \cos(\ln x)\,\mathrm{d}x$；

(19) $\int \dfrac{\ln\cos x}{\cos^2 x}\mathrm{d}x$；

(20) $\int \mathrm{e}^x\sin^2 x\,\mathrm{d}x$.

2.求下列不定积分:

(1) $\int \dfrac{x^3}{9+x^2}dx$;

(2) $\int \dfrac{x^3}{x-1}dx$;

(3) $\int \dfrac{2x+1}{x^2+4x+5}dx$;

(4) $\int \dfrac{x}{x^2+2x+2}dx$;

(5) $\int \dfrac{x-1}{x(x+2)}dx$;

(6) $\int \dfrac{x^2+1}{(x+1)^2(x-1)}dx$.

3.求下列不定积分:

(1) $\int \dfrac{dx}{x\sqrt{2x+1}}$;

(2) $\int \dfrac{\sqrt{x-1}}{x}dx$.

4.已知 $f(x)$ 的一个原函数为 $\dfrac{\sin x}{x}$,证明: $\int xf'(x)dx = \cos x - \dfrac{2\sin x}{x} + C$.

§4.4　积　分　表

为了使用方便,人们把常用的积分公式汇集成表,称为积分表.积分表是按被积函数的类型来排列的.查积分表时,可根据被积函数的类型直接或经过简单变形后,在表中查得所需的结果.

本书末附录 C 为一个简单的积分表,以供查阅.

例 1　求 $\int \dfrac{dx}{x^2(5+4x)}$.

解　该积分可在积分表中(一)类含有 $ax+b$ 的积分中直接查得,其中 $a=4,b=5$,于是

$$\int \dfrac{dx}{x^2(4x+5)} = -\dfrac{1}{5x} + \dfrac{4}{25}\ln\left|\dfrac{4x+5}{x}\right| + C.$$

例 2　求 $\int \sqrt{9x^2+4}\,dx$.

解　这个积分在积分表中不能直接查到,需先进行变换.令 $3x-u$,则 $\int \sqrt{9x^2+4}\,dx$

$= \dfrac{1}{3}\int \sqrt{u^2+2^2}\,du$.于是就可应用积分表中(六)类公式 39 得

$$\int \sqrt{9x^2+4}\,dx = \dfrac{1}{3}\int \sqrt{u^2+2^2}\,du$$

$$= \dfrac{1}{3}\left[\dfrac{u}{2}\sqrt{u^2+4} + 2\ln(u+\sqrt{u^2+4})\right] + C$$

$$= \dfrac{x}{2}\sqrt{9x^2+4} + \dfrac{2}{3}\ln(3x+\sqrt{9x^2+4}) + C.$$

例 3　求 $\int \cos^5 x\,dx$.

解　这是一个需要利用递推公式的积分,在积分表中(十一)类有公式 96

$$\int \cos^n x\,dx = \dfrac{\cos^{n-1}x\sin x}{n} + \dfrac{n-1}{n}\int \cos^{n-2}x\,dx.$$

于是

$$\int \cos^5 x\,dx = \dfrac{1}{5}\cos^4 x\sin x + \dfrac{4}{5}\int \cos^3 x\,dx.$$

对 $\int \cos^3 x \, dx$ 还应用公式 96 有

$$\int \cos^3 x \, dx \xlongequal{n=3} \frac{1}{3}\cos^2 x \sin x + \frac{2}{3}\int \cos x \, dx$$

$$= \frac{1}{3}\cos^2 x \sin x + \frac{2}{3}\sin x + C_1,$$

从而

$$\int \cos^5 x \, dx = \frac{1}{5}\cos^4 x \sin x + \frac{4}{15}\cos^2 x \sin x + \frac{8}{15}\sin x + C.$$

习 题 4-4

1. 利用积分表求下列积分：

(1) $\displaystyle\int \frac{dx}{\sqrt{4x^2-9}}$；

(2) $\displaystyle\int \frac{dx}{x^2+2x+5}$；

(3) $\displaystyle\int \frac{dx}{\sqrt{5-4x+x^2}}$；

(4) $\displaystyle\int \sqrt{3x^2-2} \, dx$；

(5) $\displaystyle\int x \arcsin \frac{x}{2} \, dx$；

(6) $\displaystyle\int \frac{x \, dx}{\sqrt{1+x-x^2}}$；

(7) $\displaystyle\int \cos^6 x \, dx$；

(8) $\displaystyle\int \sqrt{\frac{1-x}{1+x}} \, dx$；

(9) $\displaystyle\int e^{-2x}\sin 3x \, dx$；

(10) $\displaystyle\int x^3 (\ln x)^2 \, dx$。

本 章 小 结

1. 原函数与不定积分的概念

1）原函数

设函数 $f(x)$ 是定义在某区间上的已知函数，如果存在一个函数 $F(x)$，对于该区间上的每一点都有 $F'(x)=f(x)$ 或 $dF(x)=f(x)dx$，则称 $F(x)$ 为 $f(x)$ 在该区间上的一个原函数。

一个函数有原函数，其原函数不止一个，而是有无穷多个，其任两个之间仅相差一个常数。

2）不定积分

$f(x)$ 的不定积分是 $f(x)$ 的全部原函数，即

$$\int f(x) \, dx = F(x) + C.$$

2. 不定积分的性质

（1）不定积分与求导数或微分互为逆运算，即

$$\left[\int f(x) \, dx\right]' = f(x) \quad \text{或} \quad d\left[\int f(x) \, dx\right] = f(x) \, dx,$$

$$\int F'(x) \, dx = F(x) + C \quad \text{或} \quad \int dF(x) = F(x) + C.$$

（2）两个函数的不定积分等于各自不定积分的和，即

$$\int [f(x) \pm g(x)] \mathrm{d}x = \int f(x) \mathrm{d}x \pm \int g(x) \mathrm{d}x.$$

(3)被积函数的非零常数因子可以提到积分号外面,即

$$\int k f(x) \mathrm{d}x = k \int f(x) \mathrm{d}x.$$

3. 换元积分法

1)第一类换元积分法

设 $\int f(u) \mathrm{d}u = F(u) + C$,则

$$\int f(\varphi(x)) \varphi'(x) \mathrm{d}x = \int f(\varphi(x)) \mathrm{d}\varphi(x) = F(\varphi(x)) + C,$$

其中 $\varphi(x)$ 可导, $\varphi'(x)$ 连续.

第一类换元积分法的关键是凑微分,因此,第一类换元积分法也称为凑微分法.

2)第二类换元法

设 $x = \varphi(t)$, $\varphi(t)$ 可导, $\varphi'(t)$ 连续,则

$$\int f(x) \mathrm{d}x = \int f(\varphi(t)) \varphi'(t) \mathrm{d}t = F(t) + C = F(\varphi^{-1}(x)) + C.$$

(1)三角换元法:主要针对被积函数中含有 $\sqrt{a^2 - x^2}$ 及 $\sqrt{x^2 \pm a^2}$ 式子的积分,通过三角代换可将其根式去掉,然后再积分.

(2)简单根式换元:对于被积函数中含有根式 $\sqrt[n]{\dfrac{ax+b}{cx+d}}$ 的某些积分.

4. 分部积分法

$$\int u \mathrm{d}v = uv - \int v \mathrm{d}u$$

或

$$\int u v' \mathrm{d}x = uv - \int v u' \mathrm{d}u.$$

一般来说,若被积函数是指数为正整数的幂函数和正(余)弦函数或幂函数和指数函数的乘积,可考虑用分部积分法,且选幂函数为 u.

若被积函数是幂函数和对数函数或幂函数和反三角函数的乘积,也可考虑用分部积分,且选对数函数或反三角函数为 u.

另外,对于简单有理分式函数的积分,一般是将被积函数有理分式化为部分分式的和,然后再进行积分.

5. 积分表

不定积分的计算比较灵活,计算量较大,为了方便,往往把常用的积分公式汇集在一起,称为积分表.计算有关积分时,可查积分表直接应用这些公式.

第5章　定积分及其应用

导　学

不定积分是微分法逆运算的一个侧面,本章要介绍的定积分则是它的另一个侧面.定积分起源于求图形的面积和立体的体积等实际问题.古希腊的阿基米德(Archimedes,公元前287—前212)用"穷竭法",我国的刘徽用"割圆术",都曾计算过一些几何体的面积和体积,这些均为定积分的雏形.直到17世纪中叶,牛顿和莱布尼茨先后提出了定积分的概念,并发现了积分与微分之间的内在联系,给出了计算定积分的一般方法,从而使定积分成为解决有关实际问题的有力工具,并使各自独立的微分学与积分学联系在一起,构成完整的理论体系——微积分学.

本章先从几何问题与运动学问题的两个实例入手引入定积分的概念,然后讨论定积分的性质、计算方法及定积分在几何学与经济学中的应用.

§5.1　定积分的概念与性质

5.1.1　两个实例

1.曲边梯形的面积

例1　设 $f(x)$ 为闭区间 $[a,b]$ 上的连续函数,且 $f(x) \geqslant 0$,由曲线 $y=f(x)$,直线 $x=a$, $x=b$ 以及 x 轴所围成的平面图形 $AabB$,如图 5-1-1 所示,称为**曲边梯形**.试求曲边梯形 $AabB$ 的面积.

如何计算曲边梯形的面积?由于曲边梯形的高 $f(x)$ 在区间 $[a,b]$ 上是连续变化的,在很小一段区间上它的变化很小,近似于不变.因此,如果将区间 $[a,b]$ 划分为许多小区间,那么曲边梯形也相应的被划分成许多小曲边梯形.在每个小区间上用其中某一点处的高来近似代替同一区间上小曲边梯形的变高,那么,每个小曲边梯形就可以近似看成小矩形.以所有这些小矩形的面积之

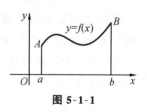

图 5-1-1

和作为曲边梯形面积的近似值,并将区间 $[a,b]$ 无限细分下去,使每个小区间的长度都趋于零,这时所有小矩形面积之和的极限就是曲边梯形的面积.

根据以上分析,可按下面四个步骤计算曲边梯形 $AabB$ 的面积 A .

(1)分割　在区间 $[a,b]$ 内任意插入 $n-1$ 个分点
$$a=x_0<x_1<x_2<\cdots<x_{n-1}<x_n=b,$$
把区间 $[a,b]$ 分成 n 个小区间

$$[x_0,x_1],[x_1,x_2],\cdots,[x_{n-1},x_n],$$

它们的长度依次为

$$\Delta x_1=x_1-x_0,\Delta x_2=x_2-x_1,\cdots,\Delta x_n=x_n-x_{n-1}.$$

过每一个分点作平行于 y 轴的直线段,把曲边梯形分成 n 个窄曲边梯形,其面积分别为 $\Delta A_1,\Delta A_2,\cdots,\Delta A_n$.

(2)近似代替　在每个小区间 $[x_{i-1},x_i](i=1,2,\cdots,n)$ 上任取一点 $\xi_i(x_{i-1}\leqslant\xi_i\leqslant x_i)$,以 $f(\xi_i)$ 为高,小区间 $[x_{i-1},x_i]$ 的长 Δx_i 为底,作小矩形,用第 i 个小矩形面积 $f(\xi_i)\Delta x_i$ 近似代替第 i 个小曲边梯形的面积 ΔA_i,如图 5-1-2 所示,即

$$\Delta A_i\approx f(\xi_i)\Delta x_i\quad(i=1,2,\cdots,n).$$

(3)求和　将 n 个小矩形的面积加起来

$$f(\xi_1)\Delta x_1+f(\xi_2)\Delta x_2+\cdots+f(\xi_n)\Delta x_n=\sum_{i=1}^{n}f(\xi_i)\Delta x_i,$$

即得曲边梯形面积的近似值,即

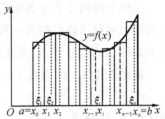

图 5-1-2

$$A=\sum_{i=1}^{n}\Delta A_i\approx\sum_{i=1}^{n}f(\xi_i)\Delta x_i.$$

(4)取极限　当分点个数 n 无限增大,且小区间长度的最大值 $\lambda=\max_{1\leqslant i\leqslant n}\{\Delta x_i\}$ 趋近于 0 时,上述和式的极限便是曲边梯形的面积,即

$$A=\lim_{\lambda\to0}\sum_{i=1}^{n}f(\xi_i)\Delta x_i.$$

2. 变速直线运动的路程

例 2　设一质点作变速直线运动,已知速度 $v=v(t)$　$(v(t)\geqslant0)$ 在时间间隔 $[T_1,T_2]$ 上是时间 t 的连续函数,求质点在这段时间间隔内经过的路程 s.

由于质点作变速直线运动,因此,不能用匀速直线运动的路程公式 $s=vt$ 去求该质点经过的路程.但可按照例 1 求曲边梯形面积的思路和方法解决.具体计算步骤如下.

(1)分割　在时间间隔 $[T_1,T_2]$ 内任意插入 $n-1$ 个分点

$$T_1=t_0<t_1<\cdots<t_{n-1}<t_n=T_2,$$

把区间 $[T_1,T_2]$ 分成 n 个小区间

$$[t_0,t_1],[t_1,t_2],\cdots,[t_{n-1},t_n],$$

它们的长度依次为

$$\Delta t_1=t_1-t_0,\Delta t_2=t_2-t_1,\cdots,\Delta t_n=t_n-t_{n-1}.$$

在每个小时间间隔 $[t_{i-1},t_i](i=1,2,\cdots,n)$ 内,质点经过的路程依次为

$$\Delta s_1,\Delta s_2,\cdots,\Delta s_n.$$

(2)近似代替　在每一个小时间间隔 $[t_{i-1},t_i]$ 上将质点近似看成作匀速直线运动,并在 $[t_{i-1},t_i]$ 上任取一时刻 τ_i,以 τ_i 时的速度 $v(\tau_i)$ 近似代替质点在 $[t_{i-1},t_i]$ 上各点处的速度,于是得到质点在 $[t_{i-1},t_i]$ 上经过的路程 Δs_i 的近似值,即

$$\Delta s_i\approx v(\tau_i)\Delta t_i\quad(i=1,2,\cdots,n).$$

(3)求和　将这 n 段路程加起来,便得到质点在 $[T_1,T_2]$ 上(作变速直线运动)经过的路程 s 的近似值,即

$$s = \sum_{i=1}^{n} \Delta s_i \approx \sum_{i=1}^{n} v(\tau_i) \Delta t_i.$$

（4）取极限　当分点个数无限增大，且小区间长度的最大值 $\lambda = \max\limits_{1 \leqslant i \leqslant n} \{\Delta t_i\}$ 趋于 0 时，上述和式的极限即为质点在时间间隔 $[T_1, T_2]$ 上所经过的路程，即

$$s = \lim_{\lambda \to 0} \sum_{i=1}^{n} v(\tau_i) \Delta t_i.$$

5.1.2　定积分

虽然上面两个例子的实际意义不同，但它们解决问题的数学方法是相同的，并且最后所得到的结果都可以归结为一种和式的极限．在科学技术和生产实际中，还有许多问题也可归结为某种和式的极限．若撇开这些实际问题的具体意义，就可抽象出定积分的概念．

定义 5.1.1　设函数 $f(x)$ 在区间 $[a, b]$ 上有界．在 $[a, b]$ 内任意插入 $n-1$ 个分点

$$a = x_0 < x_1 < \cdots < x_{n-1} < x_n = b,$$

把区间 $[a, b]$ 分成 n 个小区间

$$[x_0, x_1], [x_1, x_2], \cdots, [x_{n-1}, x_n],$$

各个小区间的长度依次为

$$\Delta x_1 = x_1 - x_0, \Delta x_2 = x_2 - x_1, \cdots, \Delta x_n = x_n - x_{n-1}.$$

在每个小区间 $[x_{i-1}, x_i]$ 上任取一点 $\xi_i (x_{i-1} \leqslant \xi_i \leqslant x_i)$，作和式

$$S = \sum_{i=1}^{n} f(\xi_i) \Delta x_i,$$

记 $\lambda = \max\limits_{1 \leqslant i \leqslant n} \{\Delta x_i\}$．如果不论对区间 $[a, b]$ 怎样的分法，也不论在小区间 $[x_{i-1}, x_i]$ 上点 ξ_i 怎样的取法，只要当 $\lambda \to 0$ 时，和 S 总趋近于一个确定的常数，则称函数 $f(x)$ 在区间 $[a, b]$ 上**可积**，这个极限值称为函数 $f(x)$ 在区间 $[a, b]$ 上的**定积分**，记作 $\int_a^b f(x) \mathrm{d}x$，即

$$\int_a^b f(x) \mathrm{d}x = \lim_{\lambda \to 0} \sum_{i=1}^{n} f(\xi_i) \Delta x_i,$$

其中，$f(x)$ 称为**被积函数**，$f(x)\mathrm{d}x$ 称为**被积表达式**，x 称为**积分变量**，a 称为**积分下限**，b 称为**积分上限**，$\int$ 称为**积分号**，区间 $[a, b]$ 称为**积分区间**，$\sum\limits_{i=1}^{n} f(\xi_i) \Delta x_i$ 称为 $f(x)$ 的**积分和**．

由定积分定义，前面两个实例可分别表示为：

由曲线 $y = f(x)(f(x) \geqslant 0)$、直线 $x = a$、$x = b$ 及 x 轴围成的曲边梯形的面积为

$$A = \int_a^b f(x) \mathrm{d}x;$$

质点以变速 $v(t)(v(t) \geqslant 0)$ 作直线运动，从时刻 T_1 到 T_2 所经过的路程 s 可表示为

$$s = \int_{T_1}^{T_2} v(t) \mathrm{d}t.$$

关于定积分的定义，有以下几点说明．

（1）定积分 $\int_a^b f(x) \mathrm{d}x$ 存在即极限 $\lim\limits_{\lambda \to 0} \sum\limits_{i=1}^{n} f(\xi_i) \Delta x_i$ 存在，是指不论对区间 $[a, b]$ 怎样的分法和 ξ_i 在 $[x_{i-1}, x_i]$ 上怎样的取法，和式的极限都存在且相等．

(2)定积分只与被积函数 $f(x)$ 和积分区间 $[a,b]$ 有关,而与积分变量的记号无关,即

$$\int_a^b f(x)\mathrm{d}x = \int_a^b f(t)\mathrm{d}t = \int_a^b f(u)\mathrm{d}u.$$

(3)定积分的存在性:闭区间上的连续函数或只有有限个第一类间断点的有界函数是可积的.

(4)补充规定:

当 $a=b$ 时, $\int_b^a f(x)\mathrm{d}x = 0$; 当 $a>b$ 时, $\int_a^b f(x)\mathrm{d}x = -\int_b^a f(x)\mathrm{d}x$.

5.1.3　定积分的几何意义

由曲边梯形面积的计算可以看到:当 $f(x) \geqslant 0$ 时,定积分 $\int_a^b f(x)\mathrm{d}x$ 表示由曲线 $y = f(x)$,直线 $x=a$ 、 $x=b$ 及 x 轴所围成的曲边梯形的面积 A ,即 $\int_a^b f(x)\mathrm{d}x = A$;当 $f(x) \leqslant 0$ 时, $\int_a^b f(x)\mathrm{d}x = -A$.

因此,定积分 $\int_a^b f(x)\mathrm{d}x$ 的几何意义为:由曲线 $y = f(x)$,直线 $x=a$ 、 $x=b$ 及 x 轴所围成图形的各部分面积的代数和,即在 x 轴上方的图形面积与在 x 轴下方的图形面积之差,在图 5-1-3 中, $\int_a^b f(x)\mathrm{d}x = A_1 - A_2 + A_3$.

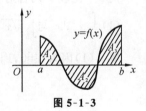

图 5-1-3

5.1.4　定积分性质

设函数 $f(x), g(x)$ 在所讨论的区间上可积,则定积分有以下性质.

性质 1　两个函数和(或差)的定积分等于它们定积分的和(或差),即

$$\int_a^b [f(x) \pm g(x)]\mathrm{d}x = \int_a^b f(x)\mathrm{d}x \pm \int_a^b g(x)\mathrm{d}x.$$

该性质可推广到有限个函数的和(或差)的情形.

性质 2　被积函数的常数因子可以提到积分号前面,即

$$\int_a^b kf(x)\mathrm{d}x = k\int_a^b f(x)\mathrm{d}x \quad (k \text{ 为常数}).$$

性质 3　对任意常数 c ,有

$$\int_a^b f(x)\mathrm{d}x = \int_a^c f(x)\mathrm{d}x + \int_c^b f(x)\mathrm{d}x.$$

该性质叫做定积分对区间 $[a,b]$ 的可加性.

性质 4　如果在 $[a,b]$ 上, $f(x) \equiv 1$,则

$$\int_a^b f(x)\mathrm{d}x = \int_a^b \mathrm{d}x = b - a.$$

性质 5　如果在 $[a,b]$ 上, $f(x) \leqslant g(x)$,则

$$\int_a^b f(x)\,\mathrm{d}x \leqslant \int_a^b g(x)\,\mathrm{d}x.$$

特别的,有

$$\left|\int_a^b f(x)\,\mathrm{d}x\right| \leqslant \int_a^b |f(x)|\,\mathrm{d}x.$$

性质 6 如果函数 $f(x)$ 在 $[a,b]$ 上的最大值和最小值分别为 M 和 m,则

$$m(b-a) \leqslant \int_a^b f(x)\,\mathrm{d}x \leqslant M(b-a).$$

该性质也称为**定积分估值定理**.

性质 7 如果函数 $f(x)$ 在 $[a,b]$ 上连续,则在 $[a,b]$ 上至少存在一点 ξ,使

$$\int_a^b f(x)\,\mathrm{d}x = f(\xi)(b-a).$$

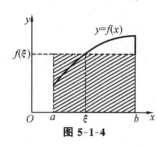

图 5-1-4

该性质称为**定积分中值定理**,这个公式称为**积分中值公式**.

积分中值公式的几何解释:若 $f(x) \geqslant 0$ 在区间 $[a,b]$ 上连续,则在 $[a,b]$ 上至少存在一点 ξ,使得以区间 $[a,b]$ 为底边、以曲线 $y=f(x)$ 为曲边的曲边梯形的面积等于同一底边而高为 $f(\xi)$ 的矩形的面积,如图 5-1-4 所示.

例 3 比较下列各对积分值的大小.

(1) $\displaystyle\int_0^1 x^2\,\mathrm{d}x$ 与 $\displaystyle\int_0^1 \sqrt{x}\,\mathrm{d}x$. 　　　　(2) $\displaystyle\int_1^2 \ln x\,\mathrm{d}x$ 与 $\displaystyle\int_1^2 \ln^2 x\,\mathrm{d}x$.

解 (1)因为在 $[0,1]$ 上 $x^2 \leqslant \sqrt{x}$,所以

$$\int_0^1 x^2\,\mathrm{d}x \leqslant \int_0^1 \sqrt{x}\,\mathrm{d}x.$$

(2)因为在 $[1,2]$ 上 $\ln x \geqslant \ln^2 x$,所以

$$\int_1^2 \ln x\,\mathrm{d}x \geqslant \int_1^2 \ln^2 x\,\mathrm{d}x.$$

例 4 估计定积分值 $\displaystyle\int_0^2 \mathrm{e}^{x^2}\,\mathrm{d}x$ 的范围.

解 因为 $f(x)=\mathrm{e}^{x^2}$ 在 $[0,2]$ 上连续且单调增加,于是 $f(x)$ 在 $[0,2]$ 上有最小值 $m=f(0)=\mathrm{e}^0=1$,最大值 $M=f(2)=\mathrm{e}^4$. 由性质 6 有

$$1 \cdot (2-0) \leqslant \int_0^2 \mathrm{e}^{x^2}\,\mathrm{d}x \leqslant \mathrm{e}^4(2-0),$$

即

$$2 \leqslant \int_0^2 \mathrm{e}^{x^2}\,\mathrm{d}x \leqslant 2\mathrm{e}^4.$$

习　题　5-1

1.利用定积分的几何意义,说明下列等式:

(1) $\displaystyle\int_0^1 2x\,\mathrm{d}x = 1$; 　　　　(2) $\displaystyle\int_0^R \sqrt{R^2-x^2}\,\mathrm{d}x = \dfrac{\pi R^2}{4}$.

(3) $\displaystyle\int_{-\pi}^{\pi} \sin x\,\mathrm{d}x = 0$; 　　　　(4) $\displaystyle\int_{-\frac{\pi}{2}}^{\frac{\pi}{2}} \cos x\,\mathrm{d}x = 2\int_0^{\frac{\pi}{2}} \cos x\,\mathrm{d}x$.

2. 用定积分表示由曲线所围成的曲边梯形的面积.

(1) 由 $y=x^3$、$x=1$、$x=2$ 及 $y=0$ 所围成.

(2) 由 $y=\ln x$、$x=\dfrac{1}{e}$、$x=2$ 及 x 轴所围成.

3. 根据定积分的性质,比较下列各对积分值的大小:

(1) $\displaystyle\int_0^1 x^2\,\mathrm{d}x$ 与 $\displaystyle\int_0^1 x^3\,\mathrm{d}x$；

(2) $\displaystyle\int_3^4 \ln x\,\mathrm{d}x$ 与 $\displaystyle\int_3^4 \ln^2 x\,\mathrm{d}x$；

(3) $\displaystyle\int_0^1 x\,\mathrm{d}x$ 与 $\displaystyle\int_0^1 \ln(x+1)\,\mathrm{d}x$；

(4) $\displaystyle\int_0^1 e^x\,\mathrm{d}x$ 与 $\displaystyle\int_0^1 (1+x)\,\mathrm{d}x$.

4. 估计下列各积分值的范围:

(1) $\displaystyle\int_1^4 (x^2+1)\,\mathrm{d}x$；

(2) $\displaystyle\int_{\frac{\pi}{4}}^{\frac{5\pi}{4}} (1+\sin^2 x)\,\mathrm{d}x$；

(3) $\displaystyle\int_1^e \ln x\,\mathrm{d}x$；

(4) $\displaystyle\int_{-\frac{1}{\sqrt{2}}}^{\frac{1}{\sqrt{2}}} e^{-x^2}\,\mathrm{d}x$.

5. 设 $f(x)$ 是区间 $[a,b]$ 上的单调增加的连续函数,试证:$f(a)(b-a)\leqslant\displaystyle\int_a^b f(x)\,\mathrm{d}x$ $\leqslant f(b)(b-a)$.

§5.2　微积分基本公式

用定积分定义去求定积分,尽管被积函数很简单,但也是一件比较困难的事.因此,有必要寻找一种简便而有效的计算方法,这就是本节将要给出的微积分基本公式.

5.2.1　积分上限函数

设函数 $f(x)$ 在区间 $[a,b]$ 上连续,$x\in[a,b]$,则 $f(x)$ 在 $[a,x]$ 上也连续,因此 $f(x)$ 在区间 $[a,x]$ 上也可积.定积分 $\displaystyle\int_a^x f(t)\,\mathrm{d}t$ 的值依赖于上限 x,它是定义在 $[a,b]$ 上的 x 的函数,记为

$$\Phi(x)=\int_a^x f(t)\,\mathrm{d}t,\quad x\in[a,b].$$

函数 $\Phi(x)$ 称为积分上限的函数.

积分上限函数 $\Phi(x)$ 的几何意义如图 5-2-1 所示,且它还具有如下重要性质.

定理 5.2.1　设函数 $f(x)$ 在区间 $[a,b]$ 上连续,则积分上限函数

$$\Phi(x)=\int_a^x f(t)\,\mathrm{d}t$$

在 $[a,b]$ 上可导,且

$$\Phi'(x)=f(x)\quad(a\leqslant x\leqslant b). \tag{5-2-1}$$

证　当上限由 x 变到 $x+\Delta x$ 时,$\Phi(x)$(见图 5-2-2)在 $x+\Delta x$ 处的函数值为

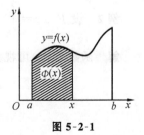

图 5-2-1

$$\Phi(x + \Delta x) = \int_a^{x+\Delta x} f(t)\mathrm{d}t,$$

于是函数的增量

$$\Delta\Phi = \Phi(x + \Delta x) - \Phi(x) = \int_a^{x+\Delta x} f(t)\mathrm{d}t - \int_a^x f(t)\mathrm{d}t$$

$$= \int_a^x f(t)\mathrm{d}t + \int_x^{x+\Delta x} f(t)\mathrm{d}t - \int_a^x f(t)\mathrm{d}t$$

$$= \int_x^{x+\Delta x} f(t)\mathrm{d}t.$$

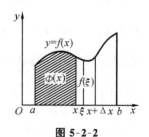

图 5-2-2

由积分中值定理,即有等式

$$\Delta\Phi = f(\xi)\Delta x,$$

这里,ξ 在 x 与 $x + \Delta x$ 之间,上式两边同除以 Δx,得

$$\frac{\Delta\Phi}{\Delta x} = f(\xi).$$

又因为 $f(x)$ 在 $[a,b]$ 上连续,所以当 $\Delta x \to 0$ 时,$\xi \to x$,因此

$$\lim_{\Delta x \to 0} \frac{\Delta\Phi}{\Delta x} = \lim_{\Delta x \to 0} f(\xi) = f(x),$$

即

$$\Phi'(x) = f(x).$$

故定理得证.

从定理 5.2.1 可以看出,积分上限函数 $\Phi(x) = \int_a^x f(t)\mathrm{d}t$ 是连续函数 $f(x)$ 的一个原函数. 因此,我们有下面**原函数存在定理**.

推论 1 区间 $[a,b]$ 上的连续函数一定有原函数.

例 1 设 $\Phi(x) = \int_x^0 \sin(2t + 1)\mathrm{d}t$. 求 $\Phi'(x)$.

解
$$\Phi'(x) = \left[\int_x^0 \sin(2t+1)\mathrm{d}t\right]' = \left[-\int_0^x \sin(2t+1)\mathrm{d}t\right]'$$
$$= -\sin(2x+1).$$

例 2 设 $F(x) = \int_a^{x^2} 2\mathrm{e}^{t-1}\mathrm{d}t$,求 $\dfrac{\mathrm{d}F(x)}{\mathrm{d}x}$.

解 函数 $F(x)$ 可视为 $F(u) = \int_a^u 2\mathrm{e}^{t-1}\mathrm{d}t$ 与 $u = x^2$ 复合而成,所以

$$\frac{\mathrm{d}F(x)}{\mathrm{d}x} = \frac{\mathrm{d}F(u)}{\mathrm{d}u}\frac{\mathrm{d}u}{\mathrm{d}x} = \left(\int_a^u 2\mathrm{e}^{t-1}\mathrm{d}t\right)'(x^2)'$$
$$= 2\mathrm{e}^{u-1}2x = 4x\mathrm{e}^{x^2-1}.$$

5.2.2 微积分基本公式

定理 5.2.2 设函数 $F(x)$ 是连续函数 $f(x)$ 在区间 $[a,b]$ 上的一个原函数,则
$$\int_a^b f(x)\mathrm{d}x = F(b) - F(a).$$

证　因为 $F(x)$ 是 $f(x)$ 在 $[a,b]$ 上的一个原函数，又 $\Phi(x)=\displaystyle\int_a^x f(t)\mathrm{d}t$ 也是 $f(x)$ 的一个原函数，于是有

$$\int_a^x f(t)\mathrm{d}t = F(x)+C \quad (x\in[a,b],C\text{ 为常数}),\tag{5-2-2}$$

在式(5-2-2)中令 $x=a$，即有 $C=-F(a)$. 再在式(5-2-2)中令 $x=b$，即有

$$\int_a^b f(t)\mathrm{d}t = F(b)-F(a),$$

从而

$$\int_a^b f(x)\mathrm{d}x = F(b)-F(a).\tag{5-2-3}$$

$F(b)-F(a)$ 通常也记作 $F(x)\big|_a^b$ 或 $[F(x)]_a^b$，即式(5-2-3)可写为

$$\int_a^b f(x)\mathrm{d}x = F(x)\bigg|_a^b = [F(x)]_a^b = F(b)-F(a).$$

式(5-2-3)称为**微积分基本公式**或**牛顿-莱布尼茨公式**.

微积分基本公式不仅给出了计算定积分的一种简便而有效的方法，同时还沟通了定积分与不定积分之间的内在联系，即定积分可先化为求不定积分(即原函数)来计算.

例 3　计算下列定积分.

$(1)\displaystyle\int_0^1 \frac{\mathrm{d}x}{1+x^2}$.　　　　　　　　　$(2)\displaystyle\int_{-2}^{-1}\frac{\mathrm{d}x}{x}$.

解　(1)由于 $\arctan x$ 是 $\dfrac{1}{1+x^2}$ 的一个原函数，所以

$$\int_0^1 \frac{\mathrm{d}x}{1+x^2} = \arctan x\ \big|_0^1 = \arctan 1-\arctan 0=\frac{\pi}{4}.$$

(2)由于 $\ln|x|$ 是 $\dfrac{1}{x}$ 的一个原函数，所以

$$\int_{-2}^{-1}\frac{\mathrm{d}x}{x} = [\ln|x|]_{-2}^{-1} = \ln 1-\ln 2 = -\ln 2.$$

例 4　求 $\displaystyle\int_{-1}^1 \frac{\mathrm{e}^x}{1+\mathrm{e}^x}\mathrm{d}x$.

解　$\displaystyle\int_{-1}^1 \frac{\mathrm{e}^x}{1+\mathrm{e}^x}\mathrm{d}x = \int_{-1}^1 \frac{1}{1+\mathrm{e}^x}\mathrm{d}(1+\mathrm{e}^x) = [\ln(1+\mathrm{e}^x)]_{-1}^1 = 1.$

习　　题　5-2

1.求下列函数的导数：

$(1)y=\displaystyle\int_1^x \mathrm{e}^{t^2-t}\mathrm{d}t$;　　　　　　　　　$(2)y=\displaystyle\int_1^{\sqrt{x}}\cos(t^2+1)\mathrm{d}t$;

$(3)y=\displaystyle\int_x^4 \frac{\sin t}{t}\mathrm{d}t$;　　　　　　　　　$(4)y=\displaystyle\int_{-x}^1 \sin(t^2)\mathrm{d}t$.

2. 计算下列定积分：

(1) $\int_1^2 \left(x + \dfrac{1}{x}\right)^2 dx$;

(2) $\int_1^{\sqrt{3}} \dfrac{1+2x^2}{x^2(x^2+1)} dx$;

(3) $\int_4^9 \sqrt{x}\,(1+\sqrt{x})\,dx$;

(4) $\int_{-2}^0 \dfrac{dx}{1+e^x}$;

(5) $\int_0^2 |1-x|\,dx$;

(6) $\int_0^{\frac{\pi}{2}} |\sin x - \cos x|\,dx$;

(7) $\int_0^1 x\,e^{x^2}\,dx$;

(8) $\int_0^{\frac{\pi}{2}} \sin x \cos^2 x\,dx$;

(9) $\int_2^3 \dfrac{1}{x^2-1}\,dx$;

(10) $\int_1^e \dfrac{1+\ln x}{x}\,dx$;

(11) $\int_0^1 \dfrac{dx}{x^2-x+1}$;

(12) $\int_{\frac{1}{e}}^e \dfrac{|\ln x|}{x}\,dx$.

3. 求下列函数的导数：

(1) $y = \int_0^x \ln(3t^2+1)\,dx$;

(2) $y = \int_0^x \sqrt{1+t^2}\,dt$;

(3) $y = \int_{x^2}^0 \arctan t^3\,dx$;

(4) $y = \int_{x^2}^{x^3} \sin t\,dt$.

4. 求由参数表示式 $x = \int_0^t \sin u\,du$，$y = \int_0^t \cos u\,du$ 所给定的函数 y 对 x 的导数 $\dfrac{dy}{dx}$.

5. 求由 $\int_0^y e^t\,dt + \int_0^x \cos t\,dt = 0$ 所确定的隐函数 y 对 x 的导数 $\dfrac{dy}{dx}$.

6. 用洛必达法则求下列极限：

(1) $\lim\limits_{x\to 0} \dfrac{\int_0^x \sin t^2\,dt}{x^3}$;

(2) $\lim\limits_{x\to 1} \dfrac{\int_1^x e^{t^2}\,dt}{\ln x}$;

(3) $\lim\limits_{x\to 0} \dfrac{\int_x^0 \ln(1+t)\,dt}{x^2}$;

(4) $\lim\limits_{x\to +0} \dfrac{\int_0^x t(t-\sin t)\,dt}{\int_0^{x^2} t^{\frac{3}{2}}\,dt}$.

7. 设 $f(x)$ 在 $[a,b]$ 上连续，且 $f(x)>0$，$x\in[a,b]$. 又

$$F(x) = \int_a^x f(t)\,dt + \int_b^x \dfrac{1}{f(t)}\,dt,\ x \in [a,b].$$

证明：方程 $F(x)=0$ 在区间 $[a,b]$ 上有且只有一个根.

§5.3　定积分的换元法与分部积分法

牛顿-莱布尼茨公式告诉我们，求连续函数 $f(x)$ 的定积分 $\int_a^b f(x)\,dx$ 的关键是求 $f(x)$ 的原函数，而求原函数或不定积分（不考虑常数）有换元积分法和分部积分法，因此在一定条件下，计算定积分相应的也有换元积分法和分部积分法.

5.3.1　定积分换元法

定理 5.3.1　设函数 $f(x)$ 在区间 $[a,b]$ 上连续，如果

(1)函数 $x = \varphi(t)$ 在区间 $[\alpha, \beta]$ 上单调且有连续导数;

(2)当 t 在区间 $[\alpha, \beta]$ 上变化时,对应的函数 $x = \varphi(t)$ 在区间 $[a, b]$ 上变化,且 $\varphi(\alpha) = a$, $\varphi(\beta) = b$,则有定积分的换元公式

$$\int_a^b f(x)\mathrm{d}x = \int_\alpha^\beta f[\varphi(t)]\varphi'(t)\mathrm{d}t.$$

在应用上述公式时,要注意以下两点:

(1)由换元 $x = \varphi(t)$,变量 x 从 $a \to b$,相应的变量 t 从 $\alpha \to \beta$,α 对应 a,β 对应 b,但 α 不一定小于 β;

(2)换元后,无须像不定积分那样将变量回代,而是直接对新的变量积分并应用牛顿-莱布尼茨公式即可.

例 1　计算 $\int_0^4 \dfrac{\mathrm{d}x}{1 + \sqrt{x}}$.

解　令 $\sqrt{x} = t$,则 $x = t^2$,$\mathrm{d}x = 2t\,\mathrm{d}t$. 当 $x = 0$ 时,$t = 0$;当 $x = 4$ 时,$t = 2$,于是

$$\int_0^4 \frac{\mathrm{d}x}{1 + \sqrt{x}} = \int_0^2 \frac{2t}{1+t}\mathrm{d}t = 2\int_0^2 \left(1 - \frac{1}{1+t}\right)\mathrm{d}t$$
$$= 2(t - \ln|1+t|)\big|_0^2$$
$$= 4 - 2\ln 3$$

例 2　计算 $\int_0^{\frac{\pi}{2}} \cos^5 x \sin x\,\mathrm{d}x$.

解　令 $t = \cos x$,则 $\mathrm{d}t = -\sin x\,\mathrm{d}x$,且当 $x = 0$ 时,$t = 1$;当 $x = \dfrac{\pi}{2}$ 时,$t = 0$. 于是

$$\int_0^{\frac{\pi}{2}} \cos^5 x \sin x\,\mathrm{d}x = -\int_1^0 t^5\mathrm{d}t = \int_0^1 t^5\mathrm{d}t = \left[\frac{t^6}{6}\right]_0^1 = \frac{1}{6}.$$

下面用定积分换元法证明连续的奇、偶函数在对称区间上的定积分性质.

性质 1　设函数 $f(x)$ 在对称区间 $[-a, a]$ 上连续,则

(1)当 $f(x)$ 为奇函数时,$\displaystyle\int_{-a}^a f(x)\mathrm{d}x = 0$;

(2)当 $f(x)$ 为偶函数时,$\displaystyle\int_{-a}^a f(x)\mathrm{d}x = 2\int_0^a f(x)\mathrm{d}x$.

证　　　　　　　　　$\displaystyle\int_{-a}^a f(x)\mathrm{d}x = \int_{-a}^0 f(x)\mathrm{d}x + \int_0^a f(x)\mathrm{d}x.$

对积分 $\displaystyle\int_{-a}^0 f(x)\mathrm{d}x$ 作换元 $x = -t$,$\mathrm{d}x = -\mathrm{d}t$,当 x 从 $-a \to 0$ 时,t 从 $a \to 0$,于是

$$\int_{-a}^0 f(x)\mathrm{d}x = \int_a^0 f(-t)\mathrm{d}(-t) = -\int_a^0 f(-x)\mathrm{d}x.$$

(1)若 $f(x)$ 为奇函数,即有 $f(-x) = -f(x)$,于是

$$\int_{-a}^a f(x)\mathrm{d}x = -\int_a^0 [-f(x)]\mathrm{d}x + \int_0^a f(x)\mathrm{d}x = 0.$$

(2)若 $f(x)$ 为偶函数,即有 $f(-x) = f(x)$,于是

$$\int_{-a}^a f(x)\mathrm{d}x = -\int_a^0 f(x)\mathrm{d}x + \int_0^a f(x)\mathrm{d}x = 2\int_0^a f(x)\mathrm{d}x.$$

这个性质的几何意义很明显,请读者自己作出解释. 利用该性质,可以简化奇、偶函数在对称区间上的定积分计算.

例 3 设函数 $f(x)$ 在 $[0,1]$ 上连续,试证 $\int_0^{\frac{\pi}{2}} f(\sin x)\,\mathrm{d}x = \int_0^{\frac{\pi}{2}} f(\cos x)\,\mathrm{d}x$.

证 令 $x = \dfrac{\pi}{2} - t$,则 $\mathrm{d}x = -\mathrm{d}t$,当 $x = 0$ 时,$t = \dfrac{\pi}{2}$;当 $x = \dfrac{\pi}{2}$ 时,$t = 0$,于是

$$\int_0^{\frac{\pi}{2}} f(\sin x)\,\mathrm{d}x = \int_{\frac{\pi}{2}}^0 f\left[\sin\left(\frac{\pi}{2} - t\right)\right](-\mathrm{d}t) = -\int_{\frac{\pi}{2}}^0 f(\cos t)\,\mathrm{d}t = \int_0^{\frac{\pi}{2}} f(\cos t)\,\mathrm{d}t$$

$$= \int_0^{\frac{\pi}{2}} f(\cos x)\,\mathrm{d}x.$$

5.3.2 定积分的分部积分法

设 $u = u(x)$,$v = v(x)$ 在区间 $[a,b]$ 上有连续的导数,则由不定积分的分部积分法,有

$$\int u(x)v'(x)\,\mathrm{d}x = u(x)v(x) - \int v(x)u'(x)\,\mathrm{d}x$$

或

$$\int u(x)\,\mathrm{d}v(x) = u(x)v(x) - \int v(x)\,\mathrm{d}u(x).$$

两边在 $[a,b]$ 上积分得

$$\int_a^b u(x)v'(x)\,\mathrm{d}x = [u(x)v(x)]_a^b - \int_a^b v(x)u'(x)\,\mathrm{d}x \tag{5-3-1}$$

或

$$\int_a^b u(x)\,\mathrm{d}v(x) = [u(x)v(x)]_a^b - \int_a^b v(x)\,\mathrm{d}u(x) \tag{5-3-2}$$

式(5-3-1)与式(5-3-2)就是定积分的分部积分公式.

例 4 求 $\int_0^1 x\,\mathrm{e}^x\,\mathrm{d}x$.

解
$$\int_0^1 x\,\mathrm{e}^x\,\mathrm{d}x = \int_0^1 x\,\mathrm{d}\mathrm{e}^x = x\,\mathrm{e}^x\Big|_0^1 - \int_0^1 \mathrm{e}^x\,\mathrm{d}x$$
$$= \mathrm{e} - \mathrm{e}^x\Big|_0^1 = 1.$$

例 5 求 $\int_0^{\frac{1}{2}} \arcsin x\,\mathrm{d}x$.

解 视 $\arcsin x$ 为 u,$\mathrm{d}v = \mathrm{d}x$,所以

$$\int_0^{\frac{1}{2}} \arcsin x\,\mathrm{d}x = x\arcsin x\Big|_0^{\frac{1}{2}} - \int_0^{\frac{1}{2}} \frac{x}{\sqrt{1-x^2}}\,\mathrm{d}x$$

$$= \frac{1}{2}\cdot\frac{\pi}{6} + \frac{1}{2}\int_0^{\frac{1}{2}} (1-x^2)^{-\frac{1}{2}}\,\mathrm{d}(1-x^2)$$

$$= \frac{\pi}{12} + \left[\sqrt{1-x^2}\right]_0^{\frac{1}{2}}$$

$$= \frac{\pi}{12} + \frac{\sqrt{3}}{2} - 1.$$

例 6 求 $\int_0^{\frac{\pi^2}{4}} \sin\sqrt{x}\,\mathrm{d}x$.

解 先用换元法,令 $t = \sqrt{x}$,$x = t^2$,$\mathrm{d}x = 2t\,\mathrm{d}t$,当 $x = 0$ 时,$t = 0$;当 $x = \dfrac{\pi^2}{4}$ 时,$t = \dfrac{\pi}{2}$.于是

$$\int_0^{\frac{\pi^2}{4}} \sin\sqrt{x}\,\mathrm{d}x = 2\int_0^{\frac{\pi}{2}} t\sin t\,\mathrm{d}t.$$

再对 $\int_0^{\frac{\pi}{2}} t\sin t\,\mathrm{d}t$ 进行分部积分,即

$$\int_0^{\frac{\pi}{2}} t\sin t\,\mathrm{d}t = -\int_0^{\frac{\pi}{2}} t\,\mathrm{d}\cos t = -\left[t\cos t\right]_0^{\frac{\pi}{2}} + \int_0^{\frac{\pi}{2}} \cos t\,\mathrm{d}t$$

$$= 0 + \sin t\,\Big|_0^{\frac{\pi}{2}} = 1.$$

所以
$$\int_0^{\frac{\pi^2}{4}} \sin\sqrt{x}\,\mathrm{d}x = 2.$$

习　题　5-3

1.求下列定积分:

$(1)\displaystyle\int_{\frac{\pi}{3}}^{\pi} \sin\left(x + \frac{\pi}{3}\right)\mathrm{d}x$;

$(2)\displaystyle\int_{-2}^{1} \frac{\mathrm{d}x}{(11 + 5x)^3}$;

$(3)\displaystyle\int_0^{\frac{\pi}{2}} \sin\varphi\cos^3\varphi\,\mathrm{d}\varphi$;

$(4)\displaystyle\int_{\frac{\pi}{6}}^{\frac{\pi}{2}} \cos^2 u\,\mathrm{d}u$;

$(5)\displaystyle\int_1^{\mathrm{e}} \frac{(\ln x)^4}{x}\mathrm{d}x$;

$(6)\displaystyle\int_0^1 t\mathrm{e}^{-\frac{t^2}{2}}\mathrm{d}t$;

$(7)\displaystyle\int_1^4 \frac{\mathrm{d}x}{1 + \sqrt{x}}$;

$(8)\displaystyle\int_0^1 \frac{\mathrm{d}x}{\mathrm{e}^x + \mathrm{e}^{-x}}$;

$(9)\displaystyle\int_1^2 \frac{\mathrm{d}x}{x(1 + x^4)}$;

$(10)\displaystyle\int_0^{\pi} \sqrt{1 + \cos 2x}\,\mathrm{d}x$.

2.计算下列定积分:

$(1)\displaystyle\int_0^1 x\mathrm{e}^{-x}\,\mathrm{d}x$;

$(2)\displaystyle\int_0^{\frac{\pi}{2}} x^2\cos x\,\mathrm{d}x$;

$(3)\displaystyle\int_1^{\mathrm{e}} x\ln x\,\mathrm{d}x$;

$(4)\displaystyle\int_{\frac{\pi}{4}}^{\frac{\pi}{3}} \frac{x}{\sin^2 x}\mathrm{d}x$;

$(5)\displaystyle\int_{\frac{1}{\mathrm{e}}}^{\mathrm{e}} |\ln x|\,\mathrm{d}x$;

$(6)\displaystyle\int_0^1 \arctan x\,\mathrm{d}x$;

$(7)\displaystyle\int_0^{\mathrm{e}-1} \ln(1 + x)\,\mathrm{d}x$;

$(8)\displaystyle\int_1^4 \frac{\ln x}{\sqrt{x}}\mathrm{d}x$;

$(9)\displaystyle\int_0^{\frac{\pi}{2}} \mathrm{e}^{2x}\cos x\,\mathrm{d}x$;

$(10)\displaystyle\int_0^{\frac{\pi}{4}} \cos^8 2x\,\mathrm{d}x$.

3.利用函数的奇偶性计算下列积分:

$(1)\displaystyle\int_{-\pi}^{\pi} x^6\sin x\,\mathrm{d}x$;

$(2)\displaystyle\int_{-1}^1 \frac{2 + \sin x}{1 + x^2}\mathrm{d}x$.

4.设 $\ln x\sin x$ 是 $f(x)$ 的一个原函数,求 $\displaystyle\int_1^{\pi} xf'(x)\,\mathrm{d}x$.

5.设 $f(x)$ 是以 l 为周期的连续函数,证明: $\displaystyle\int_a^{a+l} f(x)\,\mathrm{d}x = \int_0^l f(x)\,\mathrm{d}x$,即积分 $\displaystyle\int_a^{a+l} f(x)\,\mathrm{d}x$

的值与 a 无关.

6. 设 $f(x)$ 在 $(-\infty,+\infty)$ 内连续, 证明:

(1) 若 $f(x)$ 为奇函数, 则 $\displaystyle\int_0^x f(t)\mathrm{d}t$ 为偶函数;

(2) 若 $f(x)$ 为偶函数, 则 $\displaystyle\int_0^x f(t)\mathrm{d}t$ 为奇函数.

*§5.4　广义积分

前面讨论的定积分 $\displaystyle\int_a^b f(x)\mathrm{d}x$ 是以积分区间为有限区限、被积函数为有界函数为前提的, 但有些实际问题需要突破这两条限制. 这就是本节所要讨论的广义积分. 相应的, 称一般的定积分为常义(通常意义)积分.

5.4.1　无穷区间上的广义积分

例1　求由曲线 $y=\mathrm{e}^{-x}$、y 轴及 x 轴所围成的图形(见图 5-4-1)的面积 S.

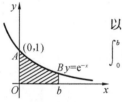

图 5-4-1

解　因为曲线 $y=\mathrm{e}^{-x}$ 与 x 轴、y 轴所围成的图形是一开口的, 所以其面积不便直接求. 不妨任取 $b>0$, 先求曲边梯形 $ObBA$ 的面积 $\displaystyle\int_0^b \mathrm{e}^{-x}\mathrm{d}x$, 然后令 $b\to+\infty$, 极限 $\displaystyle\lim_{b\to+\infty}\int_0^b \mathrm{e}^{-x}\mathrm{d}x$ 就是所求面积 S, 即

$$S=\lim_{b\to+\infty}\int_0^b \mathrm{e}^{-x}\mathrm{d}x=\lim_{b\to+\infty}\left(1-\frac{1}{\mathrm{e}^b}\right)=1.$$

由此启发我们得到如下定义.

定义 5.4.1　设函数 $f(x)$ 在 $[a,+\infty)$ 内连续, 取实数 $b>a$, 称极限 $\displaystyle\lim_{b\to+\infty}\int_a^b f(x)\mathrm{d}x$ 为函数 $f(x)$ 在无穷区间 $[a,+\infty)$ 上的**广义积分**, 记作 $\displaystyle\int_a^{+\infty} f(x)\mathrm{d}x$, 即

$$\int_a^{+\infty} f(x)\mathrm{d}x=\lim_{b\to+\infty}\int_a^b f(x)\mathrm{d}x.$$

若上述极限存在, 则称广义积分 $\displaystyle\int_a^{+\infty} f(x)\mathrm{d}x$ **收敛**, 否则称广义积分 $\displaystyle\int_a^{+\infty} f(x)\mathrm{d}x$ 发散.

类似的, 可定义函数 $f(x)$ 在 $(-\infty,b]$ 上的广义积分 $\displaystyle\int_{-\infty}^b f(x)\mathrm{d}x=\lim_{a\to-\infty}\int_a^b f(x)\mathrm{d}x$ 及 $\displaystyle\int_{-\infty}^b f(x)\mathrm{d}x$ 收敛与发散的概念.

若函数 $f(x)$ 在无穷区间 $(-\infty,+\infty)$ 内连续, 定义

$$\int_{-\infty}^{+\infty} f(x)\mathrm{d}x=\int_{-\infty}^c f(x)\mathrm{d}x+\int_c^{+\infty} f(x)\mathrm{d}x.$$

当广义积分 $\displaystyle\int_{-\infty}^c f(x)\mathrm{d}x$ 与 $\displaystyle\int_c^{+\infty} f(x)\mathrm{d}x$ (c 为任意常数)同时收敛时, 称广义积分 $\displaystyle\int_{-\infty}^{+\infty} f(x)\mathrm{d}x$ 收敛, 否则称广义积分 $\displaystyle\int_{-\infty}^{+\infty} f(x)\mathrm{d}x$ 发散.

上述三种广义积分统称为**无穷区间上的广义积分**.计算它们的值,只要先求出有限区间上的定积分,然后再讨论其极限即可.

例 2　计算广义积分 $\int_0^{+\infty} \dfrac{\mathrm{d}x}{1+x^2}$.

解
$$\int_0^{+\infty} \frac{\mathrm{d}x}{1+x^2} = \lim_{b \to +\infty} \int_0^b \frac{\mathrm{d}x}{1+x^2} = \lim_{b \to +\infty} (\arctan x) \Big|_0^b$$
$$= \lim_{b \to +\infty} (\arctan b - \arctan 0) = \frac{\pi}{2}.$$

在计算无穷区间上的广义积分时,形式上可仍沿用牛顿-莱布尼茨公式的计算公式.如上例可写成:
$$\int_0^{+\infty} \frac{\mathrm{d}x}{1+x^2} = \arctan x \Big|_0^{+\infty} = \frac{\pi}{2} - 0 = \frac{\pi}{2}.$$

例 3　讨论广义积分 $\int_{-\infty}^{+\infty} \dfrac{x}{\sqrt{1+x^2}} \mathrm{d}x$ 的敛散性.

解
$$\int_{-\infty}^{+\infty} \frac{x}{\sqrt{1+x^2}} \mathrm{d}x = \left[\sqrt{1+x^2} \right]_{-\infty}^{+\infty}$$
$$= \lim_{x \to +\infty} \sqrt{1+x^2} - \lim_{x \to -\infty} \sqrt{1+x^2},$$

因为 $\lim\limits_{x \to +\infty} \sqrt{1+x^2}$ 不存在,所以广义积分 $\int_{-\infty}^{+\infty} \dfrac{x}{\sqrt{1+x^2}} \mathrm{d}x$ 发散.

例 4　计算广义积分 $\int_{-\infty}^{1} \dfrac{\mathrm{d}x}{x^2}$.

解
$$\int_{-\infty}^{1} \frac{1}{x^2} \mathrm{d}x = -\frac{1}{x} \Big|_{-\infty}^{1} = -1 + \lim_{x \to -\infty} \frac{1}{x} = -1.$$

5.4.2　无界函数的广义积分

定义 5.4.2　设函数 $f(x)$ 在区间 $(a,b]$ 上连续,且 $\lim\limits_{x \to a+0} f(x) = \infty$.取 $\varepsilon > 0$,称极限 $\lim\limits_{\varepsilon \to 0+0} \int_{a+\varepsilon}^{b} f(x)\mathrm{d}x$ 为函数 $f(x)$ 在**区间 $(a,b]$ 上的广义积分**,记作 $\int_a^b f(x)\mathrm{d}x$.若上述极限存在,则称广义积分 $\int_a^b f(x)\mathrm{d}x$ **收敛**;如果上述极限不存在,则称广义积分 $\int_a^b f(x)\mathrm{d}x$ **发散**.

类似的,设函数 $f(x)$ 在区间 $[a,b)$ 上连续,且 $\lim\limits_{x \to b-0} f(x) = \infty$.取 $\varepsilon > 0$,称极限 $\lim\limits_{\varepsilon \to 0+0} \int_a^{b-\varepsilon} f(x)\mathrm{d}x$ 为函数 $f(x)$ 在 $[a,b)$ **上的广义积分**,仍记作 $\int_a^b f(x)\mathrm{d}x$,即
$$\int_a^b f(x)\mathrm{d}x = \lim_{\varepsilon \to 0+0} \int_a^{b-\varepsilon} f(x)\mathrm{d}x.$$

若上述极限存在,则称广义积分 $\int_a^b f(x)\mathrm{d}x$ 收敛,否则称广义积分 $\int_a^b f(x)\mathrm{d}x$ 发散.

若函数 $f(x)$ 在区间 $[a,b]$ 上除 $c(a<c<b)$ 点外处处连续,且 $\lim\limits_{x \to c} f(x) = \infty$,即 c 为 $f(x)$ 的无穷间断点.这时定义 $\int_a^b f(x)\mathrm{d}x = \int_a^c f(x)\mathrm{d}x + \int_c^b f(x)\mathrm{d}x$.如果广义积分 $\int_a^c f(x)\mathrm{d}x$ 与 $\int_c^b f(x)\mathrm{d}x$ 都收敛,则称广义积分 $\int_a^b f(x)\mathrm{d}x$ 收敛,否则,称广义积分 $\int_a^b f(x)\mathrm{d}x$ 发散.

　　以上三种广义积分统称为**无界函数的广义积分**,也称为**瑕积分**.上述三个无穷间断点 a、b、c 均称为 $f(x)$ 的**瑕点**.

　　计算无界函数的广义积分时,为了书写方便,也可直接用牛顿-莱布尼茨的计算公式.如,当 a 为无穷间断点时,

$$\int_a^b f(x)\mathrm{d}x = F(x)\Big|_{a+0}^b = F(b) - F(a+0),$$

这里 $F(x)$ 为 $f(x)$ 在 $(a,b]$ 上的一个原函数,$F(a+0) = \lim_{x \to a+0} F(x)$.

　　例 5　计算广义积分 $\displaystyle\int_0^2 \frac{1}{\sqrt{4-x^2}}\mathrm{d}x$.

　　解　因为 $\lim\limits_{x \to 2-0} \dfrac{1}{\sqrt{4-x^2}} = +\infty$,所以 $x=2$ 是被积函数的无穷间断点,于是

$$\int_0^2 \frac{1}{\sqrt{4-x^2}}\mathrm{d}x = \left(\arcsin\frac{x}{2}\right)\Big|_0^{2-0} = \frac{\pi}{2} - 0 = \frac{\pi}{2}.$$

　　例 6　讨论广义积分 $\displaystyle\int_{-1}^1 \frac{1}{x^2}\mathrm{d}x$ 的敛散性.

　　解　因为 $\lim\limits_{x \to 0} \dfrac{1}{x^2} = +\infty$,即 $x=0$ 是被积函数 $\dfrac{1}{x^2}$ 的无穷间断点.于是

$$\int_{-1}^1 \frac{1}{x^2}\mathrm{d}x = \int_{-1}^0 \frac{1}{x^2}\mathrm{d}x + \int_0^1 \frac{1}{x^2}\mathrm{d}x.$$

取 $\varepsilon > 0$,因为

$$\int_0^1 \frac{1}{x^2}\mathrm{d}x = \lim_{\varepsilon \to 0+0} \int_\varepsilon^1 \frac{1}{x^2}\mathrm{d}x = -\lim_{\varepsilon \to 0+0}\left[\frac{1}{x}\right]_\varepsilon^1 = -\lim_{\varepsilon \to 0+0}\left(1 - \frac{1}{\varepsilon}\right) = +\infty,$$

所以广义积分 $\displaystyle\int_{-1}^1 \frac{1}{x^2}\mathrm{d}x$ 发散.

　　若本题按常义积分去做就会得到错误的结果.

习　　题　5-4

1.求下列广义积分:

(1) $\displaystyle\int_1^{+\infty} \frac{1}{x^4}\mathrm{d}x$;

(2) $\displaystyle\int_2^{+\infty} \frac{1}{x\ln x}\mathrm{d}x$;

(3) $\displaystyle\int_{-\infty}^0 \cos x\,\mathrm{d}x$;

(4) $\displaystyle\int_{-\infty}^{+\infty} \frac{\mathrm{d}x}{x^2 + 2x + 2}$;

(5) $\displaystyle\int_0^1 \frac{\mathrm{d}x}{\sqrt{x}}$;

(6) $\displaystyle\int_0^2 \frac{\mathrm{d}x}{(1-x)^2}$.

2.求介于曲线 $y = \mathrm{e}^x$ 与它的一条通过原点的切线以及 x 轴之间的图形的面积.

§ 5.5　定积分微元法

　　定积分是求某种总量的数学模型,它在几何、物理、经济等学科都有着极其广泛的应用,显示了它的巨大魅力.也正是这些广泛应用,推动着积分学的不断发展和完善,因此读者在

学习中应深刻领会定积分的思想和方法,努力积累和提高数学的应用能力.

在讨论定积分概念时引入的两个实例,求曲边梯形的面积和变速直线运动的路程等问题中,所求的这些量(如几何量、物理量等)都与某个区间有关,计算这些量时,都采用了"分割、近似代替、求和、取极限"四个步骤建立了所求量的积分式.

一般的,如果所求的量 Q 与某个函数 $f(x)$ 和区间 $[a,b]$ 有关,且满足:

(1)当区间 $[a,b]$ 被分成 n 个小区间 $[x_{i-1},x_i](i=1,2,\cdots,n)$ 时,总量 Q 对每个小区间 $[x_{i-1},x_i]$ 上相应的部分量 ΔQ_i 具有可加性,即 $Q=\sum\limits_{i=1}^{n}\Delta Q_i$;

(2)对每个部分量 ΔQ_i,可用近似式 $f(\xi_i)\Delta x_i$ 表示,其中 $\xi_i\in[x_{i-1},x_i]$,$\Delta x_i=x_i-x_{i-1}$,那么总量 Q 可用定积分 $\int_a^b f(x)\mathrm{d}x$ 来计算,即

$$Q=\int_a^b f(x)\mathrm{d}x.$$

为了更方便地用定积分计算量 Q,对 $x\in[a,b]$,量 Q 在区间 $[a,x]$ 上的相应量记为 $Q(x)$.取 $[x,x+\mathrm{d}x]$ 作为分割区间 $[a,b]$ 时的代表区间,则 $Q(x)$ 在代表小区间 $[x,x+\mathrm{d}x]$ 上的增量 ΔQ 的近似值(即 $Q(x)$ 在 x 处的微分)$\mathrm{d}Q=f(x)\mathrm{d}x$ 称为量 Q 的微元,以微元 $\mathrm{d}Q=f(x)\mathrm{d}x$ 为被积表达式,在 $[a,b]$ 上的定积分就是所求总量 Q,即

$$Q=\int_a^b \mathrm{d}Q=\int_a^b f(x)\mathrm{d}x.$$

上述方法称为**微元法**或**元素法**,也称微元分析法.这一过程体现了积分是将微分"加"起来的实质.定积分的微元法是一种实用性很强的数学方法和变量分析方法,在工程实践和科学技术中有着广泛的应用.

用微元法计算量 Q 的关键是求 Q 的微元 $\mathrm{d}Q$,求 $\mathrm{d}Q$ 时通常用以直代曲、以常量代变量的方法.下面几节将介绍用微元法来求解一些实际问题.

§5.6　定积分几何应用

5.6.1　平面图形面积

1.直角坐标的情形

设平面图形是由区间 $[a,b]$ 上的连续曲线 $y=f(x),y=g(x)$ $(g(x)\leqslant f(x))$ 以及直线 $x=a$、$x=b$ 所围成,如图 5-6-1 所示.

取 x 为积分变量,在其变化区间 $[a,b]$ 上任取代表小区间 $[x,x+\mathrm{d}x]$,相应区间 $[x,x+\mathrm{d}x]$ 上的窄条面积近似于高为 $[f(x)-g(x)]$、底为 $\mathrm{d}x$ 的矩形面积,从而得面积元素为

$$\mathrm{d}S=[f(x)-g(x)]\mathrm{d}x.$$

以面积元素 $\mathrm{d}S$ 为被积表达式,在 $[a,b]$ 上作定积分即得所求面积

$$S=\int_a^b[f(x)-g(x)]\mathrm{d}x. \tag{5-6-1}$$

若平面图形是由区间 $[c,d]$ 上连续曲线 $x=\varphi(y),x=\psi(y)(\psi(y)\leqslant\varphi(y))$ 以及直线 $y=c$、$y=d$ 所围成,如图 5-6-2 所示.那么,该平面图形的面积为

$$S = \int_c^d [\varphi(y) - \psi(y)] \mathrm{d}y. \qquad (5\text{-}6\text{-}2)$$

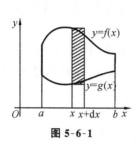

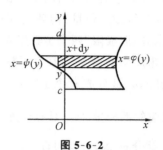

图 5-6-1   图 5-6-2

例 1 求由曲线 $y = \mathrm{e}^x$，$y = \mathrm{e}^{-x}$ 以及直线 $x = 1$ 所围成的图形的面积.

解 先画出曲线所围成的图形，如图 5-6-3 所示. 取 x 为积分变量，由图可看出 x 的变化区间为 $[0,1]$. 于是

$$\mathrm{d}S = (\mathrm{e}^x - \mathrm{e}^{-x}) \mathrm{d}x,$$

从而所求面积为

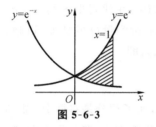

图 5-6-3

$$S = \int_0^1 (\mathrm{e}^x - \mathrm{e}^{-x}) \mathrm{d}x = [\mathrm{e}^x + \mathrm{e}^{-x}]_0^1$$
$$= \mathrm{e} + \frac{1}{\mathrm{e}} - 2.$$

例 2 求抛物线 $y^2 = 2x$ 与直线 $y = x - 4$ 所围成的图形的面积.

解 这个图形如图 5-6-4(a) 所示，为了具体确定图形所在范围，解方程组 $\begin{cases} y^2 = 2x, \\ y = x - 4, \end{cases}$ 得抛物线与直线的交点 $(2, -2)$ 和 $(8, 4)$. 取 $y(-2 \leqslant y \leqslant 4)$ 为积分变量，面积元素为

$$\mathrm{d}S = \left[(y + 4) - \frac{1}{2}y^2 \right] \mathrm{d}y,$$

从而所求面积为

$$S = \int_{-2}^4 \left(y + 4 - \frac{1}{2}y^2 \right) \mathrm{d}y = \left[\frac{y^2}{2} + 4y - \frac{1}{6}y^3 \right]_{-2}^4 = 18.$$

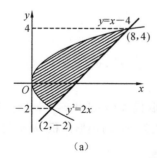

(a)

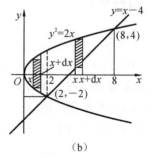

(b)

图 5-6-4

注意 若此题选 x 作积分变量，则必须过点 $(2, -2)$ 作直线 $x = 2$，将图形分成两部分，如图 5-6-4(b) 所示. 应用公式 $(5\text{-}6\text{-}1)$，可得

$$S = \int_0^2 \left[\sqrt{2x} - (-\sqrt{2x}) \right] \mathrm{d}x + \int_2^8 \left[\sqrt{2x} - (x - 4) \right] \mathrm{d}x = 18.$$

例 3　求椭圆 $\dfrac{x^2}{a^2}+\dfrac{y^2}{b^2}=1$ 所围图形的面积(简称椭圆的面积).

解　椭圆关于两坐标轴都对称,如图 5-6-5 所示.所以椭圆的面积 S 为第Ⅰ象限部分面积 S_1 的四倍,即
$$S=4S_1=4\int_0^a y\,\mathrm{d}x.$$

椭圆的参数方程 $\begin{cases} x=a\cos t,\\ y=b\sin t. \end{cases}$ 应用定积分换元法,令 $x=a\cos t$,于是

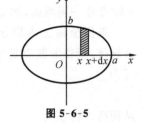

图 5-6-5

$$t=\arccos\frac{x}{a}, \quad \mathrm{d}x=-a\sin t\,\mathrm{d}t.$$

当 $x=0$ 时,$t=\dfrac{\pi}{2}$;当 $x=a$ 时,$t=0$.所以

$$S=4S_1=4\int_0^a y\,\mathrm{d}x=4\int_{\frac{\pi}{2}}^0 b\sin t\,(-a\sin t)\,\mathrm{d}t$$

$$=4ab\int_0^{\frac{\pi}{2}}\sin^2 t\,\mathrm{d}t=4ab\,\frac{1}{2}\cdot\frac{\pi}{2}$$

$$=\pi ab.$$

当 $a=b$ 时,就得到圆的面积公式 $S=\pi a^2$.

2. 极坐标情形

某些平面图形的面积用极坐标计算更为方便.

设由曲线 $\rho=\rho(\varphi)$($\rho(\varphi)$ 在 $[\alpha,\beta]$ 上连续)与射线 $\varphi=\alpha$、$\varphi=\beta$ 围成一图形,称为曲边扇形,如图 5-6-6 所示,现求其面积.

曲边扇形不能直接利用圆扇形面积公式 $S=\dfrac{1}{2}R^2\varphi$ 来计算.取极角 φ 为积分变量,在它的变化区间 $[\alpha,\beta]$ 上任取一代表小区间 $[\varphi,\varphi+\mathrm{d}\varphi]$,其对应的窄曲边扇形的面积近似等于半径为 $\rho(\varphi)$、中心角为 $\mathrm{d}\varphi$ 的圆扇形的面积,于是得到曲边扇形的面积微元

$$\mathrm{d}S=\frac{1}{2}\left[\rho(\varphi)\right]^2\mathrm{d}\varphi,$$

从而所求曲边扇形面积为

$$S=\int_\alpha^\beta \frac{1}{2}\left[\rho(\varphi)\right]^2\mathrm{d}\varphi. \tag{5-6-3}$$

例 4　计算阿基米德螺线 $\rho=a\varphi$($0\leqslant\varphi\leqslant 2\pi$)的一段弧与极轴所围图形的面积.

解　所围图形如图 5-6-7 所示,取 φ 为积分变量,它的变化区间为 $[0,2\pi]$,由式(5-6-3)所求面积为

$$S=\int_0^{2\pi}\frac{1}{2}(a\varphi)^2\mathrm{d}\varphi=\frac{a^2\varphi^3}{6}\Big|_0^{2\pi}=\frac{4}{3}\pi^3 a^2.$$

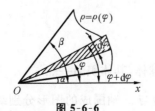

图 5-6-6

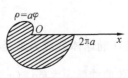

图 5-6-7

5.6.2　旋转体体积

旋转体是由一个平面图形绕该平面内的一条直线旋转一周而成的立体,这条直线叫做旋转体的轴.球体、圆柱体、圆台、圆锥、椭球体等都是旋转体.

(1)设一旋转体是由连续曲线 $y=f(x)$,直线 $x=a$,$x=b$ 及 x 轴所围成的曲边梯形绕 x 轴旋转一周而成,如图 5-6-8 所示,求它的体积.

取横坐标 x 为积分变量,积分区间为 $[a,b]$,用过点 $x\in[a,b]$ 且垂直于 x 轴的平面截旋转体,所得的截面是半径为 $|f(x)|$ 的圆盘,其截面面积为 $A(x)=\pi[f(x)]^2$,于是体积微元为

$$dV=\pi[f(x)]^2\,dx,$$

从而所求体积为

$$V_x=\pi\int_a^b f^2(x)\,dx.$$

(2)若旋转体是由连续曲线 $x=\varphi(y)$ 与直线 $y=c$,$y=d$ 及 y 轴所围成的曲边梯形绕 y 轴旋转一周而成的,如图 5-6-9 所示.同理可得体积

$$V_y=\pi\int_c^d \varphi^2(y)\,dy.$$

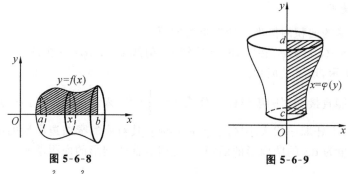

图 5-6-8　　　　　　　　　　　　图 5-6-9

例 5　计算由椭圆 $\dfrac{x^2}{a^2}+\dfrac{y^2}{b^2}=1$ 围成的图形绕 x 轴旋转一周所成的旋转体(即旋转椭球体)的体积.

解　这个旋转体如图 5-6-10 所示,可看做是由上半椭圆 $y=\dfrac{b}{a}\sqrt{a^2-x^2}$ 与 x 轴围成的

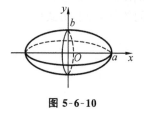

图形绕 x 轴旋转一周而成的立体,所以它的体积为

$$V_x=\int_{-a}^{a}\pi\left[\frac{b}{a}\sqrt{a^2-x^2}\right]^2\,dx=\frac{\pi b^2}{a^2}\int_{-a}^{a}(a^2-x^2)\,dx$$

$$=\frac{\pi b^2}{a^2}\left[a^2x-\frac{1}{3}x^3\right]_{-a}^{a}$$

$$=\frac{4}{3}\pi ab^2.$$

图 5-6-10

当 $a=b$ 时,旋转椭球体就成为半径为 a 的球体,其体积为 $\dfrac{4}{3}\pi a^3$.

例 6　计算正弦曲线弧 $y=\sin x\,(x\in[0,\pi])$ 与 x 轴围成的图形分别绕 x 轴、y 轴旋转所成的立体的体积.

解　图形绕 x 轴旋转一周(见图 5-6-11)所成的旋转体的体积为

$$V_x = \pi \int_0^\pi \sin^2 x \, \mathrm{d}x = \frac{\pi}{2} \int_0^\pi (1 - \cos 2x) \, \mathrm{d}x = \frac{\pi^2}{2}.$$

图形绕 y 轴旋转一周所成的旋转体的体积可看成平面图形 $OABC$ 与 OBC(见图 5-6-11)分别绕 y 轴旋转而成的旋转体的体积之差. 弧段 OB 的方程为 $x = \arcsin y (0 \leqslant y \leqslant 1)$,弧段 AB 的方程为 $x = \pi - \arcsin y (0 \leqslant y \leqslant 1)$,从而所求体积为

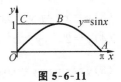

图 5-6-11

$$\begin{aligned}
V_y &= \int_0^1 \pi(\pi - \arcsin y)^2 \, \mathrm{d}y - \int_0^1 \pi(\arcsin y)^2 \, \mathrm{d}y \\
&= \pi \int_0^1 (\pi^2 - 2\pi \arcsin y) \, \mathrm{d}y \\
&= \pi^3 - 2\pi^2 \left[y \arcsin y \Big|_0^1 - \int_0^1 \frac{y}{\sqrt{1-y^2}} \, \mathrm{d}y \right] \\
&= 2\pi^2.
\end{aligned}$$

5.6.3　平行截面面积为已知的立体体积

设一立体位于平面 $x=a$ 与 $x=b(a<b)$ 之间,如图 5-6-12 所示,用任一个垂直于 x 轴的平面截此物体所得的截面面积 $A(x)$ 是 $[a,b]$ 上的连续函数,在 $[a,b]$ 上取一代表小区间 $[x,x+\mathrm{d}x]$,其相应薄片体积的近似值为底面积是 $A(x)$、高为 $\mathrm{d}x$ 的柱体体积. 于是该立体的体积微元为

$$\mathrm{d}V = A(x) \, \mathrm{d}x,$$

将其在 $[a,b]$ 上积分,即得该立体的体积

$$V = \int_a^b A(x) \, \mathrm{d}x.$$

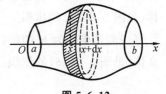

图 5-6-12

例 7　设有一底圆半径为 R 的圆柱,被一与圆柱面交成 α 角且过底圆直径的平面所截,求截下的楔形体(见图 5-6-13)的体积.

解　取这个平面与圆柱体的底面的交线为 x 轴,底面上过圆心且垂直于 x 轴的直线为 y 轴,如图 5-6-13 所示,则底圆的方程为

$$x^2 + y^2 = R^2.$$

立体过点 x 且垂直于 x 轴的截面是一个直角三角形,其两直角边的边长分别为 y 及 $y \tan\alpha$,截面的面积为

$$A(x) = \frac{1}{2} y \cdot y \tan\alpha = \frac{1}{2} (R^2 - x^2) \tan\alpha.$$

于是所求立体的体积为

$$V = \int_{-R}^R \frac{1}{2} (R^2 - x^2) \tan\alpha \, \mathrm{d}x = \frac{1}{2} \tan\alpha \left[R^2 x - \frac{1}{3} x^3 \right]_{-R}^R$$

$$= \frac{2}{3} R^3 \tan\alpha.$$

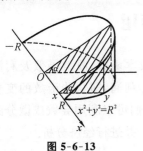

图 5-6-13

习 题 5-6

1. 求由下列各曲线所围成的图形的面积：

 (1) $y=\sqrt{x}$ 与 $y=x$；

 (2) $y=\mathrm{e}^x$，$y=\mathrm{e}$ 及 y 轴；

 (3) $y=x^2$ 与 $y=2x+3$；

 (4) $y=2x^2$，$y=x^2$ 与 $y=1$；

 (5) $y=\sin x$，$y=\cos x$ 与直线 $x=0$，$x=\dfrac{\pi}{2}$；

 (6) $y=3-2x-x^2$ 与 x 轴.

2. 求由下列各曲线所围成的图形的面积（图见附录 A）：

 (1) $\rho=a(1-\cos\varphi)$； (2) $\rho^2=a^2\cos 2\varphi$.

3. 求由摆线 $x=a(t-\sin t)$，$y=a(1-\cos t)$ 的一拱（$0\leqslant t\leqslant 2\pi$）与 x 轴所围成的图形的面积.

4. 求由下列已知曲线所围成的图形，按指定的轴旋转所产生的旋转体的体积：

 (1) $y^2=4ax$ 及 $x=x_0(x_0>0)$ 绕 x 轴；

 (2) $y=x^2$，$x=y^2$，绕 y 轴；

 (3) $y=x^3$ 与 $x=2$ 及 x 轴，分别绕 x 轴与 y 轴.

5. 计算以半径 R 的圆为底、以平行于底且长度等于该圆直径的线段为顶、高为 h 的正劈锥体（见图 5-6-14）的体积.

6. 计算底面是半径为 R 的圆，而垂直于底面上一条固定直径的所有截面都是等边三角形的立体（见图 5-6-15）的体积.

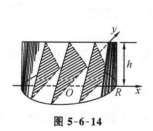

图 5-6-14

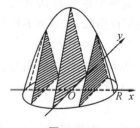

图 5-6-15

§5.7 定积分在经济中的应用

在第 3 章导数的应用中，我们介绍了已知某些经济函数，如成本函数、收益函数及利润函数，利用导数或微分运算可以求出其边际成本、边际收益及边际利润，即这些函数的变化率. 现在反过来，若已知边际成本、边际收益及边际利润等函数，我们可以利用导数或微分的逆运算即不定积分或定积分，求其相应的成本、收益及利润等函数，并进行经济分析.

1. 成本函数

已知某产品的边际成本函数为 $MC=C'(q)$，则当生产量为 q 时的总成本 $C(q)$ 可用定

积分表示为

$$C(q) = \int_0^q C'(q)\mathrm{d}q + C_0 \quad (C_0 \text{ 为固定成本}).$$

产品产量从 a 单位到 b 单位 $(a < b)$ 时的成本为

$$C = \int_a^b C'(q)\mathrm{d}q.$$

例 1　某产品每月生产 t 单位时固定成本为 20 万元,边际成本为 $C'(t) = 0.4t + 2$(单位:万元),求总成本函数及产品由 20 单位增到 40 单位时所需的成本.

解　总成本函数为

$$C(t) = \int_0^t C'(t)\mathrm{d}t + 20 = \int_0^t (0.4t + 2)\mathrm{d}t + 20$$
$$= 0.2t^2 + 2t + 20.$$

产品由 20 单位增到 40 单位所需的成本为

$$C = \int_{20}^{40} C'(t)\mathrm{d}t = \int_{20}^{40} (0.4t + 2)\mathrm{d}t$$
$$= [0.2t^2 + 2t]_{20}^{40} = 280 \text{ 万元}.$$

2. 收益函数

已知边际收益为 $MR = R'(q)$,则总收益为

$$R = R(q) = \int_0^q R'(q)\mathrm{d}q.$$

当销售量由 a 单位变到 b 单位时的收益为

$$R = \int_a^b R'(q)\mathrm{d}q.$$

3. 利润函数

因为边际利润是边际收入与边际成本之差,即 $L'(q) = R'(q) - C'(q)$,因此产量为 q 时的总利润函数为

$$L = L(q) = \int_0^q [R'(q) - C'(q)]\mathrm{d}q - C_0,$$

C_0 为固定成本. $L(q) = \int_0^q (R' - C')\mathrm{d}q$ 是不计固定成本的利润函数.

当产量由 a 单位变到 b 单位时的利润为

$$L = \int_a^b [R'(q) - C'(q)]\mathrm{d}q.$$

例 2　已知生产某产品 q 个单位时的边际收益为 $MR = R'(q) = 100 - 2q$,求:

(1)生产 30 个单位时的总收益;

(2)由生产 30 到 40 个单位时的总收益.

解　(1)生产 30 个单位的总收益

$$R(30) = \int_0^{30} (100 - 2q)\mathrm{d}q = 2\,100.$$

(2)由生产 30 到 40 个单位时的总收益为

$$\int_{30}^{40} (100 - 2q)\mathrm{d}q = 300.$$

例 3　某产品的边际成本 $MC = C'(q) = 1$,边际收益 $MR = R'(q) = 5 - q$,固定成本为

1,问:

(1)产量为多少时总利润 $L(q)$ 最大?

(2)从利润最大时再生产一个单位,总利润增加多少?

解 (1)因为

$$L'(q)=R'(q)-C'(q),$$

所以

$$L'(q)=5-q-1=4-q,$$

令 $L'(q)=0$,得 $q=4$.

由于本例是一实际问题,最大利润一定存在,又 $q=4$ 是唯一驻点,且 $L''(q)=-1<0$,所以 $q=4$ 为 $L(q)$ 的极大值,也是最大值,即当 $q=4$ 时,总利润最大.

(2)当产量从 4 增加到 5 时,总利润增加量为

$$\int_4^5 L'(q)\mathrm{d}q=\int_4^5 (4-q)\mathrm{d}q=\left[4q-\frac{q^2}{2}\right]_4^5$$
$$=-0.5,$$

这说明从利润达到最大时的产量再多生产 1 个单位,总利润将减少 0.5.

4. 产量函数

若某产品总产量 Q 对时间 t 的变化率(即生产率)为 $\dfrac{\mathrm{d}Q}{\mathrm{d}t}=f(t)$,则该产品在时间区间 $[a,b]$ 内的总产量为

$$Q=\int_a^b f(t)\mathrm{d}t.$$

例 4 已知某产品总产量的变化率为 $Q'(t)=40+12t-\dfrac{3}{2}t^2$(单位:天),求从第 2 天到第 10 天产品的总产量.

解 所求总产量为

$$Q=\int_2^{10}\left(40+12t-\frac{3}{2}t^2\right)\mathrm{d}t=\left[40t+6t^2-\frac{1}{2}t^3\right]_2^{10}$$
$$=(400+600-500)-(80+24-4)=400.$$

习　题　5-7

1.已知生产某产品 q 件的边际成本为 $MC=C'(q)=8+\dfrac{1}{2}q$,边际收益 $MR=R'(q)=16-2q$,若固定成本为零,求:

(1)总成本函数和总收入函数;

(2)取得最大利润时的产量及最大利润.

2.已知某产品的边际成本 $MC=C'(q)=2$(单位:元/件),固定成本为零,边际收入为 $MR=R'(q)=20-0.02q$.问:

(1)产量为多少时利润最大?

(2)当利润达到最大时再生产 40 件,利润有什么变化?

3.某企业的边际成本是产量 q 的函数 $MC=C'(q)=2\mathrm{e}^{0.2q}$,当固定成本 $C_0=90$ 时,求总成本函数 $C(q)$.

4. 某产品的总产量变化率为 $f(t)=100-10t-0.4t^2$（单位：t/h）. 求：

(1) 总产品函数 $Q(t)$；

(2) 从 $t_1=4$ 到 $t_2=8$ 这段时间内的产量.

本 章 小 结

1. 定积分的概念

函数 $y=f(x)$ 在区间 $[a,b]$ 上的定积分是通过部分和的极限定义的，即

$$\int_a^b f(x)\mathrm{d}x=\lim_{\Delta x\to 0}\sum_{i=1}^n f(\xi_i)\Delta x_i.$$

闭区间上的连续函数或只有有限个第一类间断点的有界函数是可积的，即它们的定积分存在.

定积分几何意义：定积分 $\int_a^b f(x)\mathrm{d}x$ 在几何上为由曲线 $y=f(x)$、直线 $x=a$、$x=b$ 及 x 轴所围成图形的各部分面积的代数和，即在 x 轴上方的图形面积与在 x 轴下方的图形面积之差.

2. 定积分的性质

定积分的性质（见性质 1～7）在定积分的理论和计算中具有重要的应用. 除了上述性质外，以下结论在积分计算中也有重要应用.

(1) 定积分的值仅依赖于被积函数和积分区间，与积分变量的选取无关，即

$$\int_a^b f(x)\mathrm{d}x=\int_a^b f(t)\mathrm{d}t.$$

(2) 交换定积分的上、下限，定积分变号，即

$$\int_a^b f(x)\mathrm{d}x=-\int_b^a f(x)\mathrm{d}x.$$

特别地，当 $a=b$ 时，有

$$\int_a^a f(x)\mathrm{d}x=0.$$

(3) 对于定义在 $[-a,a]$ 上的连续奇（偶）函数 $f(x)$，有

若 $f(x)$ 为奇函数，则 $\int_{-a}^a f(x)\mathrm{d}x=0$；

若 $f(x)$ 为偶函数，则 $\int_{-a}^a f(x)\mathrm{d}x=2\int_0^a f(x)\mathrm{d}x.$

3. 积分上限函数及其性质

如果函数 $f(x)$ 在 $[a,b]$ 上连续，则函数

$$\Phi(x)=\int_a^x f(t)\mathrm{d}t \quad (x\in[a,b])$$

称为积分上限函数，或称变上限函数.

以 x 为积分上限函数的导数等于被积函数在上限 x 处的值，即

$$\Phi'(x)=\left[\int_a^x f(t)\mathrm{d}t\right]'=f(x).$$

此性质表明积分上限函数 $\Phi(x) = \int_a^x f(t)\mathrm{d}t$ 是连续函数 $f(x)$ 的一个原函数,进而又可得到一个重要的结论:闭区间上的连续函数一定有原函数.

一般的,如果 $g(x)$ 可导,则

$$\left[\int_a^{g(x)} f(t)\mathrm{d}t\right]' = f(g(x)) \cdot g'(x).$$

4.牛顿-莱布尼茨公式

设函数 $f(x)$ 在区间 $[a,b]$ 上连续,且 $F(x)$ 是 $f(x)$ 的一个原函数,则

$$\int_a^b f(x)\mathrm{d}x = F(b) - F(a).$$

这一公式说明:只需计算 $f(x)$ 的一个原函数或不定积分,就可以求得 $f(x)$ 在区间 $[a,b]$ 上的定积分.

牛顿-莱布尼茨公式不仅给出了定积分的一种具体计算方法,而且还揭示了不定积分与定积分之间的内在关系.该公式在整个微积分学中具有重要的里程碑意义,因此,牛顿-莱布尼茨公式也称为微积分基本公式.

5.定积分的计算

(1)定积分的换元积分法.用换元法计算定积分时,应注意换元后要更换积分的上、下限.

(2)定积分的分部积分法.

6.广义积分

广义积分分为无穷区间上的广义积分和无界函数的广义积分.

7.定积分的应用

(1)定积分在几何上的应用有求平面图形的面积、旋转体的体积和平行截面面积为已知的立体体积.

(2)定积分在经济中的应用:利用定积分在已知某经济函数的变化率或边际函数时,可求总量函数或总量函数在一定范围内的增量.如,已知某产品的边际成本或边际收益、边际利润及某产品总量对时间的变化率,由定积分可求得相应的总成本、总收益、总利润及总产量等.

第6章 常微分方程

导 学

微分方程是常微分方程和偏微分方程的总称.微分方程几乎是与微积分同时产生的,它的形成和发展是与力学、天文学、物理学及其他科学技术的发展密切相关的.

在许多实际问题中,往往不能直接找出需要的函数关系,但比较容易列出未知函数及其导数(或微分)与自变量之间关系的等式,这样的等式就是微分方程.

微分方程在很多学科领域中都有着重要的作用,是探索现实世界的重要工具.这里值得一提的是,1846 年,数学家与天文学家合作,通过求解微分方程,发现了一颗新星——海王星.1991 年,科学家在阿尔卑斯山发现了一个肌肉丰满的冰人,据躯体所含碳原子消失的程度,通过求解微分方程,推断这个冰人大约遇难于 5 000 年以前.类似的实例还有很多.在今天,甚至许多社会科学的问题亦导致微分方程,如人口发展模型、交通流模型等.总之,微分方程的研究与人类社会的发展是密切相连的.

§6.1 微分方程的基本概念

6.1.1 两个实例

例 1 一曲线过点$(1,2)$,曲线上任一点的切线斜率等于该点横坐标的 2 倍,求该曲线方程.

解 设所求曲线为 $y=f(x)$.由导数的几何意义,曲线上任一点 $P(x,y)$ 处的切线斜率为 y',依题意有

$$y'=2x \quad 或 \quad \frac{\mathrm{d}y}{\mathrm{d}x}=2x. \tag{6-1-1}$$

方程两边积分,得

$$y=x^2+C. \tag{6-1-2}$$

因为曲线经过点$(1,2)$,即 $y=f(x)$ 满足 $x=1$ 时,$y=2$.将其代入上面方程 $\tag{6-1-3}$ 得 $C=1$.所以所求曲线为

$$y=x^2+1. \tag{6-1-4}$$

例 2 以初速度 v_0 将质点铅直上抛,不计空气阻力,求质点的运动规律.

解 如图 6-1-1 所示取坐标系.设运动开始时$(t=0)$质点位于 x_0,在时刻 t 质点位于 x.变量 x 与 t 之间的函数关系 $x=x(t)$ 就是我们要找的运动规律.由导数的物理意义及题意,函数 $x=x(t)$ 应满足

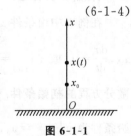

图 6-1-1

$$\frac{\mathrm{d}^2 x}{\mathrm{d}t^2} = -g \quad (g \text{ 为重力加速度}). \tag{6-1-5}$$

由题设 $x(t)$ 还应满足条件当 $t=0$ 时, $x=x_0, \dfrac{\mathrm{d}x}{\mathrm{d}t}=v_0$.

将式 $\dfrac{\mathrm{d}^2 x}{\mathrm{d}t^2} = -g$ 两边对 t 积分一次得,

$$\frac{\mathrm{d}x}{\mathrm{d}t} = -gt + C_1, \tag{6-1-6}$$

再积分一次, 得

$$x = -\frac{1}{2}gt^2 + C_1 t + C_2. \tag{6-1-7}$$

将已知条件 $x=x_0, \dfrac{\mathrm{d}x}{\mathrm{d}t}=v_0$ 代入方程(6-1-6)和(6-1-7), 得 $C_1=v_0, C_2=x_0$, 于是有

$$x = -\frac{1}{2}gt^2 + v_0 t + x_0. \tag{6-1-8}$$

6.1.2 有关概念

在自然科学和工程技术等领域中, 存在着大量的未知函数及其导数(或微分)相关的关系式, 因此我们有:

定义 6.1.1 凡表示未知函数、未知函数的导数或微分之间的关系的方程称为**常微分方程**, 简称为**微分方程**或**方程**.

如, 例 1 中式(6-1-1)及例 2 中式(6-1-5), 都是微分方程. 必须指出, 在微分方程中, 自变量及未知函数可以不出现, 但未知函数的导数或微分必须出现.

微分方程中所出现的未知函数的最高阶导数的阶数, 称为微分方程的**阶**. 例如方程(6-1-1)是一阶微分方程, 方程(6-1-5)是二阶微分方程. 又如, 方程 $x^2 y''' - xy'' + 3y' = 4x^3$ 是三阶微分方程, 而方程 $y^{(4)} + 2y''' - y'' + 5y = \sin 3x$ 是四阶微分方程.

定义 6.1.2 把某个函数代入微分方程, 能使该方程成为恒等式, 则称这个函数为微分方程的**解**.

例如, 函数(6-1-2)和(6-1-4)都是方程(6-1-1)的解; 函数(6-1-7)和(6-1-8)都是方程(6-1-5)的解.

如果在微分方程的解中含有独立的任意常数, 且任意常数的个数与微分方程的阶数相同, 则这样的解称为微分方程的**通解**. 通解中确定了任意常数以后即不含有任意常数的解, 叫做微分方程的**特解**. 例如, 函数(6-1-2)和(6-1-7)分别是微分方程(6-1-1)和(6-1-5)的通解, 而函数(6-1-4)和(6-1-8)则分别是方程(6-1-1)和(6-1-5)的特解. 求微分方程解的过程, 叫做**解微分方程**.

在例 1 中由条件 $x=1, y=2$ 或 $y\big|_{x=1}=2$ 得任意常数 $C=1$, 例 2 中由条件 $t=0, x=x_0, \dfrac{\mathrm{d}x}{\mathrm{d}t}=v_0$ 或 $x\big|_{t=0}=x_0, x'\big|_{t=0}=v_0$ 求得 $C_1=v_0, C_2=x_0$. 称这种确定任意常数的条件为微分方程的**初始条件**. 一般的, 一阶微分方程的初始条件为 $y\big|_{x=x_0}=y_0$, 二阶微分方程的初始条件为 $y\big|_{x=x_0}=y_0, y'\big|_{x=x_0}=y'_0$.

微分方程的特解的图像是一条曲线,称为微分方程的积分曲线.通解的图像是一族积分曲线.

例 3 验证函数 $x = C_1 \cos kt + C_2 \sin kt$ 是微分方程 $x'' + k^2 x = 0$　　$(k \neq 0)$的通解.

证
$$x' = -C_1 k \sin kt + C_2 k \cos kt,$$
$$x'' = -C_1 k^2 \cos kt - C_2 k^2 \sin kt.$$

将 x, x''代入微分方程 $x'' + k^2 x = 0$ 得
$$-k^2 (C_1 \cos kt + C_2 \sin kt) + k^2 (C_1 \cos kt + C_2 \sin kt) \equiv 0,$$

即 $x = C_1 \cos kt + C_2 \sin kt$ 是方程 $x'' + k^2 x = 0$ 的解. 解中含有两个独立的任意常数,而方程 $x'' + k^2 x = 0$ 为二阶微分方程,所以 $x = C_1 \cos kt + C_2 \sin kt$ 是微分方程的通解.

习　　题　6-1

1.指出下列各微分方程的阶数:

(1)$x^2 y''' + xy' = y$;　　　　　　　　　　(2)$xy'^2 - 3yy' = x$;

(3)$(x+y)\mathrm{d}x + (6x - 7y)\mathrm{d}y = 0$;　　　(4)$\dfrac{\mathrm{d}^2 s}{\mathrm{d}t^2} + 2s = \cos t$.

2.指出下列各题中的函数是否为所给微分方程的解:

(1)$xy' = 2y$　　　　　　　　　$y = 5x^2$;

(2)$y'' + 4y = 0$　　　　　　　$y = 2\cos 2x - 5\sin 2x$;

(3)$y'' + (y')^2 + 1 = 0$　　　　$y = \ln \cos(x - a) + b$;

(4)$y'' = 2y' - y$　　　　　　　$y = x^2 \mathrm{e}^x$.

3.验证函数 $y = (c_1 + c_2 x)\mathrm{e}^x + x + 2$ 是方程 $y'' - 2y' + y = x$ 的通解,并求出满足初始条件 $y\Big|_{x=0} = 4, y'\Big|_{x=0} = 2$ 的一个特解.

4.在下列各题给出的微分方程的通解中,按照所给的初始条件确定特解:

(1)$x^2 - y^2 = C, y\Big|_{x=0} = 5$;

(2)$y = C_1 \sin(x - C_2), y\Big|_{x=\pi} = 1, y'\Big|_{x=\pi} = 0.$

5.写出由下列条件确定的曲线所满足的微分方程:

(1)曲线在点(x, y)处的切线斜率等于该点横坐标的平方;

(2)曲线上点 $P(x, y)$处的法线与 x 轴的交点为 Q,而线段 PQ 被 y 轴平分.

§6.2　一阶微分方程

一阶微分方程的一般形式为
$$y' = f(x, y). \tag{6-2-1}$$
下面介绍几种常见的一阶微分方程的基本类型及其解法.

6.2.1　可分离变量的微分方程

如果一个一阶微分方程能化为
$$g(y)\mathrm{d}y = f(x)\mathrm{d}x \tag{6-2-2}$$

的形式,则原方程(6-2-1)就称为可分离变量的微分方程.

对一个可分离变量的微分方程(6-2-1),可通过"分离变量"得方程(6-2-2),然后对方程(6-2-2)"两边积分"$\int g(y)\mathrm{d}y=\int f(x)\mathrm{d}x$ 得方程(6-2-1)的通解

$$G(y)=F(x)+C,\tag{6-2-3}$$

其中 $G(y),F(x)$ 分别是 $g(y),f(x)$ 的一个原函数.

例 1　求微分方程 $y'=2xy$ 的通解.

解　将方程分离变量,得

$$\frac{1}{y}\mathrm{d}y=2x\mathrm{d}x,$$

两边积分

$$\int \frac{1}{y}\mathrm{d}y=\int 2x\mathrm{d}x,$$

得

$$\ln|y|=x^2+C_1,$$

即

$$y=\pm \mathrm{e}^{C_1}\mathrm{e}^{x^2}.$$

$\pm \mathrm{e}^{C_1}$ 仍是任意常数,把它记为 C,于是原方程的通解为

$$y=C\mathrm{e}^{x^2}.$$

例 2　求微分方程 $y'=\ln x+y^2\ln x$ 的通解.

解　将原方程分离变量得

$$\frac{\mathrm{d}y}{1+y^2}=\ln x\mathrm{d}x,$$

两边积分得

$$\arctan y=x\ln x-x+C,$$

即通解为

$$y=\tan(x\ln x-x+C).$$

例 3　求微分方程 $(1+\mathrm{e}^x)yy'=\mathrm{e}^x$ 满足初始条件 $y\big|_{x=0}=1$ 的特解.

解　将方程变形后分离变量得

$$y\mathrm{d}y=\frac{\mathrm{e}^x}{1+\mathrm{e}^x}\mathrm{d}x,$$

两边积分得原方程的通解为

$$\frac{1}{2}y^2=\ln(1+\mathrm{e}^x)+C.$$

再由初始条件 $y\big|_{x=0}=1$,得 $C=\frac{1}{2}-\ln 2$,从而所求方程的特解为

$$y^2=2\ln(1+\mathrm{e}^x)+1-2\ln 2.$$

有些微分方程虽然不是可分离变量的微分方程,但通过适当的变换,引进一个新的变量,即可化为可分离变量的微分方程.例如,形如

$$\frac{\mathrm{d}y}{\mathrm{d}x}=f\left(\frac{y}{x}\right)\tag{6-2-4}$$

的微分方程,称为**齐次方程**.对它可作变换 $u=\frac{y}{x}$,即 $y=ux,\frac{\mathrm{d}y}{\mathrm{d}x}=u+x\frac{\mathrm{d}u}{\mathrm{d}x}$.将此代入方程(6-2-4)得可分离变量的微分方程

$$u + x \frac{\mathrm{d}u}{\mathrm{d}x} = f(u),$$

分离变量得

$$\frac{\mathrm{d}u}{f(u) - u} = \frac{1}{x}\mathrm{d}x,$$

两边积分后再由 $u = \dfrac{y}{x}$ 反代回来,即得方程(6-2-4)的通解.

例 4　求微分方程 $y^2 + x^2 \dfrac{\mathrm{d}y}{\mathrm{d}x} = xy \dfrac{\mathrm{d}y}{\mathrm{d}x}$ 的通解.

解　原方程可写为

$$\frac{\mathrm{d}y}{\mathrm{d}x} = \frac{y^2}{xy - x^2} \quad \text{或} \quad \frac{\mathrm{d}y}{\mathrm{d}x} = \frac{\left(\dfrac{y}{x}\right)^2}{\dfrac{y}{x} - 1},$$

即原方程变为齐次方程.令 $u = \dfrac{y}{x}$,则

$$y = xu, \quad \frac{\mathrm{d}y}{\mathrm{d}x} = u + x \frac{\mathrm{d}u}{\mathrm{d}x},$$

将其代入齐次方程得

$$u + x \frac{\mathrm{d}u}{\mathrm{d}x} = \frac{u^2}{u - 1},$$

分离变量得

$$\left(1 - \frac{1}{u}\right)\mathrm{d}u = \frac{1}{x}\mathrm{d}x,$$

两边积分,得

$$u - \ln|u| = \ln|x| + C_1,$$

即

$$\ln|xu| = u - C_1,$$

将 $u = \dfrac{y}{x}$ 代回,得

$$\ln|y| = \frac{y}{x} - C_1,$$

从而

$$y = C\mathrm{e}^{\frac{y}{x}} \quad (C = \pm \mathrm{e}^{-C_1}).$$

在求解微分方程的过程中,经常用到变量代换的方法,下面再看一个例子.

例 5　求解微分方程 $\dfrac{\mathrm{d}y}{\mathrm{d}x} = \dfrac{1}{x + y}$.

解　令 $u = x + y$,则 $y = u - x$,$\dfrac{\mathrm{d}y}{\mathrm{d}x} = \dfrac{\mathrm{d}u}{\mathrm{d}x} - 1$.于是,原方程化为

$$\frac{\mathrm{d}u}{\mathrm{d}x} - 1 = \frac{1}{u} \quad \text{或} \quad \frac{\mathrm{d}u}{\mathrm{d}x} = \frac{u + 1}{u},$$

分离变量得

$$\frac{u}{u + 1}\mathrm{d}u = \mathrm{d}x,$$

两边积分得

$$u - \ln|u + 1| = x + C_1,$$

将 $u = x + y$ 代回,得

$$y - \ln|x + y + 1| = C_1$$

或

$$x = Ce^y - y - 1 \quad (C = \pm e^{-C_1}).$$

6.2.2 一阶线性微分方程

形如

$$\frac{dy}{dx} + P(x)y = Q(x) \tag{6-2-5}$$

的方程叫做一阶线性微分方程.其中 $P(x)$,$Q(x)$ 为已知函数.

当 $Q(x) \equiv 0$ 时,方程(6-2-5)变为

$$\frac{dy}{dx} + P(x)y = 0, \tag{6-2-6}$$

称方程(6-2-6)是**齐次的**,也称方程(6-2-6)是对应于方程(6-2-5)的齐次方程;当 $Q(x) \not\equiv 0$ 时,方程(6-2-5)称为是**非齐次的**.

显然,一阶线性齐次方程(6-2-6)是可分离变量的微分方程,分离变量得

$$\frac{dy}{y} = -P(x)dx,$$

两边积分得

$$\ln|y| = -\int P(x)dx + C_1$$

或

$$y = Ce^{-\int P(x)dx} \quad (C = \pm e^{C_1}) \tag{6-2-7}$$

这就是对应于方程(6-2-5)的齐次线性方程(6-2-6)的通解.

现在我们用所谓**常数变易法**来求非齐次方程(6-2-5)的通解.具体作法是:将齐次方程(6-2-6)的通解中任意常数 C 换成 x 的未知函数 $u(u = u(x))$.也就是作变换

$$y = ue^{-\int P(x)dx} \quad 或 \quad u = ye^{\int P(x)dx},$$

则

$$\frac{dy}{dx} = \frac{du}{dx}e^{-\int P(x)dx} - uP(x)e^{-\int P(x)dx},$$

将其代入方程(6-2-5)得

$$\frac{du}{dx}e^{-\int P(x)dx} - uP(x)e^{-\int P(x)dx} + P(x)ue^{-\int P(x)dx} - Q(x),$$

即

$$\frac{du}{dx} = Q(x)e^{\int P(x)dx},$$

两边积分,得

$$u = \int Q(x)e^{\int P(x)dx}dx + C,$$

从而有

$$y = e^{-\int P(x)dx}\left[\int Q(x)e^{\int P(x)dx}dx + C\right]. \tag{6-2-8}$$

这就是一阶线性非齐次微分方程(6-2-5)的通解.将式(6-2-8)写成两项之和,即

$$y = Ce^{-\int P(x)dx} + e^{-\int P(x)dx}\int Q(x)e^{\int P(x)dx}dx,$$

上式右边第一项是对应的齐次方程(6-2-6)的通解,第二项是非齐次线性方程(6-2-5)的一个特解(在通解(6-2-8)中取 $C = 0$ 时的特解).

由此可知，一阶线性非齐次微分方程的通解等于对应的齐次线性方程的通解与非齐次线性方程的一个特解之和.这也就是一阶线性非齐次微分方程通解的结构.

式(6-2-8)也可作为求一阶线性非齐次微分方程通解的公式使用.

例 6　求解微分方程 $\dfrac{\mathrm{d}y}{\mathrm{d}x}-\dfrac{2y}{x+1}=(x+1)^{\frac{5}{2}}$.

解　这是一阶线性非齐次方程，先求对应的齐次方程的通解.

由

$$\frac{\mathrm{d}y}{\mathrm{d}x}-\frac{2y}{x+1}=0$$

分离变量得

$$\frac{\mathrm{d}y}{y}=\frac{2}{x+1}\mathrm{d}x,$$

两边积分得

$$\ln|y|=2\ln|x+1|+C_1,$$

即

$$y=C(x+1)^2\quad(C=\pm\mathrm{e}^{C_1}).$$

再用常数变易法，将 C 换为未知函数 u，即令

$$y=u(x+1)^2,$$

则

$$y'=u'(x+1)^2+2(x+1)u,$$

将其代入原方程，有

$$(x+1)^2u'+2(x+1)u-\frac{2}{x+1}(x+1)^2u=(x+1)^{\frac{5}{2}},$$

即

$$u'=(x+1)^{\frac{1}{2}},$$

两边积分得

$$u=\frac{2}{3}(x+1)^{\frac{3}{2}}+C.$$

于是原方程的通解为

$$y=(x+1)^2\left[\frac{2}{3}(x+1)^{\frac{3}{2}}+C\right].$$

此题也可用式(6-2-8)直接求其通解.这时，$P(x)=-\dfrac{2}{x+1}$，$Q(x)=(x+1)^{\frac{5}{2}}$，于是原方程的通解为

$$
\begin{aligned}
y&=\mathrm{e}^{\int\frac{2}{x+1}\mathrm{d}x}\left[\int(x+1)^{\frac{5}{2}}\mathrm{e}^{\int\frac{-2}{x+1}\mathrm{d}x}\mathrm{d}x+C\right]\\
&=\mathrm{e}^{2\ln(x+1)}\left[\int(x+1)^{\frac{5}{2}}\mathrm{e}^{-2\ln(x+1)}\mathrm{d}x+C\right]\\
&=(x+1)^2\left[\int(x+1)^{\frac{5}{2}}\frac{1}{(x+1)^2}\mathrm{d}x+C\right]\\
&=(x+1)^2\left[\frac{2}{3}(x+1)^{\frac{3}{2}}+C\right].
\end{aligned}
$$

例 7　求微分方程 $(y^2-6x)y'+2y=0$ 满足初始条件 $y\big|_{x=2}=1$ 的特解.

解　此方程不是一个关于 y 和 y' 的一次方程,但将原方程变形为

$$\frac{\mathrm{d}x}{\mathrm{d}y}=\frac{6x-y^2}{2y} \quad 即 \quad \frac{\mathrm{d}x}{\mathrm{d}y}-\frac{3}{y}x=-\frac{y}{2},$$

视 x 为 y 的函数,则变形后的方程就是未知函数 $x=x(y)$ 及其导数 $\dfrac{\mathrm{d}x}{\mathrm{d}y}$ 的一阶线性非齐次方程.求对应的齐次方程

$$\frac{\mathrm{d}x}{\mathrm{d}y}-\frac{3}{y}x=0$$

的通解.分离变量,解得 $x=Cy^3$.

令 $x=uy^3$,于是

$$\frac{\mathrm{d}x}{\mathrm{d}y}=\frac{\mathrm{d}u}{\mathrm{d}y}y^3+3uy^2.$$

将上式代入方程 $\dfrac{\mathrm{d}x}{\mathrm{d}y}-\dfrac{3}{y}x=-\dfrac{y}{2}$,得

$$\frac{\mathrm{d}u}{\mathrm{d}y}y^3+3uy^2-\frac{3}{y}uy^3=-\frac{y}{2},$$

即

$$y^2\cdot\frac{\mathrm{d}u}{\mathrm{d}y}=-\frac{1}{2},$$

于是

$$u=\frac{1}{2y}+C.$$

从而原方程的通解为

$$x=\left(\frac{1}{2y}+C\right)y^3=\frac{1}{2}y^2+Cy^3.$$

由 $y\Big|_{x=2}=1$,得 $C=\dfrac{3}{2}$.因此,所求特解为

$$x=\frac{3}{2}y^3+\frac{1}{2}y^2.$$

习　题　6-2

1.求下列微分方程的通解:

(1) $xy'=y\ln y$;

(2) $3x^2+5x-5y'=0$;

(3) $y'=\dfrac{\sqrt{1-y^2}}{\sqrt{1-x^2}}$;

(4) $\dfrac{\mathrm{d}y}{\mathrm{d}x}=10^{x+y}$.

2.求下列微分方程满足所给初始条件的特解:

(1) $y'=\mathrm{e}^{2x-y}$, $y\Big|_{x=0}=0$;

(2) $y'\sin x=y\ln y$, $y\Big|_{x=\frac{\pi}{2}}=\mathrm{e}$;

(3) $x\,\mathrm{d}y+2y\,\mathrm{d}x=0$, $y\Big|_{x=2}=1$.

3.求下列齐次方程的通解:

(1) $xy'-y=\sqrt{y^2-x^2}$;

(2) $xy'=y(\ln y-\ln x)$;

(3) $(x^2+y^2)\mathrm{d}x=xy\,\mathrm{d}y$.

4.求下列微分方程的通解:

(1) $\dfrac{\mathrm{d}y}{\mathrm{d}x}+y=\mathrm{e}^{-x}$;

(2) $\dfrac{\mathrm{d}w}{\mathrm{d}t}+3w-2=0$;

(3)$y'+y\cos x=\mathrm{e}^{-\sin x}$;　　　　　　　　(4)$y'-\sin 2x+y\tan x=0$.

5.求下列微分方程满足所给初始条件的特解：

(1)$y'-\sec x=y\tan x$,　$y\Big|_{x=0}=0$;　　　　(2)$xy'+y=\sin x$,　$y\Big|_{x=\pi}=1$;

(3)$y'-5\mathrm{e}^{\cos x}+y\cot x=0$,　$y\Big|_{x=\frac{\pi}{2}}=-4$.

6.用适当的变量代换将下列方程化为可分离变量的方程,然后求出通解：

(1)$y'=(x+y)^2$;　　　　　　　　(2)$xy'+y=y\ln(xy)$.

7.求一曲线,该曲线通过原点,且它在点(x,y)处的切线斜率等于$2x+y$.

*§6.3　几种特殊的高阶微分方程

我们把二阶及二阶以上的微分方程称为高阶微分方程.下面介绍几种可降阶的高阶微分方程的求解方法.

6.3.1　$y^{(n)}=f(x)$型的微分方程

微分方程

$$y^{(n)}=f(x) \tag{6-3-1}$$

的右边是仅含有变量x的函数,因此对方程(6-3-1)两边积分一次,方程左边就降阶一次,连续n次积分就可得到方程(6-3-1)的通解.

例1　求微分方程$y'''=x+\mathrm{e}^{2x}$的通解.

解　对方程连续三次积分,得

$$y''=\frac{1}{2}x^2+\frac{1}{2}\mathrm{e}^{2x}+C$$

$$y'=\frac{1}{6}x^3+\frac{1}{4}\mathrm{e}^{2x}+Cx+C_2$$

$$y=\frac{1}{24}x^4+\frac{1}{8}\mathrm{e}^{2x}+C_1x^2+C_2x+C_3\quad\left(C_1=\frac{C}{2}\right).$$

6.3.2　$y''=f(x,y')$型的微分方程

方程

$$y''=f(x,y') \tag{6-3-2}$$

的右边不显含未知函数y,如果设$y'=p=p(x)$,那么$y''=\dfrac{\mathrm{d}p}{\mathrm{d}x}=p'$,从而方程(6-3-2)变为

$$p'=f(x,p), \tag{6-3-3}$$

这是一个关于变量x、p的一阶微分方程.设其通解为

$$p=\varphi(x,C_1),$$

即

$$y'=\varphi(x,C_1), \tag{6-3-4}$$

将(6-3-4)两边再积分,即得方程(6-3-2)的通解

$$y=\int\varphi(x,C_1)\mathrm{d}x+C_2.$$

例2　求微分方程$(1+x^2)y''=2xy'$的通解.

解　所给方程为$y''=f(x,y')$型方程.因此,设$y'=p$,则$y''=p'$,将此代入原方程并分离变量得

$$\frac{\mathrm{d}p}{p} = \frac{2x}{1+x^2}\mathrm{d}x,$$

两边积分,得

$$\ln|p| = \ln(1+x^2) + C,$$

即

$$p = C_1(1+x^2) \quad (C_1 = \pm \mathrm{e}^c),$$

从而

$$y' = C_1(1+x^2).$$

两边再积分就得原方程的通解

$$y = C_1\left(x + \frac{1}{3}x^3\right) + C_2.$$

6.3.3 　$y'' = f(y, y')$型的微分方程

方程

$$y'' = f(y, y') \tag{6-3-5}$$

中不显含自变量 x. 令 $y' = p$,并将 y 视为自变量,利用复合函数的求导法则将 y''化为对 y 的导数,即

$$y'' = \frac{\mathrm{d}p}{\mathrm{d}x} = \frac{\mathrm{d}p}{\mathrm{d}y}\frac{\mathrm{d}y}{\mathrm{d}x} = p\frac{\mathrm{d}p}{\mathrm{d}y},$$

从而方程(6-3-5)变为

$$p\frac{\mathrm{d}p}{\mathrm{d}y} = f(y, p).$$

这是一个关于变量 y、p 的一阶微分方程. 设它的通解为 $p = \varphi(y, C_1)$即 $y' = \varphi(y, C_1)$,将它分离变量并积分,就得方程(6-3-5)的通解为

$$\int \frac{\mathrm{d}y}{\varphi(y, C_1)} = x + C_2.$$

例3　求微分方程 $2yy'' = 1 + y'^2$ 满足初始条件 $y\Big|_{x=0} = 1, y'\Big|_{x=0} = 1$ 的特解.

解　方程中不显含变量 x. 令 $y' = p$,则 $y'' = p\dfrac{\mathrm{d}p}{\mathrm{d}y}$,将其代入原方程并分离变量,得

$$\frac{2p}{1+p^2}\mathrm{d}p = \frac{1}{y}\mathrm{d}y,$$

两边积分,得

$$\ln(1+p^2) = \ln|y| + C,$$

即

$$1 + p^2 = C_1 y \quad (C_1 = \pm \mathrm{e}^c).$$

将初始条件 $y\Big|_{x=0} = 1, y'\Big|_{x=0} = 1$ 及 $p\Big|_{y=1} = 1$ 代入上式,得 $C_1 = 2$,即

$$p^2 = 2y - 1, \quad p = \pm\sqrt{2y-1}.$$

由于要求的是满足初始条件 $y'\Big|_{x=0} = 1$ 的解,所以取正的一支,即 $y' = \sqrt{2y-1}$.

分离变量并两边积分,得

$$\sqrt{2y-1} = x + C_2.$$

将 $y\Big|_{x=0}=1$ 代入，解得 $C_2=1$，从而所求方程的特解为

$$\sqrt{2y-1}=x+1.$$

习 题 6-3

1. 求下列微分方程的通解：

(1) $y''=x+\sin x$；　　　　　　(2) $y'''=x\mathrm{e}^x$；

(3) $y''=y'+x$；　　　　　　　(4) $xy''+y'=0$；

(5) $y^3y''=1$；　　　　　　　　(6) $y''=(y')^3+y'$.

2. 求下列各微分方程满足所给初始条件的特解：

(1) $y'''=\mathrm{e}^{ax}$，$y\Big|_{x=1}=y'\Big|_{x=1}=y''\Big|_{x=1}=0$；

(2) $y''-ay'^2=0$，$y\Big|_{x=0}=0$，$y'\Big|_{x=0}=-1$；

(3) $(1-x^2)y''-xy'=0$，$y\Big|_{x=0}=0$，$y'\Big|_{x=0}=1$；

(4) $y''=3\sqrt{y}$，$y\Big|_{x=0}=1$，$y'\Big|_{x=0}=2$.

3. 求下列微分方程的通解：

(1) $y''=\ln x$；　　　　　　(2) $y''+y'\tan x=\sin 2x$；

(3) $y''(1+\mathrm{e}^x)+y'=0$；　　(4) $2yy''+(y')^2=0$.

4. 试求 $y''=x$ 的经过点 $M(0,1)$ 且在该点与直线 $y=\dfrac{1}{2}x+1$ 相切的积分曲线.

*§6.4　二阶线性微分方程

方程

$$y''+p(x)y'+q(x)y=f(x) \tag{6-4-1}$$

称为二阶线性微分方程，其中 $p(x),q(x)$ 及 $f(x)$ 为已知函数. 如果 $f(x)\equiv 0$，方程(6-4-1)
变为

$$y''+p(x)y'+q(x)y=0, \tag{6-4-2}$$

称为是齐次的；如果 $f(x)\not\equiv 0$，则称方程(6-4-1)为非齐次的. 当方程(6-4-1)为非齐次方程
时，方程(6-4-2)称为它所对应的齐次方程.

6.4.1　二阶线性微分方程解的结构

定理 6.4.1　（齐次线性微分方程解的结构）　设 y_1,y_2 是二阶齐次线性微分方
程(6-4-2)的两个解，那么

$$y=C_1y_1+C_2y_2 \quad (C_1,C_2\text{ 是任意常数}) \tag{6-4-3}$$

也是方程(6-4-2)的解. 如果 $y_1/y_2\not\equiv k(k$ 为一常数)，则

$$y=C_1y_1+C_2y_2 \quad (C_1,C_2\text{ 为任意常数})$$

是方程(6-4-2)的通解.

证　将 $y=C_1y+C_2y_2$ 代入方程(6-4-2)的左边得

$$C_1 y''_1 + C_2 y''_2 + p(x)(C_1 y'_1 + C_2 y'_2) + q(x)(C_1 y_1 + C_2 y_2)$$
$$= C_1(y''_1 + p(x)y'_1 + q(x)y_1) + C_2(y''_2 + p(x)y'_2 + q(x)y_2)$$
$$= C_1 \cdot 0 + C_2 \cdot 0 = 0,$$

即 $y = C_1 y_1 + C_2 y_2$ 是方程(6-4-2)的解.

又 $y_1/y_2 \neq$ 常数,即 $y = C_1 y_1 + C_2 y_2$ 中含有两个相互独立的任意常数,所以,它就是方程(6-4-2)的通解.

定理 6.4.2(非齐次线性方程解的结构) 设 y^* 是二阶非齐次线性微分方程(6-4-1)的一个特解,$Y = C_1 y_1 + C_2 y_2$ 是方程(6-4-1)所对应的齐次方程(6-4-2)的通解,则

$$y = Y + y^* \tag{6-4-4}$$

是方程(6-4-1)的通解.

证 将 $y = Y + y^*$ 代入方程(6-4-1),左边为

$$(Y'' + y^{*''}) + p(x)(Y' + y^{*'}) + q(x)(Y + y^*)$$
$$= (Y'' + p(x)Y' + q(x)Y) + (y^{*''} + p(x)y^{*'} + q(x)y^*),$$

因为 Y 是方程(6-4-2)的通解,y^* 是方程(6-4-1)的特解,因此有 $Y'' + p(x)Y' + q(x)Y = 0$ 和 $y^{*''} + p(x)y^{*'} + q(x)y^* = f(x)$,从而

$$y'' + p(x)y' + q(x)y = f(x).$$

这说明 $y = Y + y^*$ 是方程(6-4-1)的解,又由于 Y 是(6-4-2)的通解,因此 Y 中含有两个独立的任意常数,于是 $y = Y + y^*$ 中也含有两个独立的任意常数,从而它就是方程(6-4-1)的通解.

由定理 6.4.2 知,求二阶线性非齐次方程的通解的关键在于求它的一个特解.

定理 6.4.3 设非齐次线性微分方程(6-4-1)的右边是两个函数之和,即

$$y'' + p(x)y' + q(x)y = f_1(x) + f_2(x), \tag{6-4-5}$$

且 y_1^* 和 y_2^* 分别是方程

$$y'' + p(x)y' + q(x)y = f_1(x) \quad \text{和} \quad y'' + p(x)y' + q(x)y = f_2(x)$$

的特解,则 $y_1^* + y_2^*$ 是方程(6-4-5)的特解.

6.4.2 二阶常系数齐次线性微分方程的解法

设 p, q 为常数,方程

$$y'' + py' + qy = f(x) \tag{6-4-6}$$

称为二阶常系数线性微分方程. 如果 $f(x) \equiv 0$,则方程

$$y'' + py' + qy = 0 \tag{6-4-7}$$

称为二阶常系数齐次线性微分方程. 如果 $f(x) \neq 0$,则方程(6-4-6)称为二阶常系数非齐次线性微分方程.

由定理 6.4.1 可知,求齐次方程(6-4-7)的通解,只需求出它的两个之比不为常数的解即可.

我们知道,指数函数 $y = e^{rx}$ 和它的各阶导数都只相差一个常数因子,因此,我们猜想方程(6-4-7)具有 $y = e^{rx}$ 形式的解,其中 r 为待定常数. 将 $y' = re^{rx}$,$y'' = r^2 e^{rx}$ 及 $y = e^{rx}$ 代入方程 $y'' + py' + qy = 0$,得

$$e^{rx}(r^2 + pr + q) = 0,$$

因为 $e^{rx} \neq 0$,所以,只要 r 满足方程

$$r^2 + pr + q = 0, \tag{6-4-8}$$

即当 r 是一元二次方程(6-4-8)的解时,$y=e^{rx}$ 就是齐次线性微分方程(6-4-7)的解.因此,齐次方程(6-4-7)的求解问题就转化为求代数方程(6-4-8)的根的问题.

方程 $r^2+pr+q=0$ 称为微分方程 $y''+py'+qy=0$ 的特征方程,特征方程的根称为特征根.

由于特征方程 $r^2+pr+q=0$ 是一个二次方程,其根有三种情况,分别讨论如下.

(1)特征方程(6-4-8)有两个不相等的实根 r_1 和 r_2,此时,方程(6-4-7)有两个特解 $y_1=e^{r_1x}$ 和 $y_2=e^{r_2x}$,且 $y_1/y_2=e^{(r_1-r_2)x}\neq$ 常数,因此,方程(6-4-7)的通解为
$$y=C_1e^{r_1x}+C_2e^{r_2x}.$$

(2)特征方程(6-4-8)有两个相等的实根 $r_1=r_2=r=-\dfrac{p}{2}$,这时只得到方程(6-4-7)的一个特解 $y_1=e^{rx}$,因此,还需要找一个解 y_2,且满足 $y_1/y_2\neq$ 常数.不妨设 $y_2=u(x)y_1$(即 $y_2/y_1=u(x)$ 不为常数),$u(x)$ 为待定函数,于是
$$y'_2=[u(x)y_1]'=[u(x)e^{rx}]'=e^{rx}[u'(x)+ru(x)],$$
$$y''_2=e^{rx}[u''(x)+2ru'(x)+r^2u(x)],$$
将 y_2,y_2' 及 y_2'' 代入方程(6-4-7)得
$$e^{rx}[u''(x)+(2r+p)u'(x)+(r^2+pr+q)u(x)]=0.$$
因为 $r=-\dfrac{p}{2}$ 是特征方程的重根,所以 $r^2+pr+q=0,2r+p=0$,又 $e^{rx}\neq0$,从而 $u''(x)=0$.这时 $y_2=u(x)e^{rx}$ 就是方程的解.为了简单起见,不妨取 $u(x)=x(u''(x)=0)$,就可得到方程的另一解 $y_2=xe^{rx}$.于是方程(6-4-7)的通解为
$$y=C_1e^{rx}+C_2xe^{rx}=(C_1+C_2x)e^{rx}.$$

(3)特征方程(6-4-8)有一对共轭复根 $r_1=\alpha+i\beta$ 和 $r_2=\alpha-i\beta$(这时 $p^2-4q<0$)时,方程(6-4-7)有两个复数特解 $y_1=e^{(\alpha+\beta i)x}$ 与 $y_2=e^{(\alpha-\beta i)x}$,且它们的比不为常数.为了便于在实数范围内讨论,由欧拉公式 $e^{ix}=\cos x+i\sin x$ 可得
$$y_1=e^{\alpha x}(\cos\beta x+i\sin\beta x),$$
$$y_2=e^{\alpha x}(\cos\beta x-i\sin\beta x),$$
于是有
$$\frac{1}{2}(y_1+y_2)=e^{\alpha x}\cos\beta x,\quad\frac{1}{2i}(y_1-y_2)=e^{\alpha x}\sin\beta x.$$

由定理 6.4.1 知,$e^{\alpha x}\cos\beta x$ 与 $e^{\alpha x}\sin\beta x$ 均为方程(6-4-7)的解,且它们的比 $e^{\alpha x}\cos\beta x/e^{\alpha x}\sin\beta x=\cot\beta x\neq$ 常数,从而方程(6-4-7)的通解为
$$y=e^{\alpha x}(C_1\cos\beta x+C_2\sin\beta x).$$

综上所述,求二阶常系数齐次线性微分方程
$$y''+py'+qy=0$$
的通解的步骤如下:

第一步,写出对应的特征方程;

第二步,求出特征根;

第三步,由特征根的不同情况写出其通解,具体如表 6-4-1 所示.

表 6-4-1

特征方程 $r^2+pr+q=0$ 两根 r_1,r_2	微分方程 $y''+py'+qy=0$ 的通解
两个不相等的实根 r_1,r_2	$y=C_1e^{r_1x}+C_2e^{r_2x}$
两个相等的实根 $r_1=r_2=r$	$y=(C_1+C_2x)e^{rx}$
一对共轭复根 $r_{1,2}=\alpha\pm i\beta$	$y=e^{\alpha x}(C_1\cos\beta x+C_2\sin\beta x)$

例 1　求微分方程 $y''+2y'-3y=0$ 的通解.

解　首先求得特征方程 $r^2+2r-3=0$ 的两根为 $r_1=-3,r_2=1$,从而微分方程的通解为

$$y=C_1\mathrm{e}^{-3x}+C_2\mathrm{e}^x.$$

例 2　求微分方程 $y''+4y'+4y=0$ 的通解.

解　微分方程的特征方程 $r^2+4r+4=0$ 有重根 $r=-2$,所以其通解为
$$y=(C_1+C_2x)\mathrm{e}^{-2x}.$$

例 3　求微分方程 $y''-4y'+13y=0$ 的通解.

解　由 $r^2-4r+13=0$ 得特征方程的一对共轭复根 $r_{1,2}=2\pm3\mathrm{i}$,从而所求微分方程的通解为

$$y=\mathrm{e}^{2x}(C_1\cos3x+C_2\sin3x).$$

6.4.3　二阶常系数非齐次线性微分方程的解法

现在再讨论二阶常系数非齐次线性方程(6-4-6)即 $y''+py'+qy=f(x)$ 的通解.

由定理 6.4.2 知,求二阶常系数非齐次线性方程的通解,可归结为求其对应的齐次方程的通解 Y 和非齐次方程的一个特解 y^*,最后就得到非齐次方程的通解 $y=Y+y^*$.

求对应的齐次方程的通解已经解决,下面讨论求非齐次方程(6-4-6) $y''+py'+qy=f(x)$ 的一个特解 y^*,分两种情况.

1. $f(x)=P_m(x)e^{\lambda x}$ 型

若方程(6-4-6)中 $f(x)=P_m(x)\mathrm{e}^{\lambda x}$,其中 λ 是常数,$P_m(x)$ 是 x 的 m 次多项式,即方程(6-4-6)为

$$y''+py'+qy=P_m(x)\mathrm{e}^{\lambda x}. \tag{6-4-9}$$

由于方程(6-4-9)右边是一个 m 次多项式与指数函数的乘积,根据多项式与指数函数求导的特征,不妨设方程(6-4-9)的一个特解为

$$y^*=Q(x)\mathrm{e}^{\lambda x},$$

$Q(x)$ 为待定的多项式函数. 于是

$$y^{*\prime}=Q'(x)\mathrm{e}^{\lambda x}+\lambda Q(x)\mathrm{e}^{\lambda x},$$
$$y^{*\prime\prime}=Q''(x)\mathrm{e}^{\lambda x}+2\lambda Q'(x)\mathrm{e}^{\lambda x}+\lambda^2Q(x)\mathrm{e}^{\lambda x},$$

将 $y^*,y^{*\prime}$ 及 $y^{*\prime\prime}$ 代入方程(6-4-9)并约去 $\mathrm{e}^{\lambda x}$,得

$$Q''(x)+(2\lambda+p)Q'(x)+(\lambda^2+p\lambda+q)Q(x)=P_m(x).$$

(1)若 λ 不是特征方程 $r^2+pr+q=0$ 的根,即 $\lambda^2+p\lambda+q\neq0$,这时,$Q(x)$ 应是一个与 $P_m(x)$ 同次的多项式,即也为 m 次多项式;

(2)若 λ 是特征方程 $r^2+pr+q=0$ 的单根,即 $\lambda^2+p\lambda+q=0$ 但 $2\lambda+p\neq0$,这时,$Q'(x)$ 是一个 m 次多项式,$Q(x)$ 应是一个 $(m+1)$ 次多项式;

(3)若 λ 是特征方程 $r^2+pr+q=0$ 的重根,即 $\lambda^2+p\lambda+q=0$ 且 $2\lambda+p=0$,这时,$Q''(x)$ 是一个 m 次多项式,而 $Q(x)$ 就是一个 $(m+2)$ 次多项式.

根据以上讨论,非齐次方程(6-4-9)有特解

$$y^*=x^kQ(x)\mathrm{e}^{\lambda x},$$

其中 $Q(x)$ 是与 $P_m(x)$ 次数相同的多项式. k 的取值由以下三种情况决定:

$$k=\begin{cases}0, & \lambda \text{ 不是特征方程的根,}\\ 1, & \lambda \text{ 是特征方程的单根,}\\ 2, & \lambda \text{ 是特征方程的重根.}\end{cases}$$

例 4　求微分方程 $y''+4y'+3y=x-2$ 的一个特解.

解　方程非齐次项 $x-2=(x-2)e^{0x}$ 属 $P_m(x)e^{\lambda x}$ 型 $(m=1,\lambda=0)$. 特征方程为 $\lambda^2+4\lambda+3=0$,由于 $\lambda=0$ 不是特征根,所以原方程的特解可设为 $y^*=Q_1(x)e^{0x}=ax+b$,将其代入原方程有

$$4a+3(ax+b)=x-2 \quad \text{或} \quad 3ax+4a+3b=x-2,$$

比较系数得

$$\begin{cases}3a=1,\\ 4a+3b=-2,\end{cases}$$

解得 $a=\dfrac{1}{3}$, $b=-\dfrac{10}{9}$. 于是所求方程的特解为

$$y^*=\frac{1}{3}x-\frac{10}{9}.$$

例 5　求微分方程 $y''-5y'+6y=xe^{2x}$ 的通解.

解　先求对应的齐次方程的通解 $y=Y$. 由齐次方程的特征方程 $r^2-5r+6=0$ 得 $r_1=2$, $r_2=3$,于是对应齐次方程的通解为

$$Y=C_1e^{2x}+C_2e^{3x}.$$

再求非齐次方程的一个特解. 因为非齐次方程右边 $f(x)=xe^{2x}$ 属 $P_m(x)e^{\lambda x}$ 型,且 $m=1,\lambda=2$,即 λ 为特征方程的单根,因此应设方程的特解为

$$y^*=x(ax+b)e^{2x}.$$

求导得

$$y^{*\prime}=[2ax^2+2(a+b)x+b]e^{2x},$$
$$y^{*\prime\prime}=[4ax^2+4(2a+b)x+2a+4b]e^{2x},$$

将此代入原方程并约去 e^{2x},得

$$-2ax+2a-b=x.$$

比较系数,得

$$\begin{cases}-2a=1,\\ 2a-b=0,\end{cases}$$

即 $a=-\dfrac{1}{2}$, $b=-1$. 所以特解为

$$y^*=-x\left(\frac{1}{2}x+1\right)e^{2x}.$$

从而所求方程的通解为

$$y=C_1e^{2x}+C_2e^{3x}-x\left(\frac{1}{2}x+1\right)e^{2x}$$

或

$$y=\left(C_1-x-\frac{1}{2}x^2\right)e^{2x}+C_2e^{3x}.$$

2. $f(x)=e^{\lambda x}[P_l(x)\cos\omega x+P_n(x)\sin\omega x]$ 型

如果非齐次方程(6-4-6)的右边 $f(x)=e^{\lambda x}[P_l(x)\cos\omega x+P_n(x)\sin\omega x]$,其中 $P_l(x)$

与 $P_n(x)$ 分别为 x 的 l 次和 n 次多项式，λ,ω 为常数，则可以证明，非齐次方程
$$y''+py'+qy=\mathrm{e}^{\lambda x}\left[P_l(x)\cos\omega x+P_n(x)\sin\omega x\right]$$
具有形如
$$y^*=x^k\mathrm{e}^{\lambda x}\left[Q_m(x)\cos\omega x+R_m(x)\sin\omega x\right]$$
的特解，其中 $Q_m(x),R_m(x)$ 是 m 次多项式，$m=\max\{l,n\}$，而 k 按 $\lambda+\mathrm{i}\omega$ 不是特征方程的根或是特征方程的单根依次取 0 或 1.

例 6　求微分方程 $y''+y=x\cos 2x$ 的一个特解.

解　这里 $f(x)=x\cos 2x$ 属 $\mathrm{e}^{\lambda x}\left[P_l(x)\cos\omega x+P_n(x)\sin\omega x\right]$ 型，其中 $\lambda=0,\omega=2,l=1,n=0$.

因为 $\lambda+\mathrm{i}\omega=2\mathrm{i}$ 不是特征方程 $r^2+1=0$ 的根，所以应取 $k=0$；而 $m=\max\{1,0\}=1$. 于是原方程的特解可设为
$$y^*=(a_0x+a_1)\cos 2x+(b_0x+b_1)\sin 2x.$$
求导
$$y^{*\prime}=(2b_0x+a_0+2b_1)\cos 2x+(-2a_0x+b_0-2a_1)\sin 2x,$$
$$y^{*\prime\prime}=4(-a_0x+b_0-a_1)\cos 2x-4(b_0x+a_0+b_1)\sin 2x,$$
将其代入原方程，得
$$(-3a_0x+4b_0-3a_1)\cos 2x-(3b_0x+4a_0+3b_1)\sin 2x=x\cos 2x.$$
比较同类项系数，得
$$\begin{cases}-3a_0=1,\\ 4b_0-3a_1=0,\\ -3b_0=0,\\ -4a_0-3b_1=0,\end{cases}$$
于是有 $a_0=-\dfrac{1}{3},a_1=0,b_0=0,b_1=\dfrac{4}{9}$. 从而可得原方程的一个特解为
$$y^*=-\frac{1}{3}x\cos 2x+\frac{4}{9}\sin 2x.$$

例 7　求微分方程 $y''+3y'+2y=\mathrm{e}^{-x}\cos x+x$ 的通解.

解　先求对应的齐次方程的通解 Y.

由于特征方程 $r^2+3r+2=0$ 的特征根为 $r_1=-1,r_2=-2$，所以，齐次方程的通解为
$$Y=C_1\mathrm{e}^{-x}+C_2\mathrm{e}^{-2x}.$$
又可以求得方程 $y''+3y'+2y=\mathrm{e}^{-x}\cos x$ 和 $y''+3y'+2y=x$ 的特解分别为
$$y_1^*=\frac{1}{2}\mathrm{e}^{-x}(\sin x-\cos x)\quad\text{和}\quad y_2^*=\frac{1}{2}x-\frac{3}{4},$$
再由定理 6.4.3 知
$$y^*=y_1^*+y_2^*=\frac{1}{2}\mathrm{e}^{-x}(\sin x-\cos x)+\frac{1}{2}x-\frac{3}{4}$$
为方程 $y''+3y'+2y=\mathrm{e}^{-x}\cos x+x$ 的一个特解，从而原方程的通解为 $y=Y+y^*$，即
$$y=C_1\mathrm{e}^{-x}+C_2\mathrm{e}^{-2x}+\frac{1}{2}\mathrm{e}^{-x}(\sin x-\cos x)+\frac{x}{2}-\frac{3}{4}.$$

习　　题　6-4

1. 求下列微分方程的通解：

(1) $y''+y'-2y=0$；　　　　　　　　　　(2) $y''-4y'=0$；

$(3)y''+6y'+13y=0$；　　　　　　　$(4)y''+y=0$；

$(5)4y''-20y'+25y=0$；　　　　　　$(6)y''+2y'+y=0$．

2．求下列各微分方程的通解：

$(1)2y''+y'-y=2e^x$；　　　　　　　$(2)y''+a^2y=e^x$；

$(3)2y''+5y'=5x^2-2x-1$；　　　　　$(4)y''+3y'+2y=3xe^{-x}$；

$(5)y''+3y'+2y=e^{-x}\cos x$；　　　　$(6)y''+4y=x\cos x$．

3．求下列微分方程满足所给初始条件的特解：

$(1)y''-4y'+3y=0,y\big|_{x=0}=6,y'\big|_{x=0}=10$；

$(2)4y''+4y'+y=0,y\big|_{x=0}=2,y'\big|_{x=0}=0$；

$(3)y''+4y'+29y=0,y\big|_{x=0}=0,y'\big|_{x=0}=15$；

$(4)y''-3y'+2y=5,y\big|_{x=0}=1,y'\big|_{x=0}=2$；

$(5)y''-10y'+9y=e^{2x},y\big|_{x=0}=\dfrac{6}{7},y'\big|_{x=0}=\dfrac{33}{7}$．

4．求下列微分方程的通解：

$(1)y^{(4)}=y$；　　　　　　　　　　　$(2)y^{(4)}-2y'''+y''=0$．

5．求下列微分方程满足初始条件的特解：

$(1)y''+25y=0,y\big|_{x=0}=2,y'\big|_{x=0}=5$；

$(2)y''-4y'+13y=0,y\big|_{x=0}=0,y'\big|_{x=0}=3$．

本 章 小 结

　　本章主要介绍了微分方程及其有关概念、一阶微分方程的分离变量法、一阶线性微分方程的解决、二阶常系数线性微分方程的解法以及几种可降阶的高阶微分方程的解法．

1．微分方程及有关概念

　　常微分方程：凡表示未知函数、未知函数的导数或微分之间的关系的方程叫做常微分方程，简称微分方程．

　　相关概念包括微分方程的阶，微分方程的解、通解、特解，以及微分方程的初始条件等．

2．一阶微分方程

1）求可分离变量微分方程的通解

先分离变量，再积分．

2）求齐次方程的通解

在 $f(x,y)=\varphi\left(\dfrac{y}{x}\right)$ 中引入变量 $u=\dfrac{y}{x}$，将其转化为可分离变量的微分方程．

3）求一阶线性微分方程的通解

先求对应线性齐次方程的通解，再利用常数变易法求出原方程的通解．

3．可降阶微分方程的解

1）$y^{(n)}=f(x)$ 型的微分方程

连续积分 n 次，得到方程的含有 n 个任意常数的通解．

2)$y''=f(x,y')$型的微分方程

作变量替换$y'=p$,则方程$y''=p'$可化为$p'=f(x,p)$,解这个关于变量x,p的一阶微分方程,再进行积分,即求得原方程的通解.

3)$y''=f(y,y')$型的微分方程

作变量替换$y'=p$,利用复合函数求导法则,可将y''写成如下形式

$$y''=\frac{\mathrm{d}p}{\mathrm{d}x}=\frac{\mathrm{d}p}{\mathrm{d}y}\cdot\frac{\mathrm{d}y}{\mathrm{d}x}=p\frac{\mathrm{d}p}{\mathrm{d}y}.$$

方程可化成$p\dfrac{\mathrm{d}p}{\mathrm{d}y}=f(y,p)$,解这个关于变量$y,p$的一阶微分方程,然后再解一个可分离变量的微分方程,即求得原方程的通解.

4.二阶常系数线性微分方程

1)二阶常系数齐次线性微分方程

求解二阶常系数齐次线性微分方程分三步:

第一步,写出方程$y''+py'+qy=0$的特征方程$r^2+pr+q=0$;

第二步,求出特征方程的两个特征根r_1,r_2;

第三步,根据下表给出的三种特征根的不同情形,写出$y''+py'+qy=0$的通解.

特征方程的根	通解形式
两个不等实根 $r_1\neq r_2$	$y=C_1\mathrm{e}^{r_1x}+C_2\mathrm{e}^{r_2x}$
两个相等实根 $r_1=r_2=r$	$y=(C_1+C_2x)\mathrm{e}^{rx}$
一对共轭复根 $r=\alpha\pm\mathrm{i}\beta$	$y=(C_1\cos\beta x+C_2\sin\beta x)\mathrm{e}^{\alpha x}$

2)二阶常系数非齐次线性微分方程

求解二阶常系数非齐次线性微分方程分三步:

第一步,先求出非齐次线性微分方程$y''+py'+qy=f(x)$所对应的齐次线性微分方程$y''+py'+qy=0$的通解Y;

第二步,根据$f(x)$类型设出非齐次线性微分方程$y''+py'+qy=f(x)$的含待定常数的特解y^*,并将y^*代入非齐次线性微分方程$y''+py'+qy=f(x)$解出待定常数,进而确定非齐次方程$y''+py'+qy=f(x)$的一个特解y^*;

第三步,写出非齐次线性微分方程$y''+py'+qy=f(x)$的通解$y=Y+y^*$.

如果$f(x)=\mathrm{e}^{\lambda x}P_m(x)$,则方程$y''+p(x)y'+q(x)y=f(x)$的特解形式为

$$y_p=\mathrm{e}^{\lambda x}x^kQ_m(x),$$

其中$Q_m(x)$是与$P_m(x)$同次的多项式,而k的选取应满足条件

$$k=\begin{cases}0 & \lambda\text{ 不是特征根},\\ 1 & \lambda\text{ 是特征单根},\\ 2 & \lambda\text{ 是特征重根}.\end{cases}$$

如果$f(x)=\mathrm{e}^{\lambda x}[P_l(x)\cos\omega x+P_n(x)\sin\omega x]$,则方程$y''+p(x)y'+q(x)y=f(x)$的特解形式为

$$y^*=x^k\mathrm{e}^{\lambda x}[Q_m(x)\cos\omega x+R_m(x)\sin\omega x],$$

其中$Q_m(x),R_m(x)$是两个m次多项式,$m=\max\{l,n\}$,且

$$k=\begin{cases}0 & \lambda+\mathrm{i}\omega\text{ 不是特征根},\\ 1 & \lambda+\mathrm{i}\omega\text{ 是特征根}.\end{cases}$$

附录 A　几种常用的曲线

1. 三次抛物线

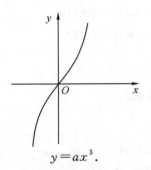

$$y = ax^3.$$

2. 半立方抛物线

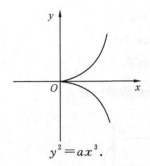

$$y^2 = ax^3.$$

3. 概率曲线

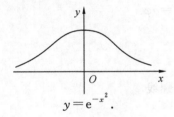

$$y = e^{-x^2}.$$

4. 箕舌线

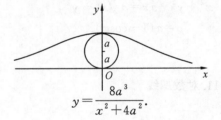

$$y = \frac{8a^3}{x^2 + 4a^2}.$$

5. 蔓叶线

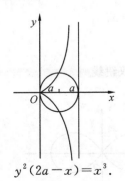

$$y^2(2a - x) = x^3.$$

6. 笛卡儿叶形线

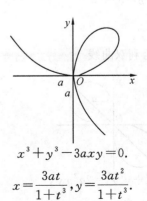

$$x^3 + y^3 - 3axy = 0.$$

$$x = \frac{3at}{1 + t^3},\ y = \frac{3at^2}{1 + t^3}.$$

7. 星形线（内摆线的一种）

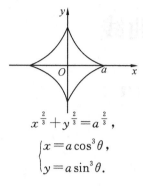

$$x^{\frac{2}{3}}+y^{\frac{2}{3}}=a^{\frac{2}{3}},$$
$$\begin{cases} x=a\cos^3\theta, \\ y=a\sin^3\theta. \end{cases}$$

8. 摆线

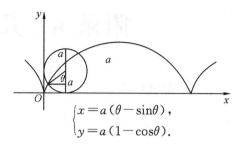

$$\begin{cases} x=a(\theta-\sin\theta), \\ y=a(1-\cos\theta). \end{cases}$$

9. 心形线（外摆线的一种）

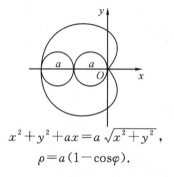

$$x^2+y^2+ax=a\sqrt{x^2+y^2},$$
$$\rho=a(1-\cos\varphi).$$

10. 阿基米德螺线

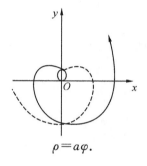

$$\rho=a\varphi.$$

11. 对数螺线

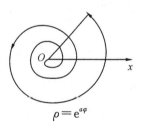

$$\rho=e^{a\varphi}$$

12. 双曲螺线

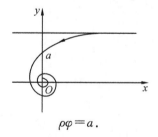

$$\rho\varphi=a.$$

13. 伯努利双曲线

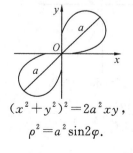

$$(x^2+y^2)^2=2a^2xy,$$
$$\rho^2=a^2\sin2\varphi.$$

14. 伯努利双纽线

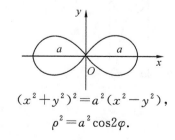

$$(x^2+y^2)^2=a^2(x^2-y^2),$$
$$\rho^2=a^2\cos2\varphi.$$

15. 三叶玫瑰线

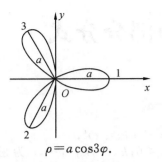

$$\rho = a\cos 3\varphi.$$

16. 三叶玫瑰线

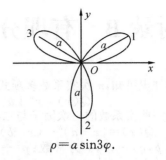

$$\rho = a\sin 3\varphi.$$

17. 四叶玫瑰线

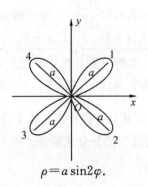

$$\rho = a\sin 2\varphi.$$

18. 四叶玫瑰线

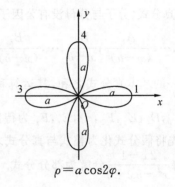

$$\rho = a\cos 2\varphi.$$

附录 B　有理分式分解为部分分式

由代数学知识可知，n 次实系数多项式
$$Q(x) = x^n + a_1 x^{n-1} + \cdots + a_{n-1} x + a_n$$
总可以分解为一些实系数的一次因子与二次因子的乘积，即
$$Q(x) = (x-a)^h \cdots (x-b)^k (x^2+px+q)^l \cdots (x^2+rx+s)^t,$$
其中 $a, \cdots, b, p, q, \cdots, r, s$ 为常数；$p^2-4q<0, \cdots, r^2-4s<0$；$h, \cdots, k, l, \cdots, t$ 为正整数，且 $h+\cdots+k+l+\cdots+t=n$.

若有理分式 $\dfrac{P(x)}{Q(x)} = \dfrac{x^m + b_1 x^{m-1} + \cdots + b_{m-1} x + b_m}{x^n + a_1 x^{n-1} + \cdots + a_{n-1} x + a_n}$ ($P(x)$ 与 $Q(x)$ 分别为 m 次和 n 次多项式) 为既约真分式 (分子与分母没有公因子，分子次数低于分母次数)，则 $\dfrac{P(x)}{Q(x)}$ 可唯一地分解成形如 $\dfrac{A_1}{x-a}, \cdots, \dfrac{A_h}{(x-a)^h}; \dfrac{B_1}{x-b}, \cdots, \dfrac{B_k}{(x-b)^k}; \dfrac{C_1 x+D_1}{x^2+px+q}, \cdots, \dfrac{C_l x+D_l}{(x^2+px+q)^l}; \dfrac{E_1 x+F_1}{x^2+rx+s}, \cdots,$ $\dfrac{E_t x+F_t}{(x^2+rx+s)^t}$ 的基本真分式之和，其运算称为部分分式展开，其中 $A_1, \cdots, A_h; B_1, \cdots, B_k;$ $C_1, D_1, \cdots, C_l, D_l; E_1, F_1, \cdots, E_t, F_t$ 为待定常数. 若 $\dfrac{P(x)}{Q(x)}$ 为假分式 (分子次数不低于分母次数)，则应先将假分式化为整式与真分式之和，然后再对真分式进行部分分式展开.

例 1　将 $\dfrac{2x-1}{x^2-5x+6}$ 分解为部分分式.

解　设
$$\frac{2x-1}{x^2-5x+6} = \frac{A}{x-3} + \frac{B}{x-2},$$
两边同乘以 $(x-3)(x-2)$，得
$$2x-1 = A(x-2) + B(x-3).$$
令 $x=2$，得 $B=-3$；令 $x=3$，得 $A=5$（x 取其他值的结果相同）. 所以
$$\frac{2x-1}{x^2-5x+6} = \frac{5}{x-3} - \frac{3}{x-2}.$$

例 2　将 $\dfrac{x^2+2x-1}{(x-1)(x^2-x+1)}$ 分解为部分分式.

解　设
$$\frac{x^2+2x-1}{(x-1)(x^2-x+1)} = \frac{A}{x-1} + \frac{Bx+C}{x^2-x+1},$$
两边同乘以 $(x-1)(x^2-x+1)$，得
$$x^2+2x-1 = A(x^2-x+1) + (Bx+C)(x-1).$$
令 $x=1$，得 $A=2$；令 $x=0$，得 $C=3$；令 $x=2$，得 $B=-1$. 所以
$$\frac{x^2+2x-1}{(x-1)(x^2-x+1)} = \frac{2}{x-1} - \frac{x-3}{x^2-x+1}.$$

例 3　将 $\dfrac{x^2+1}{x(x-1)^2}$ 分解为部分分式.

解　设
$$\frac{x^2+1}{x(x-1)^2} = \frac{A}{x} + \frac{B}{x-1} + \frac{C}{(x-1)^2},$$
两边同乘以 $x(x-1)^2$，得
$$x^2+1 = A(x-1)^2 + Bx(x-1) + Cx.$$
令 $x=0$，得 $A=1$；令 $x=1$，得 $C=2$；令 $x=2$，得 $B=0$. 所以
$$\frac{x^2+1}{x(x-1)^2} = \frac{1}{x} + \frac{2}{(x-1)^2}.$$

附录 C 积 分 表

(一)含有 $ax+b$ 的积分

1. $\displaystyle\int \frac{\mathrm{d}x}{ax+b}=\frac{1}{a}\ln|ax+b|+C$

2. $\displaystyle\int (ax+b)^{\mu}\,\mathrm{d}x=\frac{1}{a(\mu+1)}(ax+b)^{\mu+1}+C \quad (\mu\neq-1)$

3. $\displaystyle\int \frac{x}{ax+b}\,\mathrm{d}x=\frac{1}{a^2}(ax+b-b\ln|ax+b|)+C$

4. $\displaystyle\int \frac{x^2}{ax+b}\,\mathrm{d}x=\frac{1}{a^3}\left[\frac{1}{2}(ax+b)^2-2b(ax+b)+b^2\ln|ax+b|\right]+C$

5. $\displaystyle\int \frac{\mathrm{d}x}{x(ax+b)}=-\frac{1}{b}\ln\left|\frac{ax+b}{x}\right|+C$

6. $\displaystyle\int \frac{\mathrm{d}x}{x^2(ax+b)}=-\frac{1}{bx}+\frac{a}{b^2}\ln\left|\frac{ax+b}{x}\right|+C$

7. $\displaystyle\int \frac{x}{(ax+b)^2}\,\mathrm{d}x=\frac{1}{a^2}\left(\ln|ax+b|+\frac{b}{ax+b}\right)+C$

8. $\displaystyle\int \frac{x^2}{(ax+b)^2}\,\mathrm{d}x=\frac{1}{a^3}\left(ax+b-2b\ln|ax+b|-\frac{b^2}{ax+b}\right)+C$

9. $\displaystyle\int \frac{\mathrm{d}x}{x(ax+b)^2}=\frac{1}{b(ax+b)}-\frac{1}{b^2}\ln\left|\frac{ax+b}{x}\right|+C$

(二)含有 $\sqrt{ax+b}$ 的积分

10. $\displaystyle\int \sqrt{ax+b}\,\mathrm{d}x=\frac{2}{3a}\sqrt{(ax+b)^3}+C$

11. $\displaystyle\int x\sqrt{ax+b}\,\mathrm{d}x=\frac{2}{15a^2}(3ax-2b)\sqrt{(ax+b)^3}+C$

12. $\displaystyle\int x^2\sqrt{ax+b}\,\mathrm{d}x=\frac{2}{105a^3}(15a^2x^2-12abx+8b^2)\sqrt{(ax+b)^3}+C$

13. $\displaystyle\int \frac{x}{\sqrt{ax+b}}\,\mathrm{d}x=\frac{2}{3a^2}(ax-2b)\sqrt{ax+b}+C$

14. $\displaystyle\int \frac{x^2}{\sqrt{ax+b}}\,\mathrm{d}x=\frac{2}{15a^3}(3a^2x^2-4abx+8b^2)\sqrt{ax+b}+C$

15. $\displaystyle\int \frac{\mathrm{d}x}{x\sqrt{ax+b}}=\begin{cases}\dfrac{1}{\sqrt{b}}\ln\left|\dfrac{\sqrt{ax+b}-\sqrt{b}}{\sqrt{ax+b}+\sqrt{b}}\right|+C, & b>0, \\[4mm] \dfrac{2}{\sqrt{-b}}\arctan\sqrt{\dfrac{ax+b}{-b}}+C, & b<0\end{cases}$

16. $\displaystyle\int \frac{\mathrm{d}x}{x^2\sqrt{ax+b}}=-\frac{\sqrt{ax+b}}{bx}-\frac{a}{2b}\int \frac{\mathrm{d}x}{x\sqrt{ax+b}}$

17. $\displaystyle\int \frac{\sqrt{ax+b}}{x}\mathrm{d}x = 2\sqrt{ax+b} + b\int \frac{\mathrm{d}x}{x\sqrt{ax+b}}$

18. $\displaystyle\int \frac{\sqrt{ax+b}}{x^2}\mathrm{d}x = -\frac{\sqrt{ax+b}}{x} + \frac{a}{2}\int \frac{\mathrm{d}x}{x\sqrt{ax+b}}$

(三)含有 $x^2 \pm a^2$ 的积分

19. $\displaystyle\int \frac{\mathrm{d}x}{x^2+a^2} = \frac{1}{a}\arctan\frac{x}{a} + C$

20. $\displaystyle\int \frac{\mathrm{d}x}{(x^2+a^2)^n} = \frac{x}{2(n-1)a^2(x^2+a^2)^{n-1}} + \frac{2n-3}{2(n-1)a^2}\int \frac{\mathrm{d}x}{(x^2+a^2)^{n-1}}$

21. $\displaystyle\int \frac{\mathrm{d}x}{x^2-a^2} = \frac{1}{2a}\ln\left|\frac{x-a}{x+a}\right| + C$

(四)含有 $ax^2+b\,(a>0)$ 的积分

22. $\displaystyle\int \frac{\mathrm{d}x}{ax^2+b} = \begin{cases} \dfrac{1}{\sqrt{ab}}\arctan\sqrt{\dfrac{a}{b}}\,x + C, & b>0, \\[3mm] \dfrac{1}{2\sqrt{-ab}}\ln\left|\dfrac{\sqrt{a}\,x-\sqrt{-b}}{\sqrt{a}\,x+\sqrt{-b}}\right| + C, & b<0 \end{cases}$

23. $\displaystyle\int \frac{x}{ax^2+b}\mathrm{d}x = \frac{1}{2a}\ln|ax^2+b| + C$

24. $\displaystyle\int \frac{x^2}{ax^2+b}\mathrm{d}x = \frac{x}{a} - \frac{b}{a}\int \frac{\mathrm{d}x}{ax^2+b}$

25. $\displaystyle\int \frac{\mathrm{d}x}{x(ax^2+b)} = \frac{1}{2b}\ln\frac{x^2}{|ax^2+b|} + C$

26. $\displaystyle\int \frac{\mathrm{d}x}{x^2(ax^2+b)} = -\frac{1}{bx} - \frac{a}{b}\int \frac{\mathrm{d}x}{ax^2+b}$

27. $\displaystyle\int \frac{\mathrm{d}x}{x^3(ax^2+b)} = \frac{a}{2b^2}\ln\frac{|ax^2+b|}{x^2} - \frac{1}{2bx^2} + C$

28. $\displaystyle\int \frac{\mathrm{d}x}{(ax^2+b)^2} = \frac{x}{2b(ax^2+b)} + \frac{1}{2b}\int \frac{\mathrm{d}x}{ax^2+b}$

(五)含有 $ax^2+bx+c\,(a>0)$ 的积分

29. $\displaystyle\int \frac{\mathrm{d}x}{ax^2+bx+c} = \begin{cases} \dfrac{2}{\sqrt{4ac-b^2}}\arctan\dfrac{2ax+b}{\sqrt{4ac-b^2}} + C, & b^2<4ac, \\[3mm] \dfrac{1}{\sqrt{b^2-4ac}}\ln\left|\dfrac{2ax+b-\sqrt{b^2-4ac}}{2ax+b+\sqrt{b^2-4ac}}\right| + C, & b^2>4ac \end{cases}$

30. $\displaystyle\int \frac{x}{ax^2+bx+c}\mathrm{d}x = \frac{1}{2a}\ln|ax^2+bx+c| - \frac{b}{2a}\int \frac{\mathrm{d}x}{ax^2+bx+c}$

(六)含有 $\sqrt{x^2+a^2}\,(a>0)$ 的积分

31. $\displaystyle\int \frac{\mathrm{d}x}{\sqrt{x^2+a^2}} = \operatorname{arsh}\frac{x}{a} + C_1 = \ln\left(x+\sqrt{x^2+a^2}\right) + C$

32. $\displaystyle\int \frac{\mathrm{d}x}{\sqrt{(x^2+a^2)^3}} = \frac{x}{a^2\sqrt{x^2+a^2}} + C$

33. $\displaystyle\int \frac{x}{\sqrt{x^2+a^2}}\mathrm{d}x=\sqrt{x^2+a^2}+C$

34. $\displaystyle\int \frac{x}{\sqrt{(x^2+a^2)^3}}\mathrm{d}x=-\frac{1}{\sqrt{x^2+a^2}}+C$

35. $\displaystyle\int \frac{x^2}{\sqrt{(x^2+a^2)}}\mathrm{d}x=\frac{x}{2}\sqrt{x^2+a^2}-\frac{a^2}{2}\ln(x+\sqrt{x^2+a^2})+C$

36. $\displaystyle\int \frac{x^2}{\sqrt{(x^2+a^2)^3}}\mathrm{d}x=-\frac{x}{\sqrt{x^2+a^2}}+\ln(x+\sqrt{x^2+a^2})+C$

37. $\displaystyle\int \frac{\mathrm{d}x}{x\sqrt{x^2+a^2}}=\frac{1}{a}\ln\frac{\sqrt{x^2+a^2}-a}{|x|}+C$

38. $\displaystyle\int \frac{\mathrm{d}x}{x^2\sqrt{x^2+a^2}}=-\frac{\sqrt{x^2+a^2}}{a^2 x}+C$

39. $\displaystyle\int \sqrt{x^2+a^2}\,\mathrm{d}x=\frac{x}{2}\sqrt{x^2+a^2}+\frac{a^2}{2}\ln(x+\sqrt{x^2+a^2})+C$

40. $\displaystyle\int \sqrt{(x^2+a^2)^3}\,\mathrm{d}x=\frac{x}{8}(2x^2+5a^2)\sqrt{x^2+a^2}+\frac{3}{8}a^4\ln(x+\sqrt{x^2+a^2})+C$

41. $\displaystyle\int x\sqrt{x^2+a^2}\,\mathrm{d}x=\frac{1}{3}\sqrt{(x^2+a^2)^3}+C$

42. $\displaystyle\int x^2\sqrt{x^2+a^2}\,\mathrm{d}x=\frac{x}{8}(2x^2+a^2)\sqrt{x^2+a^2}-\frac{a^4}{8}\ln(x+\sqrt{x^2+a^2})+C$

43. $\displaystyle\int \frac{\sqrt{x^2+a^2}}{x}\mathrm{d}x=\sqrt{x^2+a^2}+a\ln\frac{\sqrt{x^2+a^2}-a}{|x|}+C$

44. $\displaystyle\int \frac{\sqrt{x^2+a^2}}{x^2}\mathrm{d}x=-\frac{\sqrt{x^2+a^2}}{x}+\ln(x+\sqrt{x^2+a^2})+C$

(七)含有$\sqrt{x^2-a^2}\,(a>0)$的积分

45. $\displaystyle\int \frac{\mathrm{d}x}{\sqrt{x^2-a^2}}=\frac{x}{|x|}\mathrm{arch}\frac{|x|}{a}+C_1=\ln|x+\sqrt{x^2-a^2}|+C$

46. $\displaystyle\int \frac{\mathrm{d}x}{\sqrt{(x^2-a^2)^3}}=-\frac{x}{a^2\sqrt{x^2-a^2}}+C$

47. $\displaystyle\int \frac{x}{\sqrt{x^2-a^2}}\mathrm{d}x=\sqrt{x^2-a^2}+C$

48. $\displaystyle\int \frac{x}{\sqrt{(x^2-a^2)^3}}\mathrm{d}x=-\frac{1}{\sqrt{x^2-a^2}}+C$

49. $\displaystyle\int \frac{x^2}{\sqrt{x^2-a^2}}\mathrm{d}x=\frac{x}{2}\sqrt{x^2-a^2}+\frac{a^2}{2}\ln|x+\sqrt{x^2-a^2}|+C$

50. $\displaystyle\int \frac{x^2}{\sqrt{(x^2-a^2)^3}}\mathrm{d}x=-\frac{x}{\sqrt{x^2-a^2}}+\ln|x+\sqrt{x^2-a^2}|+C$

51. $\displaystyle\int \frac{\mathrm{d}x}{x\sqrt{x^2-a^2}}=\frac{1}{a}\arccos\frac{a}{|x|}+C$

52. $\displaystyle\int \frac{\mathrm{d}x}{x^2\sqrt{x^2-a^2}}=\frac{\sqrt{x^2-a^2}}{a^2 x}+C$

53. $\displaystyle\int \sqrt{x^2-a^2}\,\mathrm{d}x=\frac{x}{2}\sqrt{x^2-a^2}-\frac{a^2}{2}\ln|x+\sqrt{x^2-a^2}|+C$

54. $\displaystyle\int \sqrt{(x^2-a^2)^3}\,\mathrm{d}x=\frac{x}{8}(2x^2-5a^2)\sqrt{x^2-a^2}+\frac{3}{8}a^4\ln|x+\sqrt{x^2-a^2}|+C$

55. $\displaystyle\int x\sqrt{x^2-a^2}\,\mathrm{d}x=\frac{1}{3}\sqrt{(x^2-a^2)^3}+C$

56. $\displaystyle\int x^2\sqrt{x^2-a^2}\,\mathrm{d}x=\frac{x}{8}(2x^2-a^2)\sqrt{x^2-a^2}-\frac{a^4}{8}\ln|x+\sqrt{x^2-a^2}|+C$

57. $\displaystyle\int \frac{\sqrt{x^2-a^2}}{x}\,\mathrm{d}x=\sqrt{x^2-a^2}-a\arccos\frac{a}{|x|}+C$

58. $\displaystyle\int \frac{\sqrt{x^2-a^2}}{x^2}\,\mathrm{d}x=-\frac{\sqrt{x^2-a^2}}{x}+\ln|x+\sqrt{x^2-a^2}|+C$

(八)含有 $\sqrt{a^2-x^2}\,(a>0)$ 的积分

59. $\displaystyle\int \frac{\mathrm{d}x}{\sqrt{a^2-x^2}}=\arcsin\frac{x}{a}+C$

60. $\displaystyle\int \frac{\mathrm{d}x}{\sqrt{(a^2-x^2)^3}}=\frac{x}{a^2\sqrt{a^2-x^2}}+C$

61. $\displaystyle\int \frac{x}{\sqrt{a^2-x^2}}\,\mathrm{d}x=-\sqrt{a^2-x^2}+C$

62. $\displaystyle\int \frac{x}{\sqrt{(a^2-x^2)^3}}\,\mathrm{d}x=\frac{1}{\sqrt{a^2-x^2}}+C$

63. $\displaystyle\int \frac{x^2}{\sqrt{a^2-x^2}}\,\mathrm{d}x=-\frac{x}{2}\sqrt{a^2-x^2}+\frac{a^2}{2}\arcsin\frac{x}{a}+C$

64. $\displaystyle\int \frac{x^2}{\sqrt{(a^2-x^2)^3}}\,\mathrm{d}x=\frac{x}{\sqrt{a^2-x^2}}-\arcsin\frac{x}{a}+C$

65. $\displaystyle\int \frac{\mathrm{d}x}{x\sqrt{a^2-x^2}}=\frac{1}{a}\ln\frac{a-\sqrt{a^2-x^2}}{|x|}+C$

66. $\displaystyle\int \frac{\mathrm{d}x}{x^2\sqrt{a^2-x^2}}=-\frac{\sqrt{a^2-x^2}}{a^2 x}+C$

67. $\displaystyle\int \sqrt{a^2-x^2}\,\mathrm{d}x=\frac{x}{2}\sqrt{a^2-x^2}+\frac{a^2}{2}\arcsin\frac{x}{a}+C$

68. $\displaystyle\int \sqrt{(a^2-x^2)}\,\mathrm{d}x=\frac{x}{8}(5a^2-2x^2)\sqrt{a^2-x^2}+\frac{3}{8}a^4\arcsin\frac{x}{a}+C$

69. $\displaystyle\int x\sqrt{a^2-x^2}\,\mathrm{d}x=-\frac{1}{3}\sqrt{(a^2-x^2)^3}+C$

70. $\displaystyle\int x^2\sqrt{a^2-x^2}\,\mathrm{d}x=\frac{x}{8}(2x^2-a^2)\sqrt{a^2-x^2}+\frac{a^4}{8}\arcsin\frac{x}{a}+C$

71. $\displaystyle\int \frac{\sqrt{a^2-x^2}}{x}\mathrm{d}x = \sqrt{a^2-x^2} + a\ln\frac{a-\sqrt{a^2-x^2}}{|x|} + C$

72. $\displaystyle\int \frac{\sqrt{a^2-x^2}}{x^2}\mathrm{d}x = -\frac{\sqrt{a^2-x^2}}{x} - \arcsin\frac{x}{a} + C$

(九)含有$\sqrt{\pm ax^2+bx+c}\,(a>0)$的积分

73. $\displaystyle\int \frac{\mathrm{d}x}{\sqrt{ax^2+bx+c}} = \frac{1}{\sqrt{a}}\ln|2ax+b+2\sqrt{a}\sqrt{ax^2+bx+c}| + C$

74. $\displaystyle\int \sqrt{ax^2+bx+c}\,\mathrm{d}x = \frac{2ax+b}{4a}\sqrt{ax^2+bx+c} + \frac{4ac-b^2}{8\sqrt{a^3}}\ln|2ax+b+2\sqrt{a}\sqrt{ax^2+bx+c}| + C$

75. $\displaystyle\int \frac{x}{\sqrt{ax^2+bx+c}}\mathrm{d}x = \frac{1}{a}\sqrt{ax^2+bx+c} - \frac{b}{2\sqrt{a^3}}\ln|2ax+b+2\sqrt{a}\sqrt{ax^2+bx+c}| + C$

76. $\displaystyle\int \frac{\mathrm{d}x}{\sqrt{c+bx-ax^2}} = -\frac{1}{\sqrt{a}}\arcsin\frac{2ax-b}{\sqrt{b^2+4ac}} + C$

77. $\displaystyle\int \sqrt{c+bx-ax^2}\,\mathrm{d}x = \frac{2ax-b}{4a}\sqrt{c+bx-ax^2} + \frac{b^2+4ac}{8\sqrt{a^3}}\arcsin\frac{2ax-b}{\sqrt{b^2+4ac}} + C$

78. $\displaystyle\int \frac{x}{\sqrt{c+bx-ax^2}}\mathrm{d}x = -\frac{1}{a}\sqrt{c+bx-ax^2} + \frac{b}{2\sqrt{a^3}}\arcsin\frac{2ax-b}{\sqrt{b^2+4ac}} + C$

(十)含有$\sqrt{\pm\dfrac{x-a}{x-b}}$或$\sqrt{(x-a)(b-x)}$的积分

79. $\displaystyle\int \sqrt{\frac{x-a}{x-b}}\,\mathrm{d}x = (x-b)\sqrt{\frac{x-a}{x-b}} + (b-a)\ln(\sqrt{|x-a|}+\sqrt{|x-b|}) + C$

80. $\displaystyle\int \sqrt{\frac{x-a}{b-x}}\,\mathrm{d}x = (x-b)\sqrt{\frac{x-a}{b-x}} + (b-a)\arcsin\sqrt{\frac{x-a}{b-a}} + C$

81. $\displaystyle\int \frac{\mathrm{d}x}{\sqrt{(x-a)(b-x)}} = 2\arcsin\sqrt{\frac{x-a}{b-a}} + C \quad (a<b)$

82. $\displaystyle\int \sqrt{(x-a)(b-x)}\,\mathrm{d}x = \frac{2x-a-b}{4}\sqrt{(x-a)(b-x)} + \frac{(b-a)^2}{4}\arcsin\sqrt{\frac{x-a}{b-a}} + C \quad (a<b)$

(十一)含有三角函数的积分

83. $\displaystyle\int \sin x\,\mathrm{d}x = -\cos x + C$

84. $\displaystyle\int \cos x\,\mathrm{d}x = \sin x + C$

85. $\displaystyle\int \tan x\,\mathrm{d}x = -\ln|\cos x| + C$

86. $\displaystyle\int \cot x\,\mathrm{d}x = \ln|\sin x| + C$

87. $\displaystyle\int \sec x\,\mathrm{d}x = \ln\left|\tan\left(\frac{\pi}{4}+\frac{\pi}{2}\right)\right| + C = \ln|\sec x+\tan x| + C$

88. $\displaystyle\int \csc x\,\mathrm{d}x = \ln\left|\tan\frac{x}{2}\right| + C = \ln|\csc x-\cot x| + C$

89. $\displaystyle\int \sec^2 x\, dx = \tan x + C$

90. $\displaystyle\int \csc^2 x\, dx = -\cot x + C$

91. $\displaystyle\int \sec x \tan x\, dx = \sec x + C$

92. $\displaystyle\int \csc x \cot x\, dx = -\csc x + C$

93. $\displaystyle\int \sin^2 x\, dx = \frac{x}{2} - \frac{1}{4}\sin 2x + C$

94. $\displaystyle\int \cos^2 x\, dx = \frac{x}{2} + \frac{1}{4}\sin 2x + C$

95. $\displaystyle\int \sin^n x\, dx = -\frac{1}{n}\sin^{n-1} x \cos x + \frac{n-1}{n}\int \sin^{n-2} x\, dx$

96. $\displaystyle\int \cos^n x\, dx = \frac{1}{n}\cos^{n-1} x \sin x + \frac{n-1}{n}\int \cos^{n-2} x\, dx$

97. $\displaystyle\int \frac{dx}{\sin^n x} = -\frac{1}{n-1}\cdot\frac{\cos x}{\sin^{n-1} x} + \frac{n-2}{n-1}\int \frac{dx}{\sin^{n-2} x}$

98. $\displaystyle\int \frac{dx}{\cos^n x} = \frac{1}{n-1}\cdot\frac{\sin x}{\cos^{n-1} x} + \frac{n-2}{n-1}\int \frac{dx}{\cos^{n-1} x}$

99. $\displaystyle\int \cos^m x \sin^n x\, dx = \frac{1}{m+n}\cos^{m-1} x \sin^{n+1} x + \frac{m-1}{m+n}\int \cos^{m-2} x \sin^n x\, dx$

$\displaystyle\qquad\qquad = -\frac{1}{m+n}\cos^{m+1} x \sin^{n-1} x + \frac{n-1}{m+n}\int \cos^m x \sin^{n-2} x\, dx$

100. $\displaystyle\int \sin ax \cos bx\, dx = -\frac{1}{2(a+b)}\cos(a+b)x - \frac{1}{2(a-b)}\cos(a-b)x + C$

101. $\displaystyle\int \sin ax \sin bx\, dx = -\frac{1}{2(a+b)}\sin(a+b)x + \frac{1}{2(a-b)}\sin(a-b)x + C$

102. $\displaystyle\int \cos ax \cos bx\, dx = \frac{1}{2(a+b)}\sin(a+b)x + \frac{1}{2(a-b)}\sin(a-b)x + C$

103. $\displaystyle\int \frac{dx}{a+b\sin x} = \frac{2}{\sqrt{a^2-b^2}}\arctan\frac{a\tan\dfrac{x}{2}+b}{\sqrt{a^2-b^2}} + C \quad (a^2 > b^2)$

104. $\displaystyle\int \frac{dx}{a+b\sin x} = \frac{1}{\sqrt{b^2-a^2}}\ln\left|\frac{a\tan\dfrac{x}{2}+b-\sqrt{b^2-a^2}}{a\tan\dfrac{x}{2}+b+\sqrt{b^2-a^2}}\right| + C \quad (a^2 < b^2)$

105. $\displaystyle\int \frac{dx}{a+b\cos x} = \frac{2}{a+b}\sqrt{\frac{a+b}{b-a}}\arctan\left(\sqrt{\frac{a-b}{a+b}}\tan\frac{x}{2}\right) + C \quad (a^2 > b^2)$

106. $\displaystyle\int \frac{dx}{a+b\cos x} = \frac{1}{a+b}\sqrt{\frac{a+b}{b-a}}\ln\left|\frac{\tan\dfrac{x}{2}+\sqrt{\dfrac{a+b}{b-a}}}{\tan\dfrac{x}{2}-\sqrt{\dfrac{a+b}{b-a}}}\right| + C \quad (a^2 < b^2)$

107. $\displaystyle\int \frac{\mathrm{d}x}{a^2\cos^2 x + b^2\sin^2 x} = \frac{1}{ab}\arctan\left(\frac{b}{a}\tan x\right) + C$

108. $\displaystyle\int \frac{\mathrm{d}x}{a^2\cos^2 x - b^2\sin^2 x} = \frac{1}{2ab}\ln\left|\frac{b\tan x + a}{b\tan x - a}\right| + C$

109. $\displaystyle\int x\sin ax\,\mathrm{d}x = \frac{1}{a^2}\sin ax - \frac{1}{a}x\cos ax + C$

110. $\displaystyle\int x^2\sin ax\,\mathrm{d}x = -\frac{1}{a}x^2\cos ax + \frac{2}{a^2}\sin ax + \frac{2}{a^3}\cos ax + C$

111. $\displaystyle\int x\cos ax\,\mathrm{d}x = \frac{1}{a^2}\cos ax + \frac{1}{a}x\sin ax + C$

112. $\displaystyle\int x^2\cos ax\,\mathrm{d}x = \frac{1}{a}x^2\sin ax + \frac{2}{a^2}x\cos ax - \frac{2}{a^3}\sin ax + C$

(十二)含有反三角函数的积分(其中 $a>0$)

113. $\displaystyle\int \arcsin\frac{x}{a}\mathrm{d}x = x\arcsin\frac{x}{a} + \sqrt{a^2 - x^2} + C$

114. $\displaystyle\int x\arcsin\frac{x}{a}\mathrm{d}x = \left(\frac{x^2}{2} - \frac{a^2}{4}\right)\arcsin\frac{x}{a} + \frac{x}{4}\sqrt{a^2 - x^2} + C$

115. $\displaystyle\int x^2\arcsin\frac{x}{a}\mathrm{d}x = \frac{x^3}{3}\arcsin\frac{x}{a} + \frac{1}{9}(x^2 + 2a^2)\sqrt{a^2 - x^2} + C$

116. $\displaystyle\int \arccos\frac{x}{a}\mathrm{d}x = x\arccos\frac{x}{a} - \sqrt{a^2 - x^2} + C$

117. $\displaystyle\int x\arccos\frac{x}{a}\mathrm{d}x = \left(\frac{x^2}{2} - \frac{a^2}{4}\right)\arccos\frac{x}{a} - \frac{x}{4}\sqrt{a^2 - x^2} + C$

118. $\displaystyle\int x^2\arccos\frac{x}{a}\mathrm{d}x = \frac{x^3}{3}\arccos\frac{x}{a} - \frac{1}{9}(x^2 + 2a^2)\sqrt{a^2 - x^2} + C$

119. $\displaystyle\int \arctan\frac{x}{a}\mathrm{d}x = x\arctan\frac{x}{a} - \frac{a}{2}\ln(a^2 + x^2) + C$

120. $\displaystyle\int x\arctan\frac{x}{a}\mathrm{d}x = \frac{1}{2}(a^2 + x^2)\arctan\frac{x}{a} - \frac{a}{2}x + C$

121. $\displaystyle\int x^2\arctan\frac{x}{a}\mathrm{d}x = \frac{x^3}{3}\arctan\frac{x}{a} - \frac{a}{6}x^2 + \frac{a^3}{3}\ln(a^2 + x^2) + C$

(十三)含有指数函数的积分

122. $\displaystyle\int a^x\,\mathrm{d}x = \frac{1}{\ln a}a^x + C$

123. $\displaystyle\int \mathrm{e}^{ax}\,\mathrm{d}x = \frac{1}{a}\mathrm{e}^{ax} + C$

124. $\displaystyle\int x\mathrm{e}^{ax}\,\mathrm{d}x = \frac{1}{a^2}(ax - 1)\mathrm{e}^{ax} + C$

125. $\displaystyle\int x^n\mathrm{e}^{ax}\,\mathrm{d}x = \frac{1}{a}x^n\mathrm{e}^{ax} - \frac{n}{a}\int x^{n-1}\mathrm{e}^{ax}\,\mathrm{d}x$

126. $\displaystyle\int xa^x\,\mathrm{d}x = \frac{x}{\ln a}a^x - \frac{1}{(\ln a)^2}a^x + C$

127. $\int x^n a^x \, \mathrm{d}x = \frac{1}{\ln a} x^n a^x - \frac{n}{\ln a} \int x^{n-1} a^x \, \mathrm{d}x$

128. $\int \mathrm{e}^{ax} \sin bx \, \mathrm{d}x = \frac{1}{a^2+b^2} \mathrm{e}^{ax} (a \sin bx - b \cos bx) + C$

129. $\int \mathrm{e}^{ax} \cos bx \, \mathrm{d}x = \frac{1}{a^2+b^2} \mathrm{e}^{ax} (b \sin bx + a \cos bx) + C$

130. $\int \mathrm{e}^{ax} \sin^n bx \, \mathrm{d}x = \frac{1}{a^2+b^2 n^2} \mathrm{e}^{ax} \sin^{n-1} bx (a \sin bx - nb \cos bx) + \frac{n(n-1)b^2}{a^2+b^2 n^2} \int \mathrm{e}^{ax} \sin^{n-2} bx \, \mathrm{d}x$

131. $\int \mathrm{e}^{ax} \cos^n bx \, \mathrm{d}x = \frac{1}{a^2+b^2 n^2} \mathrm{e}^{ax} \cos^{n-1} bx (a \cos bx + nb \sin bx) + \frac{n(n-1)b^2}{a^2+b^2 n^2} \int \mathrm{e}^{ax} \cos^{n-2} bx \, \mathrm{d}x$

(十四)含有对数函数的积分

132. $\int \ln x \, \mathrm{d}x = x \ln x - x + C$

133. $\int \frac{\mathrm{d}x}{x \ln x} = \ln |\ln x| + C$

134. $\int x^n \ln x \, \mathrm{d}x = \frac{1}{n+1} x^{n+1} \left(\ln x - \frac{1}{n+1} \right) + C$

135. $\int (\ln x)^n \, \mathrm{d}x = x (\ln x)^n - n \int (\ln x)^{n-1} \, \mathrm{d}x$

136. $\int x^m (\ln x)^n \, \mathrm{d}x = \frac{1}{m+1} x^{m+1} (\ln x)^n - \frac{n}{m+1} \int x^m (\ln x)^{n-1} \, \mathrm{d}x$

(十五)定积分

137. $\int_{-\pi}^{\pi} \cos nx \, \mathrm{d}x = \int_{-\pi}^{\pi} \sin nx \, \mathrm{d}x = 0$

138. $\int_{-\pi}^{\pi} \cos mx \sin nx \, \mathrm{d}x = 0$

139. $\int_{-\pi}^{\pi} \cos mx \cos nx \, \mathrm{d}x = \begin{cases} 0, & m \neq 0, \\ \pi, & m = n \end{cases}$

140. $\int_{-\pi}^{\pi} \sin mx \sin nx \, \mathrm{d}x = \begin{cases} 0, & m \neq 0, \\ \pi, & m = n \end{cases}$

141. $\int_{0}^{\pi} \sin mx \sin nx \, \mathrm{d}x = \int_{0}^{\pi} \cos mx \cos nx \, \mathrm{d}x = \begin{cases} 0, & m \neq 0, \\ \frac{\pi}{2}, & m = n \end{cases}$

142. $I_n = \int_{0}^{\frac{\pi}{2}} \sin^n x \, \mathrm{d}x = \int_{0}^{\frac{\pi}{2}} \cos^n x \, \mathrm{d}x$

$I_n = \frac{n-1}{n} I_{n-2}$

$I_n = \begin{cases} \dfrac{n-1}{n} \cdot \dfrac{n-3}{n-2} \cdot \cdots \cdot \dfrac{4}{5} \cdot \dfrac{2}{3} (n \text{ 为大于 1 的正奇数}), I_1 = 1, \\ \dfrac{n-1}{n} \cdot \dfrac{n-3}{n-2} \cdot \cdots \cdot \dfrac{3}{4} \cdot \dfrac{1}{2} \cdot \dfrac{\pi}{2} (n \text{ 为正偶数}), I_0 = \dfrac{\pi}{2} \end{cases}$

附录 D 数学工具软件简介

在计算机技术飞速发展的今天,计算机应用无处不在,特别是数学与计算机高新技术的结晶——数学工具软件,已成为全世界各种不同专业学生的重要工具,从而使有关数学的计算不再是一件枯燥无味、令人望而生畏的事情.将数学工具软件引入到现代数学教学中,让学生能利用数学软件学习数学,能不断提高他们利用计算机解决数学问题的能力,同时,数学工具软件的使用也会增加学生对数学和计算机的学习兴趣.

目前流行的数学工具软件简介如下.

1. Maple

Maple 是 1980 年由加拿大 Waterloo 大学开发出来的,经过多年的研究测试,到目前已发展到 Maple 15,成为一个图文并茂和相当完备的软件.Maple 提供的数学运算工具相当完备,它的数学运算可概括地分为数值运算(numerical calculation)和符号运算(symbolic calculation)两种.数值运算又分为精确(exact)运算(包括整数、分数运算等)与近似(approximate)运算(包括含有小数点的运算、浮点数运算等).符号运算包括了不定积分的求解、函数的微分、多项式的化简、多项式的展开、解微分方程等.它的应用领域还有线性代数、统计、离散数学等方面.

Maple 在高等数学上的主要应用有:①绘制二维函数和三维函数的图像;②向量运算;③矩阵的基本运算;④求函数的极限;⑤求切线的斜率;⑥函数的连续性;⑦求微分和偏微分;⑧求积分(不定积分、定积分和广义积分等);⑨级数的审敛法、收敛半径和级数的展开;⑩求微分方程(常微分方程和偏微分方程)的解.详细使用方法请参阅相关的 Maple 书籍.

2. MathCAD

MathCAD(mathematics computer aided design)即数学计算机辅助设计.它是一个功能强大的数学工具软体,是 1986 年由 Mathsoft 公司开发出来的交互式数学系统.较新的版本为 MathCAD 15.0,最主要的应用是在数学方面,如:四则运算、函数运算、复数运算、矢量运算、定积分的计算、矩阵运算、解代数方程运算、简单数学曲线绘制、解微分方程、统计分布函数、数据分析等.同时,它在工程力学和热力学、建筑学、电子工程与控制论、数字信号处理、物理学和天文学、化学和化学工程、统计学、经济学等领域都有着广泛的应用.它支持各种科学问题的分析、求解显示技术.详细使用方法请参阅相关的 MathCAD 书籍.

3. MATLAB

MATLAB(matrix laboratory)即矩阵工作室,是 1984 年美国的 Math Works 公司推出的一套功能十分强大、通用性强的优秀数学软件.它主要用于工程计算及数值分析,流行于 20 世纪 90 年代中期以后.在欧美高校,MATLAB 已成为线性代数、自动控制理论、概率与数理统计、数字信号处理、时间序列分析、动态系统仿真等高级课程的基本教学工具.较新的版本为 MATLAB 7.12,它是以矩阵计算为基础,可以实现工程计算、数据分析及可视化、工程绘图、应用程序开发等多种功能.此外,MATLAB 还为控制、模糊逻辑、神经网络、通信等研究提供了丰富而实用的工具箱,是工科高等院校学生必须掌握的基本技能.它在数学中的应用有微积分运算、因式分解、因式的展开和替换、微分方程的求解、积分变换、线性代数等. 可以将它的功能概括为五个方面：① 数值运算（numerical calculation）；② 符号运算（symbolic calculation）；③图形和可视化（graphic function）；④记事本（notebook function）；⑤可视化建模和仿真（simulink function）. 它适用的平台有 Windows 95、Windows 98、Windows 2000、Windows NT、UNIX、Macintosh 等.

　　MATLAB 在高等数学上的主要应用有：①求极限，包括一元函数的极限 $\lim\limits_{\substack{x \to x_0 \\ (x \to x_0^-) \\ (x \to x_0^+)}} f(x)$、

二元函数的极限 $\lim f(x,y)$；②求函数的导数，包括一元函数的导数、多元函数的导数、复合函数（参数函数）的导数以及隐函数的导数；③求积分，包括一重积分（不定积分、定积分和广义积分）和多重积分（二重积分、三重积分等）；④级数，包括级数的求和、泰勒级数和傅里叶级数展开；⑤求二维曲线的曲率；⑥微积分的应用，包括一元函数的极值和多元函数的最值；⑦求方程（组）的解；⑧求常微分方程（组）的符号解和数值解；⑨求偏微分方程的数值解；⑩函数的制图，包括二维图形和三维图形. 详细使用情况请参阅相关的 MATLAB 书籍.

4. Mathematica

Mathematica 是 1988 年美国 Wolfram Research 公司开发的数学软件，它是一个符号运算系统. 它的研究对象从初等数学到高等数学，几乎涉及所有的数学学科，包括各种数学表达式的化简、多项式的四则运算、求最大公因式、因式分解、常微分方程和偏微分方程的解函数，以及各种特殊函数的推导、函数的幂级数的展开、求极限、矩阵和行列式的各种计算、线性方程组的符号解等. 另外，Mathematica 还有很强大的绘图功能.

　　目前较新的版本为 Mathematica 4.0，它的功能可概括为几个方面：①数值计算；②代数运算；③数学函数；④图形和声音；⑤编程与内核系统；⑥输入与输出；⑦Notebook 界面；⑧系统界面.

　　Mathematica 被大量地用于教育，现在有很多的课程——从高中课程到研究生课程——都用它作为基础. 目前，随着各种学生版的发布，Mathematica 已成为全世界各种不同专业学生学习的重要工具. 详细使用情况请参阅相关的 Mathematica 书籍.

附录 E 数学建模简介

1. 数学建模的意义

数学作为一门重要的基础学科和一种精确的科学语言,是人类文明的一个重要组成部分,在工程技术、其他科学及各行各业中发挥着愈来愈重要的作用,并在很多情况下起着举足轻重甚至是决定性的影响.数学技术已成为高技术的一个极为重要的组成部分和思想库,"高技术本质上是一种数学技术"的观点已被愈来愈多的人所认同.在这样的形势下,如何加强数学教育、搞好数学教学改革,成了人们普遍关心的问题.

如果将数学教学仅仅看成是知识的传授,那么即使包罗了再多的定理和公式,也免不了会沦为一堆僵死的教条,难以发挥作用;而掌握了数学的思想方法和精神实质,就可以由为数不多的几个公式演绎出千变万化的生动结论,显示出无穷无尽的威力.许多在实际工作中成功地应用了数学并且取得了相当突出成绩的数学系毕业生都有这样的体会:在工作中真正需要用到的具体的数学分支学科,具体的数学定理、公式和结论,其实并不是很多,学校里学过的一大堆数学知识大多数都似乎没有派上什么用处,有的甚至已经淡忘;但所受过的教学训练,所领会的数学思想和精神却无时无刻不在发挥着积极的作用,成为取得成功的最重要的因素.

由此可见,数学教育应该是学习知识、提高能力和培养素质的统一体,数学教育本质上是一种素质教育.因此,数学教学必须更自觉地贯彻素质教育的精神,使学生不但学到许多重要的数学概念、方法和结论,而且领会到数学的精神实质和思想方法,掌握数学这门学科的精髓,使数学成为他们手中得心应手的武器,终生受用不尽.

要做到这一点,应该从多方面进行努力和探索,而数学建模竞赛正是适应了这方面要求的一个积极有效的措施.这是因为,数学科学在本质上是革命的,是不断创新、发展的,可是传统的数学教学过程却往往与此背道而驰.从一些基本概念或定义出发,以简练的方式合乎逻辑地推演出所要求的结论,固然可以使学生在较短的时间内按部就班地学到尽可能多的内容,并且体会到一种丝丝入扣、天衣无缝的美感.但是,过分强调就可能使学生误认为数学这样的完美无缺、无懈可击是与生俱来、天经地义的,从而使思想处于一种僵化状态,在生动活泼的现实世界面前变得束手无策、一筹莫展.这样,培养创新精神,加强素质教育,必然是一句空话.

而组织学生参加数学建模竞赛,使他们面对一些理论的实际应用问题.这些问题没有现成的答案,没有固定的求解方法,没有指定的参考书,没有规定的数学工具与手段,而且也没有已经成型的数学问题,从建立数学模型开始就要学会自己进行思考和研究.这就可能让学生亲口尝一尝梨子的滋味,亲身去体验一下数学的创造与发现过程,培养他们的创造精神、意识和能力,获取在课堂里和书本上所无法代替的宝贵经验.同时,这一切又都是以一个小组的形式进行的,对培养同学的团队意识和协作精神必将大有裨益.因此,对于当前的大学数学教学改革来说,数学建模竞赛决不是一项锦上添花的活动,而恰恰具有雪中送炭的性质.数学建模竞赛能够得到愈来愈多的同学的欢迎,不断向前发展,原因就在这儿.

马克思曾经说过:"一门科学只有成功地运用数学时,才算达到了完善的地步."随着电子计算机的普及,从自然科学到社会科学,从工程技术到经济活动,无处不渗透着数学.而数量经济学、数学生态学等边缘学科的产生与发展,更加说明了数学建模的重要作用.没有数学建模,就不会有科学的评价与预测;没有数学建模,许多现实问题将难以甚至无法解决;没有数学建模,理论研究无法推进,应用研究无法进行.当然,数学建模需要活跃的思维、广博的知识以及一定的数学基础,需要专门的训练.

2. 数学模型及其分类

什么是数学模型?对数学模型的理解有广义和狭义之分.从广义上说,一切数学概念、数学理论体系、数学公式、方程式、函数关系以及公式系列构成的算法系统,等等,都可叫做数学模型.从狭义上讲,数学模型仅指与某一具体问题相联系的,由公式、方程、函数表达式或一组数学关系式等组成的某种特定的数学关系结构,例如,我们曾谈到的人口模型、镭的衰变模型等,都是实际问题抽象出来的数学模型.在现代应用数学中,数学模型都作狭义解释,而构造数学模型的目的主要是解决具体的实际问题.这里就是在这种意义下对数学模型进行讨论的.

建立数学模型,首先要考虑所研究问题的特点,对不同的现实对象要用不同类型的数学模型来刻画.现在被广泛应用的数学模型大休有如下三种类型.

(1)确定性数学模型.这类模型所刻画的对象具有确定性或固定性,对象系统要素之间具有必然的联系.这类模型的表示形式通常是数学中的各种方程式、关系式和网络图等,它所使用的工具是几何学、解析几何学、代数学、微积分、微分方程等经典数学方法.

(2)随机性数学模型.这类模型所刻画的客观对象具有或然性.用概率论、数理统计和随机过程等方法建立随机性数学模型,就能描述这类现象各种可能结果的分布规律.

(3)模糊性数学模型.这类模型所刻画的客观对象具有模糊性,客观现实中存在大量的模糊现象、模糊信息.它们具有量的特征,但没有非此即彼的明确性,而是呈现亦此亦彼的模糊性,描述这类现象的数学工具就是模糊数学.

上面所谈的三类数学模型是最基本的数学模型.它们是按照数学研究对象的不同来划分的.数学模型还有其他各种各样的分类标准,例如,按研究对象的实际领域分类,有人口模型、生理模型、智力模型、生态模型、经济模型、社会模型等.

3. 数学模型的构造过程和步骤

数学模型方法已广泛应用于自然科学、技术科学和社会科学等各个领域中,特别是与现代电子计算机相结合,使这种方法获得了巨大的生命力.有的数学模型的形式只有通过采用电子计算机才有实际的效用.一般来说,针对较复杂的或规模较大的客观实际问题,构造数学模型有如下几个阶段.

(1)建模准备.在这一阶段对所提出的问题要有详尽的了解,明确建模目的,收集有关的信息与统计数据等.这个阶段原则上只能由那些与实际问题有关的专家和数学家共同完成.

(2)建模假设.确定问题所涉及的具体系统,分析系统的矛盾关系.根据有关学科的理论,抓住主要矛盾,考察主要因素和量的关系,抓住规律性的联系,对问题进行适当简化,用有关学科的专业语言作出必要的假设.

(3)建立模型.利用适当的数学方法对上述问题的已知的本质因素和关系,写出各个量之间的等式或不等式关系,列出表格,或画出图形,或确定其他的数学关系.

(4)模型求解.对上面已建立起的数学模型在形式上予以转换,如解方程、画图形、证明定理或进行逻辑运算等.

(5)模型检验. 回到实际的对象,对模型的合理性和适应性做出检验,看一看理论的解答能否与现实原型的本质特征相吻合. 如果与原型相差甚远,或者达不到预期目的,则要修改和变更已知的数学模型.

利用数学模型方法解决实际问题的一般步骤为:

第一,根据实际问题特点,进行数学抽象,构造恰当的数学模型;

第二,对所建立的数学模型进行逻辑推理或数学演算,求出所需要的答案;

第三,联系实际问题,对所得到的解答进行深入讨论,作出评价和解释,返回到原来实际问题中去,给出实际问题的解答.

按上述几个步骤构造出来的数学模型至少有两个特点:第一,在数学模型上具有严格推导的可能性及导出结论的确定性,不然的话,就不会发挥作用;第二,一个数学模型相对于较复杂的现实原型而言,应该具有化繁为简、化难为易的特点. 因此,用其解决实际问题,允许有一定的误差范围,一个好的数学模型还应该具有估计误差范围的性能.

4. 数学建模论文的撰写

经过上述步骤将数学模型建立起来,但这只是初步完成了任务,还有更重要的任务,那就是将数学模型用文字表述出来,即撰写成论文.

按照目前全国大学生数学建模竞赛规则,论文要求包括以下部分:

(1)问题的提出(按你的理解对所给题目作更清晰的表达);

(2)问题的分析(根据问题的性质,你打算建立什么样的模型);

(3)模型假设(有些假设需要作必要的解释);

(4)模型设计(出现的数学符号必须有明确的定义);

(5)模型解法与结果;

(6)模型的分析和检验,包括误差分析、稳定性分析等;

(7)模型的优缺点及改进方向;

(8)必要的计算机程序.

以上各条,不一定要求全都在每一篇论文中出现,可以根据实际问题减少或增加一些内容,有时也可以将内容相近的几条合并在一起,以便更加简洁地将建模过程用论文表述出来.

衡量论文的主要标准是:"假设的合理性,建模的创造性,结果的正确性和文字表述的准确性."这个标准要求我们必须具有较强的文字表述能力和深厚的写作功底.

5. 数学建模举例

首先介绍几个常见的数学模型,然后介绍一个建模的实例.

例 1(利息问题)　在金融业务中有一种利息叫做单利. 设 p_0 是本金,r 是计息期的利率,n 是计息期数,I 是 n 个计息期应付的单利,p 是本利和. 求本利和 p 与计息期数 n 的函数模型.

解　一个计息期的利息为 $p_0 r$,n 个计息期应付的单利为 $I = p_0 rn$,本利和为

$$p = p_0 + I = p_0 + p_0 rn,$$

于是得本利和与计息期数的函数关系,即**单利模型**

$$p = p_0 (1 + rn). \tag{附 E-1}$$

比如某人存入银行 1 000 元,定期 5 年的年利率为 2.9%,求 5 年期满后应得的利息与本利和.

本金 $p_0 = 1\,000$ 元,年利率为 $r = 2.9\%$,计息期数为 $n = 5$. 于是 5 年期满后应得的利息(即单利)为

$$I = p_0 rn = (1\,000 \times 2.9\% \times 5) \text{ 元} = 145 \text{ 元},$$

本利和为

$$p = p_0 + I = (1\,000 + 145) \text{ 元} = 1\,145 \text{ 元}.$$

当本金为 p_0,计息期(如 1 年)的利率为 r,t 是计息期数,并且每期结算一次,则第一个计息期满后的本利和为

$$p_1 = p_0 + p_0 r = p_0(1+r).$$

把 p_1 作为第二个计息期的本金,则第二个计息期满(如 2 年)后的本利和 p_2 为

$$p_2 = p_1 + p_1 r = p_0(1+r) + p_0(1+r)r = p_0(1+r)^2.$$

于是第 t 个计息期满后的本利和 p_t 为

$$p_t = p_0(1+r)^t. \tag{附 E-2}$$

这就是**复利模型**.

如果每期结算 m 次(如三个月结算一次,则 $m = 4$),那么每一新计息期的利率为 $\dfrac{r}{m}$,这样一个原计息期变成 m 个新计息期,原计息期数 t 变成 mt 个新计息期. 现将每个新计息期结算的本利和都作为下一个新计息期的本金,那么原 t 期后的本利和 p_{mt} 为

$$p_{mt} = p_0\left(1 + \frac{r}{m}\right)^{mt}. \tag{附 E-3}$$

式(附 E-3)给出了每期结算 m 次的复利模型,如果结算的次数 m 越来越多,且趋于无穷,则意味着每个瞬时立即存入,立即结算,这样的复利称为**连续复利**. 这就归结为下面的极限

$$\lim_{m \to \infty} p_0\left(1 + \frac{r}{m}\right)^{mt}.$$

为简化起见,令 $\dfrac{r}{m} = \dfrac{1}{n}$,则 $m = nr$,显然当 $m \to \infty$ 时,$n \to \infty$. 于是上述极限变成

$$\lim_{n \to \infty} p_0\left(1 + \frac{1}{n}\right)^{nrt} = p_0 \lim_{n \to \infty}\left[\left(1 + \frac{1}{n}\right)^n\right]^{rt}$$

$$= p_0\left[\lim_{n \to \infty}\left(1 + \frac{1}{n}\right)^n\right]^{rt} = p_0 \mathrm{e}^{rt}. \tag{附 E-4}$$

这是**连续复利**的数学模型. 引申到自然现象中,例如细菌的繁殖、生物的生长、放射性物质的衰减等,都是"立即产生,立即结算",因而属于连续复利问题. 自然界或人类社会中的许多事物和现象,如果其生长或消亡的速度与该事物的量成比例,那么该事物的变化将符合上面推导的以 e 为底的指数函数的规律.

例 2(测定生物体年龄*) 　碳 14(^{14}C)是放射性物质,随时间而衰减,碳 12 是非放射性物质. 活性人体因吸纳食物和空气,恰好补偿碳 14 衰减损失量而保持碳 14 和碳 12 含量不变,因而所含碳 14 与碳 12 之比为常数. 已测知一古墓中遗体所含碳 14 的数量为原有碳 14 数量的 80%,试求遗体的死亡年代.

*

---

　* 此法由 W. F. Libby 首创,因此他获得了 1960 年诺贝尔化学奖. 这一方法能准确测定 2.5 万年以下的年龄;改造后的方法,能准确测定 10 万年以上的年龄.

解 放射性物质的衰减速度与该物质的含量成比例,它符合指数函数的变化规律,设遗体当初死亡时 ^{14}C 的含量为 p_0,t 时的含量为 $p = f(t)$,于是 ^{14}C 含量的函数模型为

$$p = f(t) = p_0 e^{kt},$$

其中 $p_0 = f(0)$,k 是一常数.

常数 k 可以这样确定:由化学知识可知,^{14}C 的半衰期为 5 730 年,即 ^{14}C 经过 5 730 年后其含量衰减一半.故有

$$\frac{p_0}{2} = p_0 e^{5\,730k},$$

即

$$\frac{1}{2} = e^{5\,730k}.$$

两边取自然对数,得

$$5\,730k = \ln\frac{1}{2} \approx -0.693\,15,$$

求得 $k \approx -0.000\,120\,9$.于是 ^{14}C 含量的函数模型为

$$p = f(t) = p_0 e^{-0.000\,120\,9t}.$$

由题设条件可知,遗体中 ^{14}C 的含量为原含量 p_0 的 80%,故有

$$0.8p_0 = p_0 e^{-0.000\,120\,9t},$$

即 $0.8 = e^{-0.000\,120\,9t}$.两边取自然对数,得

$$\ln 0.8 = -0.000\,120\,9t,$$

于是

$$t = \frac{\ln 0.8}{-0.000\,120\,9} \approx \frac{-0.223\,14}{-0.000\,120\,9} \approx 1\,846.$$

由此可知,遗体大约已死亡 1 846 年.

例 3(人口问题) 英国学者马尔萨斯(Malthus,1766—1834)认为人口的相对增长率为常数(设时刻 t 人口数为 $p(t)$),即人口增长速度 $\frac{\mathrm{d}p}{\mathrm{d}t}$ 与人口总量 $p(t)$ 成正比,从而建立了 Malthus 人口模型

$$\begin{cases} \dfrac{\mathrm{d}p}{\mathrm{d}t} = ap, & (a > 0), \\ p(t_0) = p_0 \end{cases}$$

解方程,得

$$p(t) = p_0 e^{a(t-t_0)}.$$

它表明在假设人口增长速度与人口总量成正比的情况下,人口总数按指数规律增长.但常识告诉我们,这是不可能的.事实上人口数量还受环境、地理等各方面因素的约束,不可能无限制地增长.随着人口逐渐趋于饱和,人口数量必定停止增长,即 $\frac{\mathrm{d}p}{\mathrm{d}t} \to 0$.马尔萨斯的人口理论模型仅适用于生物种群(细菌、人类等)的生存环境(食物、空气、水等生物系统)较优雅、宽松的情况.当生物种群数量增长到一定值时,恶化的生态环境将抑制种群数量的增长,进而出现负增长,此时马尔萨斯人口模型便不适用了.许多学者相继提出了各种新的人口模型,比如,1837 年,荷兰生物数学专家 Verhulst 对 Malthus 人口模型加以修正,得出下述人口阻滞增长模型(Logistic 模型)

$$\begin{cases} \dfrac{\mathrm{d}p}{\mathrm{d}t} = (a - bp)p, \\ p(t_0) = p_0. \end{cases} \tag{附 E-5}$$

其中 $a > 0, b > 0$,且为常数. 式(附 E-5)中的第一式表示人口的相对增长率 $(a - bp)$ 不再是一个常数,它会随人口总量 p 的增大而减小. 当 $p \neq 0$ 且 $p \neq \dfrac{a}{b}$ 时,将方程分离变量后积分,得

$$\int_{p_0}^{p} \frac{\mathrm{d}u}{u(a - bu)} = \int_{t_0}^{t} \mathrm{d}t,$$

$$\frac{1}{a} \int_{p_0}^{p} \left(\frac{1}{u} + \frac{b}{a - bu} \right) \mathrm{d}u = \int_{t_0}^{t} \mathrm{d}t,$$

$$\frac{1}{a} \left(\ln \frac{u}{a - bu} \right) \Big|_{p_0}^{p} = t \Big|_{t_0}^{t},$$

得

$$\frac{1}{a} \ln \frac{p(a - bp_0)}{p_0(a - bp)} = t - t_0,$$

从而

$$\frac{p}{a - bp} = \frac{p_0 e^{a(t - t_0)}}{a - bp_0},$$

由此求出该初值问题的解为

$$p(t) = \frac{ap_0 e^{a(t - t_0)}}{a - bp_0 + bp_0 e^{a(t - t_0)}}. \tag{附 E-6}$$

现用式(附 E-6)分析我国人口总数的变化趋势

$$\lim_{t \to +\infty} p(t) = \frac{a}{b}, \tag{附 E-7}$$

其中 $a = 0.029$,而 b 可以如下求得.

1980 年 5 月 1 日我国公布的人口总数表明,1979 年底我国人口为 97 092 万人,当时人口增长率为 1.45%,于是

$$a - b \times 9.709\ 2 \times 10^8 \approx 0.014\ 5,$$

从而求得

$$b = \frac{0.029 - 0.014\ 5}{9.709\ 2 \times 10^8} = \frac{0.014\ 5}{9.709\ 2 \times 10^8},$$

于是 $\dfrac{a}{b} \approx 19.42$ 亿,即我国人口极限约为 19.42 亿人.

例 4(环境污染问题) 某水塘原有 50 000 t 清水(不含有害杂质),从时间 $t = 0$ 开始,含有有害杂质 5% 的浊水流入该水塘. 流入的速度为 2 t/min,在塘中充分混合(不考虑沉淀)后又以 2 t/min 的速度流出水塘. 问经过多长时间后塘中有害物质的浓度达到 4%?

解 设在时刻 t 塘中有害物质含量为 $Q(t)$,此时塘中有害物质的浓度为 $\dfrac{Q(t)}{50\ 000}$,于是有

$$\frac{\mathrm{d}Q}{\mathrm{d}t} = 单位时间内有害物质的变化量$$

$$= 单位时间内流进塘内有害物质的量 - 单位时间内流出塘$$
$$的有害物质的量$$

即

$$\frac{dQ}{dt}=\frac{5}{100}\times 2-\frac{Q(t)}{50\,000}\times 2=\frac{1}{10}-\frac{Q(t)}{25\,000}.$$

上式是可分离变量的方程,分离变量并积分得

$$Q(t)-2\,500=Ce^{-\frac{t}{2\,500}}.$$

由初始条件 $t=0,Q=0$ 得 $C=-2\,500$,故

$$Q(t)=2\,500(1-e^{-\frac{t}{2\,500}}).$$

塘中有害物质浓度达到 4% 时,应有 $Q=50\,000\,t\times 4\%=2\,000\,t$,这时 t 应满足

$$2\,000=2\,500(1-e^{-\frac{t}{2\,500}}).$$

由此解得 $t\approx 40\,236\,\text{min}=670.6\,\text{h}$,即经过 670.6 h 后,塘中有害物质浓度达到 4%,由于 $\lim\limits_{t\to+\infty}Q(t)=2\,500$,塘中有害物质的最终浓度为 5%.

例 5(刑事侦察中死亡时间的鉴定)　牛顿冷却定律指出:物体在空气中冷却的速度与物体温度和空气温度之差成正比.现将牛顿冷却定律应用于刑事侦察中死亡时间的鉴定.当一次谋杀发生后,尸体的温度从原来的 37℃ 按照牛顿冷却定律开始下降,如果两个小时后尸体的温度变为 35℃,并且假定周围空气的温度保持 20℃ 不变,试求尸体温度 H 随时间 t 的变化规律.又如果尸体发现时的温度是 30℃,时间是下午 4 点整,那么谋杀是何时发生的?

解　设尸体的温度为 $H(t)$,其冷却速度为 $\dfrac{dH}{dt}$,根据题意,

$$\frac{dH}{dt}=-k(H-20),$$

得微分方程

$$\begin{cases}\dfrac{dH}{dt}=-k(H-20),\\ H(0)=37,\end{cases}$$

其中 $k>0$ 是常数.分离变量并求解得

$$H-20=Ce^{-kt},$$

代入初值条件 $H(0)=37$,求得 $C=17$.于是得该问题的解为

$$H=20+17e^{-kt}.$$

为求出 k 值,根据两小时后尸体温度为 35℃ 这一条件,有

$$35=20+17e^{-k\cdot 2},$$

求得 $k\approx 0.063$,于是温度函数为

$$H=20+17e^{-0.063t}. \tag{附 E-8}$$

将 $H=30$ 代入式(附 E-8)求解 t,由 $\dfrac{10}{17}=e^{-0.063t}$,即得 $t\approx 8.4$ h.

于是,可以判定谋杀发生在下午 4 点尸体被发现前的 8.4 小时,即 8 小时 24 分钟,所以谋杀是在上午 7 点 36 分发生的.

例 6　通信卫星的覆盖面积模型.

(1)问题的提出.当我们坐在电视机旁为北京申办 2008 年奥运会获得成功而无比高兴之时,要想到这是通信卫星从万里之外传来的信息.一颗地球同步通信卫星的轨道位于地球的赤道平面内,且可近似地认为是圆轨道,通信卫星运行的角速率与地球自转的角速率相

同,即人们"看"到它是"挂"在天空不动的. 若地球半径 R 为 6 400 km,问卫星距地面的高度 h 应为多少? 试计算通信卫星的覆盖面积.

（2）问题的假设.

①卫星绕地球旋转的运行轨道近似为一个圆；

②卫星只受到地球的引力,不考虑其他星球对它的影响；

③地球是一个球体.

以球心为原点,建立空间直角坐标系,则球面方程为

$$x^2 + y^2 + z^2 = R^2.$$

（3）建模与求解. 设卫星距地面的高度为 h, M 为地球的质量, m 为卫星的质量, ω 为卫星的角速率, G 是万有引力常数, g 为重力加速度常数.

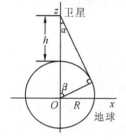

如附图 E-1 所示,取地心为坐标原点,地心到卫星中心的连线为 z 轴建立坐标系.

卫星所受的万有引力

$$F_{引} = G \frac{Mm}{(R+h)^2},$$

由牛顿第二定律,有

$$F_{离} = m\omega^2(R+h).$$

附图 E-1　　　所以有

$$G \frac{Mm}{(R+h)^2} = m\omega^2(R+h).$$

整理得

$$(R+h)^3 = \frac{GM}{\omega^2} = \frac{GM}{R^2} \cdot \frac{R^2}{\omega^2} = g \frac{R^2}{\omega^2}.$$

其中 g 为重力加速度. 于是解得

$$h = \left(g \frac{R^2}{\omega^2} \right)^{\frac{1}{3}} - R. \tag{附 E-9}$$

将 $g = 9.8 \text{ m/s}^2$、$R = 6\,400\,000 \text{ m}$、$\omega = \frac{2\pi}{24 \times 3\,600} \text{s}^{-1} = \frac{\pi}{12 \times 3\,600} \text{s}^{-1}$ 代入式（附 E-9）,有

$$h = \left[\left(9.8 \times \frac{6\,400\,000^2 \times 12^2 \times 3\,600^2}{\pi^2} \right)^{\frac{1}{3}} - 6\,400\,000 \right] \text{ m}$$

$$\approx 36\,000\,000 \text{ m} = 36\,000 \text{ km}.$$

设卫星的覆盖面积为 S,则由曲面积分,得

$$S = \iint\limits_{\Sigma} dS.$$

其中, Σ 是上半球面 $x^2 + y^2 + z^2 = R^2$ $(z \geqslant 0)$ 上被圆锥角 α 所限定的曲面部分.

将曲面积分转化为二重积分,得

$$S = \iint\limits_{\Sigma} dS = \iint\limits_{D} \sqrt{z_x^2 + z_y^2 + 1} \, dx \, dy,$$

而 $z_x^2 = \left(\dfrac{\partial z}{\partial x} \right)^2 = \dfrac{x^2}{R^2 - x^2 - y^2}$, $z_y^2 = \left(\dfrac{\partial z}{\partial y} \right)^2 = \dfrac{y^2}{R^2 - x^2 - y^2}$,将其代入上式便有

$$S = \iint\limits_{D} \frac{R \, \mathrm{d}x \, \mathrm{d}y}{\sqrt{R^2 - x^2 - y^2}}.$$

其中，D 为 xOy 面上的区域 $x^2 + y^2 \leqslant R^2 \sin^2 \beta$.

利用极坐标变换，得

$$S = \int_0^{2\pi} \mathrm{d}\theta \int_0^{R\sin\beta} \frac{R}{\sqrt{R^2 - r^2}} r \, \mathrm{d}r = 2\pi R \int_0^{R\sin\beta} \frac{r \, \mathrm{d}r}{\sqrt{R^2 - r^2}}$$

$$= 2\pi R \left[-\sqrt{R^2 - r^2} \right]_0^{R\sin\beta} = 2\pi R \left[R - \sqrt{R^2 - R^2 \sin^2 \beta} \right]$$

$$= 2\pi R^2 (1 - \cos\beta).$$

$\cos\beta = \sin\alpha = \dfrac{R}{R+h}$，将它代入上式得

$$S = 2\pi R^2 \left(1 - \frac{R}{R+h} \right) = 2\pi R^2 \frac{h}{R+h}, \qquad\qquad (\text{附 E-10})$$

此即为卫星覆盖面积的数学模型.

（4）分析与评价. 注意到地球表面 $S_{\text{表}} = 4\pi R^2$，卫星覆盖面积

$$S = 2\pi R^2 \left(\frac{h}{R+h} \right) = 4\pi R^2 \frac{h}{2(R+h)},$$

S 与 $S_{\text{表}}$ 的比值为

$$\frac{h}{2(R+h)} = \frac{36\ 000}{2 \times (6\ 400 + 36\ 000)} \approx 0.425.$$

也就是说，通信卫星的覆盖面积占地球表面积的三分之一以上. 要想覆盖整个地球表面，只需发射三颗相间角度为 $\dfrac{2}{3}\pi$ 的通信卫星就可以了.

最后，利用式（附 E-10）可以计算出通信卫星的实际覆盖面积. 这里取 $R = 6\ 400\ 000$ m，$\pi \approx 3.14$，$\dfrac{h}{2(R+h)} \approx 0.425$，则有

$$S \approx 4\pi \times 6\ 400\ 000^2 \times 0.425 \approx 2.19 \times 10^{14} \text{ m}^2 = 2.19 \times 10^8 \text{ km}^2.$$

附录 F　数学科学及数学文化简介

1. 什么是数学

什么是数学？有人认为数学是由"算术"、"代数"、"几何"、"三角"、"解析几何"、"微积分"、"集合论"、"概率论"、"数理统计"、"微分方程"、"线性代数"等分支所组成的，各个分支又是定理和公式的汇集. 数学的发展就是获得更多的定理和公式，从而建立起更多的数学分支. 这种把数学看成是定理、公式的汇集的观点，只看到数学发展最终结果的表现形式，是一种静态的观点. 如果把数学看成人类的一种活动，就不应该只局限于活动的结果，还应该看到数学活动过程的各个环节. 因此，诸如方法、问题、语言和观念等都应该是它的组成部分. 这也就是说，我们应该把数学看做是由理论、方法、问题、语言和观念等多种成分所组成的一个多元有机统一体.

上面是从数学所含的基本成分来审视数学的. 如果从数学的本质来看数学研究的对象，则因数学家所处的时代不同，各自所处的立场不同，采取的视角不同，会有许多不同甚至相左的观念. 如"数学是思维的体操"、数学是"人的自由创造物"，等等. 在纷纭众说中，恩格斯关于"数学是研究现实世界的空间形式和数量的关系的科学"的论述是很精辟的，它不仅指出了数学以数和形为其研究对象，而且指明了数学与客观实在的关系. 王梓坤先生指出，虽然时间已过去一百多年，但恩格斯的论述大体上还是恰当的，不过应当把"数量"和"空间"作广义的理解. 随着数学的现代发展，许多学者又认为数学是研究量化模式的科学. 数学所含的基本成分，诸如概念、命题、问题、方法等都具有普遍的意义，都是一种模式.

我们以系统论的观点，从更大的范围来审视数学，就可以把数学看成是一种文化. 文化，广义地说，是指人类社会历史实践过程中所创造的物质财富和精神财富的总和. 数学对象并不是物质世界中的真实存在，而是人们在社会实践中创造出来的精神财富，是抽象思维的产物，正是从这个意义上，数学就是一种文化.

从文化的内涵来看，一般认为数学含有三个要素：数学知识成分、数学观念成分和数学社会建制成分. 所谓数学知识成分，即指对数学的研究对象、数学与实践的关系、数学的价值等的认识；所谓数学社会建制，即指数学家的工作方式、组织形式和使用的工具等. 把数学视为数学知识、数学观念、数学社会建制的有机统一体，我们就可以用有关文化科学的观点与方法来研究数学的演化发展问题.

数学最初只是作为整个人类文化的一个部分得到发展的. 随着数学本身和整个人类文明的进步，数学又逐步表现出相对独立性，特别是数学的现代发展在很大程度上是由其内部因素所决定的. 数学逐渐形成了自己特殊的发展规律和价值标准. 因此，现代数学应该视为一个相对独立的文化系统. 同时，由于数学的外部环境为数学的发展提供了重要的动力和调节因素，因此数学系统又是一个开放系统，它是整个人类文化系统的一个子系统.

2. 数学发展的动力

作为文化系统组成部分的数学，其演变发展是内部遗传力量和外部环境力量共同作用的结果. 所谓遗传力量，是指数学知识中的理论或领域的潜能，它通过激活单个数学家的综合能力而实现新概念、新理论的创立.例如,复数概念的产生就是遗传力量作用的结果.16世纪在解一元三次代数方程时,曾在形式上推导出现了$\sqrt{-1}$这个符号.根据开方的定义,它表示一个平方后为-1的数,这与当时的观念相悖,无法理解,认为这是虚无缥缈的东西.但只有将它纳入数系之后,才可断言一元$n(n \geqslant 1)$次代数方程有n个根的重要定理.于是,硬是发明了可被接受的复数概念,并通过其几何表示和代数解释而成为数学知识体系中的经典概念.又如非欧几何源于数学家对欧氏几何第五公设的独立性的考虑,柯西、魏尔斯特拉斯的极限理论源于对早期微积分逻辑基础的追求等,这些数学中的新概念、新方法、新理论都是数学自身直接作用的结果.

数学内部问题和数学各分支学科的聚合,也促进了数学的发展.所谓聚合,是指数学演化中一种具有多层内涵的概念,它既可指力,又可指反映演化的行为过程.例如,射影概念与欧氏几何的聚合形成射影几何,代数与几何的聚合形成解析几何,代数与逻辑的聚合形成数理逻辑,微分与积分的聚合产生了微积分基本定理.

遗传力量是属于数学知识内部的潜能,聚合作为一种动力主要发生在数学内部,以及数学与自然科学、社会科学之间.环境力量则指数学之外的社会演变和特殊事件作用于数学的力,是一种外力.数学产生的本源就是环境力量作用的结果.在数学的发展长河中也经常受到外部环境力量的推动.例如,20世纪30年代德国法西斯势力的排犹运动,曾使大量欧洲科学家包括数学家向美国移民,为美国数学界输入众多数学文化要素,对美国数学发展产生了重要作用.再如,20世纪30—40年代,运筹学、对策论、信息论、控制论、系统分析、计算机科学等一系列数学新学科,都是在第二次世界大战的环境中遇到实际需要的刺激逐渐形成的.

3.数学的科学性

数学有高度的抽象性、推理的严谨性、结论的确定性及应用的广泛性,同时还有纯净的优美性.它既具有科学性,又具有艺术性,是科学性与艺术性的统一体.

数学的科学性主要表现在下面几个方面.

就数学的作用来看,它有广泛的应用性.这一点,我们在前面已经作了论述.就数学概念、理论渊源来看,它是从客观原型抽象出来的,这一点与其他科学有着共同性.但数学的抽象,还可以在已有概念、理论的基础上再进行抽象,甚至多次抽象,这种抽象的层次性是区别于其他科学抽象的显著特点.就数学结论被确认来看,它的结论必须建立在严格可靠的基础上,符合逻辑规律,这与其他科学是共同的.特别是它的结论被确认,必须建立在论证推理的基础上,理论体系是用公理化方法以演绎体系组织起来的.因此,它有着严密的逻辑性.关于数学的科学性,我们还可以从数学家的研究活动作些较详细的分析.就数学家活动而言,存在如下几个标准.

(1)实践标准.这是指一个数学理论被社会实践检验与现实相符,这就表明了这个理论具有现实真理性.

(2)美学标准.这是指可以依据美学原则,作出对数学理论的选择和判断.

(3)数学标准.这是指数学理论研究的数学意义的分析.例如,新的研究是否有利于认识的深化以及方法论上的进步等.

由上可知,就数学家研究工作而言,实践标准和数学标准最为重要.

首先,人类的实践活动为数学的认识提供了最根本的源泉.数学就整体、过程、总和、源泉来说,是人类思维对于客观世界量性规律的反映,这也就表明了并非一切数学概念、命题都是直接简单的反映,而更多的是一种间接、能动的反映.显然,自然科学也有这一特点,这正是数学科学性的最根本的含义.

其次,数学命题和理论的价值在很大程度上取决于它的数学意义.数学家们在自己的研究中常常是由一定的假设出发进行演绎,再通过结论与事实的比较,对原先的假设进行检验.然而与一般科学不同的是,数学中用于检验的"单称命题",并非通常意义上的观察报告,而是数学中的事实,即其本身也是证明或计算的结果.这就表明数学与自然科学不同的特点,即数学并非一般意义上的经验科学,而是有自己独特的价值标准的.

4. 数学的艺术性

数学的艺术性表现在如下几个方面.

(1)对美的感受.艺术能使人感受到美,数学也能使人感受到美.这正如法国数学家、物理学家庞加莱(J. H. Poincare,1854—1912)所说:"首先,内行们从数学中得到乐趣,就像人们从绘画和音乐中得到的一样.他们欣赏数和形的精美的和谐,他们惊奇地看到,新的发现向他们展示了意外的前景并因而给他们带来欢乐,尽管美学并未介入,但这难道没有美学特征吗?只有少数几个有特权的人可以说欣赏了它的全部美,但在最高尚的艺术中不也正是如此吗?"

(2)对美的赞赏与追求提供了重要的工作动力.艺术家的工作动力来源于对美的赞赏与追求.对于数学家来说,对美的赞赏与追求,同样提供了重要的工作动力.对美的赞赏与追求也就是个人情感溶于数学研究之中;如果没有这种情感,就不可能有持久的工作热情,从而也就不可能取得重大的、有意义的成果.

(3)数学家与艺术家有相似的工作素质.一位艺术家需要有丰富的想象力,一位真正的数学家同样需要有丰富的想象力,这是创造性工作必不可少的工作素质,在其他基本素质方面也有许多相似之处.对此 M.布切尔作了很好的论述,他说:"我几乎更喜欢把数学看做艺术,然后才是科学,因为数学家的活动是不断创造的,它虽不被感官的外界所控制,却和艺术家,例如画家的活动相似,我想这不是幻想出来的,而是真实情况.数学家的严格演绎推理在这里可以比作画家的绘画技巧,就如同不具备一定的技巧就成不了好画家一样,不具备一定准确程度的推理能力就成不了数学家."

(4)数学与艺术一样都是创造性的活动.这正如哈尔莫斯所说:"数学是创造性的艺术,因为数学家创造了美好的新概念;数学是创造性的艺术,因为数学家像艺术家一样地生活,一样地工作,一样地思索;数学是创造性的艺术,因为数学家这样对待它."

(5)数学的创造性有着相对的自由性.数学的创造活动在很大的程度上是按照美的规律进行的.这就如同 R.卡米查尔所说:"数学基本上是一门自由的科学.它的可能的选题范围好像是没有限制的,至于从这些可能的课题中选择哪些进行实际研究,那仅仅是出自兴趣和美的考虑."

5. 数学对人类文化的作用

就数学文化与整个人类文化的关系而言,一方面应看到人类文化对数学的作用,在上面谈到的数学外部环境对于数学发展的促进和调节作用,这在一定程度上也就论述了人类文化对数学的作用;另一方面,还应看到相反的一面,也就是数学对整个人类文化所起的作用.

随着社会文明的进步以及数学本身的发展,数学在人类文化中的地位和作用显得越来越重要,这主要表现在如下几个方面.

(1)数学是科学的辅助工具. 马克思说:"一门科学只有当它达到了能够成功地运用数学时,才算真正发展了."这是对数学作用的精辟论述,也是对科学数学化趋势的深刻预见. 事实上,数学在自然科学、社会科学方面的应用越来越广泛了,它是科学研究中的得力辅助工具. 它通过简明凝练的数学语言,把所要研究的科学问题描述出来,通过简洁的数学语言,把科学规律表述得一清二楚. 科学的数学化,使之对问题的研究更加深入,使科学得到真正的发展.

(2)数学是思维的工具. 数学需要运用抽象思维去把握实在,它有推理的严密逻辑性和结论的可靠性,它是辩证的辅助工具和表现形式. 通过学习数学,能够增强人们的思维本领,提高科学抽象能力、逻辑推理能力、辩证思维能力和形象思维、直觉思维等发现发明的合情推理能力,从而数学是人类分析问题和解决问题的思维工具.

(3)数学是理性的艺术. 数学是一种富有理性美的艺术,它蕴藏着内在的、深邃的、理性的美. 数学能陶冶人的美感,增进理性的审美能力. 一个人的数学造诣愈深,愈是拥有一种理性洞察力和由美感所驱动的选择力,正是这种能力有助于使数学成为人们探索宇宙奥秘和揭示规律的重要力量.

(4)数学能促进人类思想解放. 美国数学史家 M. 克莱因(M. Kline,1908—   )说:"在最广泛的意义上说,数学是一种精神,一种理性的精神. 正是这种精神,使得人类的思维得以运用到最完善的程度,亦正是这种精神,试图决定性地影响人类的物质、道德和社会生活;试图回答有关人类自身存在提出的问题;努力去理解和控制自然;尽力去探求和确立已经获得知识的最深刻的和最完满的内涵."整个数学是智慧的宝库,它充满了理性探索精神,不断地为人们提供新概念、新方法,促进人类思想的解放. 无理数、虚数、非欧几何的诞生等就是有力的例证. 古希腊强调严密推理、追求理想与美的数学高度发达,才使得古希腊具有优美的文学、极端理性化的哲学、理想化的建筑与雕刻,才使得古希腊社会有着灿烂的文化. 中世纪的数学衰落了,中世纪的文化也是一片黑暗. 文艺复兴时出现了绘画艺术,是与射影几何的发展紧密相连的. 今天数学对整个人类文化起着愈来愈重要的作用,今后还会大大促进人类的思想解放,使人成为更全面、更丰富、更有力量的人.

附录 G　部分中外知名数学家简介

下面介绍本教材涉及的数学家及部分有关中外著名数学家的史料或简介.

1. 狄利克雷(Dirichlet,1805—1859)

狄利克雷是德国数学家,生于迪伦,曾在科隆大学、哥廷根大学和巴黎大学学习过. 1831年任柏林大学副教授,后任教授,并先后当选为英国皇家学会会员、法国科学院院士和柏林科学院院士. 狄利克雷的贡献涉及数学的各个方面,其中以数论、分析和位势论最著名. 他是解析数论的创始人. 在数论中,他创造了狄利克雷级数;在位势论中,他论及关于调和级数的狄利克雷问题;在三角级数论方面,他给出了关于三角级数收敛的狄利克雷条件. 数学中的一些概念和原理等都与狄利克雷的名字联系在一起.

2. 费马(Pierre de Fermat,1601—1665)

费马生于法国南部的波蒙(Beaumont),他是地方议会的议员,是一个业余的数学家,快30岁时他才认真注意数学,在数论、解析几何、概率论三方面都有重要贡献. 在笛卡儿《几何学》出版之前,他就有了解析几何的思想,与笛卡儿一样,提出用方程来表示曲线,并通过对方程的研究来推断曲线的性质. 费马写过关于解析几何的小文,但直到1679年才发表出来. 但他在1629年已发现了坐标几何的基本原理,这比笛卡儿发表《几何学》的年代1637还早. 笛卡儿当时已完全知道费马的许多发现,但否认他的思想是从费马那里来的. 在费马的文章中,方程 $y=mx,xy=k^2,x^2+y^2=a^2,x^2\pm a^2y^2=b^2$,已被指明为直线和圆锥曲线.

费马在1639年发现求极大极小值的方法,还将无穷小思想应用到求积分问题上,这是微积分的先声.

费马提出的两个定理被后人称为小定理和大定理,后者又被人称为最后定理. 小定理是说:若 p 是个质数,而 a 与 p 互质,则 a^p-a 能为 p 整除. 大定理说:对 $n>2,x^n+y^n=z^n$ 不可能有整数解. 费马本人似乎并未证明,或者说他的证明从未被人找到过,而以后上百名优秀的数学家都未能给予证明.

费马提出过数论方面的许多定理,但只对一个定理作出了证明,而且这证明也只是略述大意. 18世纪许多出色的数学家都曾努力想证明他所提出的结果,这些结果只有一个被证明是错的(列出一个对各种 n 值都能得出质数的公式,如今不难证明:除非 m 是2的乘幂, 2^m+1 不可能是个质数). 费马无疑是伟大的直观天才.

3. 罗尔(M. Rolle,1652—1719)

罗尔,法国数学家,出身于小店主家庭,只受过初等教育,他利用业余时间刻苦自学代数与丢番图(Diophantus,希,246—330)的著作,并很有心得. 1682年他解决了数学家奥托南(Ozanam)提出的一个数学难题,便名声大振,从1685年开始进入法国科学院工作.

罗尔在数学上的主要成就在代数方面,专长于丢番图方程的研究. 1690年他的专著《代数学讲义》问世,在这本书中他论述了仿射方程组,提出了方程组的消元法,研究了有关最大公约数的某些问题. 1691年他发表了《任意一次方程的一个解法的证明》,并指出:在多项式方程 $f(x)=0$ 的两个相邻实根之间,方程 $f'(x)=0$ 至少有一根. 但他没有给出证明. 这个定理本来和微分学无关,因为当时罗尔还是微积分的怀疑者和极力反对者,他拒绝使用微积分.但在一百多年之后即 1846 年尤斯托·伯拉维提斯(Giusto Bellaritis)将这一定理推广到可微函数,即如果 $f(x)$ 在 $[a,b]$ 上连续,且在这个区间内部 $f'(x)$ 存在,又 $f(a)=f(b)$,则在 $[a,b]$ 内至少有一点 c,使 $f(c)=0$,并将此定理命名为罗尔定理.

此外,罗尔还研究并得到了与现在相一致的实数集序的观念,促成了目前所采用的负数大小顺序性的建立,还设计并提出了一个数 a 的 n 次方根的符号 $\sqrt[n]{a}$.这个符号也一直沿用至今.

4. 拉格朗日(Joseph Louis Lagrange,1736—1813)

拉格朗日是稍后于欧拉的大数学家,19 岁起与欧拉通信,探讨"等周问题",奠定了变分法的基础.拉格朗日在 1764 年解决了法国科学院提出的月球天平动问题,并得奖.当科学院提出一个比达朗贝尔、欧拉研究过的三体问题更为困难的木星四卫星的问题时,拉格朗日用近似解法克服了困难,得出结果,于 1766 年再次获奖.在这些问题中他大量使用了微分方程的理论.

拉格朗日在早期的著作中对级数收敛与发散的区别是不清楚的.如他在一篇文章中说,如果一个级数收敛到它的尽头,即如果它的第 n 项趋向于 0 的话,这个级数将表示一个数.又如级数 $1-1+1-1+\cdots$ 的和为 $\dfrac{1}{2}$ 也为拉格朗日所接受.后来,18 世纪末,当他研究 Taylor(泰勒)级数时,他给出了我们今天所谓的泰勒定理,即

$$f(x+h)=f(x)+f'(x)h+\cdots+f''(x)\cdot\frac{h^n}{n!}+R_n,$$

其中 $R_n=f^{(n+1)}(x+\theta h)\dfrac{h^{n+1}}{(n+1)!}$,而 θ 值在 0 与 1 之间,这个余项就是有名的拉格朗日形式.他说泰勒级数不考虑余项是一定不能用的!然而,他并没有研究收敛性的概念,或者余项的值与无穷级数的关系.收敛性后来由柯西(Cauchy)加以研究.

拉格朗日在柏林的 20 年间,完成了牛顿以后最伟大的经典力学著作《分析力学》.这本书他从 19 岁起便开始酝酿,经时 33 年而完成,出版时他已 52 岁.这本不朽的著作建立了优美而和谐的力学体系.

法国资产阶级大革命期间(1789 年开始),革命政府一度下令将所有外国人驱逐出境,但特别声明拉格朗日是这法令的例外,由此可见当时人们对拉格朗日的尊崇.

晚年他完成了分析巨著《解析函数论》和《函数计算讲义》.他曾企图抛弃自牛顿以来模糊不清的无穷小概念,想从级数建立起全部的分析学,以为这样可以克服极限理论的困难.可是无穷级数的收敛问题仍逃避不了极限问题,《解析函数论》在这方面没有成功,但书中对函数的抽象处理,却可以说是实变函数论的起点.

5. 柯西(Augustin Louis Cauchy,1789—1857)

柯西是历史上少有的大分析学家,1805 年考入理工科大学学习工程.由于他的健康状况很差,拉格朗日和拉普拉斯就劝他献身于数学.在他幼年时,拉格朗日、拉普拉斯常和他父亲来往,曾预言柯西日后必成大器,事实果然如此.在数学方面他一生写的论文超过 700 篇.一生中他最大贡献之一是在微积分中引进严格的方法.柯西在 1816 年 27 岁时成为教授.柯西的贡献遍及数学各个领域,特别在级数、微分方程、数论、复变函数、行列式和群论、天文、

光学、弹性力学等方面都留下了大量的论文. 他的全集有 26 卷,在数量上仅次于欧拉,1821
年出版了《分析教程》,以后又出版了《无穷小计算讲义》和《无穷小计算在几何中的应用》. 这
几部著作具有划时代的意义,其中给出了分析学一系列基本概念的严格定义. 柯西的极限定
义至今还普遍沿用着.

我们知道 17—18 世纪数学家对级数的收敛性不是很注意,但进入 19 世纪后不少数学
家如阿贝尔、波尔察诺、柯西和高斯都指出,要在数学中合理地使用无穷级数,必须先给出无
穷级数收敛性的定义和判别法. 柯西是奠定无穷级数收敛性理论的主要人员,并且对当代数
学产生了广泛的影响. 柯西的无穷级数收敛性定义与现在一样,是用级数的部分和 s_n
当 $n \to \infty$ 时极限存在与否来定义的.

如上所述,柯西虽然用极限的概念给出微积分概念的一般形式,但还不能说十分严格.
在他的叙述中,仍有一些语句需要作进一步解释,如"无限地趋近","要怎样小就怎样小"等.
再则,在柯西的叙述中,还有一些细小的逻辑缺陷,其中之一是对无穷集合的概念欠明确. 另
一个明显的缺陷是对最基本概念——数略去明确定义. 后来波尔察诺、魏尔斯特拉斯等解决
了上述的一些缺陷.

6. 洛必达(G. F. A. L' Hospital,1661—1704)

洛必达,法国数学家,出身于法国贵族家庭,很早即显示出数学才华,15 岁时就解决了
帕斯卡所提出的一个摆线难题. 他是约翰·伯努利的高足,是莱布尼茨微积分的忠实信徒,
法国科学院院士.

洛必达最大的功绩是 1696 年撰写和出版了世界上第一本系统的微积分教程《阐明曲线
的无穷小分析》. 这部著作后来多次修订再版,为在欧洲大陆,特别是在法国普及微积分起了
重要作用. 这本书追随欧几里得和阿基米德古典范例,以定义和公理为出发点,给出了微分
运算的基本法则和例子,确定了曲线在给定点处斜率的一般方法,讨论了极大、极小问题,还
引入了高阶微分. 特别值得指出的是,在这部书的第九章中洛必达提出了求分子分母同趋于
零的分式极限的法则,即所谓"洛必达法则":如果 $f(x)$ 和 $g(x)$ 是可微函数,且 $f(a)$
$= g(a) = 0$,则 $\lim\limits_{x \to a} \dfrac{f(x)}{g(x)} = \lim\limits_{x \to a} \dfrac{f'(x)}{g'(x)}$. 当然,须在右端的极限存在或为 ∞ 的情况下. 只不过
当时洛必达的论证没有使用函数的符号,是用文字叙述的,这个法则实际上是他的老师约翰
·伯努利在 1694 年 7 月 22 日写信告诉他的. 现在一般微积分教材上用来解决其他未定式
极限的法则,是后人对洛必达法则所作的推广. 例如,求未定式 $\dfrac{\infty}{\infty}$,$\infty - \infty$ 的法则就是后来欧
拉(Euler)给出的,但现在都笼统地叫做"洛必达法则".

洛必达还写过一本关于圆锥曲线的书——《圆锥曲线分析论》.

洛必达豁达大度,气宇不凡,与当时欧洲各国的主要数学家都有交往,从而成为全欧传
播微积分的著名人物.

7. 牛顿(IsaccNewton,1642—1727)

艾萨克·牛顿于 1642 年 12 月 25 日出身于英国林肯郡的一个普通农民家庭,1727 年 3
月 20 日,卒于英国伦敦,死后安葬在威斯敏斯特大教堂内,与英国的英雄们安息在一起. 墓
志铭的最后一句是:"他是人类的真正骄傲". 当时法国大文豪伏尔泰正在英国访问,他不胜
感慨地评论说,英国纪念一位科学家就像其他国家纪念国王一样隆重.

　　牛顿是世界著名的数学家、物理学家、天文学家,是自然科学界崇拜的偶像.单就数学方面的成就,就使他与古希腊的阿基米德、德国的"数学王子"高斯一起,被称为世界三大数学家。

　　牛顿将毕生的精力献身于数学和科学事业,为人类作出了卓越贡献,赢得了崇高的地位和荣誉.1669 年,即 27 岁时,他写出了第一部重要著作——《运用无穷多项方程的分析学》,首次披露了流数术和反流数术(即后来所称的微分和积分).虽两年后才公开出版,但他的导师巴罗(Barrow,英,1630—1677)已从牛顿的手稿中窥视到数学的新纪元,毅然举荐牛顿接替了由他担任的"路卡斯教授"职位.1672 年,牛顿设计、制造了反射望远镜,并因此被选为皇家学会会员.1688 年,他被推选为国会议员.1697 年,他发表了不朽之作《自然哲学的数学原理》.1699 年他任英国造币厂厂长.1703 年他当选为英国皇家学会会长,以后连选连任,直至逝世为止.1705 年他被英国女王封为爵士.莱布尼茨说:"在从世界开始到牛顿生活的年代的全部数学中,牛顿的工作超过一半."

　　牛顿登上了科学的巅峰,并开辟了以后科学发展的道路.他成功的因素是多方面的,但主要因素有三个.

　　首先,时代的呼唤是牛顿成功的第一个因素.牛顿降生的那一年,正是伽利略被宗教迫害致死的那一年.他的青少年时期仍是新兴的资本主义与衰落的封建主义殊死搏斗的时期.当时在数学和自然科学方面已积累了大量丰富的资料,到了由积累到综合的关键时刻.伽利略发现了落体运动,开普勒研究了行星运动,费马的极大极小值(1637),笛卡儿的坐标几何(1637)等大量成果,都是牛顿培育科学的沃土良壤.牛顿是集群英之大成的能手.他曾写道:"我之所以比笛卡儿等人看得远些,是因为我站在巨人的肩膀上."

　　其次,牛顿惊人的毅力,超凡的献身精神,实事求是的科学态度,殚精竭虑的缜密思考,以及谦虚的美德等优秀品质,是他成功的决定性因素.

　　牛顿是一个不足月的遗腹子,三岁时母亲改嫁,他被寄养在贫穷的外婆家,自小未曾显露出神童般的才华和超常的禀赋.上小学时他对学习不感兴趣,爱制作小玩具,学业平庸,时常受到老师的批评、同学的欺负.但上中学后,随着年岁渐长,不甘遭受同学白眼,加之由制作小玩具发展到制作水车、风车、水钟、日晷等实用器物,受到师生的好评.他对自然科学产生了浓厚兴趣,并立志要报考名牌大学,从而发奋读书,学习成绩突飞猛进.小牛顿曾与一位青梅竹马的漂亮女孩卿卿我我,但权衡爱情与事业,还是下决心选择了充满荆棘的科学险途.为此,他抛弃了"世俗的冠冕",去摘取"光荣的桂冠"以至于终身未娶.

　　1661 年,牛顿如愿以偿,以优异的成绩考入久负盛名的剑桥大学三一学院,开始了苦读生涯.临近毕业时,不幸鼠疫蔓延,大学关门,牛顿负笈返里,一住两年.这两年是牛顿呕心沥血的两年,也是他辉煌一生踌躇峥嵘的两年.他研究了流数术和反流数术,用三棱镜分解出七色彩虹,由苹果落地发现了万有引力定律;他进行科学实验和研究到了如痴如狂的地步,废寝忘食,夜以继日.有人说:"科学史上没有别的成功的例子可以和牛顿这两年黄金岁月相比."

　　1667 年他返回剑桥大学,相继获得学士学位和硕士学位,并留校任教,他艰苦奋斗,三十多岁就白发满头.牛顿矢志科学的故事脍炙人口,广为流传.比如有一次煮鸡蛋,捞出的却是怀表.1685 年写传世之作《自然哲学的数学原理》的那些日子里,他很少在深夜两三点钟以前睡觉,一天只睡五六个小时.有时梦醒后,披上衣服就伏案疾书.有一次朋友来访,摆好饭菜,等不到牛顿就餐,客人只好独酌独饮,待牛顿饥饿去用餐时,发现饭菜已经用完,才顿时"醒悟"过来,自言自语道:"我还以为我没有吃饭,原来是我搞错了."说完又转身回到实验室.

牛顿并不只是苦行僧式的刻苦,更重要的是他有敏锐的悟性、深邃的思考、创造性的才能,以及"一切不凭臆造"、反复进行实验的务实精神.他曾说,"我的成功当归于精心的思索","没有大胆的猜想就做不出伟大的发现".

牛顿一生功绩卓著,成绩斐然,但他自己却很谦虚,临终时留下了这样一段遗言:"我不知道世人会怎样看我;不过,我自己觉得,我只像一个在海滨玩耍的孩子,一会儿拣起块比较光滑的卵石,一会儿找到个美丽的贝壳;而在我面前,真理的大海还完全没有发现."

牛顿有名师指引和提携,这是他成功的第三个因素.在大学期间,他学业出类拔萃,博得导师巴罗的厚爱.1664年,经过考试,被选拔为巴罗的助手.1667年3月从乡下被巴罗召回剑桥,翌年留校任教.由于成就突出,39岁的巴罗欣然把数学讲座的职位让给年仅27岁的牛顿.巴罗识才育人的高尚品质在科学界传为佳话.

牛顿是伟大的科学家.他的哲学思想基本上属于自发的唯物主义,但他信奉上帝,受亚里士多德的影响,认为一切行星的运动产生于神灵的"第一推动力",晚年陷入唯心主义.

牛顿是对人类作出卓绝贡献的科学巨擘,得到世人的尊敬和仰慕,英国诗人蒲柏(A. Pope,1688—1744)曾这样赋诗赞誉(杨振宁译):

> 自然与自然规律为黑暗隐蔽,
>
> 上帝说,让牛顿来!
>
> 一切遂臻光明.

8. 莱布尼茨(Gottfried Wilhelm Leibniz,1646—1716)

莱布尼茨生于德国东部的莱比锡,他是微积分发明者之一.1666年他20岁时,写了论文《论组合的艺术》,这是一本关于一般推理方法的著作,因此获得了阿尔特道夫(Aldorf)大学的哲学博士.他于1670—1671年间写了一篇力学论文,1671年左右又制造出了计算机.1672年作为梅因兹(Mainz)选帝侯的大使出访巴黎.这次访问使他有机会同数学家和科学家接触,并激起了他对数学的兴趣.虽然他是一位外交官,却深入地钻研了数学.除了是外交官外,他还是哲学家、法学家、历史学家、语言学家和先驱的地质学家.他在逻辑学、力学、数学、流体静力学、气体学、航海学和计算机方面做了许多重要的工作.1669年他提议建立德国科学院.他从1684年起发表微积分论文,然而,他的许多成果,以及他的思想的发展,都包含在他从1673年起写的,但从未发表过的成百页的笔记本中.1714年他写了《微分学的历史和起源》,这本书给出一些关于他自己思想发展的记载.莱布尼茨第一篇微分学论文发表在1684年《学艺》杂志上,这是世界上最早的微分学文献.1686年他在同一个刊物上发表了他的第一篇积分学论文.1677年他给出微分的四则运算法则,但没有证明.现在使用的积分符号与微分符号是莱布尼茨引进的.他曾用 omn 表示积分,1675年他用 $\int$ 代替 omn,例如 $\int x$ 就是 $\int x\,dx$.莱布尼茨终生努力的主要动机是要寻求一种可以获得知识的创造发明的普遍方法,这种努力使他有了许多数学的发现.

莱布尼茨虽是微积分的创始人之一,但他也有失算的地方.17—18世纪时,级数方面的工作大都是形式的,收敛发散的问题是不太认真对待的.对级数 $1-1+1-1+\cdots$ 莱布尼茨曾认真地研究过,得出的结论是这个级数的和应为 $\dfrac{1}{2}$.当然这是错误的,但总的看来他多少意识到了收敛性的重要性.1713 年 10 月 23 日他在给约翰·伯努利的一封信中,提到了一个判断交错级数收敛性的定理,这类级数现在称为莱布尼茨型级数.

牛顿的主要微积分著作是在 1665—1666 年完成的,莱布尼茨的著作则在 1673—1676 年完成.可是正式发表微积分论文,莱布尼茨比牛顿早三年.争吵谁先发明微积分是没有意义的.在当时,这件事使英国的和欧洲大陆的数学家停止了思想交换.英国拒绝阅读任何用莱布尼茨的记号写的文章.另外,在牛津和剑桥大学甚至不容许任何一个犹太人或不相信英国国教的人入学.英国人在牛顿死后的一百多年中仍坚持用牛顿在"原理"中使用的几何方法为主要工具,而欧洲大陆的数学家继续用莱布尼茨的分析法.这使欧洲大陆的数学家工作取得了进步,英国的数学家落在欧洲大陆数学家的后面,从而使数学界丧失了一些有才能的人本应作出贡献的机会.

9. 泰勒(B. Taylor,1685—1731)

泰勒,英国数学家,1709 年毕业于剑桥大学圣约翰学院,获法学学士学位,1712 年被选为皇家学会会员,1714 年获法学博士学位,1714—1718 年担任皇家学会秘书.

泰勒在 1715 年出版《增量法及其逆》一书,这本书发展了牛顿的方法,并奠定了有限差分法的基础.在这本书中他力图阐明微积分的基本思想以补充牛顿和莱布尼茨所创造的微积分的遗漏.这本书中还载有现在微积分中以他的名字命名的泰勒定理和泰勒公式.他把牛顿内插法大大推进了一步,并为把一个函数表为无穷级数奠定了基础.

10. 麦克劳林(Maclaurin,1698—1746)

麦克劳林亦译马克劳林,英国数学家,生于英格兰的基尔莫丹,11 岁考入格拉斯哥大学,15 岁获得硕士学位,19 岁担任阿伯丁大学的数学教授,21 岁(1719 年)被选为伦敦皇家学会会员.1722—1726 年麦克劳林在法国巴黎从事研究工作,回国后,在爱丁堡大学任数学教授.麦克劳林是牛顿的学生和继承者,在数学分析领域,麦克劳林建立了积分的收敛条件、级数及其求和公式,第一个发现了幂级数的函数展开式,并用待定系数法证明了著名的"麦克劳林级数",即函数在零点时的幂级数展开式.

11. 伯努利(Bernoulli)家族

现在所说的微分方程中的伯努利方程 $\dfrac{\mathrm{d}y}{\mathrm{d}x}=P(x)y+Q(x)y^n$,是詹姆斯·伯努利(James Bernoulli)在 1695 年提出来的.1696 年莱布尼茨证明了利用变换可以把方程化为线性方程.伯努利家族从尼古拉·伯努利(Nicolaus Bernoulli,1623—1708)算起,祖孙四代出过数十位数学家.詹姆斯·伯努利是用微积分求常微分方程问题分析解的先驱者之一,他在 1690 年提出悬链线问题,1691 年他的弟弟约翰·伯努利以及其他一些数学家都发表了他们各自关于悬链线问题的解答,为此约翰感到莫大的骄傲.因为他哥哥提出了这个问题却没有能解决,约翰非常急于成名而开始和他哥哥竞争.1694 年约翰引进了等交曲线或曲线族问题(这个问题在光学中是重要的),并向他哥哥詹姆斯挑战.但詹姆斯只解决了一些特殊的实例,导出了一些特殊曲线族的正交轨线的微分方程,并且在 1698 年解出了它.正交轨线的进一步工作是由约翰的儿子尼古拉第三在 1716 年完成的.约翰的另一个儿子丹尼尔(Daniel)是彼得堡科学院的数学教授,那时才 25 岁,他最早的著作是解决里卡蒂(Riccati)方程问题,丹尼尔在概率论、偏微分方程、物理、流体动力学等方面都有贡献,曾荣获法国科学院奖金 10 次之多,当时就享有盛名,丹尼尔在弦振动问题上也作出过贡献.

12. 笛卡儿(Descartes,1596—1650)

笛卡儿是法国数学家、哲学家、物理学家,解析几何的奠基人之一.1596年3月31日他出生于图伦,1650年2月11日卒于瑞典斯德哥尔摩.

笛卡儿出身于一个富有的律师之家,不满周岁,其母逝世,自幼体弱多病,8岁进入耶稣教会学校.校长怜其孱弱,允许他晚起,自由支配早读时间,从而养成了终生卧床沉思的习惯.1612年入读普瓦捷大学,攻研法学,四年后获博士学位.为了了解社会,探索自然,1618年开始在荷兰、德国体验军旅生活,1621年离开军营后遍游欧洲各国.1625年回到巴黎,从事科学工作.1628年变卖家产,到安静的荷兰定居,潜心著述达20余年.1649年被瑞典年轻女王克里斯蒂娜聘为私人教师,每天早晨5时驱车赶赴宫廷,为女王讲授哲学.素有晚起习惯的笛卡儿,又遇瑞典几十年少有的严寒,不久便得了肺炎,这位年仅54岁、终生未婚的科学家,不幸于1650年2月11日在凛冽的寒风中永远闭上了洞察世界的眼睛.

笛卡儿是17世纪十分重视科学方法的学者,他说:"没有正确的方法,即使有眼睛的博学者,也会像瞎子一样盲目探索."

早在1619年戎马倥偬的时候,由于对科学目的和科学方法的狂热追求,新几何的影子便不时地在他脑际萦绕.据一些史料记载,11月10日的夜晚,是一个战事平静的夜晚,笛卡儿做了一个触发灵感的梦.他梦见一只苍蝇,飞动时划出一条美妙的曲线,然后一个黑点停在窗纸上,到窗棂的距离确定了它的位置.梦醒后,笛卡儿异常兴奋,感慨十几年追求的优越数学居然在梦境中顿悟而生!难怪笛卡儿直到后来还向别人说,他的梦像一把打开宝库的钥匙,这把钥匙就是坐标几何.

1637年,也就是奇妙梦幻的18个春秋之后,笛卡儿匿名出版了《更好地指导推理和寻求科学真理的方法论》(简称《方法论》)一书,该书有三篇附录,其中题为《几何学》的一篇公布了作者长期深思熟虑的坐标几何的思想,实现了用代数研究几何的宏伟梦想.作为附录的短文,《几何学》竟成了从常量数学通向变量数学的桥梁,也是数形结合的典型数学模型.《几何学》的历史价值正如恩格斯所赞誉的:"数学中的转折点是笛卡儿的变数."

笛卡儿提倡理性思维,反对迷信盲从,抨击烦琐哲学,倡导科学为"人类造福",主张人成为自然界的"主人和统治者".他有一句名言:"天下之理,非见之极明,勿遽下断语."

13. 达朗贝尔(Jcan LeRond D'Alembert,1717—1783)

达朗贝尔是法国著名的数学家.一个冬天的晚上,宪兵在巴黎的街上巡逻,突然发现在一个教堂附近有一个初生的婴儿弃在路旁,宪兵将他抱起来,交给一个贫穷的玻璃匠抚养成人,这个人就是达朗贝尔.他在微分方程、力学方面的贡献都很大,1743年他出版的《动力学》一书中就有力学中有名的达朗贝尔力学原理.在这篇著作中他推广了偏导数的演算.分析学中正项级数的收敛性的判别法——达朗贝尔判别法就发表在1768年他的"数学论丛"中.

在18世纪使微积分严密化的大量努力中,有少数几个数学家是思路对头的,其中之一就是达朗贝尔.事实上,他给出了极限的正确定义的一个很好的近似:一个变量趋近一个固定量,趋近的程度小于任何给定量.他认为极限方法是微积分的基本方法,但他没有结合并利用他的基本正确思想作出微积分的形式阐述.他相信牛顿在这方面有正确的想法,他不按字面上把牛顿的"最初和最终比"理解为忽然跳出来的两个量的第一个和最后一个的比,而是理解为一个极限.这在18世纪关于微积分所引起的争论中,对牛顿的微积分思想起到了积极的支持作用.

波动方程 $\dfrac{\partial^2 u}{\partial t^2} = a\dfrac{\partial^2 u}{\partial x^2}$ 的每一个解都是 $(at+x)$ 的函数与 $(at-x)$ 的函数之和,这一结论也是达朗贝尔推出来的.

14. 阿贝尔(N. H. Abel,1802—1829)

阿贝尔,挪威数学家,生于奥斯陆.从小家境贫寒,19 岁进入奥斯陆大学学习,22 岁时解决了使数学家困惑 300 年之久的一个难题:证明一般五次方程不能像低次方程那样用根式求解.后来出访柏林和巴黎,在柏林,他给出了二项式定理对于所有复指数都是正确的证明,从而奠定了幂级数收敛的一般理论,解决了在实数和复数范围内分别求幂级数的收敛区间和收敛半径的问题,得到了著名的阿贝尔定理.在巴黎期间,他完成了巨著《论一类广泛的超越函数的一般性质》.在该书中,他研究了 $\displaystyle\int R(x,y)\mathrm{d}x$ 类型积分(数学上现称为阿贝尔积分),其中 $R(x,y)$ 是 x,y 的任意有理函数,而 y 表示 x 的代数函数,开创了椭圆函数论这一数学分支.

阿贝尔尽管生命短暂(只活到 27 岁),却在数学史上留下了光辉的篇章,数学中以他的名字命名的概念和定理就有 20 多个.

15. 傅里叶(J. B. J. Fourier,1768—1830)

傅里叶,法国数学家、物理学家.9 岁时父母双亡成为孤儿,由教堂抚养.12 岁上学,13 岁学习数学,1794 年进入巴黎高等师范学校读书,1795 年在巴黎理工大学任教,1817 年被选为法国科学院院士,1822 年任该院终身秘书,1827 年成为法兰西科学院终身秘书,他还是彼得堡科学院荣誉院士.

傅里叶在 1811 年首先给出了级数收敛及级数和的正确定义,并发现通项趋于零并非级数收敛的充要条件,而仅是必要条件.

1822 年傅里叶在研究热传导中,创立了傅里叶级数,该级数的提出是分析领域的一个突破,不仅大大扩充了函数概念本身,而且还对积分概念、一致收敛概念、偏微分方程的理论的发展产生了重要影响.目前定积分符号“$\displaystyle\int_a^b$”也是傅里叶提出的.

傅里叶从实际问题出发,抽象出数学模型,这种重要的思考方法为后代树立了典范.他对数学发表了下列言简意赅的见解:“对自然界的深入研究是数学发现的最丰富的源泉”,“数学的主要目标是大众的利益和对自然现象的解释”.

16. 格林(G. Green,1793—1841)

格林,英国数学家、物理学家,出身于一个磨坊主家庭,童年辍学.他一边干活一边利用工余时间自学数学和物理,1833 年格林自费到英国剑桥大学学习,1837 年毕业,1839 年被聘为剑桥大学教授,并被选为剑桥冈维尔-科尼斯学院评论员.

格林在数学物理方面的主要成就如下.

(1)建立了格林公式,1828 年他的论文《关于数学分析用于电磁学理论中》,从拉普拉斯方程出发,证明了曲线积分与二重积分联系的著名的格林公式.

(2)发展了磁理论.他首先引入了位势等概念,研究了与求解数学物理边值问题密切相关的函数——格林函数.格林函数现已成为偏微分方程理论中的一个重要概念和一项基本工具.格林还发展了能量守恒定律.

格林留下的著作于 1871 年汇集出版,以他的名字命名的格林函数、格林公式、格林定律、格林曲线、格林测度、格林算子、格林方法等都是数学物理中经典的内容.

17. 拉普拉斯(PS. Laplace,1749—1827)

拉普拉斯,法国数学家、天文学家、物理学家. 从小家境贫寒,1765 年进入开恩大学学习,1773 年被选为法国科学院副院士,1783 年转为正式院士,1795 年任巴黎综合工科学校和高等师范学校教授,1816 年被选为法兰西学院院士,一年后任该院主席,他还被拿破仑任命为内政部长、元老议员并加封伯爵.

拉普拉斯才华横溢,著作如林,其研究涉及众多领域,如天体力学、概率论、微分方程、复变函数、势函理论、代数、测地学等,并有卓越贡献.

(1)他被公认为是概率论的奠基人之一,1812 年出版的《分析概率论》包含几何概率、伯努利定理和最小二乘法,著名的拉普拉斯变换就是在此书述及的.

(2)将分析学应用于天体力学,取得了划时代的结果. 其代表作之一《天体力学》共五卷,该巨著给予天体运动以严格的数学描述,对位势理论作出了数学刻画,将当时的天文研究推向了高峰. 有名的拉普拉斯方程就出自于该书,该书也使拉普拉斯赢得了"法国牛顿"的美称.

(3)在微分方程领域,他研究了奇解理论,将奇解的概念推广到高阶方程和三个变量的方程,发展了解非齐次线性方程的常数变易法,探求二阶线性微分方程的完全积分.

拉普拉斯学识渊博,但学而不厌,他的遗言是:"我的知道是微小的,我的不知道是无限的."

18. 欧拉(Léonhard Euler,1707—1783)

欧拉生于瑞士的巴塞尔(Basel),是世界历史上最伟大的数学家之一,19 岁起他就开始写作,直到 76 岁. 几乎每一个数学分支,都可以看到欧拉的名字. 他可以在任何不良的环境中工作,他常抱着孩子在膝上完成论文,甚至在他双目失明后,也没有停止过数学研究. 在失明后的 17 年间,他还通过口述,著了几本书和 400 篇左右的论文.

1909 年,瑞士自然科学会开始筹备出版欧拉全集,但直到现在也还没有出全,计划是 74 卷,除课本外,欧拉以每年约 800 页左右的速率发表高质量的独创性的研究文章. 他 19 岁时,写了一篇关于船桅的论文,获得了巴黎科学院的奖金. 以后陆续多次获奖. 26 岁时,他被任命为彼得堡科学院数学教授.1735 年,在一个天文学的难题——计算彗星轨道中,几个著名的数学家经过几个月的努力才得到结果,而欧拉却三日而成. 过度的工作,使他右眼失明,这时他才 28 岁.1766 年他回到彼得堡,没有多久,左眼也完全失明,这时他已年近花甲.1771年,彼得堡大火殃及欧拉住宅,病而失明的 64 岁的欧拉被困在大火中,有一位为他工作的工人冒着生命危险,把欧拉抢救出来,但欧拉的书库及大量研究成果全部化成灰烬. 可是欧拉并没有灰心倒下,他发誓要把损失挽救回来,他口述其内容,由他的学生特别是他的大儿子A. 欧拉(数学家)记录. 欧拉的记忆力和心算能力是罕见的,他能复述年青时代笔记的内容,一些复杂的运算可以用心算来完成. 有一个例子足以说明其能力:欧拉的两个学生把一个颇复杂的收敛级数的十七项加起来,算到 50 位数字时,相差一个单位,欧拉为了确定谁对,用心算进行全部运算,最后找出错误. 欧拉在失明中还解决了令牛顿头痛的月离(月球运行)问题和很多复杂的分析问题.

欧拉高尚的品质,赢得了广泛的尊敬. 拉格朗日是稍后于欧拉的大数学家,从 19 岁起与欧拉通信,讨论等周问题的一般解法,这使变分法得以诞生. 等周问题是欧拉多年来苦心考虑的问题,拉格朗日的解法,博得了欧拉的热烈赞扬.1759 年欧拉复信盛赞拉格朗日的成就,并谦恭地压下自己在这方面较不成熟的作品,暂不发表,使年轻的拉格朗日的作品得以发表和流传,欧拉本人也因此赢得了巨大的声誉.

欧拉充沛的精力保持到生命的最后一刻,1783 年 9 月 13 日下午,为了庆祝他计算气球上升定律的成功,欧拉请朋友们吃饭.那时天王星刚发现,当欧拉写出计算天王星轨道的要领时,他还在和他的孙子逗笑,突然疾病发作,烟斗从手中落下,口里喃喃地说:"我死了."

19. 高斯(Gauss,1777—1855)

德国数学家、物理学家、天文学家,高斯是一位卓越的古典数学家,同时也是近代数学的奠基者之一,他在古典数学与现代数学中起了继往开来的作用.与阿基米德、牛顿并列为历史上最伟大的三位数学家,被誉为"数学家之王".

高斯出身于德国不伦瑞克的一个贫穷家庭,童年就显示出数学才华,据传闻,3 岁时他就纠正了父亲计算工薪账目中的一个错误.另据记载,高斯 10 岁时,数学教师比特纳让学生把 1~100 之间的自然数加起来,老师刚布置完题目,高斯就把答案 5050 求了出来.他 11 岁发现了二项式定理;15 岁进入卡罗林学院学习,发现了质数定理;17 岁发现了最小二乘法;18 岁在不伦瑞克公爵的资助下进入哥廷根大学学习,同年发现数论中的二次互反律,亦称为"黄金律";19 岁发现正 17 边形的尺规作图法;21 岁完成了历史名著《算术研究》,并于该年大学毕业,次年取得博士学位.在博士论文中,首次给出代数基本定理的证明,因此开创了数学存在性证明的新时代.1807 年任哥廷根大学天文学教授和新天文台台长,直到逝世.1804 年被选为英国皇家学会会员,同时还是法国科学院和其他许多科学院的院士.

高斯在数学的许多领域都有重大的贡献.他是非欧几何的发现者之一,微分几何的开创者,近代数论的奠基者,在超几何级数、复变函数论、椭圆函数论、统计数学、向量分析等方面都取得了显著的成果.他十分重视数学的应用,他的大量著作都与天文学和大地测量有关.高斯有句名言——"数学是科学的皇后,数论是数学的皇后",贴切地表述了数学在科学中的关键作用.1830 年以后,他越来越多地从事物理学的研究,在电磁学和光学等方面都作出了卓越的贡献.

高斯思维敏捷,立论极端谨慎.他遵循三条原则:"宁肯少些,但要好些";"不留下进一步要做的事情";"极度严格的要求".他的著作都是精心构思,反复推敲过的,以最精练的形式发表出来,略去了分析和思考的过程,一般的学者很难掌握其思想方法.他有很多数学成果在生前没有公开发表,有的学者认为,如果高斯及早发表他的真知灼见,对后辈会有更大的启发,会更快地促进数学的发展.

20. 阿基米德(Archimedes,公元前 287—前 212)

我们似曾相识,那是在初中讲述物理中的浮力定理时,有不少人对阿基米德从澡盆中跳出来,赤身裸体冲向闹市的故事耳熟能详.

阿基米德是古希腊大数学家、大物理学家,公元前 287 年生于西西里岛的叙拉古,公元前 212 年被罗马入侵者杀害.

阿基米德在亚历山大跟随欧几里得的学生学习,毕业后返回故乡叙拉古,与亚里山大的学者一直保持着密切联系,终生致力于科学研究和科学的实际应用.

阿基米德的主要成就是在纯几何方面.他善于继承和创造.他运用穷竭法解决了几何图形的面积、体积、曲线长等大量计算问题,其方法是微积分的先导,其结果也与微积分的结果相一致.阿基米德在数学上的成就在当时达到了登峰造极的地步,对后世影响的深远程度也是任何一位数学家无与伦比的.他是数学史上首屈一指的大数学家,按照罗马时代的科学史家普利尼(Plinius)的评价,数学界尊称阿基米德是"数学之神".

阿基米德也是一位伟大的物理学家,比如希仑王为了对国外炫耀自己,命工匠制造了一艘富丽堂皇的高大游船.但过于庞大,无法下水,只好请来大学者阿基米德,阿基米德利用他发现的杠杆原理,借助滑轮、滚木等器物,在一群皇室显贵和几千庶民百姓的呐喊声中,把这个庞然大物拥下大海.这一科学的巨大威力,使排山倒海的欢呼声震撼遐迩.阿基米德也曾自豪地说:"给我一个立足之地,我就能够移动地球!"

阿基米德还是一位运用科学知识抗击外敌入侵的爱国主义者.在第二次布匿战争时期,为了抵御罗马帝国的入侵,阿基米德制造了一批特殊机械,能向敌人投射滚滚巨石,设计了一种起重机,能把敌舰掀翻,架设了大型抛物面铜镜,用日光焚烧罗马战船.敌军统帅马赛拉斯(Marcellus)惊呼:"我们在同数学家打仗,他比神话中的百手巨人还厉害!"敌人屡战屡败之后,采用了外围内间的策略.三年之后,终因粮绝和内讧,叙拉古陷落了.阿基米德回天无力,一气之下关门闭户,蹲在沙盘边研究几何,想从数学王国里寻求安慰和太平,然而两个罗马士兵夺门而入,打破了他的天国之梦,踢乱了几何图形,并要带走阿基米德.阿基米德怒斥道:"不要动我的图!"罗马士兵一怒之下,把矛头插进了巨人的胸膛,就这样,一位彪炳千秋的伟人惨死在野蛮的罗马士兵手下,阿基米德之死标志着古希腊灿烂文化毁灭的开始.从此以后,罗马人的野蛮蹂躏和愚昧统治,多次给古希腊的文化造成灭顶之灾.后来连绵不断的摧残,其中包括毁灭性地焚烧科学藏书,不仅使希腊,而且使整个欧洲大陆昏睡在中世纪的漫漫黑夜中.直到 14 世纪末,文艺复兴的火炬燃起的时候,欧洲学者才又钻进阿基米德及其他学者的残存遗著中,重新发掘古文化,繁衍人类文明.

21. 刘徽(Liu Hui,约 225—295)

刘徽,中国数学家,魏晋时代人,是我国古典数学理论的奠基人之一.他在数学上的主要成就之一是为《九章算术》做了注释,人们称之为《九章算术注》,于公元 263 年成书,共 9 卷.他在书中提出了很多独到的见解,例如他创造了用"割圆术"来计算圆周率的方法,从而开创了我国数学发展中圆周率研究的新纪元.他从圆的内接正六边形算起,依次将边数加倍,一直算到内接正 192 边形的面积.此时得圆周率 $\pi \approx \dfrac{157}{50} = 3.14$,后人为纪念刘徽,称这个数为"徽率".当算到正 3 072 边形时,得 $\pi \approx \dfrac{3\ 927}{1\ 250} = 3.141\ 6$.外国关于 π 取值 3.1416 的记载比刘徽晚 200 多年,而且刘徽还指出如此加内接正多边形边数"割之弥细,所失弥少,割之又割,以至于不可割,则与圆周合体,而无所矢矣".这里他还把极限思想应用于近似计算.他的方法除了缺少极限表达式外,与现代方法相差无几.

22. 祖冲之(Zu Chongzhi,429—500)

祖冲之,中国南北朝时期的伟大科学家、数学家,生于刘宋文帝元嘉六年(公元 429 年),范阳遒县(今河北涞源县)人,卒于南齐东昏侯永元二年(公元 500 年).其祖父和父亲都历任南朝官职,对天文历法很有研究,祖冲之自幼受家庭书墨熏陶,酷爱天文与数学.他天资聪颖,勤奋好学,青年时期又到专门研究学术的华林园学习,得以钻研科学经典.之后历任州从事史、公府参军、县令等职.

祖冲之一面汲取古籍精华,一面又亲身观测实验,以实测数据和创新结论修改前人的不足和错误.他"亲量圭尺,躬查仪漏,目尽毫厘,心穷筹策",这种对待科学的刻苦精神、认真态度、实践作风,以及不媚权贵、追求真理的大无畏精神,使他在天文、数学和机械等方面作出了伟大的贡献.

在天文、历法方面,祖冲之制订了"大明历",上书皇帝建议取代当时采用的有许多错误的"元嘉历",但在与守旧派戴德兴等激烈争辩后仍未被采用,直到他死后十年,才在梁朝得以颁行.在大明历中,将 19 年 7 闰的闰法改为 391 年 144 闰,更符合实际.

在数学方面,祖冲之求出圆周率 π 在 3.1415926 与 3.1415927 之间.据数学史界推测,这一结果可能是祖冲之进一步应用刘徽的割圆术求得的,其精度达到了很高的程度,保持了九百多年,直到 15 世纪,才被中亚西亚数学家阿尔·卡西突破.祖冲之还提出了约率($=\dfrac{22}{7}$)和密率($=\dfrac{355}{113}$).密率的精确度也是很高的,比荷兰工程师安托尼兹(Anthonisz)的同一发现早一千多年.祖冲之的著作《缀术》在当时因"学官莫能究其深奥,是故废而不理",在唐代被指定为学者的必读经典之作,但于 11 世纪失传.

在生产应用方面,祖冲之改造了指南车,制作了水碓磨、千里船、漏钟等.

祖冲之兴趣广泛,才华横溢,在哲学、文学、音乐等方面均有很深的造诣,曾注释《易经》、《论语》等,还撰写小说《述异记》十卷.

祖冲之的杰出成就是世界科学史上的光辉篇章,他的伟大贡献备受世人敬仰.巴黎科学博物馆墙壁上铭刻着祖冲之的画像和他的圆周率,莫斯科大学的走廊旁悬挂着祖冲之的雕像,月球上新发现的山脉被命名为"祖冲之山".

23. 李善兰(Li Shanlan,1811—1882)

李善兰,中国清代数学家,原名心兰,字壬叔,号秋纫,浙江海宁人,他曾任苏州府幕僚,1868 年被清政府谕召到北京任同文馆数学教授(Professor,旧译称教习),执教 13 年.李善兰对尖锥求积术(相当于求多项式的定积分)、三角函数与对数的幂级数展开式、高阶等差级数求和等都有突出的研究;在素数论方面也有杰出成就,提出了判别素数的重要法则.他对有关二项式定理系数的恒等式也进行了深入研究,曾取各家级数论之长,归纳出以他的名字命名的"李善兰恒等式".

李善兰一生著作颇丰,主要论著有《方圆阐幽》、《弧矢启秘》、《麟德术解》、《四元解》、《垛积比类》、《对数探原》、《考数根法》及《则古昔斋算学》等.

李善兰不仅在数学研究上有很深造诣,而且在代数学、微积分学的传播上也作出了不朽的贡献.1852—1859 年间,他与英国传教士伟烈亚力(Alexander Wyle,1815—1887)合作翻译出版了三部著作:《几何原本》后 9 卷,英国数学家德摩根(De Morgan,1806—1871);《代数拾级》18 卷;《谈天》18 卷.与英人艾约瑟(Joseph Edkins,1823—1905)合作翻译出版了《圆锥曲线说》3 卷、《重学》20 卷等,其中大部分译著,例如《代数学》、《代微拾级》等都分别是中国出版的第一部代数学、解析几何学、微积分学.李善兰不懂外语,由伟烈亚力口译,李善兰笔述,但是李善兰并非只是抄录整理,而是基于对微积分学等的深入理解以及对中国传统数学的承袭进行创造加工,特别是创设了一些名词,例如变量、微分、积分、代数学、数学、数轴、曲率、曲线、极大、极小、无穷、根、方程式等,至今一直沿用.

24. 华罗庚(Hua Luogeng,1910—1985)

华罗庚,中国现代数学家,是 20 世纪世界最富传奇性的数学家之一.他成功地从自学数学的普通店员成为造诣很深，有多方面创造的数学大师. 他的研究领域遍及数论、代数、矩阵几何、典型群、多复变函数论、调和分析与应用数学. 他的学术成果被国际数学界命名为"华氏定理"、"布劳威尔-加当-华定理"、"华-王方法"、"华氏算子"、"华氏不等式"等.

1910 年 11 月 12 日，华罗庚出身于江苏金坛县一个小杂货商的家庭. 由于家境贫寒，他初中毕业没能继续升高中，经努力就读于上海中华职业学校商科，又因家庭经济窘困，不得不放弃还差一学期就毕业的机会，辍学回金坛帮助父亲经营杂货小店. 他一边站柜台，一边利用零散时间自学数学，看了大代数、解析几何和微积分. 1928 年，他就职于金坛初中会计兼事务. 这一年，金坛发生了流行瘟疫，华罗庚的母亲染病过世了，他本人染病卧床半年，病虽痊愈，但留下了终生残疾——左腿瘸了. 1929 年他在上海《科学》杂志上发表了涉及斯图姆定理的第一篇论文. 1930 年，在这个刊物上又发表了第二篇论文《苏家驹之代数的五次方程式解法不能成立理由》.

他的论文显示了这个 19 岁青年的数学才华，引起当时清华大学数学系主任熊庆来的注意. 经熊庆来推荐，华罗庚于 1931 年到清华大学任数学系助理，管理图书兼办杂务. 他来到清华大学以后，一边工作，一边学习，只用了一年半的时间，修完了数学专业全部课程. 1933 年，他被破格提升为助教，1934 年又任"中华文化教育基金董事会"乙种研究员. 1935 年被提升为教员. 1936 年，他作为访问学者到英国剑桥大学研究深造. 这时他致力于解析数论的研究，在圆法、三角和估计研究领域作出了开创性的贡献. 1937 年抗日战争爆发，华罗庚闻讯回到祖国，于 1938 年受聘于昆明西南联大任教授. 这时他仍继续数论的研究，完成了经典性专著《堆垒素数论》. 但他的主要兴趣已从数论转移到群论、矩阵几何学、自守函数论与多复变函数论的研究. 1946 年秋，华罗庚等一行 8 人赴美国. 在美国期间，他首先在普林斯顿高级研究院做研究工作，又在普林斯顿大学授课，后又应聘伊利诺伊大学终身教授职务. 新中国刚成立，他毫不犹豫地放弃了在美国优越的生活和工作条件，携妇将雏，于 1950 年 2 月乘船回国. 在横渡太平洋的航船上，他致信留美学生："梁园虽好，非久居之乡，归去来兮！为了抉择真理，我们应当回去；为了国家民族，我们应该回去；为了为人民服务，我们应当回去！"

华罗庚回国后，领导着中国数学研究、教学与普及工作，为国家的数学事业作出了巨大贡献. 1952 年，他被任命为中国科学院数理化学部委员、数理化学部副主任. 他得出了"四类典型域上的完整正交系"的学术成果，获得了 1956 年第一届国家自然科学一等奖. 1957—1963 年，先后完成了四本专著. 他在撰写专著过程中，组织讨论班，把他所写的材料予以讲述、讨论与修改，使学生在实践中学会作研究，提高独立工作能力. 他还注意数学知识科普工作，在报刊上发表了不少介绍治学经验和体会的文章. 1958—1965 年，华罗庚把他的主要精力放在数学方法在工业上的普及方面. 近 20 年的时间，他的足迹遍布全国 20 个省市厂矿企业，普及推广"统筹法"和"优选法"，取得了很好的经济效益，产生了深远的影响.

华罗庚的格言是"天才在于积累，聪明在于勤奋"，他不断拼搏，不断奋斗的精神，贯穿了他的一生. 他提出："松老易空，人老易松，科学之道，戒之以松，我愿一辈子从实以终."1985 年 6 月 3 日，他带一批中年业务骨干赴日本进行学术交流. 6 月 12 日，在日本东京大学做题为《理论、应用与普及》的数学讲演，讲演结束，在长时间的热烈掌声中，他坐在椅子上准备再讲几句话，但刚讲出一句在场人未听清的话就突然从椅子上滑下来，他的心脏病复发了，倒在讲台上，再没能醒过来，一颗科学界的巨星陨落了.

华罗庚对中国数学的发展所作出的巨大贡献，华夏子孙世代铭记. 他爱祖国、爱人民的赤胆忠心永远鼓舞着华夏儿女，他奋进拼搏的科学精神永远激励着后人.

部分习题答案

第 1 章

习题 1-1

1. (1) $[3,4) \cup (4,+\infty)$; (2) $\{x \mid x=0\}$; (3) $[-6,8]$; (4) $(1,+\infty)$;

(5) $(2.5,3) \cup (3,+\infty)$.

2. (1) $f(0)=1, f(1)=3, f(2)=7, (f(1))=17$;

(2) $f(e)=0, f(1)=\dfrac{\pi}{2}, f\left(\dfrac{1}{e}\right)=\pi$.

3. (1) 不同; (2) 不同; (3) 不同; (4) 相同.

4. (1) 偶函数; (2) 奇函数; (3) 奇函数; (4) 偶函数; (5) 偶函数.

5. (1) $y=\dfrac{x+1}{2-x}$; (2) $y=\log_5(x+2)$; (3) $y=x^7+3$; (4) $y=\ln(x+\sqrt{x^2+1})$.

6. (1) 是, $\dfrac{2}{3}\pi$; (2) 是, π; (3) 是, 4π; (4) 是, π; (5) 不是; (6) 是, 2π.

7. (1) $y=\ln u, u=v^3, v=\tan x$; (2) $y=10^u, u=\sqrt{v}, v=\sin x$;

(3) $y=\cos u, u=\ln v, v=3x-2$; (4) $y=e^u, u=\arcsin v, v=\dfrac{1}{x}$;

(5) $y=u^2, u=\sin v, v=e^t, t=x^2$; (6) $y=\sqrt{u}, u=\ln v, v=\sqrt{x}$.

8. $R(Q)=\begin{cases} 130Q, & 0<Q\leqslant 700, \\ 117Q+9\,100, & 700<Q\leqslant 1\,000. \end{cases}$

9. $y=\dfrac{2aV}{x}+4a\sqrt{Vx}$ ($x>0, a$ 是四壁单位面积造价).

习题 1-2

1. $R=x^2$.

2. $L=-100+248x-6x^2$.

3. (1) $C=200+10q$ ($0<q\leqslant 120$). (2) $R=15q$ ($0\leqslant q\leqslant 120$).

习题 1-3

1. (1) 极限为 1; (2) 极限为 0; (3) 没有极限; (4) 没有极限.

2. (1) 5; (2) $\dfrac{3}{2}$; (3) 0; (4) -1; (5) 0; (6) 0.

3. $\lim\limits_{x\to 3}f(x)=5, \lim\limits_{x\to 1}f(x)$ 不存在, $\lim\limits_{x\to 0}f(x)=-2$.

4. 不存在.

习题 1-4

1. (1) 无穷小; (2) 无穷小; (3) 无穷小; (4) 无穷大; (5) 无穷大.

2.(1)$x \to -5$; (2)$x \to 1$; (3)$x \to 0$; (4)$x \to -\infty$; (5)$x \to 0^-$.

3.(1)$x \to 0^+$ 及 $x \to +\infty$; (2)$x \to 0^+$; (3)$x \to 5$ 及 $x \to -5$; (4)$x \to +\infty$.

4.(1)0; (2)0; (3)0; (4)0.

习题 1-5

1.(1)3; (2)0; (3)∞; (4)$\dfrac{1}{3}$; (5)1; (6)$\dfrac{1}{6}$; (7)$\dfrac{2}{5}$; (8)0; (9)∞; (10)$\dfrac{1}{2}$;

(11)24; (12)∞; (13)-1.

2.$k = -3$.

3.$m = -3, n = 5$.

习题 1-6

1.(1)8; (2)$\dfrac{7}{3}$; (3)$\dfrac{1}{5}$; (4)2; (5)1; (6)x; (7)$\sqrt{2}$; (8)$\dfrac{1}{2}$.

2.(1)e^7; (2)e^{-2}; (3)e^6; (4)e^{-6}; (5)e; (6)$e^{\frac{5}{7}}$.

3.$k = 3$.

习题 1-7

1.(1)3; (2)$\dfrac{7}{4}$; (4)$\dfrac{1}{2}$; (4)$\dfrac{1}{3}$; (5)-2; (6)0.

2.$3x^3 + 5x^4$ 是高阶无穷小.

3.(1)同阶,不等价; (2)同阶,等价.

习题 1-8

1.$a = 1$.

2.(1)$x=1$ 是无穷间断点,$x=3$ 是无穷间断点; (2)$x=0$ 是可去间断点; (3)$x=2$ 是跳跃间断点; (4)$x=0$ 是跳跃间断点; (5)$x=0$ 是可去间断点.

5.(1)$\sqrt{7}$; (2)1; (3)0; (4)0; (5)$\dfrac{1}{2}$; (6)2.

第 2 章

习题 2-1

1.(1)a; (2)$2x-2$.

2.(1)$\times$; (2)$\checkmark$; (3)$\checkmark$; (4)$\checkmark$.

3.27.

4.切线方程为 $y = 6x - 9$;法线方程为 $y = -\dfrac{1}{6}x + \dfrac{19}{2}$.

5.(1)$f(x)$ 在 $x=0$ 处连续但不可导; (2)$f(x)$ 在 $x=1$ 处不连续,不可导.

6.连续,可导.

7.切线方程:$\sqrt{3}x + 2y - \left(1 + \dfrac{\sqrt{3}}{3}\pi\right) = 0$.

　　法线方程:$6\sqrt{3} - 9y + \dfrac{9}{2} - 2\sqrt{3}\pi = 0$.

8.$(2,4)$.

习题 2-2

1. (1) $3x^2-6x+4$；
(2) $-\dfrac{20}{x^6}-\dfrac{28}{x^5}+\dfrac{2}{x^2}$；
(3) $15x^2-2^x\ln2+3\mathrm{e}^x$；

(4) $\sec x(2\sec x+\tan x)$；
(5) $\dfrac{1}{x}\left(1-\dfrac{2}{\ln10}+\dfrac{3}{\ln2}\right)$；
(6) $\cos2x$；

(7) $x(2\ln x+1)$；
(8) $3\mathrm{e}^x(\cos x-\sin x)$；
(9) $-2(21x+1)$；

(10) $\dfrac{x\cos x-\sin x}{x^2}$；
(11) $\dfrac{1-\ln x}{x^2}$；
(12) $\dfrac{\mathrm{e}^x(x-2)}{x^3}$；

(13) $-\dfrac{1}{x(\ln x)^2}$；
(14) $\dfrac{2}{(x+1)^2}$；
(15) $-\dfrac{1+2x}{(1+x+x^2)^2}$；

(16) $2x\ln x\cos x+x\cos x-x^2\ln x\sin x$；
(17) $\dfrac{3(x^2-6x+1)}{(x^2-1)^2}$；

(18) $\dfrac{1+\sin x+\cos x}{(1+\cos x)^2}$.

2. (1) $2x^3+c$；
(2) $-2\arctan x+c$；
(3) $\sec x+c$；

(4) $\log_3 x+c$；
(5) $\dfrac{2}{3}x^{\frac{3}{2}}-\ln x+c$；
(6) $3\cdot 2^x+c$.

3. (1) $-\dfrac{4}{\pi^2}$；　(2) $y'(1)=16,\ [y(1)]'=0$.

4. $x+y+3=0$.

5. (1) v_0-gt；　(2) $\dfrac{v_0}{g}$.

习题 2-3

1. (1) $-\cos x,\ \mathrm{e}^{-\cos x}\sin x$；
(2) $\dfrac{1}{\csc x-\cot x},\ \csc x$；

(3) $\sin^3 2x,\ 6\sin^2 2x\cos2x$；
(4) $2f(\tan x)$.

2. (1) $8(2x+5)^3$；
(2) $3\sin(4-3x)$；
(3) $-6x\mathrm{e}^{-3x^2}$；
(4) $\dfrac{2x}{1+x^?}$；

(5) $\sin2x$；
(6) $\dfrac{2x}{1+x^4}$；
(7) $-\dfrac{x}{\sqrt{a^2-x^2}}$；
(8) $2x[\sec x^2]^2$；

(9) $\dfrac{\mathrm{e}^x}{1+\mathrm{e}^{2x}}$；
(10) $\dfrac{2\arcsin x}{\sqrt{1-x^2}}$；
(11) $\dfrac{2x+1}{(x^2+x+1)\ln a}$；
(12) $-\tan x$；

(13) $-\dfrac{1}{2}\mathrm{e}^{-\frac{x}{2}}(\cos3x+6\sin3x)$；
(14) $\dfrac{|x|}{x^2\sqrt{x^2-1}}$；
(15) $\dfrac{1}{2\sqrt{x-x^2}}$；

(16) $\dfrac{1}{\sqrt{a^2+x^2}}$；
(17) $\dfrac{1}{x\ln x\ln(\ln x)}$；
(18) $\dfrac{1}{(1+x)\sqrt{2x(1-x)}}$.

3. (1) $3\left(\dfrac{\pi}{2}-1\right)$；　(2) 0；　(3) $\dfrac{\sqrt{2}}{2}$；　(4) 0.

4. (1) $\dfrac{2f'(2x)}{f(2x)}$；　(2) $2\mathrm{e}^x f(\mathrm{e}^x)f'(\mathrm{e}^x)$.

习题 2-4

1. (1) $\dfrac{y-2x}{2y-x}$；
(2) $\dfrac{y}{y-1}$；
(3) $\dfrac{\cos(x+y)}{1-\cos(x+y)}$；
(4) $-\sqrt{\dfrac{y}{x}}$.

2. $(1)\dfrac{1}{t^3}$;　　　$(2)\dfrac{t}{2}$;　　　$(3)\dfrac{b(t^2+1)}{a(t^2-1)}$.

3. $(1)x\sqrt{\dfrac{1-x}{1+x}}\left(\dfrac{1}{x}-\dfrac{1}{1-x^2}\right)$;　　$(2)\dfrac{x^2}{1-x}\sqrt[3]{\dfrac{3-x}{(3+x)^2}}\left(\dfrac{2}{x}+\dfrac{1}{1-x}-\dfrac{3}{9-x^2}\right)$;

　　$(3)(x+\sqrt{1+x^2})^n\dfrac{n}{\sqrt{1+x^2}}$;

　　$(4)(x-a_1)^{b_1}(x-a_2)^{b_2}\cdots(x-a_n)^{b_n}\left(\dfrac{b_1}{x-a_1}+\dfrac{b_2}{x-a_2}+\cdots+\dfrac{b_n}{x-a_n}\right)$;

　　$(5)x^x(\ln x+1)$.

4. $y-y_0=-\dfrac{b^2x_0}{a^2y_0}(x-x_0)$;　　　$y-y_0=\dfrac{a^2y_0}{b^2x_0}(x-x_0)$.

5. $y'\left(t=\dfrac{\pi}{3}\right)=\dfrac{\sqrt{3}+1}{1-\sqrt{3}}$;　　　$y-\dfrac{\sqrt{3}}{2}\mathrm{e}^{\frac{\pi}{3}}=\dfrac{1+\sqrt{3}}{1-\sqrt{3}}\left(x-\dfrac{1}{2}\mathrm{e}^{\frac{\pi}{3}}\right)$.

习题 2-5

1. $(1)\cos\left(x+\dfrac{n}{2}\pi\right)$;　　$(2)\mathrm{e}^x$;　　$(3)n=2,y''=6,n>2,y^{(n)}=0$;

　　$(4)2^n n!$;　　$(5)(-1)^{n-1}2^n(n-1)!\dfrac{1}{(1+2x)^n}$.

2. $(1)\dfrac{4}{(1+x)^3}$;　　$(2)-2(\sin x)\mathrm{e}^x$;　　$(3)-\dfrac{a^2}{y^3}$;　　$(4)-\dfrac{a^2}{y^3}$.

3. $\dfrac{1}{2}(\mathrm{e}^t-\mathrm{e}^{-t})$.

4. $\dfrac{2-\ln x}{x\ln^3 x}$.

5. $f''(\sin x)\cos^2 x-f'(\sin x)(\sin x)$.

6. $(1)\dfrac{3}{2}\mathrm{e}^{-3t}$;　　　$(2)-\dfrac{b}{a^2}\csc^3 t$.

7. $(1)(-1)^n\dfrac{2n!}{(1+x)^{n+1}}$;　　　$(2)a^x(\ln a)^n$.

8. $\dfrac{4y}{(1+y)^3}$.

习题 2-6

1. $\Delta y\approx0.1106$;　　$\mathrm{d}y=0.11$.

2. $(1)\mathrm{d}y=6x\,\mathrm{d}x$;　　　　　　　　$(2)\mathrm{d}y=-6x\sin(3x^2+1)\,\mathrm{d}x$;　　$(3)\mathrm{d}y=\dfrac{1+x^2}{(1-x^2)^2}\,\mathrm{d}x$;

　　$(4)\mathrm{d}y=-\mathrm{e}^{-x}(\cos x+\sin x)\,\mathrm{d}x$;　　$(5)\mathrm{d}y=\dfrac{1}{2}\sec^2\dfrac{x}{2}\,\mathrm{d}x$;　　　　$(6)\mathrm{d}y=-\dfrac{b^2}{a^2}\dfrac{x}{y}\,\mathrm{d}x$.

3. $30\ \mathrm{m}^3$;　　$1\ 030\ \mathrm{m}^3$.

4. $(1)2.001\ 7$;　　$(2)0.495$.

第 3 章

习题 3-1

1. (1) $\xi = \dfrac{\pi}{2}$;   (2) $\xi = 0$;   (3) $\xi = 2$.

2. (1) $\xi = \pm \dfrac{\sqrt{3}}{3}$;   (2) $\xi = \sqrt{\dfrac{4}{\pi} - 1}$;   (3) $\xi = \dfrac{5 - \sqrt{43}}{3}$.

3. 三个实根 $\xi_1, \xi_2, \xi_3; \xi_1 \in \left(-\dfrac{1}{2}, \dfrac{1}{3}\right)$; $\xi_2 \in \left(\dfrac{1}{3}, 3\right)$; $\xi_3 \in (3, 5)$.

习题 3-2

1. (1) 5;   (2) $2x_0^{50}$;   (3) 2;   (4) $\dfrac{1}{2}$;   (5) $-\dfrac{1}{2}$;   (6) 3;

   (7) 1;   (8) $\dfrac{1}{2}$;   (9) e^{-1};   (10) 1;   (11) e^{-1};   (12) $e^{-\frac{2}{\pi}}$.

习题 3-3

1. (1) 在 $\left(-\infty, \dfrac{1}{2}\right)$ 内单调增加, 在 $\left[\dfrac{1}{2}, +\infty\right)$ 内单调减少;

   (2) 在 $(-\infty, -1] \cup [1, +\infty)$ 内单调减少, 在 $(-1, 1)$ 内单调增加.

   (3) 在 $[0, 100]$ 内单调增加; 在 $[100, +\infty)$ 内单调减少;

   (4) 在 $(-\infty, +\infty)$ 内单调增加;

   (5) 在 $(-\infty, +\infty)$ 内单调增加;

   (6) 在 $\left(0, \dfrac{1}{2}\right)$ 内单调减少, 在 $\left[\dfrac{1}{2}, +\infty\right)$ 内单调增加.

2. (1) 极大值 $y(-1) = 17$; 极小值 $y(3) = -47$;

   (2) 无极值;

   (3) 极大值 $y\left(\dfrac{7}{3}\right) = \dfrac{4}{27}$, 极小值 $y(3) = 0$;

   (4) 极小值 $y(1) = 2 - 4\ln2$.

3. (1) 最大值 $y(1) = 2$, 最小值 $y(-1) = -10$;

   (2) 最大值 $y(4) = \dfrac{3}{5}$, 最小值 $y(0) = -1$;

   (3) 最大值 $y(2) = \ln5$, 最小值 $y(0) = 0$;

   (4) 最大值 $y(4) = 6$, 最小值 $y(0) = 0$.

4. (1) 上凸;   (2) 上凸.

5. (1) 拐点 $\left(\dfrac{5}{3}, \dfrac{20}{27}\right)$, 在 $\left(-\infty, \dfrac{5}{3}\right]$ 内是凸的, 在 $\left[\dfrac{5}{3}, +\infty\right)$ 内是凹的;

   (2) 拐点 $(-1, \ln2)$、$(1, \ln2)$, 在 $(-\infty, -1]$、$[1, +\infty)$ 内是凸的, 在 $[-1, 1]$ 上是凹的.

7. 底边长为 6 m, 高为 3 m.

8. $\dfrac{x_1 + x_2 + \cdots + x_{100}}{100}$.

9. 162 m².

习题 3-5

1.(1)1 775，　1.97　(2)1.5，　1.67；

2. 9 975，　199.

3. 250 单位.

4.(1)120，　6，　2；　(2)25.

5. $Q=15$.

6. $\eta=\dfrac{p}{4}$，　$n(3)=\dfrac{3}{4}$.

7. 3.

8. 4，　44，　112.

第 4 章

习题 4-1

1.(1)$x+C$；　　　　　(2)e^x+C；　　　　　(3)$-\cos x+C$；

　(4)$\tan x+C$；　　　(5)$\arctan x+C$；　　　(6)$\arcsin x+C$.

3.(1)$\dfrac{1}{4}x^4+x^3-x+C$；　(2)$\dfrac{2}{7}x^{\frac{7}{2}}+C$；　(3)$e^{x-3}+C$；　(4)$\dfrac{10^x 2^{3x}}{3\ln2+\ln10}+C$；

　(5)$\dfrac{x^2}{2}+x-3\ln x+\dfrac{3}{x}+C$；　(6)$x-\arctan x+C$；　(7)$x+\dfrac{\left(\dfrac{2}{3}\right)^x}{\ln2-\ln3}+C$；

　(8)$e^x-3\sin x+C$；　(9)$\dfrac{2}{3}x^{\frac{3}{2}}-3x+C$；　(10)$e^x-x+C$；　(11)$\tan x-\sec x+C$；

　(12)$\sin x-\cos x+C$.

4.(1)$y=\dfrac{1}{2}x^2+2x-1$；　(2)$y=x^3+1$；　(3)$s=\dfrac{3}{2}t^2-2t+5$.

习题 4-2

1.(1)$\dfrac{1}{a}$；　　(2)$\dfrac{1}{7}$；　　(3)$\dfrac{1}{2}$；　　(4)$-\dfrac{1}{2}$；　　(5)$\dfrac{1}{2}$；

　(6)-2；　　(7)$-\dfrac{2}{3}$；　　(8)$\dfrac{1}{5}$；　　(9)-1；　　(10)$\dfrac{1}{3}$.

2.(1)$\dfrac{1}{5}e^{5x}+C$；　　　　　(2)$-\dfrac{1}{202}(3-2x)^{101}+C$；　　(3)$-\dfrac{1}{2}\ln|1-2x|+C$；

　(4)$-\dfrac{1}{2}(2-3x)^{\frac{2}{3}}+C$；　　(5)$\dfrac{t}{2}+\dfrac{1}{12}\sin6t+C$；　　(6)$-2\cos\sqrt{t}+C$；

　(7)$-\dfrac{1}{(\ln2)4^x}+C$；　　　(8)$\dfrac{1}{11}(\tan x)''+C$；

　(9)$\ln|\csc2x-\cot2x|+C$ 或 $\ln|\tan x|+C$；　　　　(10)$\arctan e^x+C$；

　(11)$\dfrac{1}{2}\sin(x^2)+C$；　　　(12)$-\dfrac{1}{3}\sqrt{2-3x^2}+C$；　　(13)$\dfrac{1}{2\sqrt{2}}\arctan(\sqrt{2}x^2)+C$；

　(14)$-\dfrac{1}{3\omega}\cos^3(\omega t+\varphi)+C$；　(15)$\dfrac{1}{2}\sec^2 x+C$；　(16)$-2\sqrt{1-x^2}-\arcsin x+C$；

$(17) \sin x - \dfrac{1}{3}\sin^3 x + C;$ $\quad (18)\dfrac{3}{2}(\sin x - \cos x)^{\frac{2}{3}} + C;$ $\quad (19) -\dfrac{1}{x\ln x} + C;$

$(20)\dfrac{1}{2}\cos x - \dfrac{1}{10}\cos 5x + C;$ $\quad (21)\dfrac{1}{4}\sin 2x - \dfrac{1}{24}\sin 12x + C;$ $\quad (22)\dfrac{1}{3}\sec^3 x - \sec x + C;$

$(23)\sqrt{2x} - \ln(1 + \sqrt{2x}) + C;$ $\qquad (24)2\sqrt{x} - 4\sqrt[4]{4} + 4\ln(1 + \sqrt[4]{x}) + C;$

$(25)\dfrac{1}{2}\ln(2x + \sqrt{4x^2 + 9}) + C;$ $\qquad (26)\dfrac{1}{2}(\ln\tan x)^2 + C.$

习题 4-3

1. $(1) -x\cos x + \sin x + C;$ $\qquad (2)x^2\sin x + 2x\cos x - 2\sin x + C;$

$(3) -e^{-x}(x + 1) + C;$ $\qquad (4)\dfrac{1}{3}x^3\ln x - \dfrac{1}{9}x^3 + C;$

$(5)\dfrac{1}{2}\left[(x^2 + 1)\ln(x^2 + 1) - x^2\right] + C;$ $\quad (6)2\sqrt{x}(\ln x - 2) + C;$

$(7)2x\sin\dfrac{x}{2} + 4\cos\dfrac{x}{2} + C;$ $\qquad (8) -\dfrac{1}{x}\arctan x - \dfrac{1}{2}\ln\left(1 + \dfrac{1}{x^2}\right) + C;$

$(9) -\dfrac{1}{2}x^2 + x\tan x + \ln|\cos x + C|;$ $\quad (10) -\dfrac{1}{5}x(2 - x)^5 - \dfrac{1}{30}(2 - x)^6 + C;$

$(11)x(\ln x)^2 - 2x\ln x + 2x + C;$ $\qquad (12) -\dfrac{x}{4}\cos 2x + \dfrac{1}{8}\sin 2x + C;$

$(13)\dfrac{x^2}{4} + \dfrac{x}{4}\sin 2x + \dfrac{1}{8}\cos 2x + C;$ $\qquad (14)x\arctan x - \dfrac{1}{2}\ln(1 + x^2) - \dfrac{1}{2}(\arctan x)^2 + C;$

$(15)x(\arcsin x)^2 + 2\sqrt{1 - x^2}\arcsin x - 2x + C;$

$(16)3e^{\sqrt[3]{x}}(\sqrt[3]{x^2} - 2\sqrt[3]{x} + 2) + C;$ $\qquad (17) -\dfrac{2}{17}e^{-2x}\left(\cos\dfrac{x}{2} + 4\sin\dfrac{x}{2}\right) + C;$

$(18)\dfrac{x}{2}(\cos\ln x + \sin\ln x) + C;$ $\qquad (19)\tan x(\ln\cos x + 1) - x + C;$

$(20)\dfrac{1}{2}e^x - \dfrac{1}{5}e^x\sin 2x - \dfrac{1}{10}e^x\cos 2x + C.$

2. $(1)\dfrac{1}{2}\left[x^2 - 9\ln(x^2 + 9)\right] + C;$ $\qquad (2)\dfrac{x^3}{3} + \dfrac{x^2}{2} + x + \ln|x - 1| + C;$

$(3)\ln(x^2 + 4x + 5) - 3\arctan(x + 2) + C;$ $\quad (4)\dfrac{1}{2}\ln\left[x^2 + 2x + 2\right] - \arctan(x + 1) + C;$

$(5) -\dfrac{1}{2}\ln|x| + \dfrac{3}{2}\ln|x + 2| + C;$ $\qquad (6)\dfrac{1}{x + 1} + \dfrac{1}{2}\ln|x^2 - 1| + C.$

3. $(1)\ln\left|\dfrac{\sqrt{2x + 1} - 1}{\sqrt{2x + 1} + 1}\right| + C;$ $\qquad (2)2(\sqrt{x - 1} - \arctan\sqrt{x - 1}) + C.$

习题 4-4

$(1)\dfrac{1}{2}\ln|2x + \sqrt{4x^2 - 9}| + C;$ $\qquad (2)\dfrac{1}{2}\arctan\dfrac{x + 1}{2} + C;$

$(3)\ln(x - 2)\sqrt{x^2 - 4x + 5} + C;$ $\qquad (4)\dfrac{x}{2}\sqrt{3x^2 - 2} - \dfrac{\sqrt{3}}{3}\ln|\sqrt{3}x + \sqrt{3x^2 - 2}| + C;$

$(5)\left(\dfrac{x^2}{2} - 1\right)\arcsin\dfrac{x}{2} + \dfrac{x}{4}\sqrt{4 - x^2} + C;$ $\quad (6) -\sqrt{1 + x - x^2} + \dfrac{1}{2}\arcsin\dfrac{2x - 1}{\sqrt{5}} + C;$

$(7)\dfrac{1}{6}\sin x\cos^5 x+\dfrac{5}{24}\sin x\cos^3 x+\dfrac{5}{8}\left(\dfrac{x}{2}+\dfrac{\sin 2x}{4}\right)+C;$

$(8)\arcsin x+\sqrt{1-x^2}+C;$ 　　　　　　　$(9)-\dfrac{\mathrm{e}^{2x}}{13}(2\sin 3x+3\cos x)+C;$

$(10)\dfrac{1}{4}x^4\ln^2 x-\dfrac{1}{8}x^4\left(\ln x-\dfrac{1}{4}\right)+C.$

第5章

习题 5-1

2.$(1)\displaystyle\int_1^2 x^3\,\mathrm{d}x\;;\quad(2)\displaystyle\int_1^2\ln x\,\mathrm{d}x-\int_{\frac{1}{e}}^1\ln x\,\mathrm{d}x.$

3.$(1)\displaystyle\int_0^1 x^2\,\mathrm{d}x$ 较大;　$(2)\displaystyle\int_3^4\ln^2 x\,\mathrm{d}x$ 较大;　$(3)\displaystyle\int_0^1 x\,\mathrm{d}x$ 较大;　$(4)\displaystyle\int_0^1\mathrm{e}^x\,\mathrm{d}x$ 较大.

4.$(1)6\leqslant\displaystyle\int_1^4(x^2+1)\,\mathrm{d}x\leqslant 51;\quad(2)\pi\leqslant\displaystyle\int_{\frac{\pi}{4}}^{\frac{5\pi}{4}}(1+\sin^2 x)\,\mathrm{d}x\leqslant 2\pi;$

$(3)0\leqslant\displaystyle\int_1^e\ln x\,\mathrm{d}x;\quad(4)\sqrt{\dfrac{2}{e}}\leqslant\displaystyle\int_{-\frac{1}{\sqrt{2}}}^{\frac{1}{\sqrt{2}}}\mathrm{e}^{-x^2}\,\mathrm{d}x\leqslant\sqrt{2}.$

习题 5-2

1.$(1)\mathrm{e}^{x^2-x};\quad(2)\dfrac{1}{2\sqrt{x}}\cos(x+1);\quad(3)-\dfrac{\sin x}{x};\quad(4)\sin(x^2).$

2.$(1)\dfrac{29}{6};\quad(2)\dfrac{\pi}{12}+1-\dfrac{\sqrt{3}}{3};\quad(3)45\dfrac{1}{6};\quad(4)2+\ln(1+\mathrm{e}^{-2});\quad(5)1;\quad(6)2(\sqrt{2}-1);$

$(7)\dfrac{1}{2}(\mathrm{e}-1);\quad(8)\dfrac{1}{3};\quad(9)\dfrac{1}{2}(\ln 3-\ln 2);\quad(10)\dfrac{3}{2};\quad(11)\dfrac{2\sqrt{3}\pi}{9};\quad(12)1.$

3.$(1)y'=\ln(3x^2+1);\quad(2)y'=\sqrt{1+x^2};\quad(3)y'=-2x\arctan x^6;$
$(4)y'=3x^2\sin x^3-2x\sin x^2.$

4.$\cos t.$

5.$-\dfrac{\cos x}{\mathrm{e}^y}.$

6.$(1)\dfrac{1}{3};\quad(2)\mathrm{e};\quad(3)-\dfrac{1}{2};\quad(4)\dfrac{1}{12}.$

习题 5-3

1.$(1)0;\quad(2)\dfrac{51}{512};\quad(3)\dfrac{1}{4};\quad(4)\dfrac{\pi}{6}-\dfrac{\sqrt{3}}{8};\quad(5)\dfrac{1}{5};\quad(6)1-\mathrm{e}^{-\frac{1}{2}};\quad(7)2+2\ln\dfrac{2}{3};$

$(8)\arctan\mathrm{e}-\dfrac{\pi}{4};\quad(9)\dfrac{1}{4}\ln\dfrac{32}{17};\quad(10)2\sqrt{2}.$

2.$(1)1-\dfrac{2}{\mathrm{e}};\quad(2)\dfrac{\pi^2}{4}-2;\quad(3)\dfrac{1}{4}(\mathrm{e}^2+1);\quad(4)\left(\dfrac{1}{4}-\dfrac{\sqrt{3}}{9}\right)\pi+\dfrac{1}{2}\ln\dfrac{3}{2};\quad(5)2\left(1-\dfrac{1}{\mathrm{e}}\right);$

$(6)\dfrac{\pi}{4}-\dfrac{1}{2};\quad(7)1;\quad(8)4(2\ln_2-1);\quad(9)\dfrac{1}{5}(\mathrm{e}^\pi-2);\quad(10)\dfrac{35}{512}\pi.$

3.$(1)0;\qquad(2)\pi.$

4. $-\pi\ln\pi-\sin1$.

* 习题 5-4

1. (1) $\dfrac{1}{3}$; (2) 发散; (3) 发散; (4) π; (5) 2; (6) 发散.

2. $\dfrac{e}{2}$.

习题 5-6

1. (1) $\dfrac{1}{6}$; (2) 1; (3) $\dfrac{32}{3}$; (4) $\dfrac{2-\sqrt{2}}{3}$; (5) $2(\sqrt{2}-1)$; (6) $\dfrac{32}{3}$.

2. (1) $\dfrac{5}{4}\pi$; (2) a^2.

3. $3\pi a^2$.

4. (1) $2\pi a x_0^2$; (2) $\dfrac{3}{10}\pi$; (3) $\dfrac{128\pi}{7}$; $\dfrac{64}{5}\pi$.

5. $\dfrac{1}{2}\pi R^2 h$.

6. $\dfrac{4\sqrt{3}}{3}R^3$.

习题 5-7

1. (1) $C=C(q)=8q+\dfrac{1}{4}q^2, R=R(q)=16q-q^2$; (2) $q_0=3.2, L(q_0)=12.80$.

2. (1) $q=900$ 件; (2) $\Delta L=\displaystyle\int_{900}^{940}(18-0.02q)\mathrm{d}q=-16$ 元, 此时利润将减少 16 元.

3. $C=C(q)=\displaystyle\int_0^q C'(q)\mathrm{d}q+C_0=10\mathrm{e}^{0.2q}+80$.

4. (1) $Q(t)=\displaystyle\int_0^t f(x)\mathrm{d}x=100t+5t^2-0.15t^3$; (2) $Q(8)-Q(4)=572.8$ t.

第 6 章

习题 6-1

1. (1) 三阶; (2) 一阶; (3) 一阶; (4) 二阶.

2. (1) 是; (2) 是; (3) 是; (4) 不是.

3. $y=(2-x)\mathrm{e}^x+x+2$.

4. (1) $y^2-x^2=25$; (2) $y=-\cos x$.

5. (1) $y'=x^2$; (2) $yy'+2x=0$.

习题 6-2

1. (1) $y=\mathrm{e}^{cx}$; (2) $y=\dfrac{1}{5}x^3+\dfrac{1}{2}x^2+C$; (3) $\arcsin y=\arcsin x+C$; (4) $10^x+10^{-y}=C$.

2. (1) $2\mathrm{e}^y=\mathrm{e}^{2x}+1$; (2) $\ln y=\csc x-\cot x$; (3) $x^2 y=4$.

3. (1) $y+\sqrt{y^2-x^2}=cx^2$; (2) $\ln\dfrac{y}{x}=cx+1$; (3) $y^2=x^2(2\ln|x|+c)$.

4. (1) $y=\mathrm{e}^{-x}(x+c)$; (2) $w=\dfrac{2}{3}+c\mathrm{e}^{-3t}$; (3) $y=(x+c)\mathrm{e}^{-\sin x}$; (4) $y=c\cos x-2\cos^2 x$.

5. (1) $y = x\sec x$；　(2) $y = \dfrac{1}{x}(\pi - 1 - \cos x)$；　(3) $y\sin x + 5e^{\cos x} = 1$.

6. (1) $y^3 = y^2 - x^2$；　(2) $xy = e^{cx}$.

7. $y = 2(e^x - x - 1)$.

*习题 6-3

1. (1) $y = \dfrac{1}{6}x^3 - \sin x + c_1 x + c_2$；　(2) $y = (x-3)e^x + c_1 x^2 + c_2 x + c_3$；

(3) $y = c_1 e^x - \dfrac{1}{2}x^2 - x + c_2$；　(4) $y = c_1 \ln|x| + c_2$；

(5) $c_1 y^2 - 1 = (c_1 x + c_2)^2$；　(6) $y = \text{ansin}(c_2 e^x) + c_1$.

2. (1) $y = \dfrac{1}{a^3}e^{ax} - \dfrac{e^a}{2a}x^2 + \dfrac{e^a}{a^2}(a-1)x + \dfrac{e^a}{2a^3}(2a - a^2 - 2)$；　(2) $y = -\dfrac{1}{a}\ln(ax+1)$；

(3) $y = \text{ansin} x$；　(4) $y = \left(\dfrac{1}{2}x + 1\right)^4$.

3. (1) $y = \dfrac{x^2}{2}\ln x - \dfrac{3}{4}x^2 + c_1 x + c_2$；　(2) $y = -\dfrac{1}{2}\sin 2x + c_1 \sin x - x + c_2$；

(3) $y = c_1(x - e^{-x}) + c_2$；　(4) $y = (c_1 x + c_2)^{\frac{2}{3}}$.

4. $y = \dfrac{x^3}{6} + \dfrac{x}{2} + 1$.

*习题 6-4

1. (1) $y = c_1 e^x + c_2 e^{-2x}$；　　　　(2) $y = c_1 + c_2 e^{4x}$；　　　　(3) $y = e^{-3x}(c_1\cos 2x + c_2\sin 2x)$；

(4) $y = c_1\cos x + c_2\sin x$；　　(5) $y = (c_1 + c_2 x)e^{\frac{5}{2}x}$；　(6) $y = (c_1 + c_2 x)e^{-x}$.

2. (1) $y = c_1 e^{\frac{x}{2}} + c_2 e^{-x} + e^x$；　(2) $y = c_1\cos ax + c_2\sin ax + \dfrac{1}{1+a^2}e^x$；

(3) $y = c_1 + c_2 e^{-\frac{5}{2}x} + \dfrac{1}{3}x^3 - \dfrac{3}{5}x^2 + \dfrac{7}{25}x$；　(4) $y = c_1 e^{-x} + c_2 e^{-2x} + (\dfrac{3}{2}x^2 - 3x)e^{-x}$；

(5) $y = c_1 e^{-x} + c_2 e^{-2x} + \dfrac{1}{2}(\sin x - \cos x)e^{-x}$；

(6) $y = c_1\cos 2x + c_2\sin 2x + \dfrac{1}{3}x\cos x + \dfrac{2}{9}\sin x$.

3. (1) $y = 4e^x + 2e^{3x}$；　(2) $y = (2+x)e^{-\frac{x}{2}}$；　(3) $y = 3e^{-2x}\sin 5x$；　(4) $y = -5e^x + \dfrac{7}{2}e^{2x} + \dfrac{5}{2}$；

(5) $y = \dfrac{1}{2}(e^{9x} + e^x) - \dfrac{1}{7}e^{2x}$.

4. (1) $y = c_1 e^x + c_2 e^{-x} + c_3\cos x + c_4\sin x$；　(2) $y = c_1 + c_2 x + (c_3 + c_4 x)e^x$.

5. (1) $y = 2\cos 5x + \sin 5x$；　(2) $y = e^{2x}\sin 3x$.